#604, Mullaebuk-ro 116, Yeongdeungpo-gu
Seoul, Republic of Korea

T. 02 701 7421
F. 02 3273 9642

Email kuhminsa@kuhminsa.co.kr

자격증 시험
접 수 부 터
자 격 증
수 령 까 지

필기원서접수

큐넷 회원 가입 후
(www.q-net.or.kr)
인터넷 접수만 가능
사진 파일, 접수비
(인터넷 결제) 필요
응시자격 요건
반드시 확인할것

필기시험

입실 시간 미준수 시
시험 응시 불가
준비물 : 수험표,
신분증, 필기구 지참

합격여부확인

큐넷 사이트에서 확인
(www.q-net.or.kr)

실기원서접수

큐넷 회원 가입 후
(www.q-net.or.kr)
응시 자격 서류는
**실기시험 접수기간
(4일 내)** 에 제출
해야만 접수 가능

합격

한 발 앞서나가는 출판사
구민사에서 시작하세요!

실기시험

필답형과 작업형으로 분류. 원서 접수 시 선택한 장소와 시간에 맞게 시험을 봅니다.
준비물 : 수험표, 신분증, 필기구 지참!

합격여부확인

큐넷 사이트에서 확인
(www.q-net.or.kr)

자격증신청

방문 or 인터넷 신청 가능. 방문 신청 시 **신분증, 발급 수수료** 지참할 것

자격증수령

방문 or 등기 우편 수령 가능. 등기비용을 추가하면 우편으로 받을 수 있습니다.

PREFACE

　폐기물처리기사 실기 수험서의 구성은 이론편과 최근기출문제편으로 구성되어 있습니다.
　이론편에는 시험에서 출제되는 가장 핵심과목인 폐기물개론, 폐기물처리기술, 폐기물 소각 및 열회수 과목은 물론이고 폐기물공정시험기준과 폐기물관계법규 과목까지 수록하여 출제기준에 알맞게 전 과목의 이론 내용을 체계적으로 수립하여 실전문제에 대비할 수 있도록 하였습니다.
　각 과목마다 시험에서 출제되는 핵심 내용만을 정리하여 수록하였으며, 이해력을 높이고 실전문제에 대비할 수 있도록 실전연습문제를 수록하였습니다.

　최근기출문제편에는 2010년부터 최근까지 검정한 문제를 복원하여 과년도 기출문제를 수록하였습니다. 실전문제를 대비하기 위해서는 여러 가지 유형의 문제를 파악하고 응용문제와 유사문제를 풀이할 수 있도록 준비가 되어 있어야 하며, 이는 충분한 양의 과년도 기출문제를 공부해야만 합격이 가능하다는 것을 알기에 수험생들이 원하는 충분한 양의 과년도 기출문제를 수록하였습니다.

　최근기출문제는 각 회차의 문제마다 계산문제와 이론문제로 구성되어 있습니다.
　계산문제는 실전문제에 반드시 기재해야 하는 풀이는 물론이고 문제의 이해와 유사문제 그리고 응용문제가 출제되더라도 충분히 대비할 수 있도록 (Tip)을 수록하여 공식 정리는 물론이고 풀이에서 헷갈릴 수 있는 단위 및 단위 환산 과정을 아주 쉽게 이해하고 숙지할 수 있도록 정리하였습니다.
　이론문제는 보다 쉽고 간단하게 핵심을 위주로 정답을 기재할 수 있도록 정리하여 수록하였으며, 추가로 보충해야 할 내용이나 문제에서 요구하는 답변에 대한 핵심을 보다 쉽게 파악할 수 있도록 (Tip)으로 정리하였습니다.

폐기물처리기사 실기시험 검정은 필답형으로만 이루어지며, 총 출제되는 문제수는 20문제 정도이며, 60점 이상 정답이면 합격이 됩니다. 그리고 20문제 중 계산문제는 8문제 정도이며 이론문제는 12문제 정도 출제되므로 계산문제 및 이론문제를 대비하기 위해서는 충분한 합격전략을 세워서 준비하는 것이 중요합니다.

 폐기물처리기사 실기시험 합격전략은 도서출판 구민사와 수험서 저자가 야심차게 시작하는 무료인강과 수험서로 시작하는 것입니다. 구민사와 저자는 무료인강으로 질 높은 강의를 지속적으로 업로드하여 수험생 여러분들의 합격을 지원해 드리겠습니다.

 끝으로 이 책의 출판을 위해 적극적으로 도움을 주신 도서출판 구민사 조규백 대표님과 직원 여러분께 깊은 감사를 드립니다.

저자 올림

CONTENTS

PART 01 폐기물 개론

제1장 폐기물의 분류 • 3
1. 지정폐기물의 유해성을 구분하는 분류기준 • 3
2. 폐기물의 발생량 • 3
3. 폐기물의 배출특성 • 5
   ◆ 실전연습문제 • 6
4. 폐기물의 조성 • 8
   ◆ 실전연습문제 • 11
5. 폐기물 발열량 • 19
6. 폐기물의 분석방법 및 주요 핵심내용 • 22
   ◆ 실전연습문제 • 23

제2장 폐기물 관리 • 27
1. 수집 및 운반 • 27
2. 적환장의 설계 및 운전관리 • 32
   ◆ 실전연습문제 • 34
3. 폐기물의 관리체계 • 42
   ◆ 실전연습문제 • 45

제3장 폐기물의 감량 • 48
1. 압축공정 • 48
   ◆ 실전연습문제 • 50
2. 파쇄공정 • 54
   ◆ 실전연습문제 • 59
3. 선별 공정 • 63
   ◆ 실전연습문제 • 69

PART 02 폐기물처리기술

제1장 중간처분 • 75
1. 슬러지 처리 • 75
   - ◆ 실전연습문제 • 80
   - ◆ 실전연습문제 • 88
2. 물리, 화학, 생물학적 처분 • 94
   - ◆ 실전연습문제 • 98
3. 고형화 처분 • 102
   - ◆ 실전연습문제 • 106

제2장 매립 • 111
1. 매립 • 111
   - ◆ 실전연습문제 • 117
2. 차수시설 및 침출수 • 122
   - ◆ 실전연습문제 • 130
3. 가스발생 및 처분 • 137
   - ◆ 실전연습문제 • 139

제3장 자원화 • 142
1. 퇴비화 • 142
   - ◆ 실전연습문제 • 145

제4장 토양오염 • 148
1. 토양 • 148
2. 토양처리방법 • 149
   - ◆ 실전연습문제 • 152

CONTENTS

PART 03 폐기물 소각 및 열회수

제1장 연료 및 소각로 • 155
1. 연료 • 155
2. 연소 및 연소형태 • 156
3. 소각로의 종류 • 158
4. 로 본체의 형식 • 161

제2장 열분해 및 부대설비 및 연소영향인자 • 164
1. 열분해 • 164
2. 열교환기 • 165
3. 증기터빈의 분류 • 166
4. 통풍방식의 종류 • 167
5. 착화온도 • 168
6. RDF(Refuse Derived Fuel) • 168
   ◆ 실전연습문제 • 170

제3장 연소 • 177
1. 발열량 계산 • 177
   ◆ 실전연습문제 • 180
2. 고체연료 및 액체연료의 연소계산식 • 181
   ◆ 실전연습문제 • 187
3. 기체연료의 연소계산식 • 193
   ◆ 실전연습문제 • 195
4. 공연비(AFR) • 199
5. 이론연소온도 계산공식 • 200
6. 연소실 열발생율 계산 공식 • 201
7. 소각로의 화격자 소각능력 계산공식 • 202
8. 고체 및 액체 연료에서 CO_2max(최대탄산가스량) 계산식 • 202
9. 기체 연료에서 CO_2max(최대탄산가스량) 계산식 • 203
   ◆ 실전연습문제 • 204

제4장 오염물질 처리법 • 211
1. 황산화물(SO_x) 처리 • 211
2. 질소산화물(NO_x) 처리 • 213
3. 기타 가스상 물질의 처리반응식 • 215
4. 다이옥신류 • 216
   ◆ 실전연습문제 • 217

제5장 오염물질 제거장치 • 221
1. 전기집진장치 • 221
2. 여과집진장치 • 222
3. 스크러버(세정집진장치) • 223
4. 사이클론(원심력 집진장치)의 특징 • 223
5. 관성력 집진장치의 특징 • 224
6. 중력집진장치의 특징 • 224
   ◆ 실전연습문제 • 225

PART 04 공정시험기준

제1장 총칙 • 229
    1. 총칙 • 229
    2. 정도보증/정도관리(QA/QC) • 230

제2장 시료의 채취 • 232
    1. 시료의 채취 • 232
    2. 시료의 준비 • 235
       ◆ 실전연습문제 • 237

제3장 일반항목편 • 242
    1. 강열감량 및 유기물함량-중량법 • 242
    2. 수분 및 고형물-중량법 • 243
       ◆ 실전연습문제 • 244

PART 05 폐기물관계법규

제1장 지정폐기물의 종류 • 249

제2장 지정폐기물과 사업장폐기물의 분류번호 • 251

제3장 의료폐기물 • 253
       ◆ 실전연습문제 • 254

CONTENTS

PART 부록 최근 기출문제

2010
1회(2010년 4월 시행) • 265
2회(2010년 7월 시행) • 273
4회(2010년 10월 시행) • 280

2011
1회(2011년 5월 시행) • 287
2회(2011년 7월 시행) • 295
4회(2011년 10월 시행) • 303

2012
1회(2012년 4월 시행) • 311
2회(2012년 7월 시행) • 319
4회(2012년 10월 시행) • 328

2013
4회(2013년 11월 시행) • 336

2014
1회(2014년 4월 시행) • 344
2회(2014년 7월 시행) • 353
4회(2014년 11월 시행) • 359

2015
1회(2015년 4월 시행) • 367
2회(2015년 7월 시행) • 374
4회(2015년 11월 시행) • 381

2016
1회(2016년 4월 시행) • 387
4회(2016년 11월 시행) • 393

2017
1회(2017년 4월 시행) • 398

연도	회차	페이지
2018	1회(2018년 4월 시행)	404
	4회(2018년 11월 시행)	411
2019	1회(2019년 4월 시행)	419
	2회(2019년 6월 시행)	427
	4회(2019년 10월 시행)	434
2020	1회(2020년 5월 시행)	440
	2회(2020년 7월 시행)	448
	3회(2020년 10월 시행)	455
	4회(2020년 11월 시행)	462
2021	1회(2021년 4월 시행)	469
	2회(2021년 7월 시행)	476
	4회(2021년 11월 시행)	482
2022	1회(2022년 5월 시행)	489
	2회(2022년 7월 시행)	496
	4회(2022년 11월 시행)	503
2023	1회(2023년 4월 시행)	510
	2회(2023년 7월 시행)	518
	4회(2023년 11월 시행)	526
2024	1회(2024년 4월 시행)	534
	2회(2024년 7월 시행)	543
	3회(2024년 10월 시행)	551

✦ INSTRUCTION MANUAL ✦

01 핵심 이론 및 예제 문제 수록

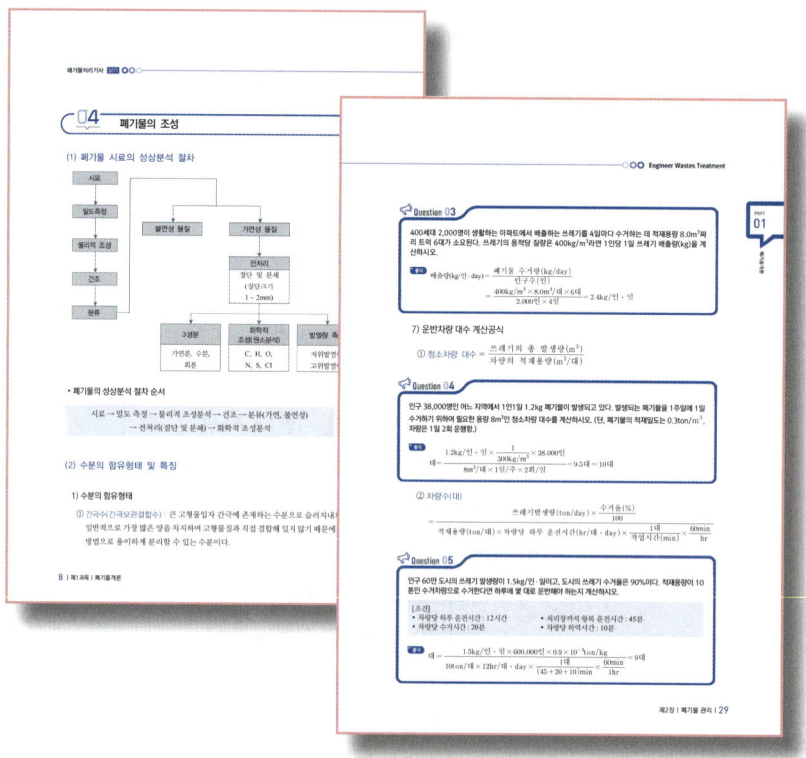

각 과목마다 시험에서 가장 많이 출제되는 핵심내용 중심으로 구성되어 있으며, 실전에 충분히 대비할 수 있도록 중요한 공식과 계산문제 및 이론문제를 예상문제로 수록하였습니다.

02 실전연습문제 & 과년도문제 수록

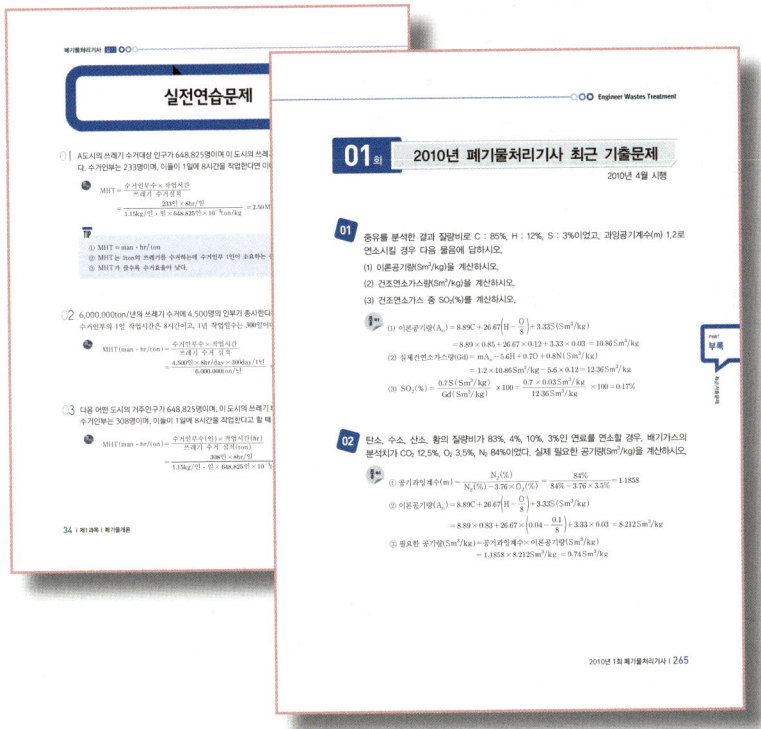

각 단원마다 실전연습문제를 통해 기본적인 문제에서부터 응용문제까지 배치하여 기본에 충실한 학습이 될 수 있도록 하였으며, 보다 여러가지 유형의 문제를 파악할 수 있도록 충분한 양의 과년도문제를 수록하여 실전에 대비할 수 있도록 하였습니다.

◆ 폐기물처리기사 출제기준 ◆

직무 분야	환경·에너지	중직무 분야	환경	자격 종목	폐기물처리기사	적용 기간	2023.01.01. ~ 2025.12.31

직무내용 : 국민의 일상생활에 수반하여 발생하는 생활폐기물과 산업활동 결과 발생하는 사업장 폐기물을 기계적 선별, 여과, 건조, 파쇄, 압축, 흡수, 흡착, 이온교환, 소각, 소성, 생물학적 산화, 소화, 퇴비화 등의 인위적, 물리적, 기계적 단위조작과 생물학적, 화학적 반응공정을 주어 감량화, 무해화, 안전화 등 폐기물을 취급하기 쉽고 위험성이 적은 성상과 형태로 변화시키는 일련의 처리업무를 수행하는 직무이다.

수행준거 : 폐기물에 대한 전문적 지식을 토대로 하여
    1. 폐기물의 조성을 측정 및 분석할 수 있다.
    2. 폐기물에 대한 유해성을 평가 및 예측할 수 있다.
    3. 폐기물 처리대책을 수립할 수 있다.

실기검정방법	필답형	시험시간	3시간

실기과목명	주요항목	세부항목
폐기물처리 실무	1. 폐기물 일반	1. 폐기물 분리배출 및 저장하기 2. 폐기물 수집 및 운반하기 3. 적환장 관리하기 4. 폐기물 수송하기 5. 폐기물 특성 및 발생량 저감하기
	2. 폐기물처리	1. 기계적, 화학적 처분법 이해하기 2. 생물학적 처분법 이해하기 3. 자원화 및 재활용 이해하기
	3. 소각, 열분해 등 열적처분	1. 연소이론 파악 및 연소계산 이해하기 2. 소각공정 파악하기 3. 소각로설계, 해석 및 유지관리하기 4. 열회수, 연소가스처분 및 오염방지하기 5. 열분해 이해하기 6. 기타 열적 처분
	4. 매립	1. 매립방법 파악하기 2. 매립지 설계 및 시공하기 3. 매립지 관리하기 4. 매립가스 이용기술 5. 매립지 환경영향 평가하기

동영상 강의 수강자를 위한
전쌤의 무료 동영상 카페 이용방법

무료 동영상 바로가기 cafe.naver.com/makels

01
STEP 1.
교재를 구입하셨나요?
전쌤의 **무료 동영상 강의**로 시작하세요.
열심히 해서 **합격**해보자구요!

02
STEP 2.
전쌤 강의는 **네이버 카페**를 통해
공부하실 수 있습니다.
cafe.naver.com/makels

03
STEP 3.
카페에서 도서인증 후
무료 동영상 강의를
마음껏 시청하세요.

04
STEP 4.
공부하다가 궁금한 점이 있거나
알고 넘어가야하는 문제가 있으신가요?
환경에듀와 **네이버 카페**를 통해
문의해 주세요.

원소주기율표

1																		18
1 H 수소																		2 He 헬륨
3 Li 리튬	4 Be 베릴륨											5 B 붕소	6 C 탄소	7 N 질소	8 O 산소	9 F 플루오린	10 Ne 네온
11 Na 나트륨	12 Mg 마그네슘											13 Al 알루미늄	14 Si 규소	15 P 인	16 S 황	17 Cl 염소	18 Ar 아르곤
19 K 칼륨	20 Ca 칼슘	21 Sc 스칸듐	22 Ti 타이타늄	23 V 바나듐	24 Cr 크로뮴	25 Mn 망가니즈	26 Fe 철	27 Co 코발트	28 Ni 니켈	29 Cu 구리	30 Zn 아연	31 Ga 갈륨	32 Ge 저마늄	33 As 비소	34 Se 셀레늄	35 Br 브로민	36 Kr 크립톤
37 Rb 루비듐	38 Sr 스트론튬	39 Y 이트륨	40 Zr 지르코늄	41 Nb 나이오븀	42 Mo 몰리브데넘	43 Tc 테크네튬	44 Ru 루테늄	45 Rh 로듐	46 Pd 팔라듐	47 Ag 은	48 Cd 카드뮴	49 In 인듐	50 Sn 주석	51 Sb 안티몬	52 Te 텔루륨	53 I 아이오딘	54 Xe 제논
55 Cs 세슘	56 Ba 바륨	57 La 란타넘	72 Hf 하프늄	73 Ta 탄탈	74 W 텅스텐	75 Re 레늄	76 Os 오스뮴	77 Ir 이리듐	78 Pt 백금	79 Au 금	80 Hg 수은	81 Tl 탈륨	82 Pb 납	83 Bi 비스무트	84 Po 폴로늄	85 At 아스타틴	86 Rn 라돈
87 Fr 프랑슘	88 Ra 라듐	89 Ac 악티늄	104 Rf 러더포듐	105 Db 더브늄	106 Sg 시보귬	107 Bh 보륨	108 Hs 하슘	109 Mt 마이트너륨	110 Ds 다름슈타튬	111 Rg 뢴트게늄							

란타넘족

57 La 란타넘	58 Ce 세륨	59 Pr 프라세오디뮴	60 Nd 네오디뮴	61 Pm 프로메튬	62 Sm 사마륨	63 Eu 유로퓸	64 Gd 가돌리늄	65 Tb 테르븀	66 Dy 디스프로슘	67 Ho 홀뮴	68 Er 에르븀	69 Tm 툴륨	70 Yb 이터븀	71 Lu 루테튬

악티늄족

89 Ac 악티늄	90 Th 토륨	91 Pa 프로트악티늄	92 U 우라늄	93 Np 넵투늄	94 Pu 플루토늄	95 Am 아메리슘	96 Cm 퀴륨	97 Bk 버클륨	98 Cf 캘리포늄	99 Es 아인슈타이늄	100 Fm 페르뮴	101 Md 멘델레븀	102 No 노벨륨	103 Lr 로렌슘

범례:
- 20 — 원자번호
- Ca — 원소기호 (예: 卍 : 액체, a : 기체, a : 고체)
- 칼슘 — 이름
- 금속 / 비금속 / 전이원소 / 란타넘족 / 악티늄족

PART 01

폐기물개론

CHAPTER 01 　 폐기물의 분류
CHAPTER 02 　 폐기물 관리
CHAPTER 03 　 폐기물의 감량

폐기물처리
기사 실기

CHAPTER 01 폐기물의 분류

01 지정폐기물의 유해성을 구분하는 분류기준

① 폭발성   ② 반응성   ③ 인화성   ④ 부식성
⑤ EP독성   ⑥ 유해가능성 ⑦ 난분해성 ⑧ 용출독성

Question 01

지정폐기물의 유해성을 구분하는 분류기준을 5가지만 서술하시오.

 ① 폭발성   ② 반응성   ③ 인화성   ④ 부식성   ⑤ EP독성

02 폐기물의 발생량

(1) 폐기물 발생량 예측방법

① 다중회귀모델(Multiple Regression Model Method)
   하나의 수식으로 각 인자들이 효과를 총괄적으로 나타내어 복잡한 시스템의 분석에 유용하게 사용할 수 있는 쓰레기 발생량을 예측하는 방법이다.
② 동적모사모델(Dynamic Simulation Model Method)
   ㉠ 쓰레기 배출에 영향을 주는 모든 인자를 시간에 대한 함수로 나타낸 후 시간에 대한

함수로 각 영향인자들 간에 상관관계를 수식화 한 것이다.
ⓒ 시간만 고려하는 방법과 시간을 단순히 하나의 독립적인 종속인자로 고려하는 방법의 문제점을 보완할 수 있도록 고안되었다.
③ 경향모델(Trend Model Method)
폐기물 발생량 예측방법 중 모든 인자를 시간에 대한 함수로 하여 모델화시켜 예측하는 방법으로 단지 시간과 그에 따른 폐기물 발생량 간의 상관관계만을 고려하는 방법이다.

(2) 쓰레기 발생량 조사방법

1) 물질수지법(material balance method)
  ① 시스템에 유입되는 쓰레기양과 유출되는 쓰레기양에 대해서 물질수지를 세워 발생되는 쓰레기의 양을 추정하는 방법이다.
  ② 물질수지를 세울 수 있는 상세한 데이터가 있는 경우에 가능하다.
  ③ 우선적으로 조사하고자 하는 계의 경계를 정확하게 설정하여야 한다.
  ④ 주로 산업폐기물의 발생량 추산에 이용된다.
  ⑤ 비용이 많이 들고 작업량이 많아 널리 이용되지 않는다.

2) 직접계근법(direct weighting method)
  ① 국내 대형소각장 및 위생매립장에 반입되는 쓰레기의 양을 주로 측정하는데 이용한다.
  ② 비교적 정확한 발생량을 파악할 수 있다.
  ③ 작업량이 많고 번거로운 폐기물의 발생량 조사방법이다.

3) 적재차량계수법(load count analysis)
  ① 일정기간동안 특정지역의 쓰레기 수거차량의 대수를 조사하여 이 값에 폐기물의 겉보기 비중을 보정하여 질량으로 환산하여 폐기물의 발생량을 조사하는 방법이다.
  ② 중간적하장 및 중계처리장에 반입되는 쓰레기의 양을 주로 측정하는데 이용한다.

4) 통계조사법

  ① 표본조사
    ㉠ 경비가 적게 든다.
    ㉡ 조사기간이 짧다.
    ㉢ 조사상 오차가 크다.

② 전수조사
  ㉠ 행정시책의 이용도가 높다.
  ㉡ 조사기간이 길다.
  ㉢ 표본치의 보정역할이 가능하다.
  ㉣ 표본오차가 작아 신뢰도가 높다.

03 폐기물의 배출특성

(1) 폐기물 발생량에 영향을 미치는 인자

① 가구당 인원수 ② 생활수준 ③ 쓰레기통의 크기
④ 수거빈도 ⑤ 계절

(2) 폐기물 발생의 특징

① 대도시보다는 문화수준이 열악한 중소도시의 주변이 쓰레기를 더 적게 발생시킨다.
② 쓰레기발생량은 주방쓰레기량에 영향을 많이 받으므로 엥겔지수가 높은 서민층의 쓰레기가 부유층보다 적다.
③ 쓰레기를 자주 수거해 가면 쓰레기 발생이 증가한다.
④ 쓰레기통이 클수록 유효용적이 증가하여 발생량이 증가한다.
⑤ 재활용품의 회수 및 재이용률이 증가할수록 쓰레기 발생량은 감소한다.
⑥ 생활수준이 증가할수록 쓰레기의 종류는 다양화되고 발생량은 증가한다.
⑦ 쓰레기의 성분은 계절에 영향을 받는다.
⑧ 쓰레기 관련법규는 쓰레기 발생량에 매우 중요한 영향을 미친다.
⑨ 부엌용 분쇄기를 사용할 경우 음식쓰레기 발생량이 제한적으로 감소한다.
⑩ 상업지역, 주택지역 등 장소에 따라 발생량과 성상이 달라진다.

(3) 분뇨(슬러지)처리의 기본 목표

① 안전화 ② 감량화 ③ 안정화 ④ 무해화

실전연습문제

01 폐기물의 발생량 예측방법 3가지를 쓰시오.

① 다중회귀모델
② 동적모사모델
③ 경향모델

02 폐기물의 발생량 예측방법 3가지를 쓰고 간단히 쓰시오.

① 다중회귀모델 : 하나의 수식으로 각 인자들이 효과를 총괄적으로 나타내어 복잡한 시스템의 분석에 유용하게 사용할 수 있는 쓰레기 발생량을 예측하는 방법이다.
② 동적모사모델 : 쓰레기 배출에 영향을 주는 모든 인자를 시간에 대한 함수로 나타낸 후 시간에 대한 함수로 각 영향인자들 간에 상관관계를 수식화한 것이다.
③ 경향모델 : 폐기물 발생량 예측방법 중 모든 인자를 시간에 대한 함수로 하여 모델화시켜 예측하는 방법으로 단지 시간과 그에 따른 폐기물 발생량 간의 상관관계만을 고려하는 방법이다.

03 폐기물의 발생량 조사방법 4가지를 서술하시오.

① 물질수지법
② 직접계근법
③ 적재차량계수법
④ 통계조사법(표본조사, 전수조사)

04 폐기물의 발생량 조사방법 3가지를 쓰고 간단히 쓰시오.

① 물질수지법 : 시스템에 유입되는 쓰레기양과 유출되는 쓰레기양에 대해서 물질수지를 세워 발생되는 쓰레기의 양을 추정하는 방법이다.
② 직접계근법 : 국내 대형소각장 및 위생매립장에 반입되는 쓰레기의 양을 주로 측정하는데 이용한다.
③ 적재차량계수법 : 일정기간동안 특정지역의 쓰레기 수거차량의 대수를 조사하여 이 값에 폐기물의 겉보기 비중을 보정하여 질량으로 환산하여 폐기물의 발생량을 조사하는 방법이다.

05 쓰레기 발생량 조사방법과 대상폐기물을 바르게 연결하시오.

가. 물질수지법	① 대형 소각장 및 위생매립장
나. 직접계근법	② 산업폐기물
다. 적재차량 계수법	③ 중간적하장 및 중계처리장

 가. 물질수지법　　　- ② 산업폐기물
　　나. 직접계근법　　　- ① 대형 소각장 및 위생매립장
　　다. 적재차량 계수법 - ③ 중간적하장 및 중계처리장

04 폐기물의 조성

(1) 폐기물 시료의 성상분석 절차

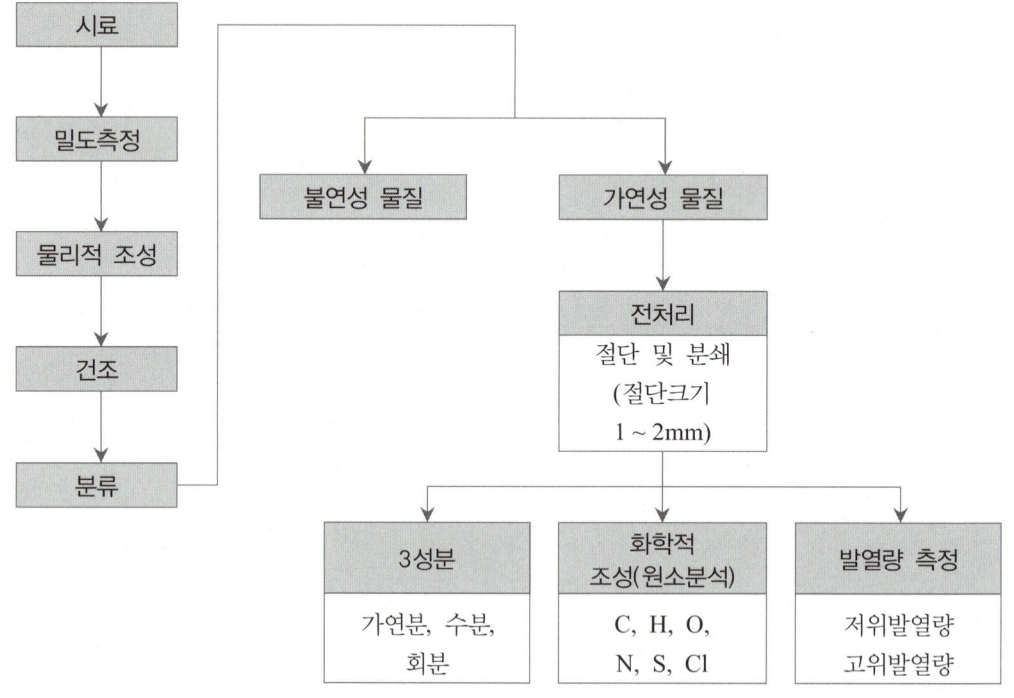

- 폐기물의 성상분석 절차 순서

  시료 → 밀도 측정 → 물리적 조성분석 → 건조 → 분류(가연, 불연성)
  → 전처리(절단 및 분쇄) → 화학적 조성분석

(2) 수분의 함유형태 및 특징

1) 수분의 함유형태

① 간극수(간극모관결합수) : 큰 고형물입자 간극에 존재하는 수분으로 슬러지내의 수분 중 일반적으로 가장 많은 양을 차지하며 고형물질과 직접 결합해 있지 않기 때문에 농축 등의 방법으로 용이하게 분리할 수 있는 수분이다.

② 모관결합수 : 미세한 슬러지 고형물의 입자사이의 얇은 틈에 존재하는 수분으로 모세관압으로 결합되어 있는 수분이며, 원심력, 진공압 등 기계적 압착으로 분리시킨다.
③ 부착수(표면부착수) : 콜로이드상 결합수로 수분제거가 용이하지 못하다.
④ 내부수 : 세포내부에 강하게 결합된 수분이다.

2) 함유수분의 특징

① 슬러지내의 탈수성 순서
　　간극모관결합수 > 모관결합수 > 표면부착수 > 내부수
② 슬러지 건조시 가장 증발이 어려운 수분은 내부수이다.
③ 수분의 함유율이 가장 큰 수분은 간극수이다.

3) 함수율 계산공식

$$W_1 \times (100 - P_1) = W_2 \times (100 - P_2)$$

여기서, W_1 : 처리 전 폐기물의 질량(kg)　　P_1 : 처리 전 함수율(%)
　　　　W_2 : 처리 후 폐기물의 질량(kg)　　P_2 : 처리 후 함수율(%)

Question 02

탈수기를 통해 함수율이 98%인 100kg의 슬러지를 함수율 75% 슬러지로 탈수시켰다면 탈수된 슬러지의 질량(kg)를 계산하시오.

풀이
$W_1 \times (100 - P_1) = W_2 \times (100 - P_2)$
$100\text{kg} \times (100 - 98) = W_2 \times (100 - 75)$
$\therefore W_2 = \dfrac{100\,\text{kg} \times (100 - 98)}{(100 - 75)} = 8\,\text{kg}$

★ 4) 겉보기 비중 계산

$$\frac{100}{\rho_{SL}} = \frac{W_{TS}}{\rho_{TS}} + \frac{W_P}{\rho_P}$$

여기서, ρ_{SL} : 슬러지의 겉보기 비중　　　ρ_{TS} : 고형물의 비중
　　　　ρ_P : 수분의 비중　　　　　　　W_{TS} : 고형물의 함량(%)
　　　　W_P : 수분의 함량(%)

Question 03

건조된 고형물의 비중이 1.54이고 건조이전의 고형분 함량이 40%, 건조 질량이 400kg이라 할 때 건조된 슬러지 케이크의 비중을 계산하시오.

 $\dfrac{100}{\rho_{SL}} = \dfrac{W_{TS}}{\rho_{TS}} + \dfrac{W_P}{\rho_P}$ $\dfrac{100}{\rho_{SL}} = \dfrac{40\%}{1.54} + \dfrac{60\%}{1.0}$ $\therefore \rho_{SL} = 1.16$

실전연습문제

01 다음은 폐기물의 성상분석 절차 순서이다. ( )안을 알맞게 채우시오.

> 시료 → (①) → (②) → (③) → 분류(가연, 불연성) → 전처리(절단 및 분쇄) → 화학적 조성분석

풀이 ① 밀도측정 ② 물리적 조성분석 ③ 건조

02 다음은 폐기물의 성상분석 절차 순서이다. ( ) 안에 알맞은 말을 쓰시오.

> 시료 → (①) → (②) → 건조 → (③) → 전처리(절단 및 분쇄) → 화학적 조성분석

풀이 ① 밀도 측정 ② 물리적 조성분석 ③ 분류(가연성, 불연성)

03 슬러지에서 수분의 함유형태 4가지를 쓰고, 슬러지내의 탈수성의 순서를 쓰시오.

풀이
(1) 수분의 함유형태
① 간극모관결합수 : 큰 고형물입자 간극에 존재하는 수분으로 슬러지내의 수분 중 일반적으로 가장 많은 양을 차지한다.
② 모관결합수 : 미세한 슬러지 고형물의 입자사이의 얇은 틈에 존재하는 수분으로 모세관압으로 결합되어 있는 수분이다.
③ 표면부착수 : 콜로이드상 결합수로 수분제거가 용이하지 못하다.
④ 내부수 : 세포내부에 강하게 결합된 수분으로 슬러지 건조시 증발이 가장 어려운 수분이다.
(2) 수분 결합상태 순서
간극모관결합수 〉 모관결합수 〉 표면부착수 〉 내부수

04 쓰레기를 소각한 후 남은 재의 질량은 소각전 쓰레기 질량의 약 1/5이다. 재의 밀도가 2.5ton/m³이고, 재의 용적이 3.3m³이 될 때 소각전 원래 쓰레기의 질량(ton)을 계산하시오.

풀이

$$재의\ 밀도(ton/m^3) = \frac{소각전\ 쓰레기의\ 질량(ton) \times 재의\ 질량}{재의\ 용적(m^3)}$$

따라서 $2.5ton/m^3 = \dfrac{소각전\ 쓰레기의\ 질량(ton) \times \dfrac{1}{5}}{3.3m^3}$

∴ 소각전 쓰레기의 질량 $= \dfrac{2.5ton/m^3 \times 3.3m^3}{\dfrac{1}{5}} = 41.25ton$

05 소각로에서 발생되는 재의 질량 감량비가 70%, 부피감소비가 90%라 할 때 폐기물의 밀도가 0.35ton/m³라면 소각재의 밀도(ton/m³)을 계산하시오.

풀이

$$소각재의\ 밀도(ton/m^3) = 소각전\ 폐기물의\ 밀도(ton/m^3) \times \frac{(1-질량감량비)}{(1-부피감소비)}$$

$$= 0.35ton/m^3 \times \frac{(1-0.70)}{(1-0.90)} = 1.05ton/m^3$$

06 쓰레기를 각 성분별로 분석하여 함수율을 측정한 결과로부터 전체 쓰레기의 함수율(%)을 계산하시오.

성분	질량(kg)	함수율(%)
음식찌꺼기	30	70
종이류	60	6
금속류	10	3

풀이

$$전체\ 쓰레기의\ 함수율(\%) = \frac{합\{질량(kg) \times 함수율(\%)\}}{합\{질량(kg)\}}$$

$$= \frac{30kg \times 70\% + 60kg \times 6\% + 10kg \times 3\%}{30kg + 60kg + 10kg} = 24.9\%$$

07 어느 도시의 쓰레기 시료 100kg의 습윤조건 질량 및 함수율 측정결과가 다음과 같을 때 시료의 건조질량(kg)을 계산하시오.

성분	음식물류	목재류	종이류	기타
습윤상태의 질량(kg)	70	13	9	8
함수율(%)	60	18	12	10

풀이
① 쓰레기의 평균 함수율(%)을 계산한다.

$$평균\ 함수율(\%) = \frac{합\{습윤상태의\ 질량(kg) \times 함수율(\%)\}}{합\{습윤상태의\ 질량(kg)\}}$$

$$= \frac{70kg \times 60\% + 13kg \times 18\% + 9kg \times 12\% + 8kg \times 10\%}{70kg + 13kg + 9kg + 8kg} = 46.22\%$$

② 시료의 건조질량(kg)을 계산한다.

$$건조질량(kg) = 쓰레기의\ 시료량(kg) \times \frac{100 - 함수율(\%)}{100}$$

$$= 100kg \times \left(\frac{100 - 46.22\%}{100}\right) = 53.78kg$$

08 수분이 96%인 슬러지를 수분 60%로 탈수했을 때, 탈수 후 슬러지의 체적(m^3)을 계산하시오. (단, 탈수 전 슬러지의 체적은 500m^3이다.)

풀이
$$V_1 \times (100 - P_1) = V_2 \times (100 - P_2)$$
따라서 $500m^3 \times (100 - 96) = V_2 \times (100 - 60)$

$$\therefore V_2 = \frac{500m^3 \times (100 - 96)}{(100 - 60)} = 50\,m^3$$

09 3.5%의 고형물이 함유하는 슬러지 300m^3을 탈수시켜 70%의 함수율을 갖는 케이크를 얻었다면 탈수된 케이크의 양(m^3)을 계산하시오. (단, 슬러지의 밀도는 1ton/m^3이다.)

풀이
$$V_1 \times TS_1 = V_2 \times (100 - P_2)$$
$300m^3 \times 3.5\% = V_2 \times (100 - 70\%)$

$$\therefore V_2 = \frac{300m^3 \times 3.5\%}{(100 - 70\%)} = 35m^3$$

> **TIP**
>
> **슬러지 공식**
> ① $V_1 \times (100-P_1) = V_2 \times (100-P_2)$
> ② $TS(\%) = 100 - P(\%)$
> ③ $P(\%) = 100 - TS(\%)$

10 함수율 95%인 폐기물 10톤을 탈수를 통해 함수율을 각각 85% 및 75%로 감소시킨 경우, 탈수 후 남은 질량(톤)을 각각 계산하시오. (단, 비중은 1.0 기준)

$W_1 \times (100-P_1) = W_2 \times (100-P_2)$

① 함수율 95% → 함수율 85%로 탈수한 경우
$10톤 \times (100-95\%) = W_2 \times (100-85\%)$
$\therefore W_2 = \dfrac{10톤 \times (100-95\%)}{(100-85\%)} = 3.33톤$

② 함수율 95% → 함수율 75%로 탈수한 경우
$10톤 \times (100-95\%) = W_2 \times (100-75\%)$
$\therefore W_2 = \dfrac{10톤 \times (100-95\%)}{(100-75\%)} = 2톤$

11 70%의 함수율을 가진 쓰레기를 건조시킨 후 함수율이 20%가 되었다면 쓰레기 톤당 증발되는 수분의 양(kg)을 계산하시오. (단, 비중은 1.0이다.)

① W_2를 계산한다.
$W_1 \times (100-P_1) = W_2 \times (100-P_2)$
$1,000kg \times (100-70\%) = W_2 \times (100-20\%)$
$\therefore W_2 = \dfrac{1,000kg \times (100-70\%)}{(100-20\%)} = 375kg$

② 증발되는 수분량(kg)을 계산한다.
증발되는 수분량 $= W_1 - W_2 = 1,000kg - 375kg = 625kg$

12 함수율 90%인 폐기물에서 수분을 제거하여 처음 질량의 70%로 줄이고 싶다면 함수율을 얼마로 감소시켜야 하는가? (단, 폐기물의 비중은 1.0이다.)

풀이
$$W_1 \times (100 - P_1) = W_2 \times (100 - P_2)$$
$$\frac{W_2}{W_1} = \frac{(100 - P_1)}{(100 - P_2)}$$
$$\frac{W_1 \times 0.7}{W_1} = \frac{(100 - 90)}{(100 - P_2)}$$
$$\therefore P_2 = 85.71\%$$

13 수분함량이 20%인 쓰레기의 수분함량을 10%로 감소시키면 감소 후 쓰레기 질량은 처음 질량의 몇 %가 되겠는가? (단, 쓰레기의 비중은 1.0 기준이다.)

풀이
$$W_1 \times (100 - P_1) = W_2 \times (100 - P_2)$$
$$W_1 \times (100 - 20) = W_2 \times (100 - 10)$$
$$\therefore \frac{W_2}{W_1} = \frac{(100 - 20)}{(100 - 10)} = 0.8889$$

따라서 W_2는 W_1의 88.89%에 해당한다.

14 완전히 건조시킨 폐기물 10g을 취해 회분량을 조사하였더니 2g이었다. 이 폐기물의 원래 함수율이 30%였다면, 이 폐기물의 습량기준 회분의 질량비(%)를 계산하시오. (단, 비중은 1.0 기준)

풀이
① 건조된 폐기물량을 계산한다.
$$W_1 \times (100 - P_1) = W_2 \times (100 - P_2)$$
따라서 $W_1 \times (100 - 30) = 10g \times (100 - 0)$
$$\therefore W_1 = 14.286g$$
② 회분(%) = $\frac{회분량}{건조 전 폐기물} \times 100 = \frac{2g}{14.286g} \times 100 = 14.0\%$

15 함수율 99%의 슬러지를 소화시킨 후, 탈수 공정을 통하여 함수율 80%로 낮추었다. 탈수 후 슬러지의 부피는 원래 슬러지의 몇 %로 감소하는가? (단, 소화조의 유기물 제거효율은 전체 고형물의 50%이며, 슬러지 고형물의 비중은 1.0 기준.)

풀이 ① 탈수 후 슬러지량을 계산한다.

$$V_1 \times (100 - P_1) = V_2 \times (100 - P_2)$$
$$V_1 \times (100 - 99) = V_2 \times (100 - 80)$$
$$\therefore V_2 = \frac{V_1 \times (100 - 99)}{(100 - 80)} = 0.05 V_1$$

② 제거된 슬러지량을 계산한다.
$$\text{제거된 슬러지량} = 0.05 V_1 \times 0.5 = 0.025 V_1$$

③ 부피감소율(%) $= \dfrac{0.025 V_1}{1 V_1} \times 100 = 2.5\%$

16 함수율이 90%인 슬러지의 겉보기 비중은 1.02이었다. 이 슬러지를 진공여과기로 탈수하여 함수율이 40%인 슬러지를 얻었다면 이 슬러지가 갖는 겉보기 비중을 계산하시오.

$$\frac{1}{\rho_{SL}} = \frac{W_{TS}}{\rho_{TS}} + \frac{W_P}{\rho_P}$$

여기서, ρ_{SL} : 슬러지의 겉보기 비중
W_{TS} : 고형물의 함량
W_P : 수분의 함량

ρ_{TS} : 고형물의 비중
ρ_P : 수분의 비중

① $\dfrac{1}{1.02} = \dfrac{0.10}{\rho_{TS}} + \dfrac{0.90}{1.0}$ $\qquad \therefore \rho_{TS} = 1.2439$

② $\dfrac{1}{\rho_{SL}} = \dfrac{0.60}{1.2439} + \dfrac{0.40}{1.0}$ $\qquad \therefore \rho_{SL} = 1.13$

17 슬러지 중 비중 0.86인 유기성 고형물이 6%, 비중 2.02인 무기성 고형물의 함량이 20%일 때 이 슬러지의 비중을 계산하시오.

$$\frac{1}{\rho_{SL}} = \frac{W_{VS}}{\rho_{VS}} + \frac{W_{FS}}{\rho_{FS}} + \frac{W_P}{\rho_P}$$

여기서, ρ_{SL} : 슬러지의 비중
W_{VS} : 유기성 고형물의 함량
W_{FS} : 무기성 고형물의 함량
W_P : 수분의 함량

ρ_{VS} : 유기성 고형물의 비중
ρ_{FS} : 무기성 고형물의 비중
ρ_P : 수분의 비중

따라서 $\dfrac{1}{\rho_{SL}} = \dfrac{0.06}{0.86} + \dfrac{0.20}{2.02} + \dfrac{0.74}{1.0}$

$\therefore \rho_{SL} = \dfrac{1}{0.9088} = 1.10$

> **TIP**
> ① 함수율(%)=100 − (유기성고형물 함량 + 무기성고형물 함량) = 100−(6%+20%) = 74%
> ② 고형물= 유기성 고형물 + 무기성 고형물
> ③ 수분의 비중 =1.0

18 슬러지를 처리하기 위하여 생슬러지를 분석한 결과 수분은 90%, 고형물 중 휘발성 고형물은 70%, 휘발성 고형물의 비중은 1.1, 무기성 고형물의 비중은 2.2였다. 생슬러지의 비중을 계산하시오. (단, 총고형물 = 무기성 고형물 + 휘발성 고형물)

풀이

$$\frac{1}{\rho_{SL}} = \frac{W_{VS}}{\rho_{VS}} + \frac{W_{FS}}{\rho_{FS}} + \frac{W_P}{\rho_P}$$

따라서 $\dfrac{1}{\rho_{SL}} = \dfrac{0.1 \times 0.7}{1.1} + \dfrac{0.1 \times 0.3}{2.2} + \dfrac{0.90}{1.0}$

∴ $\dfrac{1}{\rho_{SL}} = \dfrac{1}{0.9773} = 1.02$

> **TIP**
> ① 고형물(TS)=100−함수율(%)
> ② 잔류성 고형물(FS)=100−휘발성 고형물(VS)
> ③ 수분의 비중=1.0

19 함수율 80%(질량비)인 슬러지 내 고형물은 비중이 2.5인 FS 1/3과 비중이 1.0인 VS 2/3로 되어 있다. 이 슬러지의 비중을 계산하시오. (단, 물의 비중은 1.0 기준.)

풀이

$$\frac{1}{\rho_{SL}} = \frac{W_{VS}}{\rho_{VS}} + \frac{W_{FS}}{\rho_{FS}} + \frac{W_P}{\rho_P}$$

따라서 $\dfrac{1}{\rho_{SL}} = \dfrac{0.20 \times \frac{2}{3}}{1.0} + \dfrac{0.20 \times \frac{1}{3}}{2.5} + \dfrac{0.80}{1.0}$

∴ $\dfrac{1}{\rho_{SL}} = 0.96$ 따라서 $\rho_{SL} = \dfrac{1}{0.96} = 1.04$

20. 건조된 고형분의 비중이 1.5 이며, 이 슬러지의 건조 이전 고형분 함량이 42%(질량기준), 건조질량이 200kg이라고 한다. 건조이전의 슬러지 부피(m^3)를 계산하시오.

풀이

① 슬러지의 비중을 계산한다.

$$\frac{1}{\rho_{SL}} = \frac{W_{TS}}{\rho_{TS}} + \frac{W_P}{\rho_P}$$

따라서 $\frac{1}{\rho_{SL}} = \frac{0.42}{1.5} + \frac{0.58}{1.0}$

$\therefore \rho_{SL} = 1.1628$

② 슬러지부피(m^3) = $\frac{건조중량(kg)}{비중량(kg/m^3)} \times \frac{100}{100 - 함수율(\%)}$

$= \frac{200 kg}{1,162.8 kg/m^3} \times \frac{100}{100 - 58\%} = 0.41 \, m^3$

TIP

① 함수율(P) = 100 − 고형물(%) = 100 − 42% = 58%

② 비중(g/cm^3) $\xrightarrow{\times 10^3}$ 비중량(kg/m^3)

05 폐기물 발열량

(1) 원소분석법에 의한 발열량 산정 공식

① 저위발열량

$$Hl = Hh - 600(9H + W)(kcal/kg)$$

여기서, Hl : 저위발열량(kcal/kg) Hh : 고위발열량(kcal/kg)
       H : 수소의 함량 W : 수분의 함량

Question 04

수소 15.0%, 수분 0.4%인 중유의 고위발열량이 12,500kcal/kg일 때, 저위발열량(kcal/kg)을 계산하시오.

 $Hl = Hh - 600(9H + W)(kcal/kg)$
  $= 12,500 kcal/kg - 600 \times (9 \times 0.15 + 0.004) = 11,687.6 kcal/kg$

② 듀롱(Dulong)의 고위발열량 계산공식

$$Hh = 8,100C + 34,000\left(H - \frac{O}{8}\right) + 2,500S \,(kcal/kg)$$

여기서, Hh : 고위발열량(kcal/kg) C : 탄소의 함량
       O : 산소의 함량 H : 수소의 함량
       S : 황의 함량

Question 05

폐기물 조성이 다음과 같을 때 Dulong식에 의한 저위발열량(kcal/kg)을 계산하시오. (단, 3성분 : 수분 40%, 가연분 40%, 회분 20%, 가연분 조성 : C : 20%, H : 10%, O : 5%, S : 5%)

 ① $Hh = 8,100C + 34,000\left(H - \frac{O}{8}\right) + 2,500S \,(kcal/kg)$
  $= 8,100 \times 0.2 + 34,000 \times \left(0.1 - \frac{0.05}{8}\right) + 2,500 \times 0.05$
  $= 4,932.5 kcal/kg$
② $Hl = Hh - 600(9H + W)(kcal/kg)$
  $= 4,932.5 kcal/kg - 600 \times (9 \times 0.1 + 0.4) = 4,152.5 kcal/kg$

(2) 3성분(가연분, 수분, 회분)에 의한 발열량 산정공식

①
$$Hl = 4{,}500VS - 600W$$

여기서, Hl : 저위발열량(kcal/kg)　　　　VS : 가연분함량
　　　　W : 수분함량(함수율)　　　　　　$4{,}500$: 평균발열량
　　　　600 : 물의 증발잠열

②
$$Hl = 45VS - 6W$$

여기서, Hl : 저위발열량(kcal/kg)　　　　VS : 가연성분(%)
　　　　W : 수분함량(%)

Question 06

어떤 폐기물의 가연분함량이 30%, 수분함량이 60%일 때 저위발열량(kcal/kg)을 계산하시오. (단, 삼성분의 조성비를 통한 발열량 계산 기준)

풀이 $Hl = 45VS - 6W \,(\text{kcal/kg}) = 45 \times 30 - 6 \times 60 = 990 \,\text{kcal/kg}$

(3) 기체연료에서 발열량 산정공식

$$Hl = Hh - 480 \times H_2O량 \,(\text{kcal/Sm}^3)$$

여기서, Hl : 저위발열량(kcal/Sm^3)　　　　Hh : 고위발열량(kcal/Sm^3)
　　　　H_2O량 : 발생되는 물의 갯수

Question 07

메탄의 고위발열량(Hh)이 9,000kcal/Nm³일 때 저위발열량(kcal/Nm³)을 계산하시오.

 $CH_4 + 2O_2 \rightarrow CO_2 + 2H_2O$

$Hl = Hh - 480 \times H_2O$ 량$(kcal/Nm^3) = 9,000 kcal/Nm^3 - 480 \times 2 = 8,040 kcal/Nm^3$

 TIP

완전연소 반응식

$C_mH_n + \left(m + \dfrac{n}{4}\right)O_2 \rightarrow mCO_2 + \dfrac{n}{2}H_2O$

06 폐기물의 분석방법 및 주요 핵심내용

(1) 쓰레기의 3성분의 조성비에 의한 저위발열량 측정방법

① 원소분석에 의한 방법
② 물리적 조성분석에 의한 방법
③ 단열열량계에 의한 방법
④ 쓰레기 조성에 의한 추정식 이용

(2) 폐기물의 분석방법

① 극한분석
  ㉠ 원소분석이다.
  ㉡ C, H, O, N, S, Cl이 대상 항목이다.
② 개략분석
  ㉠ 3성분 : 가연분, 수분, 회분
  ㉡ 4성분 : 고정탄소, 휘발분(휘발성고형물), 수분, 회분

(3) 가연성 물질의 양 계산공식

$$\text{가연성 물질의 양(kg)} = \text{폐기물의 양}(m^3) \times \frac{100 - \text{비가연성 함량}(\%)}{100} \times \text{폐기물의 밀도}(kg/m^3)$$

Question 08

폐기물 성분 중 비가연성이 50wt(%)를 차지하고 있다. 밀도가 480kg/m³인 폐기물이 12m³일 경우 가연성 물질의 양(kg)을 계산하시오.

풀이 가연성 물질의 양(kg)

$$= \text{폐기물의 양}(m^3) \times \frac{100 - \text{비가연성 함량}(\%)}{100} \times \text{폐기물의 밀도}(kg/m^3)$$

$$= 12m^3 \times \frac{100 - 50\%}{100} \times 480kg/m^3 = 2,880kg$$

실전연습문제

01 쓰레기 3성분의 조성비에 의해 저위발열량 측정방법 4가지를 쓰시오.

풀이
① 원소분석에 의한 방법
② 물리적 조성분석에 의한 방법
③ 단열열량계에 의한 방법
④ 쓰레기 조성에 의한 추정식을 이용하는 방법

02 쓰레기를 3성분의 조성비에 의한 저위발열량 분석시 3성분을 쓰시오.

풀이
가연분, 수분, 회분

03 저위발열량 추정법 3가지와 대표적인 추정식 하나씩을 쓰시오.

풀이
① 원소분석에 의한 방법
$Hl = Hh - 600(9H + W)(kcal/kg)$
여기서, Hl : 저위발열량(kcal/kg) Hh : 고위발열량(kcal/kg)
　　　　H : 수소의 함량　　　　　　W : 수분의 함량
② 추정식에 의한 방법(3성분에 의한 방법)
$Hl = 45VS - 6W$
여기서, Hl : 저위발열량(kcal/kg) VS : 가연성분(%)
　　　　W : 수분함량(%)
③ 물리적조성에 의한 방법
$Hl = 88.2 \times R + 40.5 \times (G + P) - 6W$
여기서, R : 플라스틱의 함량(%) G : 진개의 함량(%)
　　　　P : 종이류의 함량(%) W : 수분의 함량(%)

04 수소 10.0%, 수분 0.5%인 중유의 고위발열량이 10,500kcal/kg일 때, 저위발열량(kcal/kg)을 계산하시오.

> Hl = Hh − 600 × (9H + W)(kcal/kg)
> 여기서, Hl : 저위발열량(kcal/kg)
>   Hh : 고위발열량(kcal/kg)
>   H : 수소의 함량
>   W : 수분의 함량
> 따라서 Hl = 10,500kcal/kg − 600 × (9 × 0.1 + 0.005) = 9,957kcal/kg

05 다음과 같은 조성의 폐기물의 저위발열량(kcal/kg)을 Dulong식을 이용하여 계산하시오.
(단, 탄소, 수소, 황의 연소발열량은 각각 8,100kcal/kg, 34,000kcal/kg, 2,500kcal/kg으로 한다.)

> 조성(%) : 휘발성 고형물 = 50, 회분 = 50이며,
> 휘발성 고형물의 원소분석결과는 C = 50, H = 30, O = 10, N = 10이다.

> ① Dulong식에 의한 고위발열량(Hh)을 계산한다.
> $Hh = 8,100C + 34,000 \times \left(H - \dfrac{O}{8}\right) + 2,500S \,(kcal/kg)$
> $= (8,100 \times 0.5 \times 0.5) + \left\{34,000 \times \left(0.5 \times 0.3 - \dfrac{0.5 \times 0.1}{8}\right)\right\} = 6,912.5\,kcal/kg$
> ② 저위발열량(Hl)을 계산한다.
> Hl = Hh − 600 × (9H + W)(kcal/kg)
> = 6,912.5kcal/kg − 600 × (9 × 0.5 × 0.3) = 6,102.5kcal/kg

06 어떤 쓰레기의 가연분의 조성비가 60%이며 수분의 함유율이 30%라면 이 쓰레기의 저위 발열량(kcal/kg)을 계산하시오 (단, 쓰레기 3성분의 조성비 기준의 추정식 적용)

> Hl = 45VS − 6W
> 여기서, Hl : 저위발열량(kcal/kg)
>   VS : 가연성분(%)
>   W : 수분함량(%)
> 따라서 Hl = 45 × 60% − 6 × 30% = 2,520kcal/kg

07 음식물쓰레기의 삼성분 분석결과가 다음과 같다. 음식물쓰레기 200kg에 포함된 탄소를 CO_2로 산화시키는데 필요한 산소의 양(kmol)을 계산하시오.

- 수분 : 70%
- 가연분 : 20%
- 회분 : 10%

[가연분의 원소구성비(%)]

C	H	O	N	S	Cl
48	5	30	14	1	2

풀이

$$C \quad + \quad O_2 \quad \rightarrow \quad CO_2$$
$$12kg \quad\quad\quad : 1kmol$$
$$200kg \times 0.2 \times 0.48 \quad : \quad X$$
$$\therefore X = 1.6\,kmol$$

08 쓰레기 중 가연성분이 30%(질량기준)이다. 밀도가 $620kg/m^3$인 쓰레기 $5m^3$의 가연성분의 질량(kg)을 계산하시오.

풀이

$$가연성분의\ 질량(kg) = 쓰레기의\ 양(m^3) \times 밀도(kg/m^3) \times \frac{가연성분(\%)}{100}$$
$$= 5m^3 \times 620kg/m^3 \times 0.3 = 930kg$$

09 어느 도시에서 발생하는 쓰레기의 성분 중 비가연성이 약 70wt%를 차지하는 것으로 조사되었다. 밀도 $400kg/m^3$인 쓰레기가 $10m^3$일 때 가연성 물질의 양(ton)를 계산하시오.

풀이

$$가연성\ 물질의\ 양(ton) = 쓰레기의\ 양(m^3) \times 밀도(ton/m^3) \times (1 - 비가연성\ 성분)$$
$$= 10m^3 \times 0.4ton/m^3 \times (1 - 0.7) = 1.2ton$$

10 어느 폐기물의 성분을 조사한 결과 플라스틱의 함량이 20%(질량비)로 나타났다. 이 폐기물의 밀도가 $300kg/m^3$라면 $10m^3$ 중에 함유된 플라스틱의 양(kg)을 계산하시오.

풀이

$$플라스틱의\ 양(kg) = 폐기물량(m^3) \times 폐기물의\ 밀도(kg/m^3) \times \frac{플라스틱\ 함량(\%)}{100}$$
$$= 10m^3 \times 300kg/m^3 \times 0.20 = 600kg$$

11 폐기물에 함유된 유용성분을 분리해 내기 위해 1,000kg의 폐기물을 처리하여 700kg과 300kg으로 분류하였다. 이들 각 폐기물에 함유된 유용성분의 함량을 조사하였더니 각각의 질량의 30%와 0.15%를 차지하고 있음을 알았다. 전체 폐기물에 함유되어 있는 유용성분의 함량(%)을 계산하시오. (단, 질량 기준)

유용성분의 함량(%) = $\dfrac{\text{유용성분 함유 폐기물(kg)}}{\text{폐기물의 양(kg)}} \times 100$

① 유용성분 함유 폐기물(kg) = $700\text{kg} \times 0.3 + 300\text{kg} \times 0.0015 = 210.45\text{kg}$

② 유용성분의 함량(%) = $\dfrac{210.45\text{kg}}{1,000\text{kg}} \times 100 = 21.05\%$

CHAPTER 02 폐기물 관리

01 수집 및 운반

(1) 폐기물 수거방법

1) 타종수거

① 수거형태 중 수거효율이 가장 우수하다.
② MHT가 0.84이다.

2) 문전수거

① 수거인부가 각 가정을 직접 방문하여 수거하는 형태이다.
② MHT가 2.3이다.

3) 대형쓰레기통 수거

① 아파트 단지내에 설치되어 있는 대형쓰레기통을 수거인부가 수거해 가는 형태이다.
② MHT가 1.1이다.

4) Curb service

거주지가 정해진 수거일에 맞추어 쓰레기 저장용기를 노변에 갖다 놓으면 수거차량이 용기를 비우고 빈 용기는 주인이 찾아가는 쓰레기 수거형태이다.

5) MHT(man·hr/ton)

① $\text{MHT(man·hr/ton)} = \dfrac{\text{수거인부수(인)} \times \text{작업시간(hr)}}{\text{쓰레기 수거실적(ton)}}$

② 1ton의 쓰레기를 수거하는데 수거인부 1인이 소요하는 총 시간을 의미한다.
③ 폐기물의 수거효율을 평가하는 단위이다.
④ MHT가 클수록 수거효율이 낮다.
⑤ 주거작업간의 노동력을 비교하기 위한 것이다.

Question 01

인구 6,000,000명이 사는 어느 도시에서 1년에 3,000,000ton의 폐기물이 발생된다. 이 폐기물을 4,500명의 인부가 수거할 때 MHT를 계산하시오. (단, 수거인부의 1일 작업시간은 8시간이고, 1년에 작업일수는 300일이다.)

풀이

$$MHT(man \cdot hr/ton) = \frac{수거인부수 \times 작업시간}{쓰레기 \ 수거실적(ton)}$$

$$= \frac{4,500명 \times 8hr/day \times 300day/년}{3,000,000ton/년} = 3.6 \, MHT$$

> **TIP**
> - service/day/truck : 수거트럭 1대당 1일 수거 가옥수
> - service/man/hour : 수거인부 1인당 1시간 수거 가옥수
> - ton/day/truck : 수거트럭 1대당 1일 수거하는 폐기물량

6) 쓰레기(폐기물) 발생량 계산식

$$쓰레기 \ 배출량(kg/인 \cdot day) = \frac{폐기물 \ 수거량(kg/day)}{인구수(인)}$$

Question 02

인구가 200만명인 어떤 도시의 폐기물 수거실적은 1,009,940ton/년 이었다. 폐기물 수거율이 총 배출량의 75%라고 하면 이 도시의 1인1일 배출량(kg)을 계산하시오. (단, 1년은 365일 기준)

풀이

$$배출량(kg/인 \cdot day) = \frac{폐기물 \ 수거량(kg/day)}{인구수(인)}$$

$$= \frac{1,009,940ton/년 \times 10^3 kg/ton \times 1년/365일}{2,000,000인} \times \frac{100}{75\%}$$

$$= 1.85 \, kg/인 \cdot 일$$

Question 03

400세대 2,000명이 생활하는 아파트에서 배출하는 쓰레기를 4일마다 수거하는 데 적재용량 8.0m³짜리 트럭 6대가 소요된다. 쓰레기의 용적당 질량은 400kg/m³라면 1인당 1일 쓰레기 배출량(kg)을 계산하시오.

풀이

$$배출량(kg/인 \cdot day) = \frac{폐기물\ 수거량(kg/day)}{인구수(인)}$$

$$= \frac{400kg/m^3 \times 8.0m^3/대 \times 6대}{2,000인 \times 4일} = 2.4kg/인 \cdot 일$$

7) 운반차량 대수 계산공식

① 청소차량 대수 $= \dfrac{쓰레기의\ 총\ 발생량(m^3)}{차량의\ 적재용량(m^3/대)}$

 Question 04

인구 38,000명인 어느 지역에서 1인1일 1.2kg 폐기물이 발생되고 있다. 발생되는 폐기물을 1주일에 1일 수거하기 위하여 필요한 용량 8m³인 청소차량 대수를 계산하시오. (단, 폐기물의 적재밀도는 0.3ton/m³, 차량은 1일 2회 운행함.)

풀이

$$대 = \frac{1.2kg/인 \cdot 일 \times \dfrac{1}{300kg/m^3} \times 38,000인}{8m^3/대 \times 1일/주 \times 2회/일} = 9.5대 ≒ 10대$$

② 차량수(대)

$$= \frac{쓰레기발생량(ton/day) \times \dfrac{수거율(\%)}{100}}{적재용량(ton/대) \times 차량당\ 하루\ 운전시간(hr/대 \cdot day) \times \dfrac{1대}{작업시간(min)} \times \dfrac{60min}{hr}}$$

 Question 05

인구 60만 도시의 쓰레기 발생량이 1.5kg/인·일이고, 도시의 쓰레기 수거율은 90%이다. 적재용량이 10톤인 수거차량으로 수거한다면 하루에 몇 대로 운반해야 하는지 계산하시오.

[조건]
- 차량당 하루 운전시간 : 12시간
- 처리장까지 왕복 운전시간 : 45분
- 차량당 수거시간 : 20분
- 차량당 하역시간 : 10분

 풀이

$$대 = \frac{1.5kg/인 \cdot 일 \times 600,000인 \times 0.9 \times 10^{-3}ton/kg}{10ton/대 \times 12hr/대 \cdot day \times \dfrac{1대}{(45+20+10)min} \times \dfrac{60min}{1hr}} = 9대$$

(2) 쓰레기 수거

1) 쓰레기 관리체계에서 비용이 가장 많이 드는 것은 수거단계이며, 수거단계가 전체비용의 60% 이상을 차지한다.

2) 쓰레기 수거노선 설정시 유의사항
   ① 가능한 지형지물 및 도로 경계와 같은 장벽을 이용하여 간선도로 부근에서 시작하고 끝나도록 배치하여야 한다.
   ② 가능한 한 시계방향으로 수거노선을 정한다.
   ③ 발생량이 아주 많은 발생원은 하루 중 가장 먼저 수거한다.
   ④ 발생량이 적으나 수거빈도가 동일하기를 원하는 적재지점은 가능한 한 같은 날 왕복 내에서 수거한다.
   ⑤ 언덕지역에서는 언덕의 위에서부터 적재하면서 아래로 차량을 진행한다.
   ⑥ U자형 회전을 피한다.
   ⑦ 가급적 출·퇴근 시간을 피한다.
   ⑧ 될 수 있는 한 한번 간 길은 가지 않는다.(반복운행을 피하도록 한다.)
   ⑨ 수거지점과 수거빈도를 결정하는데 기존정책이나 규정을 참고한다.

3) 수거노선 결정시 고려사항
   ① 수거에 필요한 시간   ② 수거차량의 적재 방법
   ③ 폐기물의 발생량   ④ 폐기물의 질량
   ⑤ 수거차량의 수거능력   ⑥ 수거인부의 노동력

4) 생활폐기물 수거운반시 고려사항
   ① 수거빈도   ② 수거거리
   ③ 쓰레기통 크기   ④ 수거구역

(3) 쓰레기의 수집 시스템

1) 모노레일 수송
   ① 적환장에서 최종처분장까지 수송하는데 적용할 수 있다.
   ② 자동무인화 할 수 있다.

③ 가설이 어렵고 설치비가 높다.
④ 시설완료 후에는 경로변경이 어렵다.
⑤ 반송용 노선이 필요하다.

2) 컨베이어 수송

① 지하에 설치된 컨베이어에 의해 수송하는 방법이다.
② 수송망을 하수도 시설처럼 가설하면 각 가정에서 배출된 쓰레기를 최종처분장까지 운반할 수 있다.
③ 내구성과 미생물 부착 등의 문제가 있다.
④ 유지비가 많이 든다.
⑤ 악취문제의 해결과 경관보전이 가능하다.
⑥ 고가의 시설비와 정기적인 정비가 필요하다.

3) 관거(Pipe-line) 방식

① 장점
  ㉠ 자동화, 무공해화, 안전화가 가능하다.
  ㉡ 쓰레기가 눈에 띄지 않는다.
  ㉢ 분진, 악취, 소음, 진동 등의 문제가 없다.
  ㉣ 수거차량에 의한 도심지 교통량 증가가 없다.

② 단점
  ㉠ 쓰레기 발생밀도가 높은 인구밀집지역 및 아파트 지역 등에서 현실성이 있다.
  ㉡ 조대(대형)쓰레기는 파쇄, 압축 등의 전처리를 해야 한다.
  ㉢ 잘못 투입된 물건은 회수하기가 곤란하다.
  ㉣ 장거리 이용이 곤란하다.
  ㉤ 가설 후 경로(Route) 변경이 곤란하고 설치비가 높다.
  ㉥ 유지관리, 수송능력 등의 문제를 고려할 때 초기 투자비가 높다.
  ㉦ 고도의 시스템 신뢰성이 필요하다.
  ㉧ 투입구를 이용한 범죄나 사고의 위험이 있다.
  ㉨ 사고발생시 시스템 전체가 마비되어 대체 시스템으로의 전환이 필요하다.
  ㉩ 약 2.5km 이내의 수송에 용이하다.

③ 수송방식
  ㉠ 공기수송   ㉡ 슬러리수송   ㉢ 캡슐수송

02 적환장의 설계 및 운전관리

(1) 적환장의 필요성

① 폐기물 수집장소와 처분장소가 멀리 떨어져 있는 경우
② 소용량 수집차량이 사용되는 경우
③ 상업지역에서 폐기물 수집에 소형용기를 사용하는 경우
④ 불법투기와 다량의 어질러진 쓰레기들이 발생하는 경우
⑤ 슬러지 수송이나 공기수송 방식을 사용할 때
⑥ 저밀도 주거지역이 존재하는 경우
⑦ 작은 규모의 주택들이 밀집되어 있을 때

(2) 소형차량에서 대형차량으로 적재방식에 따른 분류

① 직접투하방식
　㉠ 소형차량에서 대형차량으로 직접 투하하여 적재하는 방식이다.
　㉡ 주택지역과 거리가 먼 교외지역에 주로 사용하는 방식이다.
② 저장투하방식
　㉠ 폐기물을 저장한 후 적환하는 방식이다.
　㉡ 대도시의 대용량 폐기물처리에 적합하다.
　㉢ 수거차의 대기시간이 없이 빠른 시간 내에 적하를 마치므로 적환 내외의 교통체증 현상을 없애주는 효과가 있다.
③ 직접·저장 투하 결합방식
　㉠ 직접적재방식과 저장한 후 적재하는 방식으로 한 적환장에서 이루어진다.
　㉡ 부패성 폐기물은 직접 적재하고 재활용품이 많이 포함된 폐기물은 선별 후 적재하는 방식이다.
　㉢ 재활용품의 회수율을 높이기 위한 적재방식이다.

(3) 적환장 설치장소를 정하는데 고려사항

① 수거하고자 하는 개별적 고형물 발생지역의 하중 중심에 되도록 가까운 곳
② 주요 간선도로에 쉽게 도달할 수 있는 곳인 동시에 2차적 또는 보조 수송수단에 가까운 곳

③ 적환 작업중에 공중 및 환경피해가 최소인 곳
④ 설치 및 작업이 쉬운 곳
⑤ 주민의 반대가 적은 곳
⑥ 건설비와 운영비가 적게 들고 경제적인 곳

실전연습문제

01 A도시의 쓰레기 수거대상 인구가 648,825명이며 이 도시의 쓰레기 배출량은 1.15kg/인·일이다. 수거인부는 233명이며, 이들이 1일에 8시간을 작업한다면 이때 MHT를 계산하시오.

풀이
$$MHT = \frac{수거인부수 \times 작업시간}{쓰레기\ 수거실적}$$
$$= \frac{233인 \times 8hr/일}{1.15kg/인 \cdot 일 \times 648,825인 \times 10^{-3}ton/kg} = 2.50\,MHT$$

TIP
① $MHT = man \cdot hr/ton$
② MHT는 1ton의 쓰레기를 수거하는데 수거인부 1인이 소요하는 총 시간이다.
③ MHT가 클수록 수거효율이 낮다.

02 6,000,000ton/년의 쓰레기 수거에 4,500명의 인부가 종사한다면 MHT 값을 계산하시오. (단, 수거인부의 1일 작업시간은 8시간이고, 1년 작업일수는 300일이다.)

풀이
$$MHT(man \cdot hr/ton) = \frac{수거인부수 \times 작업시간}{쓰레기\ 수거\ 실적}$$
$$= \frac{4,500인 \times 8hr/day \times 300day/1년}{6,000,000ton/년} = 1.8\,MHT$$

03 다음 어떤 도시의 거주인구가 648,825명이며, 이 도시의 쓰레기 배출량은 1.15kg/인·일이다. 수거인부는 308명이며, 이들이 1일에 8시간을 작업한다고 할 때 MHT를 계산하시오.

풀이
$$MHT(man \cdot hr/ton) = \frac{수거인부수(인) \times 작업시간(hr)}{쓰레기\ 수거\ 실적(ton)}$$
$$= \frac{308인 \times 8hr/일}{1.15kg/인 \cdot 일 \times 648,825인 \times 10^{-3}ton/kg} = 3.3\,MHT$$

04 MHT 값이 1.8이고 6,000,000ton/year의 쓰레기를 수거해야 한다면 필요한 인부수를 계산하시오. (단, 수거인부의 1일 작업시간은 8시간이고, 1년 작업일수는 300일 기준.)

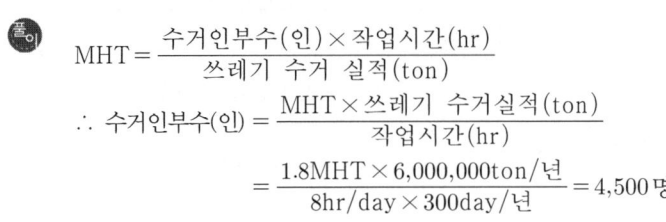

$$MHT = \frac{수거인부수(인) \times 작업시간(hr)}{쓰레기\ 수거\ 실적(ton)}$$

$$\therefore 수거인부수(인) = \frac{MHT \times 쓰레기\ 수거실적(ton)}{작업시간(hr)}$$

$$= \frac{1.8MHT \times 6,000,000ton/년}{8hr/day \times 300day/년} = 4,500명$$

05 아파트단지의 세대수 400, 한 세대당 가족수 4인, 단위용적당 쓰레기 질량 120kg/m³, 적재용량 8m³의 트럭 7대로 2일마다 수거할 때, 1인 1일당 쓰레기 배출량(kg)을 계산하시오.

쓰레기 배출량(kg/인·일) $= \dfrac{쓰레기\ 수거량(kg)}{인구수(인) \times 수거일수(일)}$

$= \dfrac{8m^3/대 \times 7대/1회 \times 1회/2일 \times 120kg/m^3}{400세대 \times 4인/1세대} = 2.1kg/인 \cdot 일$

06 어떤 도시에서 한 해 동안 폐기물 수거량이 253,000톤/년 이었다. 수거 인부는 1일 850명이었으며, 수거대상 인구는 250,000명이라고 할 때 1인 1일 폐기물 생산량(kg/인·day)을 계산하시오.

폐기물 생산량(kg/인·일) $= \dfrac{폐기물\ 수거량(kg/일)}{인구수(인)}$

$= \dfrac{253,000 \times 10^3 kg/년 \times 1년/365일}{250,000인} = 2.77 kg/인 \cdot 일$

07 수거대상인구가 100,000명인 지역에서 60일간 쓰레기의 수거상태를 조사한 결과 다음과 같이 조사되었다. 이 지역의 1일 1인당 쓰레기 발생량(kg)을 계산하시오. (단, 수거에 사용된 트럭=7대, 수거횟수=250회/대, 트럭의 용적=10m³/대, 수거된 쓰레기의 밀도=400kg/m³이다.)

쓰레기 발생량(kg/인·일) $= \dfrac{쓰레기\ 수거량(kg/일)}{인구수(인)}$

$= \dfrac{10m^3/대 \cdot 회 \times 7대 \times 250회 \times 400kg/m^3}{100,000인 \times 60일} = 1.17 kg/인 \cdot 일$

08 수거대상 인구가 2,000명인 어느 지역에서 4일 동안 발생한 쓰레기를 수거한 결과가 다음과 같다면 이 지역의 1일 1인당 쓰레기 발생량(kg)을 계산하시오.

[조건]
- 트럭 수 : 6대
- 트럭의 용적 : 8.0m³/대
- 적재 시 쓰레기 밀도 : 200 kg/m³

쓰레기 발생량(kg/인·일) = $\dfrac{쓰레기\ 발생량(kg)}{인구수(인) \times 일수(일)}$

$= \dfrac{200\text{kg/m}^3 \times 8.0\text{m}^3/\text{대} \times 6\text{대}}{2{,}000\text{인} \times 4\text{일}} = 1.2\,\text{kg/인}\cdot\text{일}$

09 어느 도시에서 1주일간의 쓰레기 수거상황을 조사한 결과가 다음과 같았다면 1일 쓰레기 발생량(kg/cap·d)을 계산하시오.

[조건]
- 수거 대상인구 : 600,000명
- 수거 용적 : 13,124 m³
- 적재시 밀도 : 0.5ton/m³

쓰레기 발생량(kg/cap · day) = $\dfrac{쓰레기량(kg)}{인구수 \times 일수}$

$= \dfrac{0.5 \times 10^3 \text{kg/m}^3 \times 13{,}124\text{m}^3}{600{,}000\text{인} \times 7\text{일}} = 1.56\,\text{kg/cap} \cdot \text{day}$

TIP

kg/cap · day = kg/인 · day

10 인구 10,000명의 도시에서 1일 1인당 1.2kg의 쓰레기를 배출하고 있다. 이때 쓰레기의 평균 겉보기 밀도는 500kg/m³이다. 일주일간 발생되는 쓰레기의 양(m³)을 계산하시오.
(단, 일요일은 1.5kg/인·일의 율로 배출한다.)

쓰레기 발생량(m³/주) = $\dfrac{\text{쓰레기 배출량}(kg/\text{인}\cdot\text{주}) \times \text{인구수}(\text{인})}{\text{쓰레기의 겉보기 밀도}(kg/m^3)}$

① 쓰레기 발생량(m³/주) = $\dfrac{1.2kg/\text{인}\cdot\text{일} \times 10,000\text{인} \times 6\text{일}/\text{주}}{500kg/m^3} = 144m^3/\text{주}$

② 쓰레기 발생량(m³/주) = $\dfrac{1.5kg/\text{인}\cdot\text{일} \times 10,000\text{인} \times 1\text{일}/\text{주}}{500kg/m^3} = 30m^3/\text{주}$

따라서 총 쓰레기 발생량(m³/주) = 144m³/주 + 30m³/주 = 174m³/주

TIP

쓰레기 발생량이 월~토요일 6일간 배출되는 양과 일요일 1일간 배출되는 양이 서로 다르므로 각각 계산해서 총 쓰레기 발생량을 계산한다.

11 인구 15만명, 쓰레기발생량 1.4kg/인·일, 쓰레기밀도 400kg/m³, 일일운전시간 6시간, 운반거리 6km, 적재용량 12m³, 1회 운반 소요시간 60분(적재시간, 수송시간 등 포함)일 때 운반에 필요한 1일 소요 차량대수를 계산하시오. (단, 대기차량 3대, 압축비 1.5)

① 차량대수(대)

$= \dfrac{\text{쓰레기 발생량}(kg/\text{인}\cdot\text{일}) \times \text{인구수} \times \dfrac{1}{\text{밀도}(kg/m^3)}}{\text{적재용량}(m^3/\text{대}\cdot\text{회}) \times \text{운전시간}(hr/\text{대}\cdot\text{일}) \times \dfrac{1\text{회}}{\text{소요시간}(min)} \times 60min/hr \times \text{압축비}}$

$= \dfrac{1.4\,kg/\text{인}\cdot\text{일} \times 150,000\text{인} \times \dfrac{1}{400\,kg/m^3}}{12m^3/\text{대}\cdot\text{회} \times 6\text{시간}/\text{일} \times \dfrac{1\text{회}}{60min} \times \dfrac{60\min}{1\,hr} \times 1.5} = 5\text{대}$

② 소요차량대수 = 실제차량 + 대기차량 = 5대 + 3대 = 8대

12 1일 폐기물 발생량이 1,244톤의 도시에서 6톤 트럭(적재가능량)을 이용하여 쓰레기를 매립지까지 운반하려고 한다. 다음과 같은 조건하에서 하루에 필요한 운반트럭의 대수를 계산하시오. (단, 예비차량 포함, 기타 조건 고려하지 않는다.)

[조건]
- 하루 트럭의 작업시간 : 8시간
- 적재시간 : 15분
- 왕복운반시간 : 35분
- 운반거리 : 10km
- 예비차량 : 10대
- 적하시간 : 10분

① 차량대수(대)

$$= \frac{\text{폐기물 발생량(톤/일)}}{\text{적재용량(톤/대·회)} \times \text{운전시간(hr/대·일)} \times \frac{1회}{\text{소요시간(min)}} \times 60\text{min/hr}}$$

$$= \frac{1,244\text{톤/일}}{6\text{톤/대·회} \times 8\text{hr/대·일} \times \frac{1회}{(15+35+10)\text{min}} \times 60\text{min/hr}} = 26\text{대}$$

② 소요차량 대수 = 실제차량 대수 + 예비차량 = 26대 + 10대 = 36대

13 다음 조건을 가진 어느 지역의 쓰레기 수거회수(회/주)를 계산하시오.
(단, 거리나 기타 제약은 고려하지 않는다.)

[조건]
- 쓰레기 밀도 : 650 kg/m³
- 수거대상인구 : 15,000명
- 적재함 이용율 : 85%
- 차량대수 : 1대 기준
- 발생량 : 1.4kg/인·일
- 차량적재용적 : 10m³/대
- 압축비 : 1.5
- 수거인부 : 4명

수거회수(회) = $\frac{\text{쓰레기 발생량(m}^3\text{/주)}}{\text{적재용량(m}^3\text{/회)}}$

$$= \frac{1.4\text{kg/인·일} \times 15,000\text{인} \times 7\text{일/주} \times \frac{1}{650\text{kg/m}^3}}{10\text{m}^3\text{/대} \times 1\text{대/1회} \times 0.85 \times 1.5} = 18회$$

14 인구 5만명인 어느 도시에서 쓰레기를 소각처리하기 위해 분리수거를 하고 있다. 조사결과 아래와 같은 자료를 얻었을 때 가연성분 전량을 소각로로 운반하는데 필요한 차량의 댓수를 계산하시오. (단, 쓰레기 조성 : 가연성 60%Wt, 불연성 40%Wt, 쓰레기 발생량 : 1.8kg/인·일, 쓰레기 차의 적재 밀도 : 0.6t/m³, 쓰레기 차의 적재 용량 : 4.5m³, 적재율 : 0.8, 수거차 일일 평균 왕복회수 : 3회/대·일, 1일 기준)

풀이)

$$\text{운반차량수(대)} = \frac{\text{가연성 쓰레기 발생량(kg)} \times \frac{1}{\text{밀도(kg/m}^3)}}{\text{적재용량(m}^3/\text{대})}$$

$$= \frac{1.8\text{kg/인·일} \times 50{,}000\text{인} \times 0.60 \times \frac{1}{600\text{kg/m}^3}}{4.5\text{m}^3/\text{회} \times 3\text{회/대·일} \times 0.8} = 9\text{대}$$

15 다음과 같은 조건을 가진 지역에서 쓰레기를 수거하는데 회별 소요되는 시간(분)을 계산하시오.

[조건]
- 1가구당 가족 수 : 4인
- 수거횟수 : 1회/1주
- 한 가구당 수거 소요시간 : 0.5분
- 1일 1인당 쓰레기 발생량 : 1kg
- 수거 쓰레기량 : 14,000kg/회

풀이)

$$\text{소요시간(min)} = \frac{\text{쓰레기 수거량(kg/회)}}{\text{쓰레기 배출량(kg/min)}}$$

$$= \frac{14{,}000\text{kg/회} \times 1\text{회/주}}{1\text{kg/인·일} \times 4\text{인/가구} \times 7\text{일/주} \times \text{가구}/0.5\text{min}}$$

$$= 250\text{min}$$

16 인구 32,000명의 어느 도시에서 쓰레기를 2일마다 수거하는데 적재용량 8m³인 트럭 30대가 이용된다. 1인당 1일 쓰레기 배출량이 0.82kg일 때 쓰레기의 밀도(kg/m³)를 계산하시오.

풀이)

$$\text{쓰레기 밀도(kg/m}^3) = \frac{\text{쓰레기 배출량(kg)}}{\text{적재용량(m}^3)}$$

$$= \frac{0.82\text{kg/인·일} \times 32{,}000\text{인}}{8\text{m}^3/1\text{회·대} \times 30\text{대} \times 1\text{회}/2\text{일}} = 218.67\text{kg/m}^3$$

17 쓰레기의 수집 시스템 중에서 관거(Pipe-line) 방식의 장·단점을 각각 3가지씩 쓰시오.

> **가. 장점**
> ① 자동화, 무공해화, 안전화가 가능하다.
> ② 쓰레기가 눈에 띄지 않는다.
> ③ 분진, 악취, 소음, 진동등의 문제가 없다.
> ④ 수거차량에 의한 도심지 교통량 증가가 없다.
>
> **나. 단점**
> ① 쓰레기 발생밀도가 높은 지역 등에서 현실성이 있다.
> ② 조대(대형)쓰레기는 파쇄, 압축 등의 전처리를 해야 한다.
> ③ 잘못 투입된 물건은 회수하기가 곤란하다.
> ④ 가설 후 경로(Route) 변경이 곤란하고 설치비가 높다.

18 쓰레기의 수집 시스템 중에서 관거(Pipe-line) 수송방식의 종류 3가지를 쓰시오.

> ① 공기수송　② 슬러리수송　③ 캡슐수송

19 적환장의 필요성을 6가지만 쓰시오.

> ① 폐기물 수집장소와 처분장소가 멀리 떨어져 있는 경우
> ② 소용량 수집차량이 사용되는 경우
> ③ 상업지역에서 폐기물 수집에 소형용기를 사용하는 경우
> ④ 불법투기와 다량의 어질러진 쓰레기들이 발생하는 경우
> ⑤ 슬러지 수송이나 공기수송 방식을 사용할 때
> ⑥ 작은 규모의 주택들이 밀집되어 있을 때

20 소형차량에서 대형차량으로 적환장을 적재방식에 따라 3가지로 분류하고 간단히 쓰시오.

> (1) 직접투하방식
> 　① 소형차량에서 대형차량으로 직접 투하하여 적재하는 방식이다.
> 　② 주택지역과 거리가 먼 교외지역에 주로 사용하는 방식이다.
> (2) 저장투하방식
> 　① 폐기물을 저장한 후 적환하는 방식이다.
> 　② 대도시의 대용량 폐기물처리에 적합하다.
> (3) 직접·저장 투하 결합방식
> 　① 직접적재방식과 저장한 후 적재하는 방식으로 한 적환장에서 이루어진다.
> 　② 재활용품의 회수율을 높이기 위한 적재방식이다.

21 적환장 설치장소를 정하는데 고려사항 5가지를 쓰시오.

 ① 수거하고자 하는 개별적 고형물 발생지역의 하중 중심에 되도록 가까운 곳
② 주요 간선도로에 쉽게 도달할 수 있는 곳인 동시에 2차적 또는 보조 수송수단에 가까운 곳
③ 적환 작업중에 공중 및 환경피해가 최소인 곳
④ 설치 및 작업이 쉬운 곳
⑤ 주민의 반대가 적은 곳
⑥ 건설비와 운영비가 적게 들고 경제적인 곳

03 폐기물의 관리체계

(1) 감량화 대책

1) 발생원 대책

① 식단제 개선
② 분리수거 실시
③ 가정용품의 적절한 정비
④ 포장재 절약

2) 발생 후 대책

① 재생이용
② 에너지 회수

(2) 폐기물 처리 및 관리차원에서 사용되는 3R

① Recycle(재활용)/Reuse(재이용)
② Reduction(감량화)
③ Recovery(회수 이용)

(3) 폐기물 부담금 제도의 효과

① 폐기물 발생량 억제
② 자원의 낭비 방지
③ 자원 재활용의 촉진

(4) 폐기물의 자원화

① RDF(고형화 연료)
② Pyrolysis(열분해)
③ Composting(퇴비화)
④ 발효

(5) 청소상태의 평가법

1) CEI(지역사회 효과지수)

① 청소상태 만족도 평가를 위한 지역사회 효과지수

$$CEI = \frac{\sum_{i=1}^{N}(S-P)}{N}$$

여기서, S : 가로의 청소상태(0~100점)
P : 가로의 청소상태 문제점 여부(1개에 10점씩 계산)
N : 가로의 전체 수

② 지역사회 효과지수는 가로 청소상태의 문제점이 관찰되는 경우 각 10점씩 감점한다.
③ S(가로의 청소상태)의 Scale은 1~4로 정하여 각각 100, 75, 50, 25, 0으로 한다.
  ㉠ 100점 : 아주 깨끗하고 버려진 쓰레기가 보이지 않는 경우
  ㉡ 75점 : 수거를 위한 것이 아닌 쓰레기가 한곳에 버려져 있는 경우
  ㉢ 50점 : 거리에 쓰레기가 보이고 모아놓은 쓰레기도 보이는 경우
  ㉣ 25점 : 쓰레기의 60L이상이 흩어져 있는 경우
④ 사용자 만족도 지수는 서비스를 받는 사람들의 만족도를 설문 조사하여 계산하며, 설문 문항은 6개로 구성되어 있다.
⑤ 지역사회 효과지수는 청소상태를 기준으로 평가한다.

2) USI(사용자 만족도 지수)

① 청소상태를 평가하는 방법 중 서비스를 받는 시민들의 만족도를 설문조사하여 나타내어지는 사용자 만족도 지수이다.

$$USI = \frac{\sum_{i=1}^{N} Ri}{N}$$

여기서, N : 총 설문지 회답자의 수   Ri : 설문지 점수 합계

(6) 전과정평가(Life Cycle Assessment : LCA)

사용하는 자원, 에너지, 환경에 미치는 각종 부하를 원료자원 채취-생산-유통-사용-재사용-폐기의 전과정에 걸쳐 가능한 정량적으로 분석 및 평가하여 현재 인류가 직면하고 있는 자원의 고갈 및 생태계의 파괴현상과 지구환경문제 등을 근본적으로 해결하기 위한 각종 개선방안을 모색하는 기술적이며 체계적인 과정을 의미한다.

1) 전과정 평가의 순서

목적 및 범위의 설정 → 목록 분석 → 영향 평가 → 개선평가 및 해석

① 목적 및 범위의 설정(Initiation analysis)
전과정 평가 연구결과의 이용분야를 고려하여 연구의 목적을 설정하고, 목적을 달성하기 위한 타당한 범위를 설정하는 단계이다.

② 목록분석(Inventory analysis)
제품이나 서비스 시스템의 전과정에 관련된 투입물과 산출물을 규명하고 정량화하는 단계이다.

③ 영향평가(Impact analysis)
환경부하에 대한 영향을 평가하는 기술적, 정량적, 정성적 과정이다.

④ 개선평가 및 해석(Improvement analysis)
전과정 목록분석과 전과정 영향평가로부터 얻은 결과를 정의된 목적과 범위에 맞게 해석(결과보고)하는 과정이다.

2) 전과정평가(LCA)의 일반적 활용목적

① 생활양식의 평가와 개선목표의 도출
② 환경목표치 또는 기준치에 대한 달성도 평가
③ 복수 제품간의 환경오염부하의 비교

실전연습문제

01 폐기물의 효율적 처리 및 관리차원에서 이용되는 용어 중 3P, 3R, 3T의 영어와 그 뜻을 쓰시오.

(가) 3P

(나) 3R

(다) 3T

  (가) 3P
   ① Polluter(오염자)　　　　　　　② Pays(비용)
   ③ Principles(원칙)
  (나) 3R
   ① Recycle(재활용)/Reuse(재이용)　② Reduction(감량화)
   ③ Recovery(회수 이용)
  (다) 3T
   ① Temperature(높은 연소온도)　② Time(적당한 연소시간)
   ③ Turbulence(가연물과 공기의 혼합)

02 쓰레기를 수거하는 작업, 즉 청소작업이 끝난 후 이에 대한 상태를 평가하는 방법으로는 CEI와 USI를 이용한다. CEI와 USI 각각에 대하여 간단히 기술하시오.

 ① CEI : 청소상태의 평가법 중 가로의 청소상태를 기준으로 하는 지역사회 효과 지수를 말한다.
 ② USI : 청소상태를 평가하는 방법 중 서비스를 받는 시민들의 만족도를 설문조사하여 나타내어지는 사용자 만족도 지수를 말한다.

03 아래의 보기에서 알맞은 것을 찾아 쓰시오.

[보기]
① MBT(Mechanical Biological Treatment)
② RDF(Refuse Derived Fuel)
③ RPF(Refuse Plastic Fuel)
④ Eddy Current Separation
⑤ EPR(Extended Producer Responsibility)
⑥ LCA(Life Cycle Assessment)

(가) 생활쓰레기 전처리시설
(나) 쓰레기전환연료
(다) 플라스틱전환연료
(라) 알루미늄캔 선별법
(마) 생산자책임 재활용제도
(바) 전과정평가

(가) 생활쓰레기 전처리시설 - ① MBT(Mechanical Biological Treatment)
(나) 쓰레기전환연료 - ② RDF(Refuse Derived Fuel)
(다) 플라스틱전환연료 - ③ RPF(Refuse Plastic Fuel)
(라) 알루미늄캔 선별법 - ④ Eddy Current Separation
(마) 생산자책임 재활용제도 - ⑤ EPR(Extended Producer Responsibility)
(바) 전과정평가 - ⑥ LCA(Life Cycle Assessment)

04 폐기물의 감량화 대책 중 발생원 대책과 발생후 대책에 대하여 서술하시오.

(1) 발생원 대책
　① 식단제 개선　　② 분리수거 실시
　③ 가정용품의 적절한 정비　④ 포장재 절약
(2) 발생 후 대책
　① 재생이용　　② 에너지 회수

05 폐기물의 자원화 방법 4가지를 쓰시오.

① RDF(고형화 연료)　② Pyrolysis(열분해)
③ Composting(퇴비화)　④ 발효

06 LCA의 정의 및 구성요소는 무엇인지 쓰시오.

(가) 정의

(나) 구성요소

> (가) 전과정평가(LCA)의 정의 : 사용하는 자원, 에너지, 환경에 미치는 각종 부하를 원료자원 채취 -생산-유통-사용-재사용-폐기의 전과정에 걸쳐 가능한 정량적으로 분석 및 평가하여 현재 인류가 직면하고 있는 자원의 고갈 및 생태계의 파괴현상과 지구환경문제 등을 근본적으로 해결하기 위한 각종 개선방안을 모색하는 기술적이며 체계적인 과정을 의미한다.
> (나) 전과정평가(LCA)의 구성요소
> ① 목적 및 범위의 설정(Initiation analysis)
> ② 목록분석(Inventory analysis)
> ③ 영향평가(Impact analysis)
> ④ 개선평가 및 해석(Improvement analysis)

07 전과정 평가(LCA)의 순서를 바르게 나열하시오.

> 목적 및 범위의 설정 → 목록 분석 → 영향 평가 → 개선평가 및 해석

08 전과정 평가(LCA)의 각 단계를 쓰고 간단히 기술하시오.

> ① 목적 및 범위의 설정(Initiation analysis) : 전과정 평가 연구결과의 이용분야를 고려하여 연구의 목적을 설정하고, 목적을 달성하기 위한 타당한 범위를 설정하는 단계이다.
> ② 목록분석(Inventory analysis) : 제품이나 서비스 시스템의 전과정에 관련된 투입물과 산출물을 규명하고 정량화하는 단계이다.
> ③ 영향평가(Impact analysis) : 환경부하에 대한 영향을 평가하는 기술적, 정량적, 정성적 과정이다.
> ④ 개선평가 및 해석(Improvement analysis) : 전과정 목록분석과 전과정 영향평가로부터 얻은 결과를 정의된 목적과 범위에 맞게 해석(결과보고)하는 과정이다.

09 전과정평가(LCA)의 일반적 활용목적을 3가지만 쓰시오.

> ① 생활양식의 평가와 개선목표의 도출
> ② 환경목표치 또는 기준치에 대한 달성도 평가
> ③ 복수 제품간의 환경오염부하의 비교

CHAPTER 03 폐기물의 감량

01 압축공정

폐기물의 부피를 감소시키는 공정이다.

(1) 압축비 구하는 공식

①

$$압축비 = \frac{V_1}{V_2}$$

여기서, V_1 : 압축 전의 부피 V_2 : 압축 후의 부피

> **Question 01**
>
> 밀도가 680kg/m³인 쓰레기 200kg이 압축되어 밀도가 960kg/m³으로 되었다. 압축비를 계산하시오.
>
> **풀이**
> ① $V_1 = 200\text{kg} \times \dfrac{1}{680\text{kg/m}^3} = 0.29\text{m}^3$
>
> ② $V_2 = 200\text{kg} \times \dfrac{1}{960\text{kg/m}^3} = 0.21\text{m}^3$
>
> 따라서 압축비 $= \dfrac{V_1}{V_2} = \dfrac{0.29\text{m}^3}{0.21\text{m}^3} = 1.38$

②

$$압축비 = \frac{100}{100 - VR}$$

여기서, VR : 부피감소율(%)

Question 02

쓰레기 포장시 부피의 감소율이 통상적으로 60% 정도라면 이때 압축비를 계산하시오.

풀이 압축비 $= \dfrac{100}{100 - 부피감소율(\%)} = \dfrac{100}{100 - 60\%} = 2.5$

(2) 부피 감소율 구하는 공식

①
$$부피\ 감소율(\%) = \left(1 - \dfrac{V_2}{V_1}\right) \times 100$$

여기서, V_1 : 압축 전 부피(m^3) V_2 : 압축 후 부피(m^3)

 Question 03

쓰레기를 압축시키기 전의 밀도가 0.43ton/m^3이었던 것을 압축기에 압축시킨 결과 0.83ton/m^3으로 증가하였다. 이때 부피의 감소율(%)을 계산하시오.

풀이
① $V_1 = 1 ton \times \dfrac{1}{0.43 ton/m^3} = 2.326 m^3$
② $V_2 = 1 ton \times \dfrac{1}{0.83 ton/m^3} = 1.205 m^3$

따라서 부피감소율(%) $= \left(1 - \dfrac{V_2}{V_1}\right) \times 100 = \left(1 - \dfrac{1.205 m^3}{2.326 m^3}\right) \times 100 = 48.19\%$

②
$$부피\ 감소율(\%) = \left(1 - \dfrac{1}{CR}\right) \times 100$$

여기서, CR : 압축비

 Question 04

밀도가 500kg/m^3인 폐기물 5톤을 압축비(CR) 2.5로 압축시켰다면 부피 감소율(%)을 계산하시오.

풀이 부피 감소율(%) $= \left(1 - \dfrac{1}{CR}\right) \times 100 = \left(1 - \dfrac{1}{2.5}\right) \times 100 = 60\%$

실전연습문제

01 압축비(CR)를 부피감소율(VR)로 나타내시오.

[풀이] 압축비(CR) = $\dfrac{100}{100 - VR(\%)}$

02 압축비(CR)와 부피감소율(VR)의 관계를 식으로 설명하고, 세로축을 압축비(CR), 가로축을 부피감소율(VR)로 하여 두 인자의 상관관계를 그래프로 도식하시오.

[풀이] ① CR과 VR의 관계식

$$VR(부피감소율) = \left(1 - \dfrac{V_2}{V_1}\right) \times 100 = \left(1 - \dfrac{1}{\frac{V_1}{V_2}}\right) \times 100 = \left(1 - \dfrac{1}{CR}\right) \times 100$$

여기서, V_1 : 압축 전 부피 V_2 : 압축 후 부피 CR(압축비) = $\dfrac{V_1}{V_2}$ 이다.

② CR과 VR의 관계 그래프

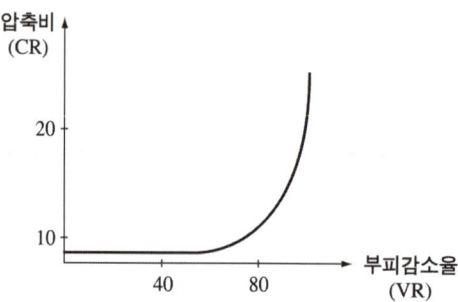

TIP
부피감소율(VR)이 증가함으로써 압축비(CR)는 서서히 증가하기 시작하여 부피감소율이 80% 이상이 되면 급격히 증가하게 된다.

03 자연상태의 쓰레기 밀도가 200kg/m³이었던 것을 적환장에 설치된 압축기에 넣어 압축시킨 결과 900kg/m³으로 증가하였다. 이때 부피감소율(%)을 계산하시오.

풀이) 부피감소율(%) $= \left(1 - \dfrac{V_2}{V_1}\right) \times 100$

여기서, V_1 : 압축 전 부피(m^3) V_2 : 압축 후 부피(m^3)

① $V_1 = 1kg \times \dfrac{1}{200kg/m^3} = 0.005 m^3$

② $V_2 = 1kg \times \dfrac{1}{900kg/m^3} = 0.0011 m^3$

③ 부피감소율(%) $= \left(1 - \dfrac{0.0011 m^3}{0.005 m^3}\right) \times 100 = 78\%$

04 어떤 폐기물의 압축 전 밀도가 0.5ton/m³이다. 압축 후 밀도가 0.9ton/m³로 변했다면 부피 감소율(%)을 계산하시오.

풀이) 부피감소율(%) $= \left(1 - \dfrac{V_2}{V_1}\right) \times 100$

① $V_1 = 1ton \times \dfrac{1}{0.5 ton/m^3} = 2 m^3$

② $V_2 = 1ton \times \dfrac{1}{0.9 ton/m^3} = 1.11 m^3$

③ 부피감소율(%) $= \left(1 - \dfrac{1.11 m^3}{2 m^3}\right) \times 100 = 44.5\%$

05 폐기물의 성상조사 결과 표와 같은 결과를 구했다. 이 지역에 Home Compation Unit(가정용 부피 축소기)를 설치하고 난 후의 폐기물 전체의 밀도가 350kg/m³로 예상될 때 부피감소율(%)을 계산하시오.

성 분	질량비(%)	밀도(kg/m^3)
음식물	20	280
종이	50	80
골판지	10	50
기타	20	150

[풀이]
$$부피감소율(\%) = \left(1 - \frac{V_2}{V_1}\right) \times 100$$

① 가정용 부피 축소기 설치전 폐기물의 양
$$= 280 kg/m^3 \times 0.2 + 80 kg/m^3 \times 0.5 + 50 kg/m^3 \times 0.1 + 150 kg/m^3 \times 0.2 = 131 \, kg/m^3$$

② $V_1 = 1kg \times \dfrac{1}{131 kg/m^3} = 0.00763 \, m^3$

③ $V_2 = 1kg \times \dfrac{1}{350 kg/m^3} = 0.00286 \, m^3$

④ 부피감소율(%) $= \left(1 - \dfrac{0.00286 m^3}{0.00763 m^3}\right) \times 100 = 62.52\%$

06 압축비가 5인 쓰레기의 부피감소율(%)을 계산하시오.

[풀이]
$$부피감소율(\%) = \left(1 - \frac{1}{압축비}\right) \times 100 = \left(1 - \frac{1}{5}\right) \times 100 = 80\%$$

07 폐기물의 운송을 돕기 위하여 압축할 때, 부피감소율이 45%이었다. 압축비를 계산하시오.

[풀이]
$$압축비 = \frac{100}{100 - 부피감소율(\%)} = \frac{100}{100 - 45\%} = 1.82$$

08 질량 20톤, 밀도 250kg/m³인 폐기물을 밀도 600kg/m³로 압축할 때 압축비를 계산하시오.

[풀이]
$$압축비 = \frac{V_1}{V_2}$$

① $V_1 = 20 \, ton \times \dfrac{1}{0.25 \, ton/m^3} = 80 m^3$

② $V_2 = 20 \, ton \times \dfrac{1}{0.60 \, ton/m^3} = 33.33 m^3$

③ 압축비 $= \dfrac{80 m^3}{33.33 m^3} = 2.40$

09 밀도가 200kg/m³인 폐기물을 압축하여 밀도가 500kg/m³가 되도록 하였다면 압축된 폐기물 부피는 초기부피의 몇 %인가?

압축 전 부피(V_1) = $1kg \times \dfrac{1}{200kg/m^3}$ = $0.005m^3$

압축 후 부피(V_2) = $1kg \times \dfrac{1}{500kg/m^3}$ = $0.002m^3$

따라서 $\dfrac{V_2}{V_1} = \dfrac{0.002m^3}{0.005m^3} \times 100 = 40\%$

∴ 압축된 폐기물의 부피는 압축 전 부피의 40%에 해당한다.

10 폐기물의 부피감소율(Volume reduction rate)이 50%에서 75%로 되었을 때 폐기물의 압축비를 계산하시오.

압축비 = $\dfrac{100}{100 - 부피감소율(\%)}$

① 부피감소율이 50%인 경우 ⟹ 압축비 = $\dfrac{100}{100-50\%} = 2.0$

② 부피감소율이 75%인 경우 ⟹ 압축비 = $\dfrac{100}{100-75\%} = 4.0$

③ 따라서 폐기물의 압축비는 $\dfrac{4.0}{2.0} = 2$배

02 파쇄공정

(1) 파쇄

1) 파쇄시 작용하는 힘의 종류

① 충격력   ② 압축력   ③ 전단력

2) 파쇄처리의 효과

① 겉보기 비중 증가(밀도증가)   ② 비표면적 증가
③ 폐기물 소각시 연소효율 증가   ④ 고가금속 회수가능
⑤ 운반비의 저렴화   ⑥ 입경분포의 균일화
⑦ 유가물의 분리   ⑧ 용적의 감소

3) 파쇄처리에 따른 비표면적 증가효과

① 소각처리시 연소효율의 향상   ② 열분해시 반응효율의 향상
③ 퇴비화시 발효효율의 향상

4) 폐기물의 파쇄를 통한 세립화 및 균일화의 장점

① 조대 폐기물에 의한 소각로의 손상방지
② 용량감소로 인한 운반비의 절감 및 매립부지 절감
③ 자력선별에 의한 고가금속 등의 회수 가능
④ 폐기물의 연소성 증가
⑤ 폐기물의 건조성 증가

5) 파쇄하여 매립시 장점

① 매립작업이 용이하고 압축장비가 없어도 매립작업만으로 고밀도의 매립이 가능하다.
② 곱게 파쇄하면 매립시 복토가 필요없거나 복토요구량이 절감된다.
③ 폐기물 입자의 표면적이 증가되어 미생물의 작용이 빨라진다.
④ 매립시 폐기물이 잘 섞이므로 냄새가 방지된다.
⑤ 폐기물의 밀도가 증가하여 바람에 날아갈 염려가 적다.

(2) 파쇄기의 종류

1) 건식파쇄기

① 전단파쇄기 : 고정칼, 왕복 또는 회전칼과의 교합에 의하여 폐기물을 전단한다.
  ㉠ 주로 목재류, 플라스틱류, 종이류를 파쇄하는 데 이용된다.
  ㉡ 충격파쇄기에 비하여 파쇄속도가 느리다.
  ㉢ 충격파쇄기에 비하여 이물질 혼입에 약하다.
  ㉣ 충격파쇄기에 비하여 파쇄물의 크기를 고르게 할 수 있다.
  ㉤ 소음과 분진발생이 비교적 적고 폭발의 위험성이 거의 없다.
  ㉥ 다른 파쇄기와 조합하여 사용할 수 있다.

② 충격파쇄기
  ㉠ 충격파쇄기는 주로 회전식에 적용한다.
  ㉡ 대량처리가 가능하다.
  ㉢ 연성이 있는 물질에는 부적합하다.
  ㉣ 유리나 목질류 파쇄에 적합하다.
  ㉤ 파쇄시 분진, 소음, 진동, 폭발의 위험성이 있다.

③ 압축파쇄기
  ㉠ 파쇄기의 마모가 적고 비용이 적게 소요된다.
  ㉡ 금속류, 고무류, 연질 플라스틱류의 파쇄가 어렵다.
  ㉢ 나무, 플라스틱류, 콘크리트 덩어리, 건축 폐기물 파쇄에 이용된다.
  ㉣ Rotary Mill식, Impact Crusher 등이 해당된다.

2) 습식파쇄기 중 저온(냉각) 파쇄기

① 복합재의 재질별 파쇄에 유리하다.
② 냉각제로는 액체질소의 사용이 보편화 되어있다.
③ 폐타이어의 분쇄에 이용 가능하다.
④ 입도를 작게 할 수 있다.
⑤ 파쇄에 소요되는 동력이 적다.
⑥ 투자비가 크다.

(3) 파쇄공정의 공식

1) Kick 이론(법칙)

$$동력(E) = C \ln\left(\frac{dp_1}{dp_2}\right)$$

여기서, dp_1 : 평균크기 dp_2 : 최종크기

> **Question 05**
>
> 50ton/hr 규모의 시설에서 평균크기가 30.5cm인 혼합된 도시폐기물을 최종크기 5.1cm로 파쇄하기 위해 필요한 동력(kW)을 계산하시오. (단, 킥의 법칙을 이용하고 $C = 13.6 kW \cdot hr/ton$)
>
> **풀이**
> ① 동력(E) $= C \ln\left(\frac{dp_1}{dp_2}\right) = 13.6 kW \cdot hr/ton \times \ln\left(\frac{30.5cm}{5.1cm}\right) = 24.3234 kW \cdot hr/ton$
> ② 동력(kW) $= \frac{24.3234 kW \cdot hr}{ton} \times \frac{50 ton}{hr} = 1216.17 kW$

TIP

폐기물 파쇄(분쇄)에 대한 이론
① Rettinger 이론   ② Kick의 이론   ③ Bond 이론

2) Rosin – Rammler 식

$$Y = 1 - \exp\left[-\left(\frac{X}{X_o}\right)^n\right]$$

여기서, Y : 체하분율   X : 폐기물 입자의 크기
        X_o : 특성입자의 크기   n : 상수

Question 06

폐기물을 파쇄할 때 95% 이상을 4.5cm 보다 작게 파쇄하려고 하는 경우 Rosin – Rammler 식을 이용하여 특성입자의 크기(cm)를 계산하시오. (단, $n = 1$)

풀이

$$Y = 1 - \exp\left[-\left(\frac{X}{X_o}\right)^n\right]$$

$$0.95 = 1 - \exp\left[-\left(\frac{4.5\,cm}{X_o}\right)^1\right]$$

$$\exp\left[-\left(\frac{4.5\,cm}{X_o}\right)^1\right] = 1 - 0.95$$

$$-\left(\frac{4.5\,cm}{X_o}\right) = LN(1-0.95)$$

$$\therefore X_o = \frac{-4.5\,cm}{LN(1-0.95)} = 1.50\,cm$$

3) 유효입경 = 입도누적곡선상의 10%에 해당하는 입경($D_{10\%}$)

Question 07

고로슬래그의 입도 분석 결과 입도누적 곡선상의 10%, 60% 입경이 각각 0.5mm, 1.0mm 일 때 유효입경(mm)을 계산하시오.

풀이 유효입경을 입도누적곡선상의 10%에 해당하는 입경이므로 0.5mm가 된다.

4)
$$균등계수 = \frac{D_{60\%}}{D_{10\%}}$$

여기서, D_{60} : 입도누적곡선상 60% 입경 D_{10} : 입도누적곡선상 10% 입경

Question 08

어떤 쓰레기의 입도를 분석한 바 입도누적곡선상의 10%, 40%, 60%, 90%의 입경이 각각 1mm, 5mm, 10mm, 20mm였다. 균등계수를 계산하시오.

풀이
$$균등계수 = \frac{D_{60\%}}{D_{10\%}} = \frac{10\,mm}{1\,mm} = 10.0$$

5)
$$곡률계수 = \frac{(D_{30\%})^2}{(D_{10\%} \times D_{60\%})}$$

Question 09

어떤 쓰레기의 입도를 분석하였더니 입도누적곡선상의 10%, 30%, 60%, 90%의 입경이 각각 1, 5, 10, 20mm였다. 이때 곡률계수를 계산하시오.

풀이

$$곡률계수 = \frac{(D_{30\%})^2}{(D_{10\%} \times D_{60\%})} = \frac{(5mm)^2}{1mm \times 10mm} = 2.5$$

실전연습문제

01 파쇄처리의 효과를 6가지 쓰시오.

① 겉보기 비중 증가 ② 비표면적 증가
③ 폐기물 소각시 연소효율 증가 ④ 고가금속 회수가능
⑤ 운반비의 저렴화 ⑥ 입경분포의 균일화
⑦ 유가물의 분리 ⑧ 용적의 감소

02 파쇄처리의 문제점과 그에 대한 대책을 각각 2가지씩 쓰시오.

(1) 문제점
  ① 폭발의 위험성   ② 분진 발생
(2) 대책
  ① 폭발 위험성 : ⓐ 폭발을 일으킬 물질을 미리 선별하여 제거
              ⓑ 산소농도를 10% 이하로 유지
  ② 분진 발생 : ⓐ 작업장 내부의 압력을 부압으로 유지
              ⓑ 밀폐구조로 하여 분진발생 차단

03 폐기물의 파쇄를 통한 세립화 및 균일화의 장점 4가지를 쓰시오.

① 조대 폐기물에 의한 소각로의 손상방지
② 용량감소로 인한 운반비의 절감 및 매립부지 절감
③ 자력선별에 의한 고가금속 등의 회수 가능
④ 폐기물의 연소성 증가

04 전단파쇄기의 장·단점 3가지씩 쓰시오.(충격파쇄기와 비교할 때)

 (1) 장점
① 주로 목재류, 플라스틱류, 종이류를 파쇄하는 데 이용된다.
② 파쇄물의 크기를 고르게 할 수 있다.
③ 소음과 분진발생이 비교적 적고 폭발의 위험성이 거의 없다.
④ 다른 파쇄기와 조합하여 사용할 수 있다.
(2) 단점
① 파쇄속도가 느리다.
② 이물질 혼입에 약하다.
③ 대량처리가 어렵다.

05 충격파쇄기의 장·단점을 각각 2가지씩 쓰시오.(전단파쇄기와 비교할 때)

 (1) 장점
① 대량처리가 가능하다.
② 유리나 목질류 파쇄에 적합하다.
③ 파쇄속도가 빠르다.
(2) 단점
① 연성이 있는 물질에는 부적합하다.
② 파쇄시 분진, 소음, 진동, 폭발의 위험성이 있다.
③ 파쇄물의 크기를 고르게 할 수 없다.

06 40ton/hr 규모의 시설에서 평균크기가 30.5cm인 혼합된 도시폐기물을 최종크기 5.1cm로 파쇄하기 위한 동력(kW)을 계산하시오. (단, 평균크기 15.2cm에서 5.1cm로 파쇄하기 위하여 필요한 에너지 소모율은 14.9kW·hr/ton이며 킥의 법칙을 적용한다.)

Kick의 법칙 : $E = C \ln\left(\dfrac{dp_1}{dp_2}\right)$

여기서, E : 에너지 소모율 dp_1 : 평균크기 dp_2 : 최종크기

① $14.9 \text{kw} \cdot \text{hr/ton} = C \times \ln\left(\dfrac{15.2\text{cm}}{5.1\text{cm}}\right)$

∴ $C = \dfrac{14.9 \text{kw} \cdot \text{hr/ton}}{\ln\left(\dfrac{15.2\text{cm}}{5.1\text{cm}}\right)} = 13.64 \text{kw} \cdot \text{hr/ton}$

② $E = 13.64 \text{kw} \cdot \text{hr/ton} \times \ln\left(\dfrac{30.5\text{cm}}{5.1\text{cm}}\right) = 24.4 \text{kw} \cdot \text{hr/ton}$

③ 동력 $= 24.4 \text{kw} \cdot \text{hr/ton} \times 40 \text{ton/hr} = 976 \text{kw}$

07 최소 크기가 10cm인 폐기물을 2cm로 파쇄 하고자 할 때 Kick's 법칙에 의한 소요 동력은 동일 폐기물을 4cm로 파쇄할 때 소요되는 동력의 몇 배가 되는가? (단, n = 1로 가정한다.)

풀이) Kick의 법칙 : 동력(E) $= C \ln\left(\dfrac{dp_1}{dp_2}\right)$

① $E_1 = C \ln\left(\dfrac{10\,cm}{2\,cm}\right) = C \ln 5$

② $E_2 = C \ln\left(\dfrac{10\,cm}{4\,cm}\right) = C \ln 2.5$

③ 소요에너지의 변화 $= \dfrac{E_1}{E_2} = \dfrac{C \ln 5}{C \ln 2.5} = 1.76$배

08 X_{90} = 4.0cm로 도시폐기물을 파쇄하고자 할 때, 즉 90% 이상을 4.0cm 보다 작게 파쇄하고자 할 때 Rosin-Rammler 모델에 의한 특성입자 크기(X_o)를 계산하시오. (단, n = 1로 가정)

풀이) $Y = 1 - \exp\left[-\left(\dfrac{X}{X_o}\right)^n\right]$

여기서, Y : 체하분율
　　　　X_o : 특성입자의 크기(cm)
　　　　X : 폐기물 입자의 크기(cm)
　　　　n : 상수

따라서 $0.90 = 1 - \exp\left[-\left(\dfrac{4.0\,cm}{X_o}\right)^1\right]$

∴ $X_o = \dfrac{-4.0\,cm}{LN(1-0.90)} = 1.74\,cm$

09 유효입경과 균등계수에 대해 쓰시오.

풀이) ① 유효입경 = 입도누적곡선상의 10%에 해당하는 입경 ($D_{10\%}$)

② 균등계수 $= \dfrac{D_{60\%}}{D_{10\%}}$

여기서, D_{60} : 입도누적곡선상 60% 입경
　　　　D_{10} : 입도누적곡선상 10% 입경

10 폐기물의 입도를 분석한 결과 입도누적 곡선상 최소 입경으로부터 10% 입경 2mm, 20% 3mm, 40% 5mm, 60% 8mm, 80% 10mm, 90% 20mm였을 때 균등계수를 계산하시오.

균등계수 $= \dfrac{D_{60\%}}{D_{10\%}}$

여기서, $D_{10\%}$: 입도누적곡선상 10% 입경 $D_{60\%}$: 입도누적곡선상 60% 입경

따라서 균등계수 $= \dfrac{8mm}{2mm} = 4.0$

TIP

① 유효입경 $= D_{10\%}$ ② 균등계수 $= \dfrac{D_{60\%}}{D_{10\%}}$

③ 곡률계수 $= \dfrac{(D_{30\%})^2}{(D_{10\%} \times D_{60\%})}$

11 어느 쓰레기의 입도분석 결과 입도누적곡선상의 10%, 30%, 60%, 80%의 입경이 각각 0.5mm, 1.0mm, 1.5mm, 2.0mm 이었다면 곡률계수를 계산하시오.

곡률계수 $= \dfrac{(D_{30\%})^2}{(D_{10\%} \times D_{60\%})} = \dfrac{(1.0mm)^2}{(0.5mm \times 1.5mm)} = 1.33$

03 선별 공정

(1) 스크린 분리(Screening)

① 폐기물의 자원화 및 재생이용을 위한 방법이다.
② 체의 크기, 폐기물의 부하특성, 지름, 기울기, 회전속도에 지배되는 분리 방법이다.
③ 주로 큰 폐기물로부터 후속처리장치를 보호하거나 재료회수를 위해 사용한다.

(2) 트롬멜(Trommel) 스크린

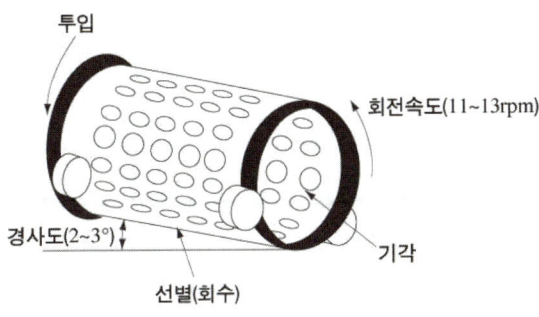

1) 트롬멜(Trommel) 스크린의 운전조건

① 스크린 개방면적 : 53%
② 경사도 : 2 ~ 3도
③ 회전속도 : 11 ~ 13rpm
④ 길이 : 4.0m

2) 트롬멜 스크린의 선별효율에 영향을 주는 인자

① 회전속도　　② 폐기물 부하
③ 경사도　　　④ 체의 눈 크기
⑤ 길이　　　　⑥ 직경

3) 트롬멜(Trommel) 스크린의 특징

① 스크린 앞에 분쇄기를 두어 분리된 폐기물을 주입·분쇄함으로써 입도를 균일하게 한다.
(스크린에 폐기물을 주입하기 이전에 분쇄기를 두는 것이 효과적이다.)

② 회전속도가 증가하면 어느 정도까지는 선별효율이 증가하나 일정속도 이상이 되면 원심력에 의해 막힘현상이 일어난다.
③ 원통의 경사도가 크면 폐기물이 그냥 배출될 수 있으므로 효율이 낮아진다.
   (경사도가 크면 효율은 떨어지고 부하율은 커진다.)
④ 최적회전속도 = 임계회전속도×0.45이다.
⑤ 원통의 길이가 길면 효율은 증가하나 동력소요가 많다.
⑥ 스크린 중 선별효율이 우수하고 유지관리상 문제가 적다.

4) Trommel Screen의 임계속도식

$$N_C = \sqrt{\frac{g}{4\pi^2 r}} \times 60 = \frac{1}{2\pi}\sqrt{\frac{g}{r}} \times 60$$

여기서, N_C : 임계속도(rpm=회/min)   g : 중력가속도(9.8 m/sec²)
        r : 스크린 반경(m)

Question 10

직경이 2.7m인 Trommel Screen의 임계속도(rpm)를 계산하시오.

풀이

$$N_C = \sqrt{\frac{g}{4\pi^2 r}} \times 60 = \sqrt{\frac{9.8\text{m/sec}^2}{4\times\pi^2\times\frac{2.7\text{m}}{2}}} \times 60 = 25.73\text{rpm}$$

5) Trommel Screen의 최적속도식

$$N_S = N_C \times 0.45$$

여기서, N_S : 최적속도(rpm) N_C : 임계속도(rpm)

(3) Secators

① 물컹거리는 가벼운 물질로부터 딱딱한 물질을 선별하는데 이용한다.
② 경사진 Conveyor를 통해 폐기물을 주입시켜 천천히 회전하는 드럼위에 떨어뜨려서 분류하는 선별장치이다.
③ 퇴비속의 유리나 돌 선별에 이용한다.

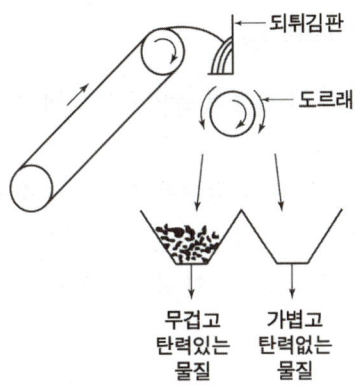

(4) 스토너(Stoners)

① Pneumatic Table이라고도 한다.
② 약간 경사진판에 진동을 줄 때 무거운 것이 빨리 판의 경사면 위로 올라가는 원리를 이용한다.
③ 공기가 유입되는 다공진동판으로 구성되어 있다.
④ 상당히 좁은 입자크기 분포범위 내에서 밀도 선별기로 작용한다.
⑤ 중요한 운전변수는 다공판의 기울기와 공기의 유량이다.

(5) 테이블(Table) 선별법

① 각 물질의 비중차를 이용하는 방법이다.
② 약간 경사진 평판에 폐기물을 올려놓고 좌우로 빠른 진동과 느린 진동을 주면 가벼운 입자는 빠른 진동쪽으로, 무거운 입자는 느린 진동쪽으로 분류되는 방법이다.

(6) 손선별(Hand Separation)

① 컨베이어 벨트를 이용하여 손으로 종이류, 플라스틱류, 금속류, 유리류 등을 분류한다.
② 기계적인 선별보다 작업량은 감소할 수 있다.
③ 파쇄공정 유입 전 폭발가능성 있는 물질을 분류할 수 있다.
④ 작업효율은 0.5ton/인·시간 정도이다.
⑤ 9m/min 이하의 속도로 이동하는 컨베이어 벨트의 한쪽 또는 양쪽에서 사람이 서서 선별한다.
⑥ 정확도가 증가한다.

(7) 공기 선별기(Air Separation)

① Zigzag 공기선별기는 칼럼 내 난류를 높여줌으로써 선별효율을 증진시키고자 고안된 형태이다.
② 공기선별기의 성능은 주입률이 커질수록 떨어지는 것으로 알려져 있다.
③ 경사공기선별기는 중력에 의해 입구로 들어온 폐기물을 진동판에 의하여 분리한다.
④ 공기선별은 폐기물내의 가벼운 물질인 종이나 플라스틱류를 기타 무거운 물질로부터 선별해 내는 방법이다.

(8) 자력선별(Magnetic Separation)

① 단위는 T(테슬라)이다.
② 별다른 동력이 소요되지 않으나 주입되는 폐기물의 양이 적어야 효과적이다.
③ 철 및 금속류 회수에 이용된다.

(9) 와전류 선별법

① 연속적으로 변화하는 자장속에 비자성이며, 전기전도성이 좋은 구리, 알루미늄, 아연 등을 넣어 금속내에 소용돌이 전류를 발생시켜 생기는 반발력의 차를 이용하여 분리하는 방법이다.
② 자력선을 도체가 스칠때에 진행방향과 직각방향으로 힘이 작용하는 것을 이용한다.
③ 비자성이고 전기전도성이 우수한 금속을 와전류 현상에 의하여 다른 물질로부터 선별하는 방법이다.
④ 철금속(Fe)/비철금속(Al, Cu)/유리병의 3종류를 각각 분리할 수 있는 방법이다.
⑤ 금속과 비금속을 구분하여 폐기물 중 비철금속(Al, Ni, Zn) 등을 선별 회수하는 방법이다.
⑥ 전자석유도에 관한 패러데이법칙을 기초로 한다.
⑦ 와전류식 선별기의 순도와 회수율은 98%까지 보고되고 있다.

(10) 정전기 분리(정전기적 선별법)

① 각 물질의 전도율, 대전효과 및 대전작용을 이용하여 분리 및 선별하는 방법이다.
② 플라스틱, 고무와 종이, 섬유, 합성피혁 선별에 유리하다.
③ 플라스틱에서 종이를 선별하고 각기 다른 종류의 플라스틱 혼합물에서 종류별로 플라스틱을 선별할 수 있는 방법이다.

(11) 광학선별(Optical Sorter)

① 물질이 가진 광학적 특성의 차를 이용하여 분리하는 방법이다.
② 광학선별의 절차 단계
　　㉠ 입자는 기계적으로 투입됨
　　㉡ 광학적으로 조사됨
　　㉢ 조사결과는 전기전자적으로 평가됨
　　㉣ 선별대상 입자는 압축공기분사에 의해 정밀하게 제거됨
③ 불투명한 것(돌, 코르크 등)과 투명한 것(유리 등)의 분리에 이용

(12) 관성선별

분쇄된 폐기물을 중력이나 탄도학을 이용하여 가벼운 물질(주로 유기물)과 무거운 물질(주로 무기물)로 분리하는 방법이다.

(13) Fluidized bed separators

분쇄한 전기줄로부터 금속을 회수하거나 분쇄된 자동차나 연소재로부터 알루미늄, 구리 등을 회수하는데 사용되는 선별장치이다.

(14) Jigs(수중체)

① 물에 잠겨진 스크린 위에 분류하려는 폐기물을 넣고 수위를 1초당 2.5회 가량 0.5~5cm의 폭으로 변화시키면서 선별하는 방법이다.
② 사금선별에 사용된다.
③ 습식 선별장치에 해당한다.

(15) 선별효율 계산 공식

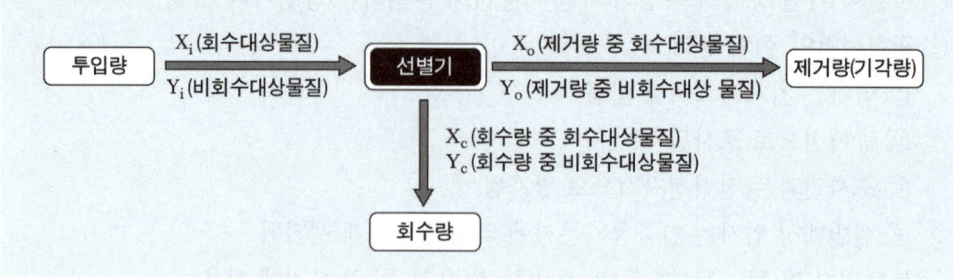

① Worrell의 선별효율 공식

$$선별효율(E) = X(회수율) \times Y(기각율) = \left(\frac{X_C}{X_i} \times \frac{Y_o}{Y_i}\right) \times 100(\%)$$

② Rietema의 선별효율 공식

$$선별효율(E) = \left|\left(\frac{X_C}{X_i} - \frac{Y_C}{Y_i}\right)\right| \times 100(\%)$$

Question 11

다음의 조건을 이용하여 Worrell식에 의한 선별효율(%)과 Rietema식에 의한 선별효율(%)을 각각 계산하시오.

- 총 투입 폐기물 : 100ton
- 회수량 : 80ton
- 회수량 중 회수대상물질 : 70ton
- 제거량 중 회수대상물질 : 10ton

풀이

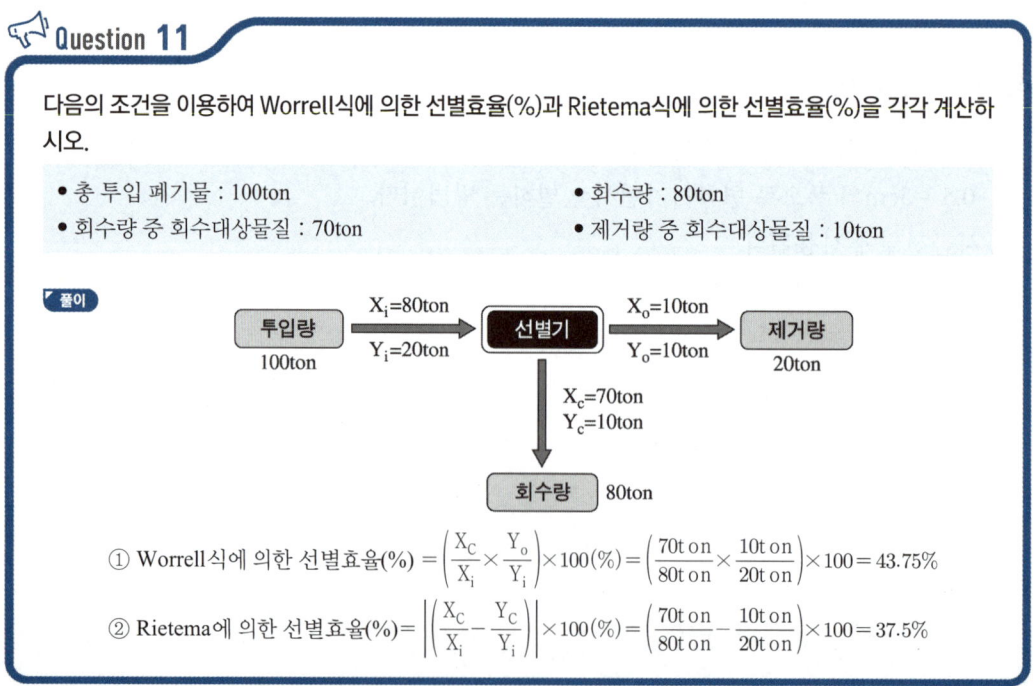

① Worrell식에 의한 선별효율(%) $= \left(\dfrac{X_C}{X_i} \times \dfrac{Y_o}{Y_i}\right) \times 100(\%) = \left(\dfrac{70\text{ton}}{80\text{ton}} \times \dfrac{10\text{ton}}{20\text{ton}}\right) \times 100 = 43.75\%$

② Rietema식에 의한 선별효율(%) $= \left|\left(\dfrac{X_C}{X_i} - \dfrac{Y_C}{Y_i}\right)\right| \times 100(\%) = \left(\dfrac{70\text{ton}}{80\text{ton}} - \dfrac{10\text{ton}}{20\text{ton}}\right) \times 100 = 37.5\%$

실전연습문제

01 쓰레기 선별분리방법 6가지를 쓰시오.

풀이 ① 스크린 선별법 ② 세카터 선별법 ③ 스토너 선별법
④ 손 선별법 ⑤ 공기 선별법 ⑥ 광학 선별법

02 다음은 트롬멜(Trommel) 스크린의 운전조건이다. ( )를 알맞게 채우시오.

| ① 스크린 개방면적 : ( )%   ② 경사도 : ( )도 |
| ③ 회전속도 : ( )rpm   ④ 길이 : ( )m |

풀이 ① 53 ② 2~3 ③ 11~13 ④ 4.0

03 트롬멜 스크린의 선별효율에 영향을 주는 인자를 5가지만 쓰시오.

풀이 ① 회전속도 ② 폐기물 부하 ③ 경사도
④ 체의 눈 크기 ⑤ 길이

04 Trommel Screen의 임계속도식을 쓰고 각각을 설명하시오.

풀이 $N_C = \sqrt{\dfrac{g}{4\pi^2 r}} \times 60$

여기서, N_C : 임계속도(rpm = 회/min)
g : 중력가속도(9.8 m/sec²)
r : 스크린 반경(m)

05 반경이 2.5m인 트롬멜 스크린의 임계속도(rpm)를 계산하시오.

$N_c = \sqrt{\dfrac{g}{4\pi^2 r}} \times 60$

여기서, N_c : 임계속도(rpm)   g : 중력가속도($9.8m/sec^2$)
　　　　r : 스크린 반경(m)

따라서 $N_c = \sqrt{\dfrac{9.8m/sec^2}{4\times\pi^2 \times 2.5m}} \times 60 = 18.91\,rpm$

TIP
① rpm = 회/min　　　② rpm = 회/sec = 60sec/min

06 직경이 3.2m인 Trommel Screen의 임계속도(rpm)를 계산하시오.

$N_C = \left(\dfrac{g}{4\pi^2 r}\right)^{0.5} \times 60$　　따라서 $N_C = \left(\dfrac{9.8m/sec^2}{4\times\pi^2 \times \left(\dfrac{3.2m}{2}\right)}\right)^{0.5} \times 60 = 23.63\,rpm$

07 쓰레기 선별에 사용되는 직경이 3.2m인 트롬멜 스크린의 최적속도(rpm)를 계산하시오.

① $N_C = \sqrt{\dfrac{g}{4\pi^2 r}} \times 60$

여기서, N_C : 임계속도(rpm = 회/min)
　　　　g : 중력가속도($9.8\,m/sec^2$)
　　　　r : 스크린 반경(m)

따라서 $N_c = \sqrt{\dfrac{9.8m/sec^2}{4\times\pi^2 \times \dfrac{3.2m}{2}}} \times 60 = 23.633\,rpm$

② $N_S = N_C \times 0.45$

여기서, N_S : 최적속도(rpm)
　　　　N_C : 임계속도(rpm)

따라서 $N_S = 23.633\,rpm \times 0.45 = 10.64\,rpm$

08 다음 [조건]의 경우, Worrell식에 의한 선별효율(%)을 계산하시오.

[조건]
- 총 투입폐기물 : 10톤
- 회수량 중 회수대상 물질 : 6톤
- 회수량 : 7톤
- 제거량 중 제거대상 물질 : 2.5톤

Worrell의 선별효율 공식

$$선별효율(E) = \left(\frac{X_c}{X_i} \times \frac{Y_o}{Y_i}\right) \times 100(\%) = \left(\frac{6\text{ton}}{6.5\text{ton}} \times \frac{2.5\text{ton}}{3.5\text{ton}}\right) \times 100 = 65.93\%$$

TIP

문제조건에서
- X_i(투입량 중 회수대상물질) = 6.5ton
- X_o(제거량 중 회수대상물질) = 0.5ton
- X_c(회수량 중 회수대상물질) = 6ton
- Y_i(투입량 중 비회수대상물질) = 3.5ton
- Y_o(제거량 중 비회수대상물질) = 2.5ton
- Y_c(회수량 중 비회수대상물질) = 1ton

09 투입량이 1ton/hr이고, 회수량이 700kg/hr(그 중 회수대상물질은 550kg/hr)이며, 제거량은 300kg/hr(그 중 회수대상물질은 70kg/hr)일 때 선별효율(%)을 계산하시오. (단, Worrell식을 적용하시오.)

Worrell의 선별효율 공식

$$선별효율(E) = \left(\frac{X_c}{X_i} \times \frac{Y_o}{Y_i}\right) \times 100(\%) = \left(\frac{550\text{kg/hr}}{620\text{kg/hr}} \times \frac{230\text{kg/hr}}{380\text{kg/hr}}\right) \times 100 = 53.69\%$$

TIP

문제조건에서
- X_i = 620kg/hr
- X_o = 70kg/hr
- X_c = 550kg/hr
- Y_i = 380kg/hr
- Y_o = 230kg/hr
- Y_c = 150kg/hr

10 선별을 위해 투입한 폐기물의 양이 1ton/h이고 회수량이 600kg/h(그 중 회수대상물질은 550kg/h)이며 제거량은 400kg/h(그 중 회수대상물질은 70kg/h)일 때 선별효율(%)을 계산하시오. (단, Rietema식을 적용하시오.)

풀이 Rietema의 선별효율 공식

$$\text{선별효율}(E) = \left|\left(\frac{X_c}{X_i} - \frac{Y_c}{Y_i}\right)\right| \times 100(\%) = \left|\left(\frac{550\text{kg/hr}}{620\text{kg/hr}} - \frac{50\text{kg/hr}}{380\text{kg/hr}}\right)\right| \times 100(\%) = 75.55\%$$

TIP

문제조건에서
- $X_i = 620\text{kg/hr}$
- $X_o = 70\text{kg/hr}$
- $X_c = 550\text{kg/hr}$
- $Y_i = 380\text{kg/hr}$
- $Y_o = 330\text{kg/hr}$
- $Y_c = 50\text{kg/hr}$

11 다음 조건인 경우, Worrell식 및 Rietema식에 의한 선별효율(%)을 각각 계산하시오.

[조건]
- 총 투입 폐기물 : 200톤
- 회수량 중 회수대상 물질 : 140톤
- 회수량 : 160톤
- 제거량 중 제거대상 물질 : 30톤

① Worrell식에 의한 선별효율(%) $= \left(\frac{X_c}{X_i} \times \frac{Y_o}{Y_i}\right) \times 100 = \left(\frac{140\text{톤}}{150\text{톤}} \times \frac{30\text{톤}}{50\text{톤}}\right) \times 100 = 56.0\%$

② Rietema식에 의한 선별효율(%) $= \left|\left(\frac{X_c}{X_i} - \frac{Y_c}{Y_i}\right)\right| \times 100 = \left|\left(\frac{140\text{톤}}{150\text{톤}} - \frac{20\text{톤}}{50\text{톤}}\right)\right| \times 100 = 53.33\%$

TIP

문제조건에서
- $X_i = 150\text{ton}$
- $X_o = 10\text{ton}$
- $X_c = 140\text{ton}$
- $Y_i = 50\text{ton}$
- $Y_o = 30\text{ton}$
- $Y_c = 20\text{ton}$

PART 02

폐기물처리기술

CHAPTER 01　중간처분

CHAPTER 02　매립

CHAPTER 03　자원화

CHAPTER 04　토양오염

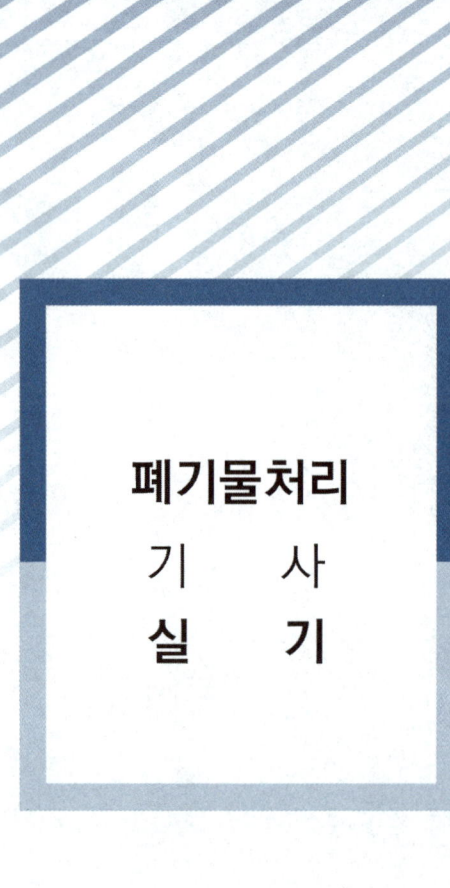

CHAPTER 01 중간처분

01 슬러지 처리

(1) 슬러지 처리의 목표

① 안정화   ② 감량화   ③ 안전화

(2) 슬러지의 처리공정

농축 → 유기물 안정화(소화) → 개량 → 탈수 → 건조 → 소각 → 최종처분

(3) 슬러지 농축 이유

① 화학약품 투여량 감소   ② 처리비용 감소
③ 저장탱크 용적 감소

(4) 유기물의 안정화

1) 혐기성 소화법의 정상적인 작동여부 확인시 조사항목

① 소화가스량
② 소화가스 중 메탄과 이산화탄소 함량
③ 유기산 농도

2) 혐기성 소화의 장·단점

① 장점
  ㉠ 호기성처리에 비해 탈수성이 양호하다.
  ㉡ 호기성처리에 비해 슬러지가 적게 발생한다.
  ㉢ 동력시설의 소모가 적어 운전비용이 저렴하다.
  ㉣ 고농도 폐수처리에 적합하다.
  ㉤ 회수된 가스를 연료로 사용 가능하다.
  ㉥ 소화슬러지의 탈수 및 건조가 양호하다.
  ㉦ 연속처리가 가능하다.
  ㉧ 고농도 폐수나 분뇨를 비교적 낮은 에너지 비용으로 처리할 수 있다.

② 단점
  ㉠ 운전이 어렵고 반응시간도 길다.
  ㉡ 소화가스는 냄새가 나며 부식이 높은 편이다.
  ㉢ 소화기간이 비교적 오래 걸린다.
  ㉣ 처리수를 다시 호기성처리하여 방류한다.

3) 다량의 분뇨를 일시에 소화조에 투입시 나타나는 장해현상

① 스컴(Scum)의 발생 증가
② pH 저하
③ 유기산의 증가
④ 탈리액의 인출 불균등

4) 발생가스량 계산

① 유기물의 혐기성 분해 반응식

$$C_aH_bO_cN_dS_e + \left(\frac{4a-b-2c+3d+2e}{4}\right)H_2O$$
$$\rightarrow \left(\frac{4a+b-2c-3d-2e}{8}\right)CH_4$$
$$+ \left(\frac{4a-b+2c+3d+2e}{8}\right)CO_2 + dNH_3 + eH_2S$$

② 혐기성 분해시 가스량 발생량 계산

Question 01

고형폐기물의 처리시 1kg의 포도당($C_6H_{12}O_6$) 성분의 폐기물이 혐기성분해를 한다면 이론적인 메탄가스 발생량(L)을 계산하시오.

풀이
$$C_6H_{12}O_6 \rightarrow 3CO_2 + 3CH_4$$
$$180g \quad : \quad 3 \times 22.4L$$
$$1 \times 10^3 g \quad : \quad X(CH_4)$$

$$\therefore X(CH_4) = \frac{1 \times 10^3 g \times 3 \times 22.4L}{180g} = 373.33L$$

③
$$CH_4 \text{ 가스의 발생량}(m^3) = \text{분뇨량}(kg) \times TS \times VS \times \frac{m^3 \cdot CH_4}{kg \cdot VS}$$

여기서, TS : 고형물의 양   VS : 휘발성 고형물(가연물)의 양

Question 02

어느 도시의 분뇨 농도는 TS가 6%이고, TS의 65%가 VS이다. 이 분뇨를 혐기성 소화처리를 한다면 분뇨 10m^3당 발생하는 CH_4 가스의 양(m^3)을 계산하시오. (단, 비중은 1.0으로 가정하고, 분뇨의 VS 1kg당 0.4m^3의 CH_4가스가 발생한다.)

풀이
$$CH_4 \text{ 가스의 발생량}(m^3) = \text{분뇨량}(kg) \times TS \times VS \times \frac{m^3 \cdot CH_4}{kg \cdot VS}$$
$$= 10 \times 10^3 kg \times 0.06 \times 0.65 \times 0.4 m^3/kg = 156 m^3$$

TIP
비중이 1.0ton/m^3이므로 분뇨량(ton) = 10m^3 × 1.0ton/m^3 = 10ton

④
$$CH_4 \text{의 발생량}(kcal/hr) = \text{분뇨량}(m^3/day) \times 1day/\text{가동시간}(hr) \times CH_4 \text{의 발열량}(kcal/m^3)$$

Question 03

분뇨를 혐기성 소화 처리할 때 발생하는 메탄가스의 부피는 분뇨투입량의 약 8배라고 한다. 1일에 분뇨 600kL씩을 처리하는 소화시설에서 발생하는 CH_4 가스를 에너지원으로 하여 24시간 균등 연소시킬 때 얻을 수 있는 시간당 열량(kcal/hr)을 계산하시오. (단, CH_4 가스의 발열량은 6,000kcal/m^3이다.)

풀이

$$CH_4 \text{의 발생열량(kcal/hr)} = \frac{600 \text{kL}(m^3)}{\text{day}} \times \frac{1\text{day}}{24\text{hr}} \times \frac{6,000\text{kcal}}{m^3} \times 8\text{배} = 1.2 \times 10^6 \text{kcal/hr}$$

⑤ 소화 후 슬러지량 계산

$$\text{소화 후 슬러지량}(m^3) = (VS + FS) \times \frac{100}{100 - P(\%)}$$

여기서, VS : 소화 후 잔류 VS량(m^3) FS : 소화 후 FS량(m^3)
P : 소화 후 함수율(%)

Question 04

고형물 중 VS 60%이고, 함수율이 97%인 농축슬러지 100m^3을 소화시켰다. 소화율(VS 대상)이 50%이고, 소화 후 함수율이 95%라면 소화 후의 슬러지량(m^3)을 계산하시오. (단, 슬러지의 비중은 1.0이다.)

풀이

소화 후 슬러지량(m^3) = $(VS + FS) \times \frac{100}{100 - P(\%)}$

① 소화 후 잔류하는 VS량(m^3)
$= \text{슬러지량}(m^3) \times \frac{100 - \text{함수율}(\%)}{100} \times \frac{VS(\%)}{100} \times \frac{100 - VS \text{ 소화율}}{100}$
$= 100m^3 \times (1 - 0.97) \times 0.6 \times (1 - 0.5) = 0.9m^3$

② 소화 후 FS량(m^3) = $\text{슬러지량}(m^3) \times \frac{100 - \text{함수율}(\%)}{100} \times \frac{(100 - VS(\%))}{100}$
$= 100m^3 \times (1 - 0.97) \times (1 - 0.60) = 1.2m^3$

③ 소화 후 슬러지량(m^3) = $(0.9m^3 + 1.2m^3) \times \frac{100}{100 - 95} = 42m^3$

TIP

고형물(TS) = 100 - 함수율(%) = 100 - 97% = 3%

5) 호기성 소화의 특징

① 장점
  ㉠ 운전이 쉽다.
  ㉡ 단시간에 소화가 가능하다.
  ㉢ 비료가치가 크다.
  ㉣ 상층액의 BOD 농도가 낮다.
  ㉤ 비교적 운전이 쉽고 상징수의 수질도 양호하다.

② 단점
  ㉠ 동력이 많이 소요된다.
  ㉡ 소화슬러지 발생량이 많다.
  ㉢ 소화 슬러지의 탈수성이 불량하다.

실전연습문제

01 호기성 소화에 비해 혐기성 소화의 장점 6가지를 쓰시오. (단, 예시의 답은 제외할 것)

> [예시] 처리장의 규모가 클 때 건설비가 적게 든다.

① 슬러지의 탈수성이 양호하다.
② 슬러지가 적게 발생한다.
③ 동력시설의 소모가 적어 운전비용이 저렴하다.
④ 고농도 폐수처리에 적합하다.
⑤ 회수된 가스를 연료로 사용 가능하다.
⑥ 연속처리가 가능하다.

02 포도당($C_6H_{12}O_6$)으로 구성된 유기물 1kg이 혐기성 미생물에 의해 완전히 분해되어 생성되는 메탄의 용적(Sm^3)을 계산하시오.

$C_6H_{12}O_6 \rightarrow 3CO_2 + 3CH_4$
  180kg   : $3 \times 22.4 Sm^3$
  1kg   :   X

$\therefore X = \dfrac{1kg \times 3 \times 22.4 Sm^3}{180kg} = 0.37 \, Sm^3$

TIP

① 포도당=글루코스=$C_6H_{12}O_6$
② $C_6H_{12}O_6$의 분자량 $= 6 \times 12 + 12 \times 1 + 6 \times 16 = 180$
③ CH_4 1kmol $\begin{cases} 16kg \\ 22.4 Sm^3 \end{cases}$
④ 표준상태 $= 0℃, 760mmHg = Sm^3 = Nm^3$

03 유기물($C_6H_{12}O_6$) 1kg에서 혐기성 소화시 생성될 수 있는 최대 메탄의 양(kg) 및 체적(Sm^3)을 각각 계산하시오.

풀이

① CH_4의 질량(kg)을 계산한다.

$$C_6H_{12}O_6 \rightarrow 3CO_2 + 3CH_4$$
$$180kg \ : \ 3 \times 16kg$$
$$1kg \ : \ X_1$$

$$\therefore X_1 = \frac{1kg \times 3 \times 16kg}{180kg} = 0.27kg$$

② CH_4의 체적(Sm^3)을 계산한다.

$$C_6H_{12}O_6 \rightarrow 3CO_2 + 3CH_4$$
$$180kg \ : \ 3 \times 22.4Sm^3$$
$$1kg \ : \ X_2$$

$$\therefore X_2 = \frac{1kg \times 3 \times 22.4Sm^3}{180kg} = 0.37Sm^3$$

04 고형폐기물의 매립처리시 2kg의 $C_6H_{12}O_6$ 성분의 폐기물이 혐기성 분해를 한다면 이론적 가스 발생량(L)을 계산하시오. (단, CH_4와 CO_2의 밀도는 각각 0.7167g/L 및 1.9768g/L이다.)

풀이

$$C_6H_{12}O_6 \rightarrow 3CO_2 + 3CH_4$$
$$180g \ : \ 3 \times 44g \quad 3 \times 16g$$
$$2,000g \ : \ X_1 \quad X_2$$

① $X_1(CO_2) = \dfrac{2000g \times 3 \times 44g}{180g} = 1466.67g$

따라서 $CO_2(L) = 1466.67g \times \dfrac{1}{1.9768g/L} = 741.94L$

② $X_2(CH_4) = \dfrac{2000g \times 3 \times 16g}{180g} = 533.33g$

따라서 $CH_4(L) = 533.33g \times \dfrac{1}{0.7167g/L} = 744.15L$

③ 가스 총 발생량 = 741.94L + 744.15L = 1486.09L

05 글리신($C_2H_5O_2N$) 5mole이 혐기성소화에 의해 완전분해될 때 생성 가능한 이론적인 메탄 가스량(L)을 계산하시오. (단, 표준상태 기준, 분해 최종산물은 CH_4, CO_2, NH_3)

풀이

$$C_2H_5O_2N + 0.5H_2O \rightarrow 0.75CH_4 + 1.25CO_2 + NH_3$$
$$1mol \ : \ 0.75 \times 22.4L$$
$$5mol \ : \ X(CH_4)$$

$$\therefore X(CH_4) = \frac{5mol \times 0.75 \times 22.4L}{1mol} = 84.0L$$

> **TIP**
>
> 완전분해식
>
> $C_aH_bO_cN_d + \left(\dfrac{4a-b-2c+3d}{4}\right)H_2O$
>
> $\rightarrow \left(\dfrac{4a+b-2c-3d}{8}\right)CH_4 + \left(\dfrac{4a-b+2c+3d}{8}\right)CO_2 + dNH_3$

06 다음 분뇨처리시설을 가온식으로 운영하려고 한다. 투입분뇨량이 1.6kL/h일 때 투입된 분뇨를 소화온도까지 올리는데 필요한 열량(kcal/hr)을 계산하시오. (단, 소화온도는 35℃, 투입분뇨의 온도는 18℃이고, 분뇨의 비열은 1cal/g·℃이며 분뇨의 비중은 1.0, 기타 열손실은 없는 것으로 한다.)

> **풀이**
>
> 열량(kcal/hr) = 분뇨투입량(kg/hr) × 비열(kcal/kg·℃) × 온도차(℃)
> $= 1.6 \times 10^3 \text{kg/hr} \times 1.0 \text{kcal/kg·℃} \times (35-18)℃ = 27{,}200 \text{kcal/hr}$

> **TIP**
>
> ① 분뇨투입량(kg/hr) $= 1.6\text{kL/hr} \times 10^3 \text{L/kL} \times 1.0 \text{kg/L} = 1.6 \times 10^3 \text{kg/hr}$
>
> ② 비열(kcal/kg·℃) $= 1.0 \text{cal/g·℃} \times 10^{-3} \text{kcal/cal} \times 10^3 \text{g/kg} = 1.0 \text{kcal/kg·℃}$

07 평균온도가 20℃인 수거분뇨 20kL/일을 처리하는 혐기성 소화조의 소화온도를 외부 가온에 의해 35℃로 유지하고자 한다. 이때 소요되는 열량(kcal/일)을 계산하시오. (단, 소화조의 열손실은 없는 것으로 간주하고, 분뇨의 비열은 1.1kcal/kg·℃, 비중은 1.02이다.)

> **풀이**
>
> 열량(kcal/일) = 수거분뇨량(m³/일) × 비열(kcal/kg·℃) × 온도차(℃)
> ① 분뇨수거량(kg/일) $= 20\text{kL/일} \times 10^3 \text{L/kL} \times 1.02 \text{kg/L} = 20{,}400 \text{kg/일}$
> ② 열량(kcal/일) $= 20{,}400 \text{kg/일} \times 1.1 \text{kcal/kg·℃} \times (35-20)℃ = 3.37 \times 10^5 \text{kcal/일}$

08 함수율 96%, 고형물 중의 유기물 함유비가 75%의 생슬러지를 소화하여 유기물의 60%가 가스 및 탈리액으로 전환되고 함수율 95%의 소화슬러지가 얻어졌다. 똑같은 슬러지를 같은 조건에서 2,000m³를 소화한 경우 소화슬러지 발생량(m³)을 계산하시오. (단, 소화 전, 후의 슬러지의 비중은 1.0이다.)

소화 후 슬러지부피(m³) = (VS + FS) × $\dfrac{100}{100 - P(\%)}$

여기서, VS : 잔류 휘발성 고형물(유기물)
　　　　FS : 잔류성 고형물(무기물)
　　　　P : 소화 후 함수율(%)

① VS(m³) = 농축슬러지량(m³) × 고형물량 × VS × (1 - 소화율)
　　　　＝ 2,000m³ × 0.04 × 0.75 × (1 - 0.6) = 24m³
② FS(m³) = 농축슬러지량(m³) × 고형물량 × FS
　　　　＝ 2,000m³ × 0.04 × 0.25 = 20m³
③ 소화후 슬러지 부피(m³) = (24m³ + 20m³) × $\dfrac{100}{100 - 95\%}$ = 880m³

TIP
① 슬러지량(%) = 고형물(%) + 함수율(%)　　② 고형물(%) = 100% - 94% = 4%
③ 고형물(%) = VS(%) + FS(%)　　　　　　　④ FS(%) = 100% - 75% = 25%

09 함수율이 97%, 총고형물 중의 유기물이 80%인 고형물을 소화조에 200m³/day의 율로 투입하여 유기물의 2/3가 가스화 또는 액화 후 함수율 95%인 소화슬러지가 얻어졌다고 한다. 소화슬러지량(m³/day)을 계산하시오. (단, 슬러지의 비중은 1.0이다.)

소화 후 슬러지량(m³/day) = (VS + FS) × $\dfrac{100}{100 - P(\%)}$

① 소화 후 VS량(m³/day) = 200m³/day × 0.03 × 0.80 × $\left(1 - \dfrac{2}{3}\right)$ = 1.6m³/day
② 소화 후 FS량(m³/day) = 200m³/day × 0.03 × 0.20 = 1.2m³/day
③ 소화 후 슬러지량(m³/day) = (1.6 + 1.2)m³/day × $\dfrac{100}{100 - 95}$ = 56m³/day

TIP
① 고형물(TS) = 100 - 함수율(%) = 100 - 97% = 3%
② VS(휘발성고형물 = 유기물) = 80%
③ FS(잔류성 고형물 = 무기물) = 100% - 80% = 20%

10 처리용량(분뇨 투입량)이 30m³/day인 분뇨처리장에 가스 저장 탱크를 설계하고자 한다. 가스 저류시간을 8시간으로 하고 생성가스량은 투입량의 8배로 가정한다면 가스 탱크의 용량(m³)을 계산하시오.

> **풀이** 가스탱크의 용량(m³) = 생성가스량(m³/day) × 저류시간(day)
> $= 30\text{m}^3/\text{day} \times 8\text{배} \times \left(\dfrac{8\text{hr}}{24}\right)\text{day} = 80\text{m}^3$

11 소화조로 유입되는 슬러지의 양이 350m³/일이고 고형물과 고형물 중 VS함량이 각각 3.5%와 70%이다. 소화조의 VS소화율은 60%이고, 소화조의 가스발생량은 0.75m³/kgVS일 때 일일 생성되는 가스량(m³/day)을 계산하시오. (단, VS의 비중은 1.0이다.)

> **풀이** 가스발생량(m³/day)
> = 슬러지량(m³/day) × 고형물량 × VS함량 × VS소화율 × $\left(\dfrac{\text{m}^3 \cdot \text{가스발생량}}{\text{kg} \cdot \text{VS}}\right)$ × 밀도(kg/m³)
> = 350m³/day × 0.035 × 0.70 × 0.60 × 0.75m³/kg × 1000kg/m³ = 3,858.75 m³/day

> **TIP**
> 비중 1.0 = 1.0ton/m³

12 총고형물이 36,500mg/L, 휘발성 고형물이 총고형물 중 64.5%인 폐기물 60kL/day를 혐기성 소화조에서 소화시켰을 때 1일 가스발생량(m³)을 계산하시오. (단, 폐기물 비중 1.0, 가스발생량은 0.35m³/kg(VS)이다.)

> **풀이** 가스발생량(m³/day)
> = 폐기물량(m³/day) × 총고형물 농도(kg/m³) × $\dfrac{\text{휘발성고형물}(\%)}{100}$ × $\dfrac{\text{m}^3 \cdot \text{가스량}}{\text{kg} \cdot \text{VS}}$
> = 60m³/day × 36.5kg/m³ × $\dfrac{64.5\%}{100}$ × 0.35m³/kg = 494.39 m³/day

> **TIP**
> ① mg/L × 10^{-3} → kg/m³
> ② kL/day = m³/day
> ③ 휘발성고형물 = 유기물 = VS

13 혐기성 소화조에서 유기물질 90%, 무기물질 10%의 슬러지(고형물 기준)를 소화 처리한 결과 소화 슬러지(고형물 기준)는 유기물질 70%, 무기물질 30%로 되었다. 이 때 소화율(%)을 계산하시오.

풀이

$$\text{소화율}(\%) = \left\{1 - \frac{\text{소화 후}\left(\frac{\text{유기물질}}{\text{무기물질}}\right)}{\text{소화 전}\left(\frac{\text{유기물질}}{\text{무기물질}}\right)}\right\} \times 100(\%) = \left\{1 - \frac{\frac{70\%}{30\%}}{\frac{90\%}{10\%}}\right\} \times 100 = 74.07\%$$

(5) 슬러지 개량

1) 슬러지 개량의 목적

① 슬러지의 탈수성을 향상시킨다.
② 탈수시 약품소모량을 줄인다.
③ 탈수시 소요동력을 줄인다.
④ 슬러지를 안정화 시킨다.

2) 슬러지의 개량방법

① 슬러지 세정법
② 약품 처리법
③ 열 처리법
④ 생물학적 처리법

(6) 기계적인 탈수방법

① **원심분리기** : 슬러지에 원심력을 가하여 탈수하는 방법으로 고형물 비중이 물보다 작아야 하고 정기적인 보수가 필요 없으며, basket형, disk nozzle형, solid bowl형 등이 있다.
② **진공탈수법** : 다공성 여재를 사이에 놓고 한쪽을 진공상태로 감압하여 탈수하는 방법으로 rotary drum형, belt형, coil형 등이 있다.
③ **가압탈수법** : 슬러지에 대기압보다 큰 압력을 가해 탈수하는 방법으로 슬러지 cake 함수율을 가장 낮게 운영할 수 있다.
④ **벨트프레스(Belt Press)법** : 슬러지 탈수에 널리 이용되는 방법 중 하나로 처음에는 중력에 의해 탈수되다가 롤러에 의해 구동되는 한 개 또는 두 개의 투수성 있는 면 사이의 압력으로 전단 및 압축 탈수가 연속적으로 일어나는 형태의 탈수이다.

(7) 슬러지량 계산

$$슬러지량(m^3) = \frac{폐수량(m^3) \times 제거된\ 슬러지\ 농도(kg/m^3)}{비중량(kg/m^3)} \times \frac{100}{100 - 함수율(\%)}$$

Question 05

분뇨 100kL에서 SS 24,500mg/L를 제거하였다. SS의 함수율이 96%라고 하면 그 부피(m³)를 계산하시오. (단, 비중은 1.0 기준)

풀이

$$슬러지량(m^3) = \frac{100m^3 \times 24.5kg/m^3}{1,000kg/m^3} \times \frac{100}{100-96} = 61.25m^3$$

TIP

① 분뇨 $100kL = 100m^3$
② $mg/L \xrightarrow{\times 10^{-3}} kg/m^3$
③ $24,500mg/L = 24.5kg/m^3$
④ 비중 $1.0 = 1.0 ton/m^3$
⑤ 비중 $1.0 ton/m^3 = 1,000 kg/m^3$

실전연습문제

01 슬러지에 대한 다음 물음에 답하시오.

(가) 탈수성 개선의 방법

(나) 슬러지 탈수방법

(다) 슬러지 탈수 후 수분함량(%)

(가) 탈수성 개선의 방법 : 슬러지 개량
(나) 슬러지 탈수방법 : 원심분리법, 필터프레스법, 진공탈수법, 가압탈수법
(다) 슬러지 탈수 후 수분함량(%) : 70 ~ 75%

02 슬러지의 기계적인 탈수방법 4가지를 쓰고 간단히 설명하시오.

① 원심분리기 : 슬러지에 원심력을 가하여 탈수하는 방법으로 고형물 비중이 물보다 작아야 하고 정기적인 보수가 필요 없으며, basket형, disk nozzle형, solid bowl형 등이 있다.
② 진공탈수법 : 다공성 여재를 사이에 놓고 한쪽을 진공상태로 감압하여 탈수하는 방법으로 rotary drum형, belt형, coil형 등이 있다.
③ 가압탈수법 : 슬러지에 대기압보다 큰 압력을 가해 탈수하는 방법으로 슬러지 cake 함수율을 가장 낮게 운영할 수 있다.
④ 벨트프레스(Belt Press)법 : 슬러지 탈수에 널리 이용되는 방법 중 하나로 처음에는 중력에 의해 탈수되다가 롤러에 의해 구동되는 한 개 또는 두 개의 투수성 있는 면 사이의 압력으로 전단 및 압축 탈수가 연속적으로 일어나는 형태의 탈수이다.

03 다음과 같은 조건의 침전지에서 1일 발생하는 슬러지의 부피(m^3)을 계산하시오. (단, 기타사항은 고려하지 않는다.)

- 폐수유입량 : $20,000\,m^3/$일
- 침전지의 SS 제거율 : 45%
- 유입폐수의 SS : 400mg/L
- 슬러지의 비중 : 1.2

슬러지 발생량(m^3/day) = $\dfrac{\text{SS농도}(kg/m^3) \times \text{폐수유량}(m^3/day) \times \text{제거율}}{\text{비중량}(kg/m^3)}$

$= \dfrac{0.4\,kg/m^3 \times 20,000\,m^3/day \times 0.45}{1,200\,kg/m^3} = 3.0\,m^3/day$

TIP

① $mg/L \times 10^{-3} \rightarrow kg/m^3$
② SS $400mg/L \times 10^{-3} = 0.4kg/m^3$
③ 비중 $1.2 = 1.2\,ton/m^3$
④ 비중 $1.2\,ton/m^3 = 1,200\,kg/m^3$

04 고형물의 함량이 $80kg/m^3$인 농축슬러지를 $18m^3/hr$ 유량으로 탈수시키려 한다. 고형물 질량에 대해 25%의 소석회를 넣으면 함수율 70%의 탈수 Cake이 얻어진다고 할 때 농축슬러지로부터 얻어지는 탈수 Cake의 양(ton/day)을 계산하시오. (단, 하루 운전시간은 24시간이고, Cake의 비중은 1.0이다.)

탈수케이크의 양(ton/day) = 슬러지량(ton/day) $\times \dfrac{100}{100 - \text{함수율}(\%)}$

① 슬러지량(ton/day) = $18m^3/hr \times 24hr/day \times 80kg/m^3 \times 10^{-3}ton/kg \times 1.25$
   = $43.2\,ton/day$

② 탈수케이크의 양(ton/day) = $43.2\,ton/day \times \dfrac{100}{100 - 70\%} = 144\,ton/day$

05 6%의 고형물을 함유하는 345m³의 슬러지를 진공 여과시켜 75%의 수분을 함유하는 슬러지 케이크로 만든다면 생산되는 슬러지 케이크의 양(m³)을 계산하시오. (단, 여과 전, 후의 슬러지 비중은 1.0 기준.)

> **풀이**
> 슬러지 케이크 발생량(m³) = $\dfrac{\text{고형물의 농도}(kg/m^3) \times \text{슬러지량}(m^3)}{\text{비중량}(kg/m^3)} \times \dfrac{100}{100-P(\%)}$
> $= \dfrac{60kg/m^3 \times 345m^3}{1,000kg/m^3} \times \dfrac{100}{100-75} = 82.8 m^3$

TIP
① 고형물의 농도 $= 6\% = 6 \times 10^4 mg/L = 60 kg/m^3$
② $\% \times 10^4 \to mg/L$
③ $mg/L \times 10^{-3} \to kg/m^3$
④ 비중(ton/m^3) $\times 10^3 \to$ 비중량(kg/m^3)

06 고형물 농도가 80,000ppm인 농축 슬러지량 20m³/hr를 탈수하기 위해 개량제($Ca(OH)_2$)를 고형물당 10wt% 주입하여 함수율 85wt%인 슬러지 Cake을 얻었다면 예상 슬러지 Cake의 양(m³/hr)을 계산하시오. (단, 비중은 1.0이다.)

> **풀이**
> Cake의 발생량(m³/hr)
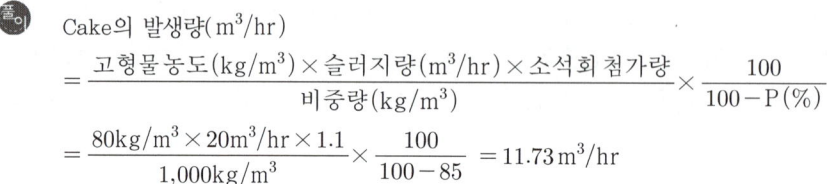
> $= \dfrac{80kg/m^3 \times 20m^3/hr \times 1.1}{1,000kg/m^3} \times \dfrac{100}{100-85} = 11.73 \, m^3/hr$

TIP
① 소석회 첨가량은 고형물당 10%이므로 110%가 된다.
② 비중 $1.0 = 1.0 ton/m^3$

07 5,000m³/일의 하수를 처리하는 처리장의 1차 침전지에서 침전된 슬러지 내 고형물이 0.2톤/일, 2차 침전지에서 0.1톤/일이 제거되며, 각 슬러지의 함수율은 98%, 99.5%이다. 침전지에서 발생한 슬러지를 정체시간 5일로 하여 농축시키려면 농축조의 크기(m³)를 계산하시오. (단, 슬러지의 비중은 1.0 기준.)

  ① 발생 슬러지량(m³/day)을 계산한다.

$$슬러지량(m^3/day) = \frac{슬러지량(kg/day)}{비중량(kg/m^3)} \times \frac{100}{100-P(\%)}$$

㉠ 1차 슬러지량$(m^3/day) = \frac{0.2 \times 10^3 kg/day}{1,000 kg/m^3} \times \frac{100}{100-98\%} = 10 m^3/day$

㉡ 2차 슬러지량$(m^3/day) = \frac{0.1 \times 10^3 kg/day}{1,000 kg/m^3} \times \frac{100}{100-99.5\%} = 20 m^3/day$

㉢ 발생슬러지량 $= 10 m^3/day + 20 m^3/day = 30 m^3/day$

② 농축조의 크기(m³)를 계산한다.

농축조의 크기(m³)= 발생슬러지량(m³/day)× 정체시간(day)
　　　　　　　　　$= 30 m^3/day \times 5 day = 150 m^3$

08 생분뇨 농축조에서의 SS 제거량은 농축조 투입 생분뇨 1L당 50,000mg이다. 농축 후 제거된 SS를 탈수하여 감량화 하는 경우 탈수기에서 발생하는 탈수액의 양(m³/일)을 계산하시오. (단, 농축조 생분뇨투입량은 100kL/일, 탈수기 유입 SS 슬러지의 수분 97%, 탈수된 SS 슬러지의 수분 70%, 모든 분뇨 및 슬러지의 비중은 1.0)

① 슬러지량(m³/day)
$$= \frac{고형물농도(kg/m^3) \times 생분뇨투입량(m^3/day)}{비중량(kg/m^3)} \times \frac{100}{100-함수율(\%)}$$

② 탈수기 유입 전 슬러지량$= \frac{50 kg/m^3 \times 100 m^3/day}{1,000 kg/m^3} \times \frac{100}{100-97\%} = 166.67 m^3/day$

③ 탈수기 유입 후 슬러지량$= \frac{50 kg/m^3 \times 100 m^3/day}{1,000 kg/m^3} \times \frac{100}{100-70\%} = 16.67 m^3/day$

④ 탈수기에서 발생하는 탈수액의 양(m³/일)$= 166.67 m^3/day - 16.67 m^3/day = 150 m^3 day$

TIP

① 고형물의 농도$= 50,000 mg/L = 50 kg/m^3$
② 생분뇨투입량$= 100 KL/day = 100 m^3/day$
③ 비중 $1.0 = 1.0 ton/m^3$

09 진공여과기로 슬러지를 탈수하여 cake의 함수율을 70%로 할 때 여과속도는 20kg/m² · hr(고형물 기준), 여과면적은 50m²의 조건에서 4시간 동안 cake 발생량(ton)을 계산하시오. (단, 비중은 1.0 기준)

① 여과속도$(kg/m^2 \cdot hr) = \dfrac{cake \ 농도(kg/m^3) \times cake \ 발생량(m^3/hr)}{여과면적(m^2)}$

$20kg/m^2 \cdot hr = \dfrac{300kg/m^3 \times cake \ 발생량(m^3)}{50m^2 \times 4hr}$

∴ cake 발생량 $= \dfrac{20kg/m^2 \cdot hr \times 50m^2 \times 4hr}{300kg/m^3} = 13.33m^3$

② cake 발생량(ton) $= 13.33m^3 \times 1.0ton/m^3 = 13.33ton$

TIP

① 고형물 $= 100 - 함수율(\%) = 100 - 70\% = 30\%$
② $30\% \times 10^4 = 30 \times 10^4 mg/L = 300kg/m^3$
③ $\% \times 10^4 \rightarrow mg/L$
④ $mg/L \times 10^{-3} \rightarrow kg/m^3$
⑤ 비중 $1.0 = 1.0 ton/m^3$

10 3,785m³/일 규모의 하수처리장의 유입수의 BOD와 SS 농도가 각각 200mg/L라고 하고, 1차 침전에 의하여 SS는 50%, 이에 따라 BOD도 30% 제거된다. 후속처리인 활성슬러지공법(폭기조)에 의해 남은 BOD의 90%가 제거되며 제거된 kgBOD당 0.1kg의 슬러지가 생산된다면 1차 침전에서 발생한 슬러지와 활성슬러지공법에 의해 발생된 슬러지량의 총합(kg/일)을 계산하시오. (단, 비중은 1.0이며, 기타 조건은 고려하지 않는다.)

① 1차침전에서 발생한 슬러지량(kg/day) $= 3,785 m^3/day \times 0.2kg/m^3 \times 0.5 = 378.5 kg/day$
② 활성슬러지공법에 의해 제거된 BOD량(kg/day)
$= 3,785 m^3/day \times 0.2kg/m^3 \times (1-0.30) \times 0.9 = 476.91 kg/day$
따라서, 활성슬러지공법에 의해 제거된 슬러지량(kg/day)은 BOD 1kg당 0.1kg의 슬러지가 발생되므로 $476.91 kg/day \times 0.1kg슬러지/1kgBOD = 47.69 kg/day$
③ 발생되는 총 슬러지량 $= 378.5 kg/day + 47.69 kg/day = 426.19 kg/day$

11 진공 여과 탈수기로 투입되는 슬러지량이 240m³/hr이고 슬러지 함수율 98%, 여과율(고형물 기준)이 120kg/m² – hr의 조건을 가질 때 여과 면적(m²)을 계산하시오. (단, 탈수기는 연속가동하며 슬러지 비중은 1.0이다.)

$$여과율(kg/m^2 \cdot hr) = \frac{고형물\ 농도(kg/m^3) \times 슬러지량(m^3/hr)}{여과면적(m^2)}$$

$$120\,kg/m^2 \cdot hr = \frac{20kg/m^3 \times 240m^3/hr}{여과면적(m^2)}$$

$$\therefore 여과면적 = \frac{20kg/m^3 \times 240m^3/hr}{120\,kg/m^2 \cdot hr} = 40m^2$$

TIP

① $\% \times 10^4 \rightarrow ppm$
② $ppm = mg/L$
③ $mg/L \times 10^{-3} \rightarrow kg/m^3$
④ 고형물(%) = 100 − 함수율(%) = 100 − 98% = 2%
⑤ 고형물 2% = $20kg/m^3$

02 물리, 화학, 생물학적 처분

(1) 용매추출법

액상폐기물에서 제거하려는 성분을 용매에 흡수시켜 처리하는 방법이다.

1) 용매추출방법의 적용대상 폐기물

① 미생물에 의해 분해가 어려운 물질을 처리할 경우
② 활성탄을 이용하기에는 농도가 너무 높은 물질을 처리할 경우
③ 낮은 휘발성으로 인해 Stripping 하기가 곤란한 물질을 처리할 경우
④ 물에 대한 용해도가 낮은 물질을 처리할 경우

2) 용매추출법을 이용할 수 있는 폐기물의 특징

① 높은 분배계수를 가지는 것 ② 낮은 끓는점을 가질 것
③ 물에 대한 용해도가 낮은 것 ④ 밀도가 물과 다를 것

(2) Fenton(펜턴) 산화법

1) Fenton 산화법의 특징

① Fenton액은 철염과 과산화수소수를 포함한다.
② 최적반응을 위해 침출수 pH를 3~5로 조정한다.
③ Fenton액을 첨가하여 난분해성 유기물질(NBDCOD)을 산화하여 생분해성 유기물질(BDCOD)로 변화시킨다. (COD는 감소하고 BOD는 증가한다.)
④ 슬러지 생산량이 많아질 수 있다.
⑤ 처리시설은 pH조절조, 중화 및 응집조, 침전조로 구성되어 있다.
⑥ 여분의 과산화수소수는 후처리의 미생물 성장에 영향을 줄 수 있다.
⑦ 유입시설의 변화시 탄력적인 대응이 가능하다.
⑧ 시설비는 오존처리시나 활성탄 흡착법보다 적게 소요된다.
⑨ 펜턴시약의 반응시간은 철염과 과산화수소수의 주입농도에 따라 변화된다.

2) Fenton 산화법 정리

① 펜턴시약 : H_2O_2
② 촉매 : 황산제1철
③ 강산화제 : OH 라디칼
④ pH : 3~5
⑤ 특징 : COD감소, BOD 증가

(3) 습식 고온 고압 산화처리법(Zimmerman 공법)

① 액상슬러지에 열과 압력을 작용시켜 용존산소에 의하여 화학적으로 슬러지내의 유기물을 산화시키는 방법이다.
② 슬러지를 가열(210℃, 210atm 정도)시켜 슬러지내의 유기물이 공기에 의해 산화되도록 하는 공법이다.
③ 시설의 수명이 짧으며 질소의 제거율이 낮다.
④ 투자, 유지비가 높다.
⑤ 장치의 주요기기는 공기압축기, 고압펌프, 열교환기 등이다.

(4) 표준활성슬러지법

1) BOD 제거효율 계산

①
$$희석배수치(P) = \frac{유입수의\ Cl^-}{유출수의\ Cl^-} = \frac{희석\ 후\ 시료량}{희석\ 전\ 시료량}$$

②
$$BOD\ 제거효율(\eta) = \left(1 - \frac{유출수의\ BOD}{유입수의\ BOD}\right) \times 100(\%)$$

③
$$BOD\ 제거효율(\eta) = \left(1 - \frac{유출수의\ BOD \times P}{유입수의\ BOD}\right) \times 100(\%)$$

Question 06

처리장으로 유입되는 생분뇨의 BOD가 15,000ppm 이때의 염소이온 농도가 6,000ppm 이었다. 이 생분뇨를 희석한 후 활성슬러지법으로 처리한 처리수의 BOD는 60ppm, 염소이온농도가 200ppm이었다면 활성슬러지법에서의 BOD 제거효율(%)을 계산하시오.

풀이

① $희석배수치(P) = \dfrac{유입수의\ 염소이온농도}{유출수의\ 염소이온농도} = \dfrac{6,000ppm}{200ppm} = 30$

② $BOD\ 제거효율(\%) = \left(1 - \dfrac{유출수의\ BOD \times P}{유입수의\ BOD}\right) \times 100 = \left(1 - \dfrac{60ppm \times 30}{15,000ppm}\right) \times 100 = 88\%$

2) BOD의 용적부하 계산

$$\text{BOD의 용적부하}(kg/m^3 \cdot day) = \frac{\text{분뇨의 유입량}(m^3/day) \times \text{BOD 농도}(kg/m^3)}{\text{포기조의 용적}(m^3)}$$

Question 07

BOD 농도가 22,000mg/L인 분뇨를 전처리과정을 거쳐 활성슬러지 공법으로 처리하려고 한다. 분뇨의 유입량이 15kL/day, 전처리과정의 BOD 제거효율이 80%, 포기조의 규격에 폭 4m, 길이 10m, 깊이 4m라면 포기조의 단위 용적당 BOD 부하(kg/m³·day)를 계산하시오. (단, 비중은 1.0)

풀이

$$\text{BOD 용적부하}(kg/m^3 \cdot day) = \frac{15m^3/day \times 22kg/m^3 \times (1-0.80)}{(4m \times 10m \times 4m)} = 0.41 kg/m^3 \cdot day$$

TIP

① 분뇨의 투입량 $15kL/day = 15m^3/day$
② 포기조의 BOD 농도 $= 22,000mg/L \times (1-0.80)$
③ $mg/L \xrightarrow{\times 10^{-3}} kg/m^3$
④ BOD 농도 $22,000mg/L = 22kg/m^3$

(5) 고도처리법

1) A/O 공법

① A/O 공법의 공정도

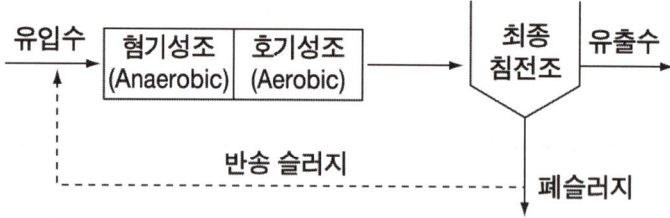

② A/O 공법의 반응조 역할
   ㉠ 혐기성조(Anaerobic) : 인(P)의 방출, 유기물 제거
   ㉡ 호기성조(Aerobic) : 인(P)의 과잉흡수

2) A₂/O공법

① A₂/O 공법의 공정도

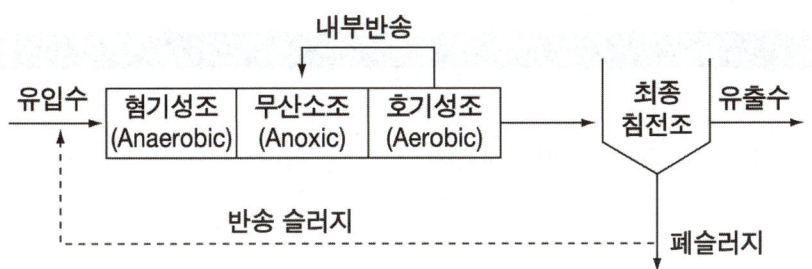

② A₂/O 공법의 반응조 역할

    ㉠ 혐기성조 : 인의 방출, 유기물 제거
    ㉡ 무산소조 : 탈질작용(질소제거)
    ㉢ 호기성조(포기조 또는 폭기조) : 인의 과잉흡수 및 질산화
    ㉣ 내부반송 : 호기성조(폭기조)에서 질산화를 통하여 생성된 질산성 질소를 무산소조로 보내 질소를 제거한다.

3) 미생물의 에너지원과 탄소원

분류	에너지원	탄소원
광합성 독립(자가) 영양 미생물	빛	CO_2
화학합성 독립(자가) 영양 미생물	무기물의 산화·환원 반응	CO_2
광합성 종속(타가) 영양 미생물	빛	유기탄소
화학합성 종속(타가) 영양 미생물	유기물의 산화·환원 반응	유기탄소

실전연습문제

01 Fenton 산화법에 대해서 다음 물음에 답하시오.

(가) 펜턴시약

(나) 촉매

(다) 강산화제

> 풀이
> (가) 펜턴시약 : H_2O_2
> (나) 촉매 : 황산제1철
> (다) 강산화제 : OH 라디칼

02 슬러지를 응집할 경우 무기 응집제로 황산알루미늄을 많이 사용한다. 그 이유를 간단히 설명 하시오.

> 풀이
> 응집제로 3가 양이온을 가지는 알루미늄염을 사용하는 이유는 2가에 비해서 응집효과가 뛰어나고 탈수성이 우수하기 때문이다.

03 Cr^{3+}의 침전반응식을 쓰시오. (단, 수산화물 침전법 기준)

> 풀이
> $2Cr^{3+} + 6OH^- \rightarrow 2Cr(OH)_3$

04 Cd^{2+}를 Na_2S로 침전시키는 침전반응식을 쓰시오.

> 풀이
> $Cd^{2+} + Na_2S \rightarrow CdS \downarrow + 2Na^+$

05 액상폐기물 중에 존재하는 As이온의 제거법 2가지를 간단히 쓰시오. (단, 예시는 답란에서 제외하시오.)

> [예시] 비소의 제거법으로 흡착법과 이온교환법을 이용한다.

① **침전법** : 칼슘, 알루미늄, 마그네슘, 철 등의 수산화물에 공침시켜 제거한다.
② **역삼투법** : 반투막이나 멤브레인을 사용하여 여과 제거한다.

TIP

각 이온의 수산화물
- 칼슘의 수산화물 = $Ca(OH)_2$
- 알루미늄의 수산화물 = $Al(OH)_3$
- 마그네슘의 수산화물 = $Mg(OH)_2$
- 철의 수산화물 = $Fe(OH)_3$

06 미생물을 에너지원과 탄소원에 따라 4가지로 분류하시오. (단, 미생물 분류-에너지원-탄소원의 순서로 나타낼 것)

미생물의 분류
① 광합성 독립영양계 미생물 - 빛 - CO_2
② 화학합성 독립영양계 미생물 - 무기물의 산화·환원 반응 - CO_2
③ 광합성 종속영양계 미생물 - 빛 - 유기탄소
④ 화학합성 종속영양계 미생물 - 유기물의 산화·환원 반응 - 유기탄소

07 폐수유입량 10,000m³/day이고 유입폐수의 SS가 400mg/L라면 이것을 Alum($Al_2(SO_4)_3 \cdot 18H_2O$) 250mg/L로 처리할 때 1일 발생하는 침전슬러지(건조고형물 기준)의 양(kg)을 계산하시오. (단, 응집침전시 유입 SS의 75%가 제거되며 생성되는 $Al(OH)_3$는 모두 침전하고 $CaSO_4$는 용존상태로 존재, Al : 27, S : 32, Ca : 40)

> $Al_2(SO_4)_3 \cdot 18H_2O + 3Ca(HCO_3)_2 \rightarrow 2Al(OH)_3 + 2CaSO_4 + 6CO_2 + 18H_2O$

① $Al(OH)_3$의 양(kg/day) 계산

$Al_2(SO_4)_3 \cdot 18H_2O$: $2Al(OH)_3$
666kg : 2×78kg
0.25kg/m³ × 10,000m³/day : X_1
∴ $X_1 = 585.586$ kg/day

② 침전되는 SS의 양(kg/day) = 10,000m³/day × 0.4kg/m³ × 0.75 = 3,000 kg/day
③ 침전슬러지 발생량(kg/day) = 585.586 kg/day + 3,000 kg/day = 3,585.59 kg/day

08 2차 처리수로부터 인을 제거하고자 한다. P의 농도 6.0mg/L로부터 1.0mg/L로 유지시키기 위해서 Alum 13mg/L(Al^{+3} 로서)를 주입하였다. 생성되는 슬러지농도(mg/L)를 계산하시오. (단, $AlPO_4$, $Al(OH)_3$ 형태의 슬러지가 생성되며 Al 원자량은 27, P 원자량은 31이다.)

풀이

① $AlPO_4$ 형태의 슬러지량(mg/L) $= (6.0-1.0)\text{mg/L} \times \dfrac{122\text{g }AlPO_4}{31\text{g P}} = 19.677\text{mg/L}$

② $AlPO_4$ 발생에 따른 Al 사용량(mg/L) $= (6.0-1.0)\text{mg/L} \times \dfrac{27\text{g Al}}{31\text{g P}} = 4.355\text{mg/L}$

③ $Al(OH)_3$ 형태의 슬러지량(mg/L) $= (13-4.355)\text{mg/L} \times \dfrac{78\text{g }Al(OH)_3}{27\text{g Al}} = 24.97\text{mg/L}$

④ 슬러지 생산량 $= 19.677\text{mg/L} + 24.97\text{mg/L} = 44.65\text{mg/L}$

09 슬러지 매립지 침출수에 함유되어 있는 암모니아를 염소로 처리하려고 한다. 침출수 발생량은 3,780 m³/day이고, 이를 처리하기 위해 7.7kg/d의 염소를 주입하고 잔류염소 농도는 0.2mg/L이었다면 염소요구량(mg/L)을 계산하시오.

풀이

염소요구량 = 염소주입량 − 염소잔류량

① 염소주입량(mg/L) $= \dfrac{\text{주입량(kg/day)}}{\text{발생량(m}^3\text{/day)}} \times 10^3 = \dfrac{7.7\text{kg/day}}{3,780\text{m}^3\text{/day}} \times 10^3 = 2.037\text{mg/L}$

② 염소요구량 $= 2.037\text{mg/L} - 0.2\text{mg/L} = 1.84\text{mg/L}$

10 BOD가 1,500mg/L, Cl^-이 80ppm인 분뇨를 희석하여 활성슬러지법으로 처리한 결과 BOD가 45mg/L, Cl^-이 40ppm이었다면 활성슬러지법의 처리효율(%)을 계산하시오. (단, 희석수 중에 BOD, Cl^-은 없다.)

풀이

처리효율(%) $= \left(1 - \dfrac{\text{유출수의 BOD} \times P}{\text{유입수의 BOD}}\right) \times 100$

① 희석배수치(P) $= \dfrac{\text{유입수의 }Cl^-}{\text{유출수의 }Cl^-} = \dfrac{80\text{ppm}}{40\text{ppm}} = 2$

② 처리효율(%) $= \left\{1 - \dfrac{45\text{mg/L} \times 2}{1,500\text{mg/L}}\right\} \times 100 = 94\%$

11 BOD 농도가 30,000ppm인 생분뇨를 1차 처리(소화)하여 BOD를 75% 제거하였다. 이 1차 처리수를 20배 희석하여 2차 처리하였을 때 방류수의 BOD 농도가 20ppm이었다면 2차 처리에서의 BOD 제거율(%)을 계산하시오. (단, 희석수의 BOD는 0ppm으로 가정한다.)

> ① 2차 처리장치의 유입수 BOD $= 30,000\text{ppm} \times (1-0.75) = 7,500\text{ppm}$
> ② 2차 처리장치의 유출수 BOD $= 20\text{ppm}$
> ③ 희석배수치 $= 20$
> ④ 2차 처리장치의 BOD 제거효율(%) $= \left(1 - \dfrac{\text{유출수 BOD}}{\text{유입수 BOD}}\right) \times 100$
> $= \left(1 - \dfrac{20\text{ppm} \times 20}{7,500\text{ppm}}\right) \times 100 = 94.67\%$

12 용적 200m³인 혐기성 소화조가 휘발성 고형물(VS)을 70% 함유하는 슬러지 고형물을 하루 100kg 받아들인다면 이 소화조의 휘발성 고형물 부하율(kg VS/m³·d)을 계산하시오.

> 휘발성 고형물의 부하율(kg/m³·day)
> $= \dfrac{\text{슬러지 고형물의 양(kg/day)} \times \text{휘발성 고형물 함유량}}{\text{용적(m}^3\text{)}}$
> $= \dfrac{100\text{kg/day} \times 0.70}{200\text{m}^3} = 0.35\,\text{kg/m}^3 \cdot \text{day}$

13 호기성 소화방식으로 분뇨를 500m³/day로 처리하고자 한다. 1차 처리에 필요한 산기관수를 계산하시오. (단, 분뇨 BOD 20,000mg/L, 1차 처리효율 60%, 소요공기량 50m³/BODkg, 산기관 통풍량 0.5m³/min·개)

> 산기관수 $= \dfrac{\text{처리용량(m}^3\text{/day)} \times \text{BOD 농도(kg/m}^3\text{)} \times \text{처리효율} \times \text{소모공기량(m}^3\text{/kg)}}{\text{산기관 1개당 통풍량(m}^3\text{/day·개)}}$
> $= \dfrac{500\text{m}^3/\text{day} \times 20\text{kg/m}^3 \times 0.60 \times 50\text{m}^3/\text{kg}}{0.5\text{m}^3/\text{min·개} \times 60\text{min}/1\text{hr} \times 24\text{hr}/\text{day}} = 417\,\text{개}$

03 고형화 처분

(1) 유해폐기물을 고형화하는 목적

① 폐기물을 다루기가 용이하다.
② 폐기물내 오염물질의 용해도가 감소한다.
③ 폐기물 표면적의 감소에 따른 폐기물 성분의 손실을 줄인다.
④ 폐기물의 독성이 감소한다.

(2) 유기성 고형화 및 무기성 고형화

1) 유기성 고형화 방법의 특징

① 수밀성이 크며 다양한 폐기물에 적용할 수 있다.
② 방사성 폐기물 처리에 적용된다.
③ 최종 고화체의 체적 증가가 다양하다.
④ 처리비용이 고가이다.
⑤ 미생물 및 자외선에 대한 안정성이 약하다.
⑥ 상업화된 처리법의 현장자료가 빈약하다.
⑦ 고도의 기술이 필요하며 촉매 등 유해물질이 사용된다.

2) 무기성 고형화 방법의 특징

① 처리비용이 싸다.
② 장기적으로 안정성이 지속된다.
③ 고화재료 구입이 용이하며, 재료가 무독성이다.
④ 상온, 상압에서 처리가 용이하다.
⑤ 수용성이 작고, 수밀성이 양호하다.
⑥ 다양한 산업폐기물에 적용할 수 있다.
⑦ 고형화재료에 따라 고화체의 체적 증가가 다양하다.

(3) 폐기물의 고화처리방법

1) 시멘트 기초법

① 장점
- ㉠ 다양한 폐기물을 처리할 수 있다.
- ㉡ 폐기물의 건조 또는 탈수가 필요없다.
- ㉢ 사용되는 시멘트의 양을 조절함으로써 폐기물 콘크리트의 강도를 높일 수 있다.
- ㉣ 가장 널리 사용되는 방법 중의 하나로 포틀랜드 시멘트를 이용한다.
- ㉤ 고농도 중금속 폐기물에 적합하다.
- ㉥ 가장 흔히 사용되는 보통 포틀랜드 시멘트의 주성분은 CaO, SiO_2이다.
- ㉦ 장치이용이 쉽고 고도의 기술이 필요치 않다.
- ㉧ 재료의 가격이 싸고 풍부하게 존재한다.

② 단점
- ㉠ 낮은 pH에서 폐기물 성분의 용출가능성이 있다.
- ㉡ 고형화된 시료의 $\dfrac{표면적}{부피}$ 비를 감소시키거나 투수성을 감소시키는 것이 중요하다.

> **TIP**
>
> **포틀랜드 시멘트의 주성분**
> ① 석회(CaO) : 60 ~ 65% 정도 ② 규산(SiO_2) : 22% 정도 ③ 기타 : 13% 정도

2) 석회 기초법

① 장점
- ㉠ 석회의 가격이 싸고 널리 이용되고 있다.
- ㉡ 탈수가 필요하지 않은 경우가 많다.
- ㉢ 석회 – 포졸란 화학반응이 간단하고 용이하다.
- ㉣ 공정운전이 간단하고 용이하다.
- ㉤ 두 가지 폐기물을 동시에 처리할 수 있다.

② 단점
- ㉠ pH가 낮을 경우 폐기물 성분의 용출가능성이 증가한다.
- ㉡ 최종처분 물질의 양이 증가한다.

3) 자가시멘트법

① 장점
- ㉠ 혼합률(MR)이 낮다.
- ㉡ 중금속 저지에 효과적이다.
- ㉢ 탈수 등의 전처리가 필요없다.
- ㉣ 고농도 황화물 함유 폐기물에 적용한다.(연소가스 탈황시 발생된 슬러지(FGD 슬러지) 처리에 적용)
- ㉤ 폐기물이 스스로 고형화되는 성질을 이용하여 개발되었다.

② 단점
- ㉠ 보조에너지가 필요하다.
- ㉡ 장치비가 크며 숙련된 기술을 요한다.

4) 피막형성법

① 장점
- ㉠ 낮은 혼합률(MR)을 가진다.
- ㉡ 침출성이 낮다.

② 단점
- ㉠ 에너지 소요가 크다.
- ㉡ 화재의 위험성이 있다.
- ㉢ 피막형성을 위한 수지값이 비싸다.

5) 열가소성 플라스틱법

① 장점
- ㉠ 용출손실률은 시멘트기초법에 비해 매우 낮다.
- ㉡ 대부분의 메트릭스 물질은 수용액의 침투에 저항성이 매우 크다.
- ㉢ 고화처리된 폐기물성분을 나중에 회수하여 재활용 할 수 있다.

② 단점
- ㉠ 혼합률(MR)이 비교적 높다.
- ㉡ 높은 온도에서 분해되는 물질에는 사용할 수 없다.
- ㉢ 처리과정에서 화재의 위험성이 있다.
- ㉣ 에너지 요구량이 크다.
- ㉤ 폐기물을 건조시켜야 한다.

6) 유리화법

① 장점
  ㉠ 첨가제의 비용이 비교적 싸다.
  ㉡ 2차 오염물질의 발생이 적다.
② 단점
  ㉠ 에너지 집약적이다.
  ㉡ 특수장치와 숙련된 인원이 필요하다.

(4) 폐기물의 부피변화율 공식

$$부피변화율(VCF) = (1 + MR) \times \frac{\rho_1}{\rho_2}$$

여기서, MR : 혼합률 $\left(MR = \dfrac{첨가제의\ 질량}{폐기물의\ 질량}\right)$

ρ_1 : 고화처리 전 폐기물의 밀도(g/cm^3)
ρ_2 : 고화처리 후 폐기물의 밀도(g/cm^3)

Question 07

유해폐기물 고화처리시 흔히 사용하는 지표인 혼합률(MR)은 고화제 첨가량과 폐기물 양의 질량비로 정의된다. 고화처리 전 폐기물의 밀도가 1.0g/cm^3, 고화처리된 폐기물의 밀도가 1.3g/cm^3이라면 혼합률(MR)이 0.755일 때 고화처리된 폐기물의 부피변화율(VCF)를 계산하시오.

 풀이

$$VCF = (1 + MR) \times \frac{\rho_1}{\rho_2} = (1 + 0.755) \times \frac{1.0 g/cm^3}{1.3 g/cm^3} = 1.35$$

실전연습문제

01 유해폐기물을 고형화하는 목적(장점)을 4가지 쓰시오.

① 폐기물을 다루기가 용이하다.
② 폐기물내 오염물질의 용해도가 감소한다.
③ 폐기물 표면적의 감소에 따른 폐기물 성분의 손실을 줄인다.
④ 폐기물의 독성이 감소한다.

02 유해폐기물을 처리하는 고형화 처리방법 5가지를 쓰시오.

① 시멘트 기초법　　　　② 석회 기초법
③ 자가시멘트법　　　　④ 피막형성법
⑤ 열가소성 플라스틱법　⑥ 유리화법

03 유해폐기물을 고형화하는 목적 4가지와 고화처리방법 6가지를 쓰시오.

(1) 고형화 목적
　① 폐기물을 다루기가 용이하다.
　② 폐기물내 오염물질의 용해도가 감소한다.
　③ 폐기물 표면적의 감소에 따른 폐기물 성분의 손실을 줄인다.
　④ 폐기물의 독성이 감소한다.
(2) 고화처리방법
　① 시멘트기초법　　　　② 석회기초법
　③ 자가시멘트법　　　　④ 피막형성법
　⑤ 열가소성 플라스틱법　⑥ 유리화법

04 폐기물의 고화처리방법 중 시멘트 기초법의 장점 5가지를 쓰시오. (단, 예시는 답란에서 제외 하시오.)

> [예시] 재료의 가격이 싸고 풍부하게 존재한다.

① 다양한 폐기물을 처리할 수 있다.
② 폐기물의 건조 또는 탈수가 필요없다.
③ 사용되는 시멘트의 양을 조절함으로써 폐기물 콘크리트의 강도를 높일 수 있다.
④ 고농도 중금속 폐기물에 적합하다.
⑤ 장치이용이 쉽고 고도의 기술이 필요치 않다.

05 포졸란(Pozzolan)의 정의, 특징, 종류, 주요성분을 쓰시오.

① 포졸란의 정의 : 규소성분을 함유하는 미분상태의 물질을 말한다.
② 특징 : 자체적으로는 반응성이 없지만 수산화칼슘이나 물과 반응하면 화합물을 만든다.
③ 종류 : 화산재, 규조토, 비산재 등
④ 주요 성분 : SiO_2(규산)

06 폐기물의 고화처리방법 중 자가시멘트법의 장점 4가지를 쓰시오.

① 혼합률(MR)이 낮다.
② 중금속 저지에 효과적이다.
③ 탈수 등의 전처리가 필요없다.
④ 고농도 황화물 함유 폐기물에 적용한다.

07 고화처리방법 중 자가시멘트법의 장·단점을 각각 2가지씩 쓰시오.

(1) 장점
① 중금속 저지에 효과적이다.
② 탈수 등의 전처리가 필요없다.
(2) 단점
① 보조에너지가 필요하다.
② 장치비가 크며 숙련된 기술을 요한다.

08 폐기물의 고화처리방법 중 열가소성 플라스틱법의 단점 5가지를 쓰시오.

① 높은 온도에서 분해되는 물질에는 사용할 수 없다.
② 처리과정에서 화재의 위험성이 있다.
③ 에너지 요구량이 크다.
④ 혼합률(MR)이 비교적 높다.
⑤ 폐기물을 건조시켜야 한다.

09 폐기물의 고화처리방법 중 열가소성 플라스틱법의 장·단점 3가지씩 각각 쓰시오.

(1) 장점
① 용출손실률은 시멘트기초법에 비해 매우 낮다.
② 대부분의 메트릭스 물질은 수용액의 침투에 저항성이 매우 크다.
③ 고화처리된 폐기물 성분을 나중에 회수하여 재활용을 할 수 있다.
(2) 단점
① 높은 온도에서 분해되는 물질에는 사용할 수 없다.
② 처리과정에서 화재의 위험성이 있다.
③ 에너지 요구량이 크다.

10 플라스틱의 재활용방법을 4가지만 쓰시오.

① 열분해이용법
② 고형화 연료로 재활용하는 방법
③ 파쇄하여 재생하는 방법
④ 용융하여 재생이용하는 방법

11 폐기물의 고화처리방법 중 유리화법의 장·단점 2가지씩을 각각 쓰시오.

(1) 장점
① 첨가제의 비용이 비교적 싸다.
② 2차 오염물질의 발생이 적다.
(2) 단점
① 에너지 집약적이다.
② 특수장치와 숙련된 인원이 필요하다.

12 아래의 조건을 이용해 혼합률(MR)과 부피변화율(VCF)의 관계식을 서술하시오.

[조건]
- 혼합률(MR) $= \dfrac{Ma}{Mr}$
- 부피변화율(VCF) $= \dfrac{Vs}{Vr}$

여기서, Ma : 첨가제의 질량
  Mr : 폐기물의 질량
  Vs : 고화처리 후 폐기물의 부피
  Vr : 고화처리 전 폐기물의 부피

$$VCF = \dfrac{Vs}{Vr} = \dfrac{(Mr+Ma)/\rho_2}{Mr/\rho_1} = \dfrac{(Mr+Ma)\times \rho_1}{Mr \times \rho_2} = \dfrac{Mr+Ma}{Mr} \times \dfrac{\rho_1}{\rho_2} = (1+MR) \times \dfrac{\rho_1}{\rho_2}$$

여기서, ρ_1 : 고화처리 전 폐기물의 밀도
  ρ_2 : 고화처리 후 폐기물의 밀도

13 유해폐기물을 고화처리 할 때 사용하는 지표인 Mix Ratio(MR 또는 섞음률)는 고화제 첨가량과 폐기물 양과의 질량비로 정의된다. 고화처리 전 폐기물의 밀도가 $1.0g/cm^3$, 고화 처리 후 폐기물의 밀도가 $1.2g/cm^3$이라면 MR이 0.3 일 때 부피변화율(VCF)을 계산하시오.

부피변화율(VCF) $= (1+MR) \times \dfrac{\rho_1}{\rho_2}$

여기서, MR : 혼합률
  ρ_1 : 고화처리 전 폐기물의 밀도(g/cm^3)
  ρ_2 : 고화처리 후 폐기물의 밀도(g/cm^3)

따라서 부피변화율(VCF) $= (1+0.3) \times \dfrac{1.0g/cm^3}{1.2g/cm^3} = 1.08$

14 중금속 슬러지를 시멘트로 고형화 처리할 경우 다음 조건에서 부피변화율(VCF)을 계산하시오.

[조건]
- 중금속 슬러지 밀도 : 1.2ton/m³(고화처리 전)
- 고형화 슬러지 밀도 : 1.5ton/m³(고화처리 후)
- 첨가 Cement 질량 : 중금속 슬러지의 50%

부피변화율(VCF) $= (1+MR) \times \dfrac{\rho_1}{\rho_2}$

여기서, MR(혼합률) $= \dfrac{첨가제의\ 질량}{폐기물의\ 질량} = \dfrac{50\%}{100\%} = 0.5$

ρ_1 : 고화처리 전 밀도 ρ_2 : 고화처리 후 밀도

따라서 VCF $= (1+0.5) \times \dfrac{1.2\,ton/m^3}{1.5\,ton/m^3} = 1.2$

15 밀도가 1.5g/cm³인 폐기물 10kg에 고형물재료를 5kg 첨가하여 고형화 시킨 결과 밀도가 6.0g/cm³으로 증가하였다면 폐기물의 부피변화율(VCF)을 계산하시오.

부피변화율(VCF) $= (1+MR) \times \dfrac{\rho_1}{\rho_2}$

여기서, MR(혼합률) $= \dfrac{첨가제의\ 질량}{폐기물의\ 질량} = \dfrac{5kg}{10kg} = 0.5$

따라서 VCF $= (1+0.5) \times \dfrac{1.5\,g/cm^3}{6.0\,g/cm^3} = 0.38$

CHAPTER 02 | 매립

01 매립

(1) 매립공법의 종류

1) 내륙매립공법의 종류

① 샌드위치 공법(Sandwich system)
② 셀 공법(Cell system)
③ 압축매립 공법(Baling system)
④ 도랑형 공법(Trench system)

2) 해안매립공법의 종류

① 박층뿌림공법
② 순차투입공법
③ 내수배제 및 수중투기공법

3) 매립지 선정시 고려사항

① 육상 매립지 선정시 고려사항
　㉠ 경관의 손상이 적을 것
　㉡ 집수면적이 작을 것
　㉢ 지하수의 흐름이 없을 것
② 해안 매립지 선정시 고려사항
　㉠ 조류특성에 변화를 주기 쉬운 장소를 피할 것
　㉡ 물질확산에 영향을 주는 장소를 피할 것

ⓒ 침식이 일어나는 장소를 피할 것
ⓔ 수심이 깊고 조류의 변화가 큰 장소를 피할 것

(2) 내륙매립공법

1) 샌드위치 공법

쓰레기를 수평으로 고르게 깔아서 압축한 다음 그 위에 복토를 하여 쓰레기와 복토를 번갈아 하면서 쌓는 방법이다.

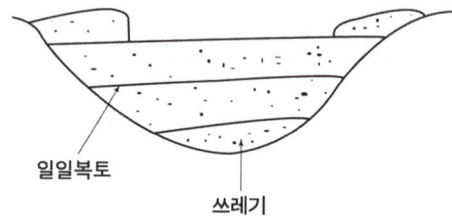

2) 셀공법

① 쓰레기 비탈면의 경사를 20% 전후(15 ~ 25%)로 하여 쓰레기를 셀모양으로 쌓고 각각의 셀에 복토하는 방법이다.
② 화재의 발생 및 확산을 방지할 수 있다.
③ 1일 작업하는 셀 크기는 매립 처분량에 따라 결정된다.
④ 발생가스와 매립층 내 수분의 이동이 용이하지 못하다.

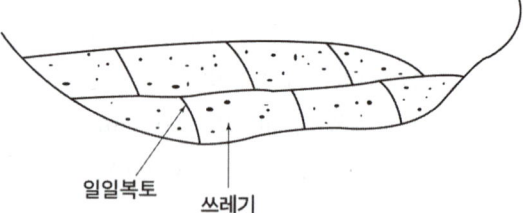

3) 압축매립공법

쓰레기를 매립하기 전에 이의 감량화를 목적으로 먼저 쓰레기를 일정한 더미형태로 압축하여 부피를 감소시킨 후 포장을 실시하여 매립하는 방법이다.

① 특징
ⓐ 쓰레기 발생량 증가와 매립지 확보 및 사용년한 문제에 있어서 유리하다.
ⓑ 운송이 간편하고 안정성이 있다.
ⓒ 지가(地價)가 비쌀 경우에 유효한 방법이다.
ⓓ 층별로 정렬하는 것이 보편적이며 매립 각 층별로 일일복토를 실시하여야 한다.

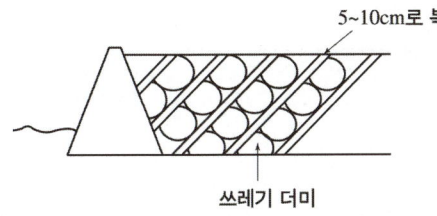 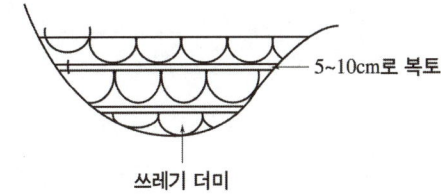

4) 도랑형 공법

① 폭 20m, 깊이 10m 정도의 도랑을 판 다음 일정한 두께로 쓰레기를 매립한 다음 인근 도랑에서 굴착한 흙으로 복토하는 방법이다.

② 매립지 바닥이 두껍고(지하수면이 지표면으로부터 깊은 곳에 있는 경우) 또한 복토로 적합한 지역에 이용하는 방법으로 단층매립만 가능한 공법이다.

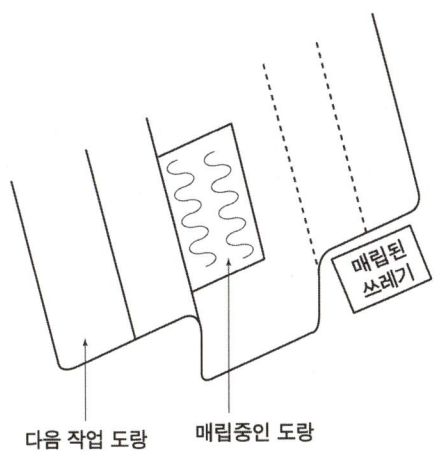

(3) 해안매립공법

① 처분장은 면적이 크고 1일 처분량이 많다.

② 수중에 쓰레기를 깔고 압축작업과 복토를 실시하기가 어려워 근본적으로 내륙매립과 다르다.

1) 박층뿌림공법

① 개량된 지반이 붕괴될 위험이 있을 때 밑면이 뚫린 바지선을 이용하여 쓰레기를 박층으로 떨어뜨려 뿌려주어 바닥의 지반하중을 균등하게 하기 위해 사용하는 방법이다.

② 쓰레기 지반 안정화 및 매립부지 조기이용 등에 유리하지만 매립효율이 떨어진다.

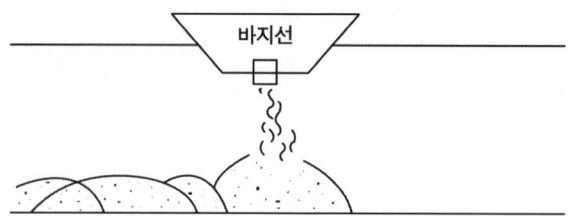

2) 순차투입공법

① 호안측으로부터 순차적으로 쓰레기를 투입하여 육지화하는 방법이다.
② 수심이 깊은 처분장에서는 건설비 과다로 내수를 완전히 배제하기가 곤란한 경우 사용한다.
③ 부유성 쓰레기의 수면확산에 의해 수면부와 육지부 경계구분이 어려워 매립장비가 매몰되기도 한다.

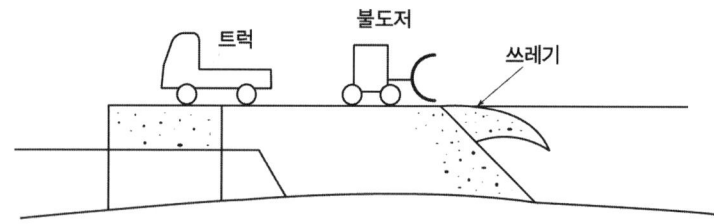

3) 수중투기공법 및 내수배제공법

호 안에 해수를 그대로 둔 채 폐기물을 투기하거나, 매립전에 내수를 배제시킨 후 폐기물을 매립하는 방법이다.

4) 매립면적 계산 및 매립지 사용연수 계산

①
$$\text{매립면적}(m^2/년) = \frac{\text{쓰레기 발생량}(kg/년) \times (1 - \text{부피감소율})}{\text{쓰레기 밀도}(kg/m^3) \times \text{매립지 깊이}(m)}$$

Question 01

인구가 200,000명인 어느 도시에 매립지를 조성하고자 한다. 1일 1인 쓰레기 발생량은 1.3kg이고 쓰레기 밀도는 0.5ton/m³이며, 이 쓰레기를 압축하면 그 용적이 $\frac{2}{3}$로 줄어든다. 압축한 쓰레기를 매립할 경우, 연간 필요한 매립면적(m²/년)을 계산하시오. (단, 매립지 깊이는 2m이다.)

풀이

$$매립면적(m^2/년) = \frac{1.3\text{kg/인}\cdot\text{일} \times 200{,}000\text{인} \times 365\text{day/년} \times \left(1-\frac{1}{3}\right)}{500\text{kg/m}^3 \times 2\text{m}} = 63{,}266.67\text{m}^2/\text{년}$$

② 매립지의 사용연수(매립기간) 계산

$$매립기간(년) = \frac{매립용적(m^3)}{쓰레기\ 발생량(m^3/년) \times (1 - 부피감소율)}$$

 Question 02

어느 매립지 쓰레기 수용량은 1,635,200m³이고 수거대상인구는 100,000명, 1인 1일 쓰레기발생량은 2.0kg 매립시의 쓰레기 부피감소율은 30%라고 할 때 매립지의 사용연수(년)를 계산하시오. (단, 쓰레기의 밀도는 500kg/m³이다.)

풀이

$$매립기간(년) = \frac{1{,}635{,}200\text{m}^3}{2.0\text{kg/인}\cdot\text{day} \times 100{,}000\text{인} \times 365\text{day/년} \times \frac{1}{500\text{kg/m}^3} \times (1-0.3)} = 16년$$

(5) 복토

1) 복토의 종류

① 당일복토
- ㉠ 복토의 최소두께 : 15cm 이상
- ㉡ 복토 실시시기 : 매립작업이 끝난 후

② 중간복토
- ㉠ 복토의 최소두께 : 30cm 이상
- ㉡ 복토 실시시기 : 매립작업이 7일 이상 중단될 때

③ 최종복토
- ㉠ 복토의 최소두께 : 60cm 이상

ⓛ 복토 실시시기 : 매립시설의 사용이 종료되었을 때

2) 인공복토재의 조건

① 투수계수가 낮아야 한다.
② 연소가 잘되지 않아야 한다.
③ 생분해가 가능하여야 한다.
④ 살포가 용이해야 한다.
⑤ 미관상 좋아야 한다.
⑥ 매립지 공간을 절약할 수 있어야 한다.
⑦ 위생문제를 해결하여야 한다.

3) 복토의 목적

① 우수의 침투를 방지한다.
② 쓰레기의 비산을 방지한다.
③ 화재를 예방한다.
④ 유해곤충이나 해충의 서식을 방지한다.
⑤ 악취를 방지한다.

실전연습문제

01 폐기물을 매립하는 방법 중 매립구조에 의한 매립방법을 5가지 쓰시오.

> 풀이
> ① 호기성매립　　② 준호기성매립
> ③ 혐기성매립　　④ 혐기성위생매립　　⑤ 개량형 혐기성위생매립

02 집배수시설과 침출수의 유출을 방지하기 위하여 차수막과 집배수시설, 정화시설을 갖추고 배수관을 통하여 침출수를 차집, 처리함과 동시에 외부의 공기가 내부로 유입돼 침출수가 정화되는 매립공법의 이름을 쓰시오.

> 풀이
> 준호기성 매립

03 유해폐기물을 매립하는 방법 중 폐산, 폐알칼리, 폐수처리오니, 동물의 사채 등을 매립하는 방법을 쓰시오.

> 풀이
> 관리형 매립

04 다음은 내륙매립공법에 대한 설명이다. 알맞은 매립공법을 쓰시오.

> 쓰레기를 매립하기 전에 이의 감량화를 목적으로 먼저 쓰레기를 일정한 더미형태로 압축하여 부피를 감소시킨 후 포장을 실시하여 매립하는 방법이다.

> 풀이
> 압축매립공법

05 해안매립공법 중에서 박층뿌림공법에 대해서 간단히 설명하시오.

> 풀이) 개량된 지반이 붕괴될 위험이 있을 때 밑면이 뚫린 바지선을 이용하여 쓰레기를 박층으로 떨어뜨려 뿌려주어 바다의 지반하중을 균등하게 하기 위해 사용하는 방법이며, 쓰레기 지반 안정화 및 매립부지 조기이용 등에 유리하지만 매립효율이 떨어진다.

06 폐기물을 매립하는 공법에는 내륙매립공법과 해안매립공법이 있다. 내륙매립공법 4가지를 쓰고 간단히 설명하시오.

> 풀이)
> ① 샌드위치 공법 : 쓰레기를 수평으로 고르게 깔아서 압축한 다음 그 위에 복토를 하여 쓰레기와 복토를 번갈아 하면서 쌓는 방법이다.
> ② 셀공법 : 쓰레기 비탈면의 경사를 20% 전후(15 ~ 25%)로 하여 쓰레기를 셀모양으로 쌓고 각각의 셀에 복토하는 방법이다.
> ③ 압축매립공법 : 쓰레기를 매립하기 전에 쓰레기의 감량화를 목적으로 먼저 쓰레기를 일정한 더미 형태로 압축하여 부피를 감소시킨 후 포장을 실시하여 매립하는 방법이다.
> ④ 도랑형 공법 : 폭 20m, 깊이 10m 정도의 도랑을 판 다음 일정한 두께로 쓰레기를 매립한 다음 인근 도랑에서 굴착한 흙으로 복토하는 방법이다.

07 복토의 종류를 쓰고, 복토의 최소두께와 복토 실시시기를 각각 쓰시오.

> 풀이)
> (1) 당일복토
>   ① 복토의 최소두께 : 15cm 이상
>   ② 복토 실시시기 : 매립작업이 끝난 후
> (2) 중간복토
>   ① 복토의 최소두께 : 30cm 이상
>   ② 복토 실시시기 : 매립작업이 7일 이상 중단될 때
> (3) 최종복토
>   ① 복토의 최소두께 : 60cm 이상
>   ② 복토 실시시기 : 매립시설의 사용이 종료되었을 때

08 다음 물음에 답하시오.

(가) 일일복토의 최소두께를 쓰시오.

(나) 일일복토의 실시시기를 쓰시오.

(다) 복토의 목적을 5가지 쓰시오.

> 풀이) (가) 일일복토의 최소두께 : 15cm 이상

(나) 일일복토의 실시시기 : 일일 매립작업이 끝난 후
(다) 복토의 목적
① 우수의 침투방지　② 쓰레기의 비산방지
③ 화재 예방　　　　④ 유해곤충이나 해충의 서식방지
⑤ 악취 방지

09 인구 6만명인 어느 도시의 쓰레기 발생량은 하루 1인당 1kg이다. 이 도시에서 발생된 쓰레기를 10년 동안 압축시켜 매립하고자 할 때 필요한 매립지 소요부지(m^2)를 계산하시오. (단, 압축된 쓰레기의 밀도는 600kg/m^3이고, 압축쓰레기의 평균 매립고는 5m이다.)

풀이 매립면적(m^2) = $\dfrac{쓰레기\ 발생량(kg)}{밀도(kg/m^3) \times 매립고(m)}$

$= \dfrac{1kg/인\cdot일 \times 60,000인 \times 365일/1년 \times 10년}{600kg/m^3 \times 5m} = 73,000\,m^2$

10 어떤 소도시에서 하루 폐기물 발생량이 160ton이었고, 이것을 도랑식으로 매립하려고 한다. 도랑의 깊이가 3m, 폐기물의 밀도가 400kg/m^3이며, 매립 시 폐기물의 부피감소율이 40%라고 할 때 연간 필요한 매립토지의 면적(m^2/년)을 계산하시오. (단, 복토량 등 기타 조건은 고려하지 않는다.)

풀이 매립면적(m^2/년) = $\dfrac{폐기물\ 발생량(kg/년) \times (1-부피감소율)}{폐기물\ 밀도(kg/m^3) \times 깊이(m)}$

$= \dfrac{160 \times 10^3 kg/일 \times 365일/년 \times (1-0.40)}{400kg/m^3 \times 3m} = 29,200\,m^2/년$

11 어느 지역에서 매립에 의해 처리하고자 하는 폐기물 양은 1일 300ton이다. 이를 도랑식 매립법(Trench Methods)에 의해 매립하고자 할 때 발생 폐기물 밀도 650kg/m^3, 부피 감소율 45%, Trench 유효깊이는 1.5m, 매립면적 중 Trench 점유율이 80% 라면, 1년간 소요 부지면적(m^2)을 계산하시오.

풀이 매립지면적(m^2/년) = $\dfrac{폐기물의\ 양(kg/년) \times (1-부피감소율)}{폐기물\ 밀도(kg/m^3) \times 깊이(m)} \times \dfrac{1}{점유율}$

$= \dfrac{300 \times 10^3 kg/일 \times 365일/년 \times (1-0.45)}{650kg/m^3 \times 1.5m} \times \dfrac{1}{0.80} = 77,211.54\,m^2/년$

12 인구 100만 명인 어느 도시의 쓰레기 발생률은 2.0kg/인·일이다. 아래의 조건들에 따라 쓰레기를 매립하고자 할 때 연간 매립지의 소요면적(m^2)을 계산하시오. (단, 매립쓰레기 압축밀도 500kg/m^3, 매립지 Cell 1층의 높이 5m이며, 총 8개의 층으로 매립하며, 기타 조건은 고려하지 않는다.)

풀이

$$\text{소요면적}(m^2/\text{년}) = \frac{\text{쓰레기 발생량}(kg/\text{년})}{\text{밀도}(kg/m^3) \times \text{매립지 높이}(m)}$$

$$= \frac{2.0kg/\text{인}\cdot\text{일} \times 1{,}000{,}000\text{인} \times 365\text{일}/\text{년}}{500kg/m^3 \times 5m/1\text{층} \times 8\text{층}} = 36{,}500 m^2/\text{년}$$

13 인구가 400,000명인 어느 도시의 쓰레기 배출 원단위가 1.2kg/인·일이고, 밀도는 0.45ton/m^3으로 측정되었다. 이러한 쓰레기를 분쇄하여 그 용적이 2/3로 되었으며, 이 분쇄된 쓰레기를 다시 압축하면서 또다시 1/3 용적이 축소되었다. 분쇄만 하여 매립할 때와 분쇄, 압축한 후에 매립할 때에 양자 간의 연간 매립소요면적(m^2)의 차이를 계산하시오. (단, Trench 깊이는 4m이며 기타 조건은 고려하지 않는다.)

풀이

$$\text{매립면적}(m^2/\text{년}) = \frac{\text{폐기물 발생량}(kg/\text{년}) \times (1 - \text{부피감소율})}{\text{밀도}(kg/m^3) \times \text{깊이}(m)}$$

① 분쇄한 경우

$$\text{매립면적}(m^2/\text{년}) = \frac{1.2kg/\text{인}\cdot\text{일} \times 400{,}000\text{인} \times 365\text{일}/\text{년} \times \frac{2}{3}}{450kg/m^3 \times 4m} = 64{,}888.89 m^2/\text{년}$$

② 분쇄, 압축 후 매립면적(m^2/년) = $64{,}888.89 m^2 \times \left(1 - \frac{1}{3}\right) = 43{,}259.26 m^2/\text{년}$

③ 소요면적 차 = $64{,}888.89 m^2 - 43{,}259.26 m^2 = 21{,}629.63 m^2$

14 Trench method를 적용하여 쓰레기를 매립하려 한다. Trench 용량은 10,000m^3이며 인구 2,000명, 1인 1일 쓰레기 배출량 1.0kg인 도시에서 발생되는 쓰레기를 매립한다면 Trench의 사용일수(일)를 계산하시오. (단, 압축전 쓰레기 밀도는 500kg/m^3이며 매립시 압축에 의해 부피가 40% 감소한다.)

풀이

$$\text{사용일수} = \frac{\text{매립용량}(m^3)}{\text{쓰레기 배출량}(kg/\text{인}\cdot\text{일}) \times \text{인구수} \times \frac{1}{\text{밀도}(kg/m^3)} \times (1 - \text{부피감소율})}$$

$$= \frac{10{,}000 m^3}{1.0kg/\text{인}\cdot\text{일} \times 2{,}000\text{인} \times \frac{1}{500kg/m^3} \times (1 - 0.40)} = 4{,}167 \text{일}$$

15 인구 1천만명인 도시를 위한 쓰레기 위생매립지(매립용량 100,000,000m³)를 계획하였다. 매립 후 폐기물의 밀도는 500kg/m³이고 복토량은 폐기물 : 복토 부피비율로 5 : 1이며 해당 도시 일인 일일 쓰레기 발생량이 2kg일 경우 매립장의 수명(년)을 계산하시오.

풀이 매립장의 수명(년) = $\dfrac{\text{매립 용량}(m^3) \times \text{밀도}(kg/m^3)}{\text{쓰레기 배출량}(kg/\text{인}\cdot\text{일}) \times \text{인구수}(\text{인}) \times 365\text{일/년}} \times \left(\dfrac{\text{폐기물}}{\text{폐기물}+\text{복토}}\right)$

$= \dfrac{100,000,000m^3 \times 500kg/m^3}{2kg/\text{인}\cdot\text{일} \times 10,000,000\text{인} \times 365\text{일/년}} \times \dfrac{5}{5+1}$

$= 5.71$년

03 차수시설 및 침출수

(1) 차수시설의 특징

① 매립지의 침출수 유출을 방지한다.
② 지하수가 매립지 내부로 유입되는 것을 방지한다.
③ 매립지내에서의 물의 이동은 다르시(Darcy)법칙으로 나타낸다.
④ 투수방지를 위해 불투수층 차수막 또는 점토를 사용한다.

(2) 연직차수막 공법의 종류

① 강널말뚝 공법   ② 굴착에 의한 차수시트 매설 공법
③ 어스댐 코어 공법   ④ 그라우트 공법

(3) 차수시설의 종류

1) 연직차수막

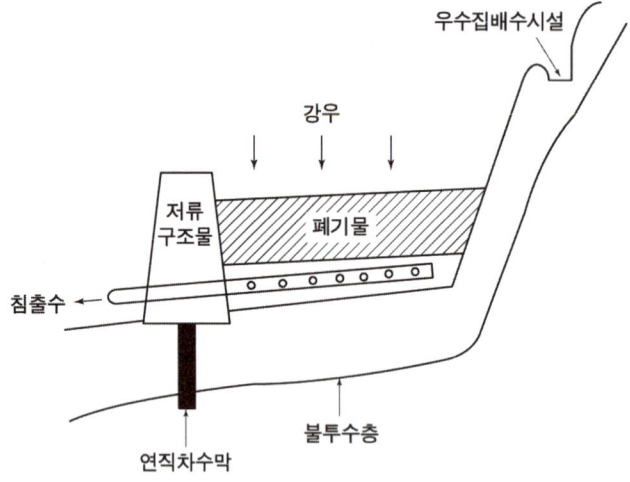

① 차수막 보강시공이 가능하다.
② 지중에 수평방향의 차수층이 존재할 때 사용한다.
③ 지하수 집배수 시설이 불필요하다.

④ 단위면적당 공사비는 비싸지만 총공사비는 싸다.
⑤ 지하매설로써 차수성 확인이 어렵다.
⑥ 연직차수막은 지중에 암반 및 점성토로 구성된 불투수층이 수평방향으로 넓게 분포하고 있는 경우 수직 또는 경사로 시공한다.

2) 표면차수막

① 시공시에는 눈으로 차수성 확인이 가능하나 매립후에는 곤란하다.
② 지하수 집배수시설이 필요하다.
③ 차수막 단위면적당 공사비는 싸지만 매립지 전체를 시공하는 경우가 많아 총공사비는 비싸다.
④ 보수 가능성면에 있어서는 매립전에는 용이하나 매립후에는 어렵다.
⑤ 매립지 필요범위에 차수재료로 덮인 바닥이 있을 때 사용한다.
⑥ 매립지 지반의 투수계수가 큰 경우에 사용한다.

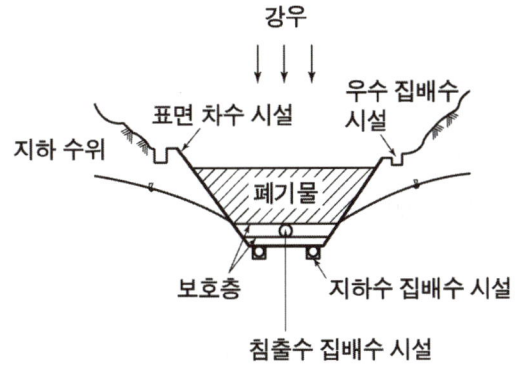

TIP

연직차수막과 표면차수막의 비교

	연직차수막	표면차수막
차수성 확인	지하에 매설하기 때문에 확인이 어렵다.	시공시에는 가능하나 매립후에는 곤란하다.
경제성	단위면적당 공사비가 비싼 반면 총공사비는 싸다.	단위면적당 공사비는 싸지만 매립지 전체를 시공하는 경우가 많아 총공사비는 비싸다.
보수성	차수막 보강시공이 가능	매립전에는 가능하나 매립후에는 어렵다.
지하수 집배수시설	필요없다.	필요하다.

(4) 합성차수막의 Crystallinity(결정도)가 증가할수록 나타나는 성질

① 충격에 약하다.
② 화학물질에 대한 저항성이 증가한다.
③ 인장강도가 증가한다.(단단해진다.)
④ 투수계수가 감소한다.
⑤ 열에 대한 저항성이 증가한다.

(5) 합성차수막의 종류

1) CR(Choroprene Rubber)

① 장점
  ㉠ 대부분의 화학물질에 대한 저항성이 높다.
  ㉡ 마모 및 기계적 충격에 강하다.
② 단점
  ㉠ 접합이 용이하지 못하다.
  ㉡ 가격이 비싸다.

2) PVC(Polyvinyl Chloride)

① 장점
  ㉠ 가격이 저렴하다.   ㉡ 작업이 용이하다.
  ㉢ 강도가 크다.   ㉣ 접합이 용이하다.
② 단점
  ㉠ 대부분의 유기화학물질에 약하다.
  ㉡ 자외선, 오존, 기후에 약하다.

3) CSPE(Chlorosulfonated Polyethylene)

① 장점
  ㉠ 접합이 용이하다.   ㉡ 미생물에 강하다.
  ㉢ 산 및 알칼리에 강하다.
② 단점
  ㉠ 기름, 탄화수소, 용매류에 약하다.   ㉡ 강도가 약하다.

4) HDPE & LDPE(High Density Polyethylene & Low Density Polyethylene)

① 대부분의 화학물질에 대한 저항성이 높다.
② 접합상태가 양호하다.
③ 온도에 대한 저항성이 높다.
④ 강도가 높다.
⑤ 유연하지 못하고 손상의 우려가 높다.

5) EPDM(Ethylene Propylene Diene Monomer)

① 장점
  ㉠ 수분의 함량이 낮다.   ㉡ 강도가 높다.
② 단점
  ㉠ 접합상태가 양호하지 못하다.
  ㉡ 기름, 방향족 탄화수소, 용매류에 약하다.

6) CPE(Chlorinated Polyethylene)

① 강도가 높다.
② 접합상태가 양호하지 못하다.
③ 방향족 탄화수소 및 기름종류에 약하다.

(6) 점토의 차수막 적합조건

① 투수계수 : 10^{-7}cm/sec 미만
② 소성지수 : 10% 이상 30% 미만
③ 액성한계 : 30% 이상
④ 점토 및 미사토 함량 : 20% 이상
⑤ 자갈 함유량 : 10% 미만
⑥ 직경이 2.5cm 이상인 입자의 함유량 : 0%

(7) 소성지수

① 액성한계 : 수분의 함량이 일정수준 이상이 되면 점토의 상태가 액체상태로 변하게 되는데 이때의 한계 수분 함량을 말한다.
② 소성한계 : 수분의 함량이 일정수준 미만이 되면 점토가 성형상태를 유지하지 못하고 부숴지게 되는데 이때의 한계 수분 함량을 말한다.
③ 소성지수(PI) = 액성한계(LL) - 소성한계(PL)

(8) 매립지 저류 구조물의 조건

① 옹벽, 성토(흙댐), 콘크리트댐으로 크게 구분할 수 있다.
② 침출수의 유출이나 누출을 방지하여야 한다.
③ 강우발생에 대비하여 계획 최고 수위를 미리 결정해둔다.
④ 필요에 따라 차수기능을 갖추어야 한다.

(9) 침출수 농도에 미치는 영향인자

① 매립된 쓰레기의 높이
② 매립된 쓰레기의 질
③ 연간 평균강수량
④ 매립된 쓰레기의 조성
⑤ 매립된 쓰레기의 경과시간
⑥ 쓰레기의 매립방법

(10) 침출수량에 영향을 주는 요인

① 강우량
② 증발량
③ 지하수량
④ 침투수량
⑤ 표면유출량
⑥ 폐기물 분해시 발생량

(13) 매립장을 관리할 때 사후 관리항목

① 우수배제시설 설치 및 관리
② 침출수 관리
③ 배기가스 관리
④ 지하수 오염도 조사

(14) 침출수 계산

1) Darcy의 법칙

$$t = \frac{d^2 \times n}{k \times (d+h)}$$

여기서, d : 점토층의 두께(m)　　　n : 유효공극률
　　　　k : 투수계수(m/년)　　　　h : 침출수 수두(m)
　　　　t : 침출수가 점토층을 통과하는 시간(년)

Question 03

유효공극률 0.2, 점토층위의 침출수 수두 1.5m인 점토차수층 1.0m를 통과하는데 10년이 걸렸다면 점토차수층의 투수계수(cm/sec)를 계산하시오.

풀이

① $t = \dfrac{d^2 n}{k(d+h)}$

　$10년 = \dfrac{(1.0m)^2 \times 0.2}{k \times (1.0m + 1.5m)}$

　$\therefore k = \dfrac{(1.0m)^2 \times 0.2}{10년 \times (1.0m + 1.5m)} = 0.008 m/년$

② $k(cm/sec) = \dfrac{0.008\,m}{년} \times \dfrac{10^2 cm}{1m} \times \dfrac{1년}{365 day} \times \dfrac{1 day}{24 hr} \times \dfrac{1 hr}{3,600 sec} = 2.54 \times 10^{-8}\,cm/sec$

2) 침출수 발생량 계산

침출수 발생량(ton/년) = 침출되는 강우량(m/년) × 매립장의 면적(m^2) × 비중(ton/m^3)

Question 04

인구 400,000명에 1인당 하루 1.15kg의 쓰레기를 배출하는 지역에 면적이 2,000,000m²의 매립장을 건설하려고 한다. 강우량이 1,250mm/년인 경우 강우로 인한 침출수 발생량(ton/년)을 계산하시오. (단, 강우량 중 60%는 증발되고, 40%만 침출수로 발생된다고 가정하며, 침출수의 비중은 1.0이다.)

풀이 침출수 발생량(ton/년) = $1,250 \times 10^{-3}$ m/년 $\times 0.4 \times 2,000,000$ m² $\times 1.0$ ton/m³
= 1,000,000 ton/년

TIP
침출수의 비중 1.0 = 1.0 ton/m³

3) 반응속도식

① 1차반응속도식

$$\ln \frac{C_t}{C_o} = -k \times t$$

여기서, C_o : 초기농도, C_t : t시간 후의 농도, k : 상수, t : 시간

Question 05

어느 매립지의 침출수 농도가 반으로 감소하는데 4년이 걸린다면 이 침출수 농도가 90% 분해되는데 걸리는 시간(년)을 계산하시오. (단, 1차 반응기준)

풀이
① $\ln \frac{C_t}{C_o} = -k \times t$ $\ln \left(\frac{1}{2}\right) = -k \times 4$년

∴ $k = \dfrac{\ln\left(\frac{1}{2}\right)}{-4\text{년}} = 0.1733/$년

② $\ln \left(\dfrac{100-90}{100}\right) = -0.1733/$년 $\times t$ ∴ $t = \dfrac{\ln\left(\dfrac{100-90}{100}\right)}{-0.1733/\text{년}} = 13.29$년

② 1차 반응속도식(반감기 사용)

$$\ln \frac{C_o}{C_t} = -k \times t \xrightarrow[C_t = \frac{1}{2}C_o]{\text{반감기 사용}} \ln \frac{\frac{1}{2}C_o}{C_o} = -k \times t \Rightarrow \ln \frac{1}{2} = -k \times t$$

반감기 사용공식 : $\ln\dfrac{1}{2}=-k\times t$

Question 06

1차반응속도에서 반감기 (농도가 50% 줄어드는 시간)가 10분이다. 초기농도의 75%가 줄어드는데 걸리는 시간(min)을 계산하시오.

풀이 ① 반감기 사용하여 k를 계산한다.

$$\ln\dfrac{1}{2}=-k\times 10\min \qquad \therefore\ k=\dfrac{\ln\dfrac{1}{2}}{-10\min}=0.0693/\min$$

② 1차반응식을 사용하여 t(min)를 계산한다.

$$\ln\dfrac{25}{100}=-0.0693/\min\times t \qquad \therefore\ t=\dfrac{\ln\dfrac{25}{100}}{-0.0693/\min}=20.0\min$$

TIP
$C_t=100\%-75\%=25\%$

실전연습문제

01 차수시설의 종류에는 연직차수막과 표면차수막이 있다. 선정조건과 연직차수막 공법의 종류를 4가지 쓰시오.

(1) 선정조건
① 연직차수막 : 지중에 수평방향의 차수층이 존재할 때 사용한다.
② 표면차수막 : 매립지 필요범위에 차수재료로 덮인 바닥이 있거나, 매립지 지반의 투수계수가 큰 경우에 사용한다.
(2) 연직차수막 공법의 종류
① 강널말뚝 공법　　　　② 굴착에 의한 차수시트 매설 공법
③ 어스댐 코어 공법　　　④ 그라우트 공법

02 저류 구조물 중 연직차수막 공법의 종류 4가지를 쓰시오.

① 강널말뚝 공법　　　　② 굴착에 의한 차수시트 매설 공법
③ 어스댐 코어 공법　　　④ 그라우트 공법

03 차수시설의 종류에는 연직차수막과 표면차수막이 있다. 연직차수막 공법의 종류를 4가지 쓰고, 차수설비에 사용되는 재료를 3가지 쓰시오.

(1) 연직차수막 공법의 종류
① 강널말뚝 공법
② 굴착에 의한 차수시트 매설 공법
③ 어스댐 코어 공법
④ 그라우트 공법
(2) 차수설비에 사용되는 재료
① 합성차수막
② 점토
③ 토양, 아스팔트, 시멘트등의 혼합물(토양 혼합물)

04 차수막은 연직차수막과 표면차수막으로 나눌 수 있다. 아래에 주어진 조건을 각각 쓰시오.

(가) 차수성 확인

(나) 경제성

(다) 보수성

(라) 지하수 집배수시설

 연직차수막과 표면차수막의 비교

	연직차수막	표면차수막
차수성 확인	지하에 매설하기 때문에 확인이 어렵다.	시공시에는 가능하나 매립후에는 곤란하다.
경제성	단위면적당 공사비가 비싼 반면 총공사비는 싸다.	단위면적당 공사비는 싸지만 매립지 전체를 시공하는 경우가 많아 총공사비는 비싸다.
보수성	차수막 보강시공이 가능	매립전에는 가능하나 매립후에는 어렵다.
지하수 집배수시설	필요없다.	필요하다.

05 다음은 연직차수막과 표면차수막을 비교한 것이다. ( )안을 알맞게 채우시오.

	연직차수막	표면차수막
채용조건	(가) ( )	(나) ( )
차수성 확인	지하에 매설하기 때문에 확인이 어렵다.	시공시에는 가능하나 매립후에는 곤란하다.
경제성	(다) ( )	(라) ( )
보수성	차수막 보강시공이 가능	매립전에는 가능하나 매립후에는 어렵다.
지하수 집배수시설	필요없다.	필요하다.

(가) 지중에 수평방향의 차수층이 존재할 때
(나) 매립지 필요범위에 차수재료로 덮인 바닥이 있거나 매립지 지반의 투수계수가 클 때
(다) 단위면적당 공사비는 비싸지만 총공사비는 싸다.
(라) 단위면적당 공사비는 싸지만 총공사비는 비싸다.

06 연직차수막과 표면차수막의 그림을 그리고 간단히 설명 하시오.

(1) 연직차수막
① 연직차수막의 설명 : 연직차수막은 지중에 수평방향의 차수층이 존재할 때 사용하며, 연직차수막은 지중에 암반 및 점성토로 구성된 불투수층이 수평방향으로 넓게 분포하고 있는 경우 수직 또는 경사로 시공한다.
② 연직차수막의 그림

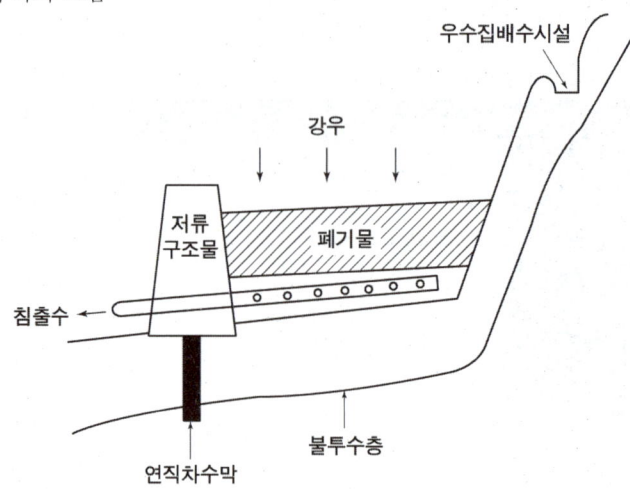

(2) 표면차수막
① 표면차수막의 설명 : 매립지 필요범위에 차수재료로 덮인 바닥이 있을 때나 매립지 지반의 투수계수가 큰 경우에 사용한다.
② 표면차수막의 그림

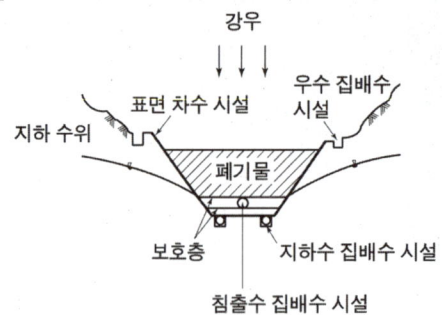

07 차단형 매립지에서 차수설비에 사용되는 재료를 3가지 쓰시오.

① 합성차수막
② 점토
③ 토양, 아스팔트, 시멘트등의 혼합물(토양 혼합물)

08 합성차수막의 종류 5가지를 쓰고 장점 2가지씩을 각각 쓰시오.

(1) CR
① 대부분의 화학물질에 대한 저항성이 높다.
② 마모 및 기계적 충격에 강하다.
(2) PVC
① 강도가 크다.
② 접합이 용이하다.
(3) CSPE
① 접합이 용이하다.
② 미생물에 강하다.
(4) HDPE & LDPE
① 대부분의 화학물질에 대한 저항성이 높다.
② 온도에 대한 저항성이 높다.
(5) EPDM
① 수분함량이 낮다.
② 강도가 높다.

09 차수막의 재료인 점토의 차수막 적합조건을 쓰시오.

① 투수계수 : 10^{-7}cm/sec 미만
② 소성지수 : 10% 이상 30% 미만
③ 액성한계 : 30% 이상
④ 점토 및 미사토 함량 : 20% 이상
⑤ 자갈 함유량 : 10% 미만
⑥ 직경이 2.5cm 이상인 입자의 함유량 : 0%

10 매립지에서 오염을 방지하기 위한 목적으로 차수막을 설치하는데 차수막을 설치하지 않아도 되는 지반투수계수(cm/sec)의 기준을 쓰시오.

1.0×10^{-7}cm/sec

11 차수막으로 이용되는 점토의 수분함량과 연관성이 큰 액성한계(LL)와 소성한계(PL)를 간단히 설명하고, 액성한계(LL)와 소성한계(PL)와 소성지수(PI)의 상호관계를 나타내시오.

 (1) 정의
　① 액성한계 : 수분의 함량이 일정수준 이상이 되면 점토의 상태가 액체상태로 변하게 되는데 이때의 한계 수분 함량을 말한다.
　② 소성한계 : 수분의 함량이 일정수준 미만이 되면 점토가 성형상태를 유지하지 못하고 부숴지게 되는데 이때의 한계 수분 함량을 말한다.
(2) 소성지수(PI) = 액성한계(LL) - 소성한계(PL)

12 합성차수막의 Crystallinity(결정도)가 증가할수록 나타나는 성질을 쓰시오.

 ① 충격에 약하다.
② 화학물질에 대한 저항성이 증가한다.
③ 인장강도가 증가한다.
④ 투수계수가 감소한다.
⑤ 열에 대한 저항성이 증가한다.

13 매립지 완성후 주기적으로 관리해야 하는 항목을 5가지 쓰시오.

 ① 침출수 관리 및 침출수 처리시설 관리
② 우수배제시설의 설치 및 관리
③ 발생가스 회수 및 관리
④ 지하수 오염도 조사 및 관리
⑤ 구조물 및 지반 안정도 관리
⑥ 주변 환경오염도 조사 관리

14 매립지 저류 구조물의 역할을 4가지 쓰시오.

 ① 침출수의 유출방지
② 폐기물의 유출방지
③ 계획 매립량의 폐기물 저류
④ 폐기물을 안전하게 저류

15 매립지의 침출수량에 영향을 주는 요인 5가지를 쓰시오.

① 강우량　　　② 증발량
③ 지하수량　　④ 침투수량
⑤ 표면유출량　⑥ 폐기물 분해시 발생량

16 매립장의 차수재의 파손원인 3가지를 쓰고 그에 대한 대책을 각각 쓰시오.

① 돌기물질에 의한 파손원인 : 매립지 침출수의 압력이 부분적으로 크게 작용하기 때문
　대책 : 돌기물질 제거
② 지지력 부족에 의한 파손원인 : 작업을 하는 장비에 의한 부분적인 큰 하중에 의한 바닥파손에 의해
　대책 : 바닥다짐이나 지반 개량
③ 지반침하에 의한 파손원인 : 매립지 침출수의 압력이 부분적으로 작용하여 비틀림에 의해서
　대책 : 바닥다짐이나 지반 개량
④ 지각변동에 의한 파손원인 : 지진 등에 의해서
　대책 : 지진에 대비한 시공

17 매립장에서 침출된 침출수가 다음과 같은 점토로 이루어진 90cm의 차수층을 통과하는 데 걸리는 시간(년)을 계산하시오.

[조건]
- 유효 공극률 : 0.5
- 점토층 투수계수 : 10^{-7}cm/sec
- 점토층 하부의 수두 : 점토층 아랫면과 일치
- 점토층 위의 침출수 수두 : 40cm

Darcy의 법칙 : $t = \dfrac{d^2 n}{k(d+h)}$

여기서, d : 점토층의 두께(m)
　　　　n : 유효공극률
　　　　k : 투수계수(m/년)
　　　　h : 침출수 수두(m)
　　　　t : 침출수가 점토층을 통과하는 시간(년)

① $k(m/년) = \dfrac{10^{-7}\,cm}{sec} \times \dfrac{1m}{10^2\,cm} \times \dfrac{3600\,sec}{1\,hr} \times \dfrac{24\,hr}{1\,day} \times \dfrac{365\,day}{1년} = 3.15 \times 10^{-2}\,m/년$

② $t = \dfrac{d^2 n}{k(d+h)} = \dfrac{(0.9m)^2 \times 0.5}{3.15 \times 10^{-2}\,m/년 \times (0.9m + 0.4m)} = 9.89년$

18 지하수의 두 지점간(거리 0.4m)의 수두차가 0.1m이고, 투수계수는 10^{-4}m/sec일 때, 지하수의 Darcy 속도(m/sec)를 계산하시오. (단, 공극률은 고려하지 않는다.)

[풀이]

$$V = \frac{Q}{A} = k \times \frac{dH}{dL}$$

여기서, V : 속도(m/sec)   Q : 유량(m^3/sec)
A : 면적(m^2)   k : 투수계수(m/sec)
dH : 수두차(m)   dL : 두지점간 거리(m)

따라서 $V = 10^{-4} \text{m/sec} \times \frac{0.1\text{m}}{0.4\text{m}} = 2.5 \times 10^{-5}$ m/sec

19 쓰레기의 밀도가 750 kg/m^3이며 매립된 쓰레기의 총량은 30,000ton이다. 여기에서 유출되는 침출수량(m^3/년)을 계산하시오. (단, 침출수 발생량은 강우량의 60%이고, 쓰레기의 매립 높이는 6m이며, 연간 강우량은 1,300mm이다.)

[풀이]

유출되는 침출수량(m^3/년)

$$= \frac{\text{매립쓰레기량(ton)}}{\text{쓰레기 밀도(ton/}m^3\text{)} \times \text{매립 높이(m)}} \times \text{침출되는 강우량(m/년)}$$

$$= \frac{30,000\text{ton}}{0.75\text{ton/}m^3 \times 6\text{m}} \times 1,300 \times 10^{-3} \text{m/년} \times 0.60 = 5,200\, m^3/\text{년}$$

20 어느 매립지에서 침출된 침출수 농도가 반으로 감소하는데 약 3.5년이 걸렸다면 이 침출수 농도가 95% 분해되는데 소요되는 시간(년)을 계산하시오. (단, 침출수 분해 반응은 1차 반응이다.)

[풀이]

① 반감기 공식을 이용하여 k를 계산한다.

$\ln \frac{1}{2} = -k \times t$ 에서 $\ln \frac{1}{2} = -k \times 3.5$년

$\therefore k = \frac{\ln \frac{1}{2}}{-3.5\text{년}} = 0.198/\text{년}$

② 1차반응식 공식을 이용하여 t를 계산한다.

$\ln \frac{C_t}{C_o} = -k \times t$ 에서 $\ln \frac{(100-95)\%}{100\%} = -0.198/\text{년} \times t$

$\therefore t = 15.13$년

03 가스발생 및 처분

(1) 폐기물 매립 후 발생되는 생성가스 농도변화

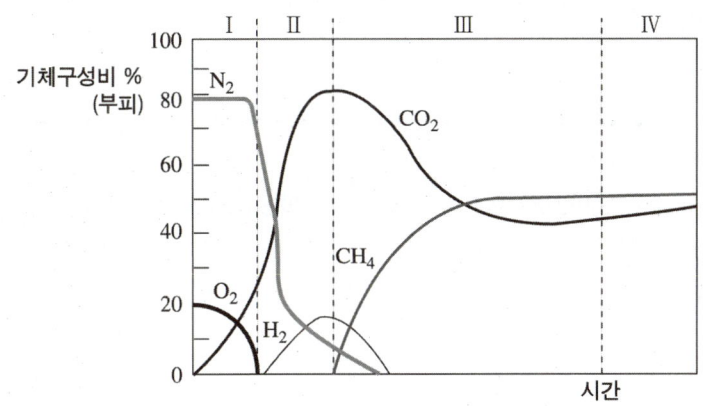

① Ⅰ 단계(호기성단계)
   ㉠ 산소가 급감하여 거의 사라지고 이산화탄소(탄산가스)가 생성되기 시작한다.
   ㉡ 가스의 발생량이 적다.
   ㉢ 질소가 감소한다.
   ㉣ 매립물의 분해속도에 따라 수일에서 수개월 동안 지속된다.
   ㉤ 폐기물내 수분이 많은 경우 반응이 빨라져 호기성 단계가 짧아진다.

② Ⅱ 단계(혐기성 비메탄단계)
   혐기성 단계지만 CH_4가 형성되지 않고, H_2가 생성되기 시작하고 SO_4^{2-}, NO_3^- 등이 환원된다.

③ Ⅲ 단계(메탄생성축적단계)
   혐기성 단계이며 CH_4가 발생하기 시작한다.

④ Ⅳ 단계(정상적인 혐기단계)
   정상적인 혐기단계로 CH_4와 CO_2의 함량이 거의 일정하다.(CH_4 55%, CO_2 45%로 구성)

(2) 매립지 내 유기물의 혐기성 분해 반응식

$$C_aH_bO_cN_dS_e + \left(\frac{4a-b-2c+3d+2e}{4}\right)H_2O$$
$$\rightarrow \left(\frac{4a+b-2c-3d-2e}{8}\right)CH_4$$
$$+ \left(\frac{4a-b+2c+3d+2e}{8}\right)CO_2 + dNH_3 + eH_2S$$

Question 07

매립물의 조성이 $C_{45}H_{63}O_{30}N$인 경우 이 매립물 1mol당 발생하는 메탄(mol)을 계산하시오. (단, 혐기성 반응 기준이다.)

풀이 혐기성 반응에서 CH_4의 계수 구하는 공식

$$C_{45}H_{63}O_{30}N \rightarrow \left(\frac{4a+b-2c-3d}{8}\right)CH_4 \text{이므로}$$

여기서, a = 45, b = 63, c = 30, d = 1이므로

CH_4 계수 $= \dfrac{(4 \times 45) + 63 - (2 \times 30) - (3 \times 1)}{8} = 22.5$

따라서, $\begin{matrix} C_{45}H_{63}O_{30}N & : & 22.5CH_4 \\ 1mol & & 22.5mol \end{matrix}$ 이므로 발생되는 메탄(CH_4)은 22.5mol이다.

실전연습문제

01 폐기물에서 발생되는 악취상물질을 4가지를 쓰시오. (반드시 화학식을 표기할 것)

① 암모니아(NH_3)
② 황화수소(H_2S)
③ 아세트알데하이드(CH_3CHO)
④ 메틸머캅탄(CH_3SH)

02 악취제거법 4가지를 쓰시오.

① 연소법   ② 활성탄 흡착법
③ 오존 산화법   ④ 공기 희석법

03 폐기물 매립 후 발생되는 생성가스 농도변화를 4단계로 나누어 간단히 설명하시오.

① Ⅰ단계(호기성단계) : 산소와 질소가 감소하고, 이산화탄소가 생성되기 시작한다.
② Ⅱ단계(혐기성 비메탄단계) : 혐기성 단계지만 CH_4가 형성되지 않고, H_2가 생성되기 시작하고 SO_4^{2-}, NO_3^- 등이 환원된다.
③ Ⅲ단계(메탄생성축적단계) : 혐기성 단계이며 CH_4가 발생하기 시작한다.
④ Ⅳ단계(정상적인혐기단계) : 정상적인 혐기단계로 CH_4와 CO_2의 함량이 거의 일정하다. (CH_4 55%, CO_2 45%로 구성)

04 매립지에서 유기물의 완전 분해식을 $C_{68}H_{111}O_{50}N + aH_2O \rightarrow bCH_4 + 33CO_2 + NH_3$로 가정할 때 유기물 200kg을 완전 분해시 소모되는 물의 양(kg)을 계산하시오.

풀이

$C_{68}H_{111}O_{50}N + 16H_2O \rightarrow 35CH_4 + 33CO_2 + NH_3$
$1,741\text{kg} \quad : 16 \times 18\text{kg}$
$200\text{kg} \quad : X(H_2O)$

$\therefore X(H_2O) = \dfrac{200\text{kg} \times 16 \times 18\text{kg}}{1,741\text{kg}} = 33.08\text{kg}$

TIP

① 완전 혐기분해식

$C_aH_bO_cN_d + \left(\dfrac{4a-b-2c+3d}{4}\right)H_2O$

$\rightarrow \left(\dfrac{4a+b-2c-3d}{8}\right)CH_4 + \left(\dfrac{4a-b+2c+3d}{8}\right)CO_2 + dNH_3$

② $C_{68}H_{111}O_{50}N$의 분자량 $= 68 \times 12 + 111 \times 1 + 50 \times 16 + 1 \times 14 = 1,741$

05 $C_5H_{11}O_2N$으로 화학적 조성을 나타낼 수 있는 생분해 가능 유기물이 매립지에서 혐기성 완전 분해되어 발생하는 메탄(b)과 이산화탄소(a) 중 메탄의 부피백분율($\left[\dfrac{b}{(b+a)}\right] \times 100(\%)$)을 계산하시오. (단, N은 NH_3로 발생된다.)

풀이

$C_5H_{11}O_2N + 2H_2O \rightarrow 3CH_4 + 2CO_2 + NH_3$

메탄의 부피백분율(%) $= \dfrac{b}{b+a} \times 100 = \dfrac{3}{3+2} \times 100 = 60\%$

TIP

이산화탄소의 부피백분율(%) $= \dfrac{a}{a+b} \times 100 = \dfrac{2}{2+3} \times 100 = 40\%$

06 어떤 폐기물의 조성이 다음과 같다면 이 쓰레기 1kg이 매립지내에서 혐기성 가수분해될 때 발생되는 이론적 가스의 양(Sm^3)을 계산하시오.

폐기물 조성 : C 48%, H 4%, O 48%

① 화학식을 계산한다.

$$C = \frac{48}{12} = 4 \qquad H = \frac{4}{1} = 4 \qquad O = \frac{48}{16} = 3$$

따라서 화학식은 $C_4H_4O_3$

② 혐기성 완전분해식을 이용하여 발생가스량(Sm^3)을 계산한다.

$$C_4H_4O_3 + 1.5H_2O \rightarrow 1.75CH_4 + 2.25CO_2$$

100kg : $1.75 \times 22.4 Sm^3$: $2.25 \times 22.4 Sm^3$
1kg : X_1 : X_2

$$\therefore X_1(CH_4) = \frac{1kg \times 1.75 \times 22.4 Sm^3}{100kg} = 0.392 Sm^3$$

$$X_2(CO_2) = \frac{1kg \times 2.25 \times 22.4 Sm^3}{100kg} = 0.504 Sm^3$$

따라서 발생가스량 $= 0.392 Sm^3 + 0.504 Sm^3 = 0.90 Sm^3$

CHAPTER 03 자원화

01 퇴비화

(1) 퇴비화 기술의 특징

① 우리나라 음식물 쓰레기를 퇴비로 재활용하는데 있어서 가장 큰 문제점은 염분함량이다.
② 퇴비화를 정상적으로 유도하기 위해서 공급하는 적정공기량은 5 ~ 15% 정도이다.
③ 유기성폐기물이 대상이며 함수율이 60% 전후인 원료가 적합하다.
④ 분해를 위해서는 대상 원료별 적합한 탄질소비(C/N비)를 맞추어 주는 것이 필요하다.
⑤ 통기 개량제는 톱밥 등을 사용하며 수분조절, 탄질소비 조절기능을 겸한다.
⑥ 생산된 퇴비는 비료의 가치가 낮고 퇴비완성시 부피 감소율이 50% 이하로 낮은편이다.
⑦ 초기 시설 투자비가 낮고 운영시 소요에너지도 낮은편이다.
⑧ 다른 폐기물 처리기술에 비해 고도의 기술수준이 요구되지 않는다.
⑨ 퇴비제품의 품질표준화가 어렵고, 부지가 많이 필요한 편이다.
⑩ 퇴비화 후에는 C/N비가 10 정도이다.
⑪ 생산품인 퇴비는 토양개량제로 사용할 수 있다.

(2) 퇴비화의 영향인자 중 C/N비(탄질비)의 특징

① 질소는 미생물 생장에 필요한 단백질 합성에 주로 쓰인다.
② 적정 C/N비는 30정도이다.
③ C/N비가 너무 낮으면 암모니아 가스 발생으로 악취가 발생한다.
④ C/N비가 너무 높으면 질소분의 함량이 적어 퇴비화가 잘 안되고 소요시간이 길어진다.
⑤ 일반적으로 퇴비화 탄소가 많으면 퇴비의 pH를 낮춘다.

> **TIP**
>
> C/N비가 낮은 경우(20 이하)의 특징
> ① 암모니아 가스가 발생할 가능성이 높아진다.
> ② 질소원 손실이 커서 비료효과가 저하될 가능성이 높다.
> ③ 퇴비화 과정 중 좋지 않은 냄새가 발생된다.

(3) 친산소성 퇴비화 공정의 설계 운영의 고려인자

① 입자크기 : 폐기물의 적정 입자크기는 25 ~ 75mm 정도이다.
② 초기 C/N비는 25 ~ 50이 적당하다.
③ C/N비가 너무 높으면 : 질소분의 함량이 적어 퇴비화가 잘 안되고 소요시간이 길어진다.
④ C/N비가 너무 낮으면 : 암모니아 가스 발생으로 악취가 발생한다.
⑤ 병원균제어 : 병원균 사멸을 위해서는 60 ~ 70℃에서 24시간 이상 유지하여야 한다.
⑥ pH 조절 : 암모니아 가스에 의한 질소손실을 줄이기 위해서 pH 8.5 이상 올라가지 않도록 주의한다.
⑦ 퇴비화 기간 동안 수분함량은 50 ~ 60% 범위에서 유지 되어야 한다.
⑧ 퇴비단의 온도는 초기 며칠간은 50 ~ 55℃를 유지하여야 하며 활발한 분해를 위해서는 55 ~ 60℃가 적당하다.

(4) 퇴비화를 위한 설비

① 공기공급시설   ② 수분조절시설   ③ 교반시설

(5) 퇴비화의 장점과 단점

1) 장점

① 운영시에 소요되는 에너지가 낮다.
② 다른 폐기물처리 기술에 비하여 고도의 기술수준이 요구되지 않는다.
③ 초기시설 투자가 적다.
④ 퇴비는 토양의 이화학성질을 개선시키는 토양개량제로 사용할 수 있다.
⑤ 초기 시설 투자가 적으므로 운영시에 소요되는 에너지도 낮다.

2) 단점

① 생산된 퇴비는 비료의 가치가 낮다.
② 퇴비가 완성되어도 부피가 크게 감소되지 않는다. (감용률 50% 이하)
③ 다양한 재료를 이용하므로 퇴비품질의 표준화가 어렵다.

(6) Bulking Agent(팽화제)의 특징

① 수분조절제라고도 한다.
② 처리대상물질의 수분함량을 조절한다.
③ 퇴비의 질(C/N비) 개선에 영향을 준다.
④ 처리대상물질 내의 공기가 원활히 유동될 수 있도록 한다.
⑤ 퇴비생산에 필요한 탄소나 질소를 함유시켜 제공할 수도 있다.
⑥ 톱밥, 볏짚, 낙엽에 기존 퇴비를 혼합하여 퇴비화시키는 것을 말한다.

(7) 통기 개량제의 특성

① 볏짚 : 칼륨(K)분이 높다.
② 톱밥 : 톱밥의 종류에 따라서 분해속도가 다양하다.
③ 파쇄목편 : 폐목재 내에 퇴비화에 영향을 줄 수 있는 유해물질의 함유 가능성이 있다.
④ 왕겨(파쇄) : 발생기간이 한정되어 있기 때문에 저류 공간이 필요하다.

실전연습문제

01 퇴비화 과정의 인자와 최적조건을 쓰시오.

① 온도 : 50~60℃
③ C/N비 : 30~50
⑤ 공급공기량 : 5~15%
② pH : 6~8
④ 수분 : 50~60%

02 다음 설명은 폐기물을 퇴비화할 때 C/N비에 대한 설명이다. ( )안에 알맞은 말을 채우시오.

> C/N비가 (①) 이상이면 퇴비화에 소요되는 시간이 많이 걸리고, C/N비가 (②) 이하이면 암모니아가 발생해 악취를 유발한다.

 ① 80   ② 20

03 퇴비화의 영향인자 중 C/N비에 대한 설명이다. 다음 조건에서 발생하는 현상을 쓰시오.

(가) C/N비가 80 이상인 경우

(나) C/N비가 20 이하인 경우

(가) C/N비가 80 이상인 경우 : 질소함량이 부족하여 퇴비화가 잘 되지 않고, 퇴비화에 걸리는 시간도 길어진다.
(나) C/N비가 20 이하인 경우 : 질소원 손실이 커서 비료효과가 저하될 가능성이 높고, 암모니아 가스가 발생하여 퇴비화 과정 중 좋지 않은 냄새가 발생된다.

04 퇴비화의 영향인자 중 Bulking Agent의 특징을 4가지 서술하시오.

① 처리대상물질의 수분함량을 조절한다.
② 퇴비의 질(C/N비) 개선에 영향을 준다.
③ 처리대상물질 내의 공기가 원활히 유동될 수 있도록 한다.
④ 퇴비생산에 필요한 탄소나 질소를 함유시켜 제공할 수도 있다.

05 도시 생활쓰레기와 하수 슬러지를 혼합해 퇴비화를 하고자 한다. 장점을 3가지만 쓰시오.

① C/N비 조절이 가능하다.
② 도시 생활쓰레기가 팽화제의 역할을 한다.
③ 미생물이나 영양분을 보충해 준다.

06 퇴비화 대상 유기물질의 화학식이 $C_{99}H_{148}O_{59}N$ 이라고 하면, 이 유기물질의 C/N비를 계산하시오.

$C_{99}H_{148}O_{59}N$ 에 C/N비 = $\dfrac{탄소량}{질소량}$

C/N비 = $\dfrac{99 \times 12}{1 \times 14}$ = 84.86

TIP

① 탄소(C)량 = 99×12
② 질소(N)량 = 1×14

07 함수율이 80%인 음식물쓰레기 10ton과 함수율이 20%인 톱밥 10ton을 혼합하여 퇴비화 하고자 한다. 이때 혼합물질의 C/N비를 계산하시오. (단, 음식물쓰레기의 유기탄소는 TS의 40%이고 총질소량은 5%이며, 톱밥의 유기탄소는 TS의 80%이고 총질소량은 3%이다. 비중은 1.0이다.)

$\dfrac{C}{N} = \dfrac{(1-0.80) \times 0.4 + (1-0.20) \times 0.80}{(1-0.80) \times 0.05 + (1-0.20) \times 0.03} = 21.18$

08 함수율 95%인 분뇨의 유기탄소량은 30%/TS이고, 총질소량은 15%/TS이다. 이 분뇨와 혼합할 볏짚의 함수율은 25%이며 유기탄소량은 85%/TS, 총질소량은 3%/TS이다. 분뇨 : 볏짚을 질량비 2 : 3으로 혼합했을 경우의 C/N비를 계산하시오.

$$C/N비 = \frac{탄소량}{질소량} = \frac{\{분뇨의\ 탄소량 + 볏짚의\ 탄소량\}}{\{분뇨의\ 질소량 + 볏짚의\ 질소량\}}$$

$$= \frac{\{(1-0.95) \times 0.3 \times \frac{2}{5}\} + \{(1-0.25) \times 0.85 \times \frac{3}{5}\}}{\{(1-0.95) \times 0.15 \times \frac{2}{5}\} + \{(1-0.25) \times 0.03 \times \frac{3}{5}\}} = 23.55$$

TIP

① 고형물(%) = 100 − 함수율(%)

② 분뇨 : 볏짚이 2 : 3이므로 분뇨량은 $\frac{2}{5}$이다.

③ 분뇨 : 볏짚이 2 : 3이므로 볏짚량은 $\frac{3}{5}$이다.

09 30ton의 음식물쓰레기를 볏짚과 혼합하여 C/N비 30으로 조정하여 퇴비화하고자 한다. 이때 볏짚의 필요량(ton)을 계산하시오. (단, 음식물쓰레기와 볏짚의 C/N비는 각각 20과 100이고, 다른 조건은 고려하지 않는다.)

혼합 C/N비
$$= \frac{음식물\ 쓰레기(kg) \times 음식물\ 쓰레기의\ C/N비 + 볏짚(kg) \times 볏짚의\ C/N비}{음식물\ 쓰레기(kg) + 볏짚(kg)}$$

따라서 $30 = \frac{30ton \times 20 + 볏짚(kg) \times 100}{30ton + 볏짚(kg)}$

∴ 볏짚 = 4.29ton

CHAPTER 04 토양오염

01 토양

(1) 토양오염의 특성
① 토양오염은 대기, 수질, 폐기물 등 1차 오염물질에 의한 축적성 오염이다.
② 오염경로의 다양성
③ 피해발현의 완만성 및 만성적인 형태
④ 타 환경인자와의 영향관계의 모호성
⑤ 오염(영향)의 국지성 및 비인지성
⑥ 원상복구가 어렵다.

(2) 토양수분의 물리학적 분류

1) 흡습수
① 흡습수는 pF 4.5 이상으로 강하게 흡착되어 있다.
② 식물이 직접 이용할 수 없다.
③ 부식토에서의 흡습수의 양은 질량비로 70%에 달한다.

2) 결합수
① 토양 분자중에 존재하는 수분으로 화학적으로 결합되어 있다.
② pF는 7.0 이상이다.
③ 식물의 성장에 직접 이용될 수 없는 물이다.

3) 모세관수

① 중력수 외부에 표면장력과 중력이 평형을 유지하며 존재하는 물이다.
② pF는 2.7 ~ 4.2 정도이다.
③ 식물에 의해 이용되는 수분이다.

4) 중력수

① 토양입자에서 유리되어 토양입자 사이를 이동하거나 지하로 침투되는 수분이다.
② pF는 2.54 이하이다.

(3) pF(potential force)

① 토양수가 입자에 흡착되어 있는 세기로 토양수를 구분한다.
② 흡착력에 상응하는 수주(cm)의 역수를 pF라 한다.
③ $pF = \log[H\ cmH_2O]$

02 토양처리방법

(1) 토양증기추출법(Soil vaper Extraction : SVE)

압력 및 농도구배를 형성하기 위하여 추출정을 굴착하여 진공상태로 만들어 줌으로써 토양 내의 휘발성 오염물질을 휘발, 추출하는 기술이다.

1) 장점

① 굴착이 필요없다.
② 짧은 시간에 설치할 수 있다.
③ 분해에 소요되는 시간이 짧다.
④ 결과를 즉시 알 수 있다.
⑤ 일반적으로 널리 사용되는 장치 재료로 충분하다.
⑥ 지하수의 깊이에 제한을 받지 않는다.
⑦ 생물학적 처리효율을 높여준다.

⑧ 다른 시약이 필요없다.
⑨ 유지 및 관리비가 적게 소요된다.

2) 단점

① 오염물질의 독성은 처리 후에도 변화가 없다.
② 증기압이 낮은 오염물질의 제거효율이 낮다.
③ 추출된 기체는 대기오염 방지를 위하여 후처리가 필요하다.
④ 토양층이 치밀하여 기체 흐름이 어려운 곳에서는 적용이 어렵다.
⑤ 지반구조가 복잡하여 총 처리시간을 예측하기가 어렵다.

(2) 토양세척법(Soil Washing Treatment)

1) 장점

① 비휘발성 물질, 생물학적으로 분해성 물질, 중금속 등에 적용된다.
② 광범위한 지역에 균일한 적용이 가능하다.
③ 에너지 소모가 적다.
④ 처리비용이 싸다.
⑤ 처리효과가 가장 높은 토양입경은 자갈이다.
⑥ 외부 환경의 조건변화에 대한 영향이 적다.
⑦ 부지내에서 유해 오염물의 이송없이 바로 처리할 수 있다.
⑧ 오염토양 부피의 단시간 내의 효율적인 급감으로 2차 처리비용을 절감할 수 있다.

2) 단점

① 비수용성 유기용매에 적용이 어렵다.
② 점토와 같이 미세입자에 흡착된 유기오염물질의 처리효과는 매우 낮다.
③ 자체적인 조절이 가능한 폐쇄형 공정이며, 고농도의 휴믹질이 존재하는 경우에는 전 처리가 필요하다.

(3) 바이오벤팅(Bioventing)

1) 바이오벤팅(Bioventing)의 특징

① 휘발성이 강하거나 분자량이 큰 유기물질을 처리할 수 있다.

② 불포화 토양층내에 산소를 공급함으로써 미생물의 분해를 통해 유기물질을 분해 처리한다.
③ 주로 불포화층에 적용한다.
④ 기술 적용시에는 대상부지에 대한 정확한 산소 소모율의 산정이 중요하다.
⑤ 토양 투수성은 공기를 토양내에 강제 순환시킬 때 매우 중요한 영향인자이다.

2) 바이오벤팅(Bioventing)의 장·단점

① 장점
  ㉠ 배출가스 처리의 추가비용이 없다.
  ㉡ 장치가 간단하고 설치가 용이하다.
  ㉢ 일반적으로 토양증기추출에 비하여 토양공기의 추출량이 약 1/10 수준이다.
  ㉣ 휘발성이 강하거나 분자량이 큰 유기물질을 처리할 수 있다.

② 단점
  ㉠ 추가적인 영양염류의 공급이 필요하다.
  ㉡ 용해도가 큰 오염물질은 많은 양이 토양수분 내에 용해상태로 존재하게 되어 처리효율이 떨어진다.
  ㉢ 현장 지반 구조 및 오염물 분포에 따른 처리기간의 변동이 심하다.
  ㉣ 오염부지 주변의 공기 및 물의 이동에 의한 오염물질의 확산이 일어날 수 있다.

실전연습문제

01 토양오염 물질 중 BTEX에 해당하는 물질을 쓰시오.

① Benzene(벤젠)
② Toluene(톨루엔)
③ Ethybenzene(에틸벤젠)
④ Xylene(자일렌)

02 다음은 오염된 토양을 정화하거나 복구하는 기술들이다. 간단히 쓰시오.

(가) 동전기정화기술

(나) 전기삼투

(다) 전기이동

(라) 전기영동

(가) 동전기정화기술 : 오염된 토양 속에 전극을 설치하여 전류를 통하게 하여 토양 속의 오염물질을 전기화학적 원리를 이용하여 정화하는 기술이다.
(나) 전기삼투 : 포화 토양 속에 전류를 가해 양이온이 음극쪽으로 이동함과 동시에 공극수의 이동을 통하여 오염된 토양을 정화하는 기술이다.
(다) 전기이동 : 전기경사에 의해서 전하를 띠는 화학물질의 이동현상을 이용하여 오염된 토양을 정화하는 기술이다.
(라) 전기영동 : 전하를 띠는 입자에 직류전압을 걸면 (+) 하전 입자는 음극으로, (-) 하전 입자는 양극으로 향하여 이동하게 되는 원리를 이용하여 오염 토양을 정화하는 기술이다.

PART 03

폐기물 소각 및 열회수

CHAPTER 01　연료 및 소각로
CHAPTER 02　열분해 및 부대설비 및 연소영향인자
CHAPTER 03　연소
CHAPTER 04　오염물질 처리법
CHAPTER 05　오염물질 제거장치

CHAPTER 01 연료 및 소각로

01 연료

(1) 고체연료

1) 고체연료의 특징

① 고체연료의 C/H비는 15~20 범위이다.
② 고체연료는 액체연료에 비하여 수소함유량이 적다.
③ 고체연료는 액체연료에 비하여 산소함유량이 크다.
④ 고체연료의 연소속도는 연료단위 표면적당 단위시간당 연료량을 의미한다.
⑤ 점화와 소화가 용이하지 못하다.
⑥ 인화, 폭발의 위험성이 적다.
⑦ 가격이 저렴하다
⑧ 저장, 운반시 노천 야적이 가능하다.

2) 석탄의 탄화도

① 탄화도가 증가하면 고정탄소, 발열량, 착화온도, 연료비$\left(\dfrac{고정탄소}{휘발분}\right)$가 증가

② 탄화도가 증가하면 매연 발생량, 비열, 휘발분, 수분, 산소의 양, 연소속도는 감소

(2) 액체연료의 특징

① 발열량이 크고 품질이 비교적 균일하다.
② 회분이 거의 없고 점화, 소화 및 연소의 조절이 비교적 쉽다.

③ 계량, 기록이 수월하다.
④ 저장, 운반이 용이하며 배관공사 등에 걸리는 비용도 적게 소요된다.
⑤ 단위질량당의 발열량이 커, 화력이 강하다.
⑥ 액체연료는 비교적 저가로 안정하게 공급되고 품질에도 큰 차가 없다.
⑦ 액체연료는 화재, 역화 등의 위험이 크며, 연소온도가 높아 국부가열을 일으키기 쉽다.
⑧ 액체연료의 경우 회분은 적지만, 재속의 금속산화물이 장해원인이 될 수 있다.

(3) 기체연료의 특징

① 장점
   ㉠ 연소효율이 높고 안정된 연소가 된다.
   ㉡ 적은 과잉공기(10 ~ 20%)로 완전연소가 가능하다.
   ㉢ 연료의 예열이 쉽고 유황 함유량이 적어 SO_x 발생량이 적다.
   ㉣ 점화, 소화가 용이하고 연소조절이 쉽다.
   ㉤ 발열량이 높다.
   ㉥ 회분이나 유해물질의 배출이 적다.
   ㉦ 부하의 변동 범위가 넓다.
② 단점
   ㉠ 설비비가 많이들고 비싸다.
   ㉡ 취급시 위험성이 크다.
   ㉢ 수송이나 저장이 용이하지 못하다.

02 연소 및 연소형태

(1) 소각로의 완전연소 조건(3T)

① 충분한 체류시간(Time)
② 충분한 난류(Turbulence)
③ 적당한 온도(Temperature)

(2) 연소형태

1) 표면연소

① 코크스나 목탄과 같은 휘발성 성분이 거의 없는 연료의 연소형태를 말한다.
② 코크스 또는 분해연소가 끝난 석탄은 열분해가 일어나기 어려운 탄소가 주성분으로, 그것 자체가 연소하는 과정으로 적열할 따름이지 화염이 없는 분해 형태이다.

(2) 분해연소

① 고체연료가 화염을 정상적으로 내면서 연소하는 것이다.
② 장작, 석탄, 중유 등이 열분해하여 발생한 증기와 함께 연소초기에 불꽃을 내면서 반응하는 것이다.

(3) 발연연소

화염의 표면에서 산소와의 결합이 일어나는 연소이다.

(4) 증발연소

① 오일의 표면에서 오일이 기화하여 일어나는 연소이다.
② 화염으로부터 열을 받으면 가연성 증기가 발생하는 연소로써 휘발유, 등유, 알콜, 벤젠 등의 액체연료의 형태이다.

(5) 그을림연소

숯불과 같이 불꽃을 동반하지 않는 열분해와 표면연소의 복합형태라 볼 수 있다.

(6) 자기연소(내부연소)

나이트로글리세린 등과 같이 공정 중 산소를 필요로 하지 않고 분자 자신속의 산소에 의해서 연소하는 것을 말한다.

03 소각로의 종류

(1) 유동층 소각로

1) 장점

① 기계적 구동부분이 적어 고장율이 낮다.
② 가스의 온도가 낮고 과잉공기량이 적어 질소산화물(NO_x)도 적게 배출된다.
③ 로내 온도의 자동제어와 열회수가 용이하다.
④ 반응시간이 빨라 소각시간이 짧다. (로 부하율이 높다.)
⑤ 유동매체의 축열량이 높아 단기간 정지 후 가동시에 보조연료 사용없이 정상가동이 가능하다.
⑥ 연소효율이 높아 미연소분의 배출이 적고 2차 연소실이 필요없다.
⑦ 유동매체의 열용량이 커서 액상, 기상, 고형폐기물의 전소 및 혼소가 가능하다.

2) 단점

① 로 내로 투입 전 파쇄 등의 전처리가 필요하다. (투입이나 유동화를 위해 파쇄가 필요하다.)
② 상(床)으로부터 찌꺼기 분리가 어렵다.
③ 유동매체의 손실로 인한 보충이 필요하다.

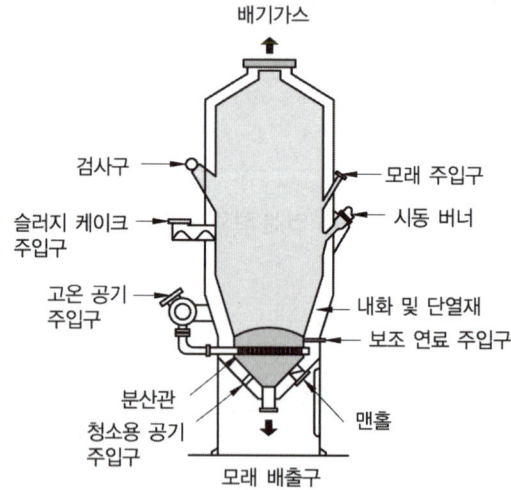

3) 유동상 소각로에서 유동층 물질의 조건

① 불활성일 것
② 융점이 높을 것
③ 비중이 작을 것
④ 내마모성이 있을 것
⑤ 열충격에 강할 것
⑥ 가격이 쌀 것

(2) 화격자식(Stoker) 소각로

휘발성이 많고 열분해하기 쉬운 물질을 태울 경우에는 공기를 위쪽에서 아래쪽으로 통과시키는 하향식 연소방식을 쓴다.

1) 장점

① 연속적인 소각과 배출이 가능하다.
② 경사 Stoker방식의 경우 수분이 많은 것이나 발열량이 낮은 것도 어느 정도 소각이 가능하다.

2) 단점

① 체류시간이 길고 교반력이 약하여 국부가열이 발생할 염려가 있다.
② 고온중에서 기계적으로 구동하기 때문에 금속부의 마모손실이 심하다.
③ 플라스틱 등과 같이 열에 쉽게 용해되는 물질은 화격자가 막힐 염려가 있다.

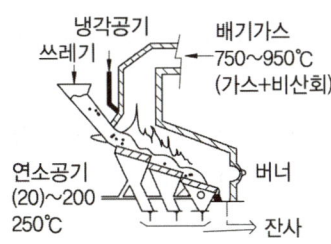

(3) Rotary Kiln(로터리 킬른)=회전로 소각로

1) 장점

① 습식가스 세정시스템과 함께 사용할 수 있다.
② 경사진 구조로 용융상태의 물질에 의하여 방해를 받지 않는다.
③ 폐기물의 체류시간은 로의 회전속도를 조절함으로써 제어할 수 있다.
④ 고형폐기물에 높은 난류도와 공기에 대한 접촉을 크게 할 수 있다.

⑤ 대체로 예열, 혼합, 파쇄 등의 전처리 없이 폐기물 주입이 가능하다.
⑥ 액상이나 고상의 여러 가지 폐기물을 동시에 처리할 수 있다.
⑦ 드럼이나 대형용기를 그대로 집어 넣을 수 있다.

2) 단점

① 비교적 열효율이 낮은 편이다.
② 로 내에서의 공기유출이 크므로 종종 대량의 과잉공기가 필요하다.
③ 처리량이 적은 경우 설치비가 많이 든다.
④ 먼지 발생량이 많다.
⑤ 구형 및 원통형 물질은 완전연소가 끝나기전에 굴러 떨어질 수 있다.
⑥ 대기오염 제어 시스템에 먼지 부하율이 높다.

(4) 다단로

다단로는 내화물을 입힌 가열판, 중앙의 회전축, 일련의 평판상을 구성하는 교반팔로 구성되어 있다.

1) 장점

① 다량의 수분이 증발되므로 수분함량이 높은 폐기물의 연소가 가능하다.
② 체류시간이 길어 특히 휘발성이 적은 폐기물 연소에 유리하다.
③ 많은 연소영역이 있으므로 연소효율을 높일 수 있다.
④ 천연가스, 프로판, 오일, 폐유 등 다양한 연료를 사용할 수 있다.
⑤ 물리, 화학적으로 성분이 다른 각종 폐기물을 처리할 수 있다.
⑥ 액상 및 기상 폐기물의 이용은 보조연료의 양을 감소시켜 운전비용을 절감할 수 있다.

2) 단점

① 열적 충격이 발생되고 내화물 등의 손상이 발생된다.
② 늦은 온도반응 때문에 보조연료 사용을 조절하기가 어렵다.
③ 유해폐기물의 완전분해를 위한 2차 연소실이 필요하다.
④ 먼지 발생량이 높다.
⑤ 체류시간이 길기 때문에 온도반응이 더디다.

(5) 액상분사 소각로(Liquid Injection Incincrator) = 액체 주입형 연소기

액체 주입형 연소기의 가장 일반적인 형식은 수평점화식이다.

1) 장점

① 구동장치가 간단하고 고장이 적다.
② 하방점화방식의 경우에는 염이나 입상물질을 포함한 폐기물의 소각도 가능하다.

2) 단점

① 완전히 연소시켜야 하며 내화물의 파손을 막아 주어야 한다.
② 고형분의 농도가 높으면 버너가 막히기 쉽다.
③ 대량처리가 불가능하다.
④ 버너노즐 없이 액체의 미립화가 어렵다.

04 로 본체의 형식

(1) 로 본체의 형식

1) 역류식(향류식)

① 연소가스에 의한 방사열이 폐기물에 유효하게 적용한다.
② 수분이 많고 저위발열량이 낮은 쓰레기에 적합하다.
③ 후연소내의 온도저하 및 불완전연소가 발생할 수 있다.
④ 연소실내의 연소가스의 흐름방향과 폐기물의 이송방향이 반대인 형식이다.

2) 병류식

① 수분이 적고 저위발열량이 높은 폐기물에 적합하다.
② 폐기물의 이송방향과 연소가스의 흐름방향이 같은 형식이다.
③ 건조대에서 건조효율이 저하될 수 있다.

3) 교류식(중간류식)

① 역류식(향류식)과 병류식의 중간적인 형식이다.
② 폐기물 질의 변동이 심한 경우에 사용한다.

4) 복류식

① 2개의 출구를 가지고 있다.
② 댐퍼의 개폐로 역류식, 병류식, 교류식으로 조절할 수 있다.
③ 폐기물의 질이나 저위발열량의 변동이 심할 경우에 사용한다.

(2) 소각시 부피감소율과 소각재 밀도 계산

1) 소각시 부피감소율(%) 계산공식

$$부피감소율(\%) = \left(1 - \frac{V_2}{V_1}\right) \times 100$$

여기서, V_1 : 소각 전 쓰레기 부피(m^3) V_2 : 소각 후 소각재의 부피(m^3)

> **Question 01**
>
> 밀도가 600kg/m^3인 도시형 쓰레기 200ton을 소각한 결과 밀도가 1,000kg/m^3인 소각재가 60ton이 되었다면 소각시 부피감소율(%)을 계산하시오.
>
> **풀이**
>
> $$부피감소율(\%) = \left(1 - \frac{V_2}{V_1}\right) \times 100$$
>
> $$V_1 = \frac{200 \times 10^3 \text{kg}}{600 \text{kg}/m^3} = 333.33 m^3$$
>
> $$V_2 = \frac{60 \times 10^3 \text{kg}}{1,000 \text{kg}/m^3} = 60 m^3$$
>
> 따라서 부피감소율(%) $= \left(1 - \dfrac{60 m^3}{333.33 m^3}\right) \times 100 = 82.0\%$

2) 소각재의 밀도 계산식

①
$$소각재의\ 밀도(kg/m^3) = 폐기물의\ 밀도(kg/m^3) \times \frac{100 - 질량\ 감소율(\%)}{100 - 부피\ 감소율(\%)}$$

Question 02

밀도가 800kg/m³인 폐기물을 처리하는 소각로에서 질량 감소율은 85%이고 부피 감소율은 90%이었을 경우 이 소각로에서 발생하는 소각재의 밀도(kg/m³)를 계산하시오.

풀이

$$\text{소각재의 밀도}(kg/m^3) = \text{폐기물의 밀도}(kg/m^3) \times \frac{100 - \text{질량 감소율}(\%)}{100 - \text{부피 감소율}(\%)}$$

$$= 800 kg/m^3 \times \frac{100-85}{100-90} = 1,200 kg/m^3$$

② 재의 밀도 계산식

$$\text{재의 밀도}(ton/m^3) = \frac{\text{재의 질량}(ton)}{\text{재의 용적}(m^3)}$$

Question 03

쓰레기를 1일 100ton 소각하여 소각 후 남은 재는 전체 소각한 쓰레기 질량의 20%라고 한다. 남은 재의 용적이 15m³일 때 재의 밀도(ton/m³)를 계산하시오.

풀이

$$\text{재의 밀도}(ton/m^3) = \frac{\text{재의 질량}(ton)}{\text{재의 용적}(m^3)} = \frac{100ton \times 0.2}{15m^3} = 1.33 ton/m^3$$

CHAPTER 02 열분해 및 부대설비 및 연소영향인자

01 열분해

(1) 열분해의 정의

폐기물을 무산소 또는 산소가 부족한 상태에서 고온으로 가열하여 기체, 액체, 고체 상태의 연료를 생산하는 공정이다.

(2) 열분해의 특징

① 열분해의 방법은 저온법과 고온법이 있다.
② 열분해에서 일반적으로 저온이라 함은 500 ~ 900℃, 고온은 1,100 ~ 1,500℃를 말한다.
③ 고온열분해에서 1,700℃까지 온도를 올리면 생산되는 모든 재는 슬래그(Slag)로 배출된다.
④ 고온의 열분해에서는 가스상태의 연료가 많이 생성된다.
⑤ 열분해 온도에 따른 가스의 구성비가 좌우되는데 고온이 될수록 CO_2함량이 감소하고, 수소함량이 증가한다.
⑥ 열분해를 통하여 얻어지는 연료의 성질을 결정짓는 요소로는 운전온도, 가열속도, 폐기물의 성질 등으로 알려져 있다.
⑦ 연소가 고도의 발열반응에 비해 열분해는 고도의 흡열반응이다.
⑧ 폐기물을 산소의 공급없이 가열하여 기체, 액체, 고체의 3성분으로 분리한다.
⑨ 열분해 장치는 고정상, 유동상, 부유상태 등의 장치로 구분되어질 수 있다.

(3) 열분해시 생성물질

① 기체상 물질 : 수소(H_2), 메탄(CH_4), 일산화탄소(CO)
② 액체상 물질 : 아세톤, 메탄올, 오일
③ 고체상 물질 : 탄화물(Char), 불활성 물질

(4) 열분해가 소각처리에 비해 갖는 장점

① 황 및 중금속이 회분속에 고정되는 비율이 크다.
② 저장 및 수송이 가능한 연료를 회수할 수 있다.
③ 환원성 분위기가 유지되어 Cr^{3+}가 Cr^{6+}로 변화되기 어렵다.
④ 배기가스량이 적어 가스처리 장치가 소형이다.
⑤ 소각처리에 비해 상대적으로 저온이기 때문에 NO_X 발생량이 적다.
⑥ 지속적 환원 분위기로 효과적 에너지 회수가 가능하다.

02 열교환기

열교환기의 구성은 과열기, 재열기, 절탄기(이코노마이저), 공기예열기로 구성되어 있다.

(1) 과열기

① 과열기는 보일러에서 발생하는 포화증기에 다수의 수분이 함유되어 있으므로 이것을 과열하여 수분을 제거하고 과열도가 높은 증기를 얻기 위해 설치한다.
② 과열기의 재료는 탄소강을 비롯하여 니켈, 몰리브덴, 바나듐, 크롬 등을 함유한 특수 내열 강관을 사용한다.
③ 과열기는 부착위치에 따라 전열형태가 다르며, 방사형, 대류형, 방사·대류형 과열기로 구분된다.
④ 방사형 과열기는 화실의 천장부 또는 노벽에 배치한다.
⑤ 일반적으로 보일러의 부하가 높아질수록 방사과열기에 의한 과열온도가 낮아진다.
⑥ 일반적으로 보일러의 부하가 높아질수록 대류과열기에 의한 과열온도가 상승한다.
⑦ 방사·대류형 과열기는 대류 전달면 입구 가까이에 설치하고 방사열과 대류전달열을 동시에 이용하는 과열기이다.

(2) 재열기

① 과열기와 같은 구조로 되어 있다.
② 설치위치는 과열기의 중간 또는 뒤쪽에 배치되어 있다.
③ 증기터빈 속에서 팽창하여 포화증기에 도달한 증기를 도중에서 이끌어내어 그 압력으로 다시 가열하여 터빈에 되돌려 팽창시키는 장치이다.

(3) 절탄기(이코노마이저)

① 설치위치는 연도에 설치한다.
② 폐열회수를 위한 열교환기이다.
③ 보일러 전열면을 통하여 연소가스의 여열로 보일러 급수를 예열하여 보일러 효율을 높이는 장치이다.
④ 급수 예열에 의해 보일러수와의 온도차가 감소하므로 보일러 드럼에 발생하는 열응력이 경감된다.
⑤ 급수온도가 낮을 경우, 굴뚝가스 온도가 저하하면 절탄기 저온부에 접하는 가스온도가 노점에 달하여 절탄기를 부식시킨다.
⑥ 굴뚝의 가스온도 저하로 인한 굴뚝 통풍력의 감소에 주의 하여야 한다.

(4) 공기예열기

① 굴뚝가스 여열을 이용하여 연소용 공기를 예열하여 보일러의 효율을 높이는 장치이다.
② 연료의 착화와 연소를 양호하게 하고 연소온도를 높이는 부대효과가 있다.
③ 대표적인 판상 공기예열기, 관형 공기예열기 및 재생식 공기예열기 등이 있다.
④ 이코노마이저(절탄기)와 병용 설치하는 경우에는 공기예열기를 저온측에 설치한다.

03 증기터빈의 분류

① 증기작동방식으로 분류하면 충동터빈, 반동터빈, 혼합식터빈으로 나누어진다.
② 증기이용방식으로 분류하면 배압터빈, 복수터빈, 혼합터빈으로 나누어진다.
③ 증기유동방향으로 분류하면 축류터빈, 반경류터빈으로 나누어진다.

④ 흐름수로 분류하면 단류터빈, 복류터빈으로 나누어진다.
⑤ 피구동기로 분류하면 감속형 터빈, 직결형 터빈으로 나누어진다.

04 통풍방식의 종류

(1) 압입통풍(가압통풍)

① 연소실 공기를 예열할 수 있다.
② 송풍기의 고장이 적고 점검 및 보수가 용이하다.
③ 내압이 정압(+)으로 연소효율이 좋다.
④ 역화의 위험성이 있다.
⑤ 흡인통풍식보다 송풍기의 동력소모가 적다.
⑥ 압입통풍은 노압에 설치된 가압송풍기에 의해 연소용 공기를 연소로 안으로 압입한다.

(2) 흡입통풍

① 굴뚝의 통풍저항이 큰 경우에 적합하다.
② 노내압이 부압으로 역화의 우려가 없다.
③ 이젝트를 사용할 경우 동력이 불필요하다.
④ 송풍기의 점검 및 보수가 어렵다.
⑤ 통풍력이 크다.

(3) 평형통풍

① 대용량의 연소설비에 적합하다.
② 통풍 및 노내압 조절이 용이하다.
③ 냉기의 침입이 없다.
④ 통풍손실이 큰 연소설비에 사용된다.
⑤ 동력소모가 크고, 설비비 및 유지비가 많이 든다.
⑥ 소음발생이 심하다.

05 착화온도

(1) 착화온도의 정의

충분한 공기의 공급하에서 고체연료를 가열해가면 어떤 온도에 달하여 더 가열하지 않아도 연료자신의 연소열에 의하여 연소를 계속하게 되는 온도이다.

(2) 착화온도의 특징

① 가연물의 증발량이 많을수록 낮아진다.
② 화학결합의 활성도가 클수록 낮아진다.
③ 산소와의 친화성이 클수록 낮아진다.
④ 활성화에너지가 작을수록 낮아진다.
⑤ 분자구조가 복잡할수록 낮아진다.
⑥ 발열량이 높을수록 낮아진다.
⑦ 공기중의 산소농도가 클수록 낮아진다.
⑧ 화학반응성이 클수록 낮아진다.
⑨ 공기의 압력이 높을수록 착화온도는 낮아진다.
⑩ 탄화수소의 착화온도는 분자량이 클수록 낮아진다.
⑪ 비표면적이 클수록 낮아진다.

06 RDF(Refuse Derived Fuel)

폐기물 중의 가연성 물질만을 선별하여 함수율, 불소물, 입경 등을 조절하여 연료화 시킨 것이다.

(1) RDF(고형화연료)를 소각로에서 사용시 문제점

① RDF의 조성은 주로 유기물질이므로 수분함량에 따라 부패되기 쉽다.

② RDF 중에 Cl 함량이 크면 다이옥신 발생 위험성이 높다.
③ 소각시설의 부식발생으로 시설수명이 단축될 수 있다.
④ 시설비 및 동력비가 고가이며, 운전에 숙련된 기술이 요구된다.
⑤ 연료공급의 신뢰성 문제가 있을 수 있다.

(2) RDF의 종류

1) Powder RDF

① 열용량(발열량)이 4,300kcal/kg으로 가장 높다.
② 회분량이 10 ~ 20%이다.
③ 수분함량이 4% 이하이다.

2) Pellet RDF

① 발열량이 3,300 ~ 4,000kcal/kg이다.
② 회분량이 12 ~ 25%이다.
③ 수분함량이 12 ~ 18% 정도이다.

3) Fluff RDF

① 발열량은 약 2,500 ~ 3,500kcal/kg이다.
② 회분량이 22 ~ 30%이다.
③ 수분함량이 15 ~ 20% 정도이다.

(3) RDF의 구비조건

① 재의 양이 적을 것
② 대기오염이 적을 것
③ 함수율이 낮을 것
④ 균일한 조성을 가질 것
⑤ 발열량(칼로리)이 높을 것

실전연습문제

01 고체연료와 비교해 액체연료의 특징을 5가지 쓰시오.

> ① 발열량이 크고 품질이 비교적 균일하다.
> ② 회분이 거의 없고 점화, 소화 및 연소의 조절이 비교적 쉽다.
> ③ 계량, 기록이 수월하다.
> ④ 저장, 운반이 용이하며 배관공사 등에 걸리는 비용도 적게 소요된다.
> ⑤ 화재, 역화 등의 위험이 크며, 연소온도가 높아 국부가열을 일으키기 쉽다.

02 연소형태 중 분해연소에 대해 간단히 쓰시오.

> 장작, 석탄, 중유 등이 열분해하여 발생한 증기와 함께 연소초기에 불꽃을 내면서 반응하는 것이다.

03 연소형태 중 표면연소에 대해 간단히 쓰시오.

> 코크스 또는 분해연소가 끝난 석탄은 열분해가 일어나기 어려운 탄소가 주성분으로, 그것 자체가 연소하는 과정으로 적열할 따름이지 화염이 없는 분해 형태이다.

04 소각로에서 발생되는 입열과 출열의 종류를 쓰시오.

> ① 입열의 종류 : 폐기물의 연소열량, 연소용 예열공기의 유입열량
> ② 출열의 종류 : 배기가스로 유출되는 열량, 연소로의 방열손실, 재로 유출되는 열량, 미연분에 의한 손실열량

05 소각로에서 감시창을 설치하는 목적과 운행차량의 감시카메라 설치위치를 쓰시오.

> ① 소각로에서 감시창을 설치하는 목적 : 로 내의 연소상태를 감시하기 위해서
> ② 운행차량의 감시카메라 설치위치 : 차량의 조작위치에서 저장조의 안쪽이나 폐기물 투입구 장소의 상황이 육안으로 쉽게 확인이 되는 지점

06 소각로에서 사용하는 내화벽돌의 종류 4가지를 쓰시오.

① 알루미나벽돌　② 점토질벽돌
③ 마그네시아벽돌　④ 규석벽돌

07 소각로의 종류 중에서 유동층 소각로의 장점 7가지를 쓰시오.

① 기계적 구동부분이 적어 고장율이 낮다.
② 가스의 온도가 낮고 과잉공기량이 적어 질소산화물(NO_x)도 적게 배출된다.
③ 로내 온도의 자동제어와 열회수가 용이하다.
④ 반응시간이 빨라 소각시간이 짧다.
⑤ 유동매체의 축열량이 높아 단기간 정지 후 가동시에 보조연료 사용 없이 정상가동이 가능하다.
⑥ 연소효율이 높아 미연소분의 배출이 적고 2차 연소실이 필요없다.
⑦ 유동매체의 열용량이 커서 액상, 기상, 고형폐기물의 전소 및 혼소가 가능하다.

08 유동층 소각로의 단점을 5가지를 쓰시오.

① 로내로 투입하기 전 파쇄 등의 전처리가 필요하다.
② 상으로부터 찌꺼기 분리가 어렵다.
③ 유동매체의 손실로 인한 보충이 필요하다.
④ 유동매체인 모래의 마모가 일어난다.
⑤ 고점착성 슬러지처리가 어렵다.

09 유동상 소각로에서 유동층 물질의 종류 1가지를 쓰고, 구비조건 5가지를 쓰시오.

(1) 유동층 물질 : 모래
(2) 구비조건
　① 불활성일 것　② 융점이 높을 것
　③ 비중이 작을 것　④ 내마모성이 있을 것
　⑤ 열충격에 강할 것　⑥ 가격이 쌀 것

10 화격자식(Stoker) 소각로의 단점을 4가지 쓰시오.

① 체류시간이 길고 교반력이 약하여 국부가열이 발생할 염려가 있다.
② 고온중에서 기계적으로 구동하기 때문에 금속부의 마모손실이 심하다.
③ 플라스틱 등과 같이 열에 쉽게 용해되는 물질은 화격자가 막힐 염려가 있다.

④ 배출가스량이 많이 발생한다.

11 Rotary Kiln(로터리 킬른)의 장·단점을 각각 4가지씩 쓰시오.

(1) 장점
① 액상이나 고상의 여러 가지 폐기물을 동시에 처리할 수 있다.
② 경사진 구조로 용융상태의 물질에 의하여 방해를 받지 않는다.
③ 폐기물의 체류시간은 로의 회전속도를 조절함으로써 제어할 수 있다.
④ 대체로 예열, 혼합, 파쇄 등의 전처리 없이 폐기물 주입이 가능하다.
(2) 단점
① 비교적 열효율이 낮은 편이며, 먼지 발생량이 많다.
② 로 내에서의 공기유출이 크므로 종종 대량의 과잉공기가 필요하다.
③ 처리량이 적은 경우 설치비가 많이 든다.
④ 구형 및 원통형 물질은 완전연소가 끝나기 전에 굴러 떨어질 수 있다.

12 로 본체의 형식을 4가지 쓰고 적용대상폐기물을 각각 쓰시오.

① 역류식(향류식) : 수분이 많고 저위발열량이 낮은 쓰레기에 적용
② 병류식 : 수분이 적고 저위발열량이 높은 폐기물에 적용
③ 교류식(중간류식) : 폐기물 질의 변동이 심한 경우에 적용
④ 복류식 : 폐기물의 질이나 저위발열량의 변동이 심할 경우에 적용

13 소각로의 연소실에서 연소가스와 폐기물의 흐름에 따라서 로의 본체 형식을 나눌 수 있다. 로의 본체 형식 4가지를 쓰고 간단히 설명하시오.

(1) 역류식(향류식)
① 수분이 많고 저위발열량이 낮은 쓰레기에 적합하다.
② 연소실내의 연소가스의 흐름방향과 폐기물의 이송방향이 반대인 형식이다.
(2) 병류식
① 수분이 적고 저위발열량이 높은 폐기물에 적합하다.
② 폐기물의 이송방향과 연소가스의 흐름방향이 같은 형식이다.
(3) 교류식(중간류식)
① 폐기물 질의 변동이 심한 경우에 사용한다.
② 역류식(향류식)과 병류식의 중간적인 형식이다.
(4) 복류식
① 폐기물의 질이나 저위발열량의 변동이 심할 경우에 사용한다.
② 2개의 출구를 가지고 있으며, 댐퍼의 개폐로 역류식, 병류식, 교류식으로 조절할 수 있다.

14 열분해에 대한 다음 물음에 답하시오.

(가) 열분해의 정의를 간단히 쓰시오.

(나) 열분해장치를 3가지를 쓰시오.

(다) 열분해시 생성물질을 고체, 액체, 기체상물질로 구분하여 쓰시오.

> (가) 열분해의 정의 : 폐기물을 무산소 또는 산소가 부족한 상태에서 고온으로 가열하여 기체, 액체, 고체 상태의 연료를 생산하는 공정이다.
> (나) 열분해 장치 : 고정상 방식, 유동상 방식, 부유상 방식
> (다) 열분해시 생성물질
> ① 기체상 물질 : 수소(H_2), 메탄(CH_4), 일산화탄소(CO)
> ② 액체상 물질 : 아세톤, 메탄올, 오일
> ③ 고체상 물질 : 탄화물(Char), 불활성 물질

15 열분해의 종류 2가지를 쓰고 각각의 생성물질을 쓰시오.

> ① 저온열분해 : 탄화물(Char), 유기산
> ② 고온열분해 : 메탄, 수소, 일산화탄소

16 열분해가 소각처리에 비해 갖는 장점 6가지를 쓰시오.

> ① 황 및 중금속이 회분속에 고정되는 비율이 크다.
> ② 저장 및 수송이 가능한 연료를 회수할 수 있다.
> ③ 환원성 분위기가 유지되어 Cr^{3+}가 Cr^{6+}로 변화되기 어렵다.
> ④ 배기가스량이 적어 가스처리 장치가 소형이다.
> ⑤ 소각처리에 비해 상대적으로 저온이기 때문에 NO_X 발생량이 적다.
> ⑥ 지속적 환원 분위기로 효과적 에너지 회수가 가능하다.

17 건류 가스화 시킬 때 다음에 주어진 온도에 따른 과정을 쓰시오.

(가) 200℃ 이하

(나) 700℃ 이하

(다) 1,000℃ 이하

> (가) 200℃ 이하 : 건조과정
> (나) 700℃ 이하 : 열분해과정
> (다) 1,000℃ 이하 : 가스화과정

18 통풍방식의 종류 4가지를 쓰고 간단히 쓰시오.

① 압입통풍 : 노안에 설치된 가압송풍기에 의해 연소용 공기를 연소로 안으로 압입하는 통풍방식으로 연소실 공기를 예열할 수 있고 로내압이 정압(+)으로 연소효율이 좋다.
② 흡입통풍 : 로내의 압력을 부압(-)으로 하여 배기가스를 굴뚝으로 흡인시켜 배출하는 방식으로 역화의 위험성이 없으며 통풍력이 크다.
③ 평형통풍 : 대용량의 연소설비에 적합하며, 통풍 및 노내압의 조건이 용이하며, 동력소모가 크고 설비비 및 유지비가 많이 든다.
④ 자연통풍 : 공기와 배출가스의 밀도차에 이해 통풍하는 방식이다.

19 소각장치에서 통풍력을 증가시키기 위한 방법을 4가지만 쓰시오. (단, 예시는 정답에서 제외하시오.)

> [예시] 겨울철이 여름철보다 통풍력이 증가한다.

① 굴뚝의 높이를 증가시킨다.
② 배출가스의 온도를 증가시킨다.
③ 배출가스의 속도를 높게 한다.
④ 굴뚝내의 굴곡이 없을수록 통풍력은 증가한다.

20 가연성 물질을 공기가 충분한 상태에서 가열할 때 점화원이 없이 자신의 연소열에 의해 스스로 불이 붙는 최저온도를 착화온도라 한다. 착화온도가 낮아지는 조건 5가지를 쓰시오. (단, 예시에서 제시된 답란은 제외할 것)

> [예시] 활성화에너지가 작을수록 착화온도는 낮아진다.

① 발열량이 높을수록 착화온도는 낮아진다.
② 분자구조가 복잡할수록 착화온도는 낮아진다.
③ 활성화에너지가 작을수록 착화온도는 낮아진다.
④ 화학반응성이 클수록 착화온도는 낮아진다.
⑤ 공기 중의 산소농도가 클수록 낮아진다.

21 RDF의 구비조건 5가지를 쓰시오.

풀이
① 재의 양이 적을 것
② 대기오염이 적을 것
③ 함수율이 낮을 것
④ 균일한 조성을 가질 것
⑤ 발열량이 높을 것

22 밀도가 500kg/m³인 도시형 쓰레기 50ton을 소각한 결과 밀도가 1,500kg/m³인 소각재가 15ton 발생되었다면 소각시 용량감소율(%)을 계산하시오.

풀이

용량감소율(%) $= \left(1 - \dfrac{V_2}{V_1}\right) \times 100$

$V_1 = 50\text{ton} \times \dfrac{1}{0.5\text{ton/m}^3} = 100\text{m}^3$　　　$V_2 = 15\text{ton} \times \dfrac{1}{1.5\text{ton/m}^3} = 10\text{m}^3$

따라서 용량감소율(%) $= \left(1 - \dfrac{10\text{m}^3}{100\text{m}^3}\right) \times 100 = 90\%$

23 용적밀도가 800kg/m³인 폐기물을 처리하는 소각로에서 질량감소율과 부피감소율이 각각 90%, 95%인 경우 이 소각로에서 발생하는 소각재의 밀도(kg/m³)를 계산하시오.

풀이

소각재의 밀도(kg/m³) = 용적밀도(kg/m³) $\times \dfrac{100 - \text{질량감소율}(\%)}{100 - \text{부피감소율}(\%)}$

$= 800\text{kg/m}^3 \times \dfrac{100 - 90\%}{100 - 95\%} = 1,600\text{kg/m}^3$

24 어느 폐기물 소각처리 시 회분의 질량이 폐기물의 10%라고 한다. 이때 회분의 밀도가 2g/cm³이고 처리해야 할 폐기물이 3×10^4kg 이라면 소각 후 남게 되는 재의 이론체적(m³)을 계산하시오.

풀이

재의 체적(m³) $= \dfrac{\text{회분의 양(kg)}}{\text{회분의 밀도(kg/m}^3\text{)}} = \dfrac{3 \times 10^4 \text{kg} \times 0.1}{2 \times 10^3 \text{kg/m}^3} = 1.5\text{m}^3$

TIP
① 비중(g/cm³) $\times 10^3$ → 비중량(kg/m³)
② $2\text{g/cm}^3 \times 10^3 = 2 \times 10^3 \text{kg/m}^3$
③ 비중단위 : g/cm³ = ton/m³

25 함수율 80%인 슬러지 케이크 20ton을 소각할 때 소각재 발생량(kg)을 계산하시오. (단, 슬러지 케이크 비중 1.0, 케이크 건조질량당 무기성분 10%, 유기 성분 중 연소율 90%, 소각에 의한 무기물 손실은 없다.)

① 유기물 소각재(kg)
$$= 슬러지\ 케이크(kg) \times \frac{고형물\ 함량(\%)}{100} \times \frac{유기성분(\%)}{100} \times \frac{100 - 유기성분\ 연소율(\%)}{100}$$
$$= 20 \times 10^3 kg \times (1-0.8) \times (1-0.10) \times (1-0.90) = 360 kg$$

② 무기물 소각재(kg) $= 슬러지\ 케이크(kg) \times \dfrac{고형물\ 함량(\%)}{100} \times \dfrac{무기성분(\%)}{100}$
$$= 20 \times 10^3 kg \times (1-0.80) \times 0.1 = 400 kg$$

③ 소각재의 발생량 $= 360 kg + 400 kg = 760 kg$

26 어느 도시폐기물 중 가연성 성분이 65%이고, 불연성 성분이 35%일 때 다음의 조건하에서 RDF를 생산한다면 일주일 동안의 생산량(m^3)을 계산하시오.

- 폐기물발생량 : 2kg/인·일
- 세대당 평균 인구수 : 5명
- 가연성 성분 회수율 : 80%
- 세대수 : 20,000 세대
- RDF 밀도 : 1,500 kg/m^3
- RDF는 가연성 물질기준

RDF 생산량(m^3/주)
$$= 폐기물\ 발생량(kg/주) \times \frac{가연성분(\%)}{100} \times \frac{가연성분\ 회수율(\%)}{100} \times \frac{1}{RDF\ 밀도(kg/m^3)}$$
$$= 2kg/인 \cdot 일 \times 20,000세대 \times 5인/세대 \times 7일/주 \times 0.65 \times 0.8 \times \frac{1}{1,500 kg/m^3}$$
$$= 485.33 m^3/주$$

26 어떤 도시의 폐기물 중 불연성분 60%, 가연성분 40%이고, 이 지역의 폐기물 발생량은 1.2kg/인·일이다. 인구 70,000명인 이 지역에서 불연성분 70%, 가연성분 80%를 회수하여 이 중 가연성분으로 RDF를 생산한다면 RDF의 일일 생산량(톤)을 계산하시오.

RDF 생산량(ton/일) $= 폐기물\ 발생량(ton/일) \times \dfrac{가연성분(\%)}{100} \times \dfrac{가연성분\ 회수율(\%)}{100}$
$$= 1.2 kg/인 \cdot 일 \times 10^{-3} ton/kg \times 70,000인 \times 0.4 \times 0.8 = 26.88 ton/일$$

CHAPTER 03 연소

01 발열량 계산

(1) 발열량의 정의

① 고위발열량(Hh) : 연료 연소시 발생되는 총 발열량
② 저위발열량(Hl) : 고위발열량에서 수분의 증발잠열을 제외한 값

> **TIP**
> 소각로 설계의 기준이 되고 있는 발열량은 저위발열량이다.

(2) 고체연료 및 액체연료의 발열량 계산식

① 고체, 액체 연료의 저위발열량(Hl) 계산식

$$Hl = Hh - 600(9H + W)$$

여기서, Hl : 저위발열량(kcal/kg)   Hh : 고위발열량(kcal/kg)
H : 수소의 함량   W : 수분의 함량

Question 01

수소 12%, 수분 0.3%가 포함된 고체연료의 고위발열량이 10,000kcal/kg일 때 이 연료의 저위발열량 (kcal/kg)을 계산하시오.

풀이
$Hl = Hh - 600(9H + W)(kcal/kg)$
$= 10,000kcal/kg - 600 \times (9 \times 0.12 + 0.003) = 9,350.2kcal/kg$

② 듀롱(Dulong)식에 의한 고위발열량(Hh) 계산식

$$Hh = 8{,}100C + 34{,}000\left(H - \frac{O}{8}\right) + 2{,}500S \, (kcal/kg)$$

여기서, Hh : 고위발열량(kcal/kg)　　C : 탄소의 함량
　　　　H : 수소의 함량　　　　　　O : 산소의 함량
　　　　S : 황의 함량　　　　　　　$H - \frac{O}{8}$: 유효수소
　　　　$\frac{O}{8}$: 무효수소

Question 02

액체연료의 성분분석결과 탄소 84%, 수소 11%, 황 2.4%, 산소 1.3%, 수분 1.3%이었다면 이 연료의 저위발열량(kcal/kg)을 계산하시오. (단, Dulong식을 이용)

풀이 ① Dulong식에 의한 고위발열량(Hh)공식

$$Hh = 8{,}100C + 34{,}000\left(H - \frac{O}{8}\right) + 2{,}500S \, (kcal/kg)$$

$$= 8{,}100 \times 0.84 + 34{,}000 \times \left(0.11 - \frac{0.013}{8}\right) + 2{,}500 \times 0.024$$

$$= 10{,}548.75 \, kcal/kg$$

② 저위발열량(Hl) = 고위발열량(Hh) − 600(9H + W)(kcal/kg)

$$= 10{,}548.75 \, kcal/kg - 600(9 \times 0.11 + 0.013)$$

$$= 9{,}946.95 \, kcal/kg$$

(3) 기체연료의 발열량 계산식

① 기체연료의 완전연소반응식

$$C_mH_n + \left(m + \frac{n}{4}\right)O_2 \rightarrow mCO_2 + \frac{n}{2}H_2O$$

② 기체연료의 저위발열량(Hl) 계산식

$$Hl = Hh - 480 \times H_2O량 \, (kcal/Sm^3)$$

여기서, Hl : 저위발열량(kcal/Sm^3)
　　　　Hh : 고위발열량(kcal/Sm^3)
　　　　H_2O량 : 완전연소반응식에서 H_2O 갯수

Question 03

메탄의 고위발열량이 9,900kcal/Sm³일 때, 저위발열량(kcal/Sm³)을 계산하시오.

풀이 $CH_4 + 2O_2 \rightarrow CO_2 + 2H_2O$

$Hl = Hh - 480 \times H_2O$ 량$(kcal/Sm^3)$

$= 9,900 kcal/Sm^3 - 480 \times 2 = 8,940 kcal/Sm^3$

실전연습문제

01 어떤 폐기물의 원소조성 성분을 분석해보니 C : 51.9%, H : 7.62%, O : 38.15%, N : 2.0%, S : 0.33%이었다면 고위발열량(kcal/kg)을 계산하시오. (단, Dulong식으로 계산)

풀이) Dulong식에서 고위발열량(Hh)을 계산한다.

$$Hh = 8,100C + 34,000\left(H - \frac{O}{8}\right) + 2,500S \,(kcal/kg)$$
$$= 8,100 \times 0.519 + 34,000 \times \left(0.0762 - \frac{0.3815}{8}\right) + 2,500 \times 0.0033 = 5,181.58 \,kcal/kg$$

02 메탄의 고위발열량이 10,000kcal/Sm³이라면 저위발열량(kcal/Sm³)을 계산하시오.

풀이) $CH_4 + 2O_2 \rightarrow CO_2 + 2H_2O$

$Hl = Hh - 480 \times H_2O$ 량 $(kcal/Sm^3)$

여기서, Hl : 저위발열량$(kcal/Sm^3)$ Hh : 고위발열량$(kcal/Sm^3)$
H_2O 량 : 반응식에서 H_2O의 갯수

따라서, $Hl = 10,000 kcal/Sm^3 - 480 \times 2 = 9,040 \, kcal/Sm^3$

> **TIP**
> 고체와 액체연료에서 저위발열량(Hl) 공식 : $Hl = Hh - 600(9H + W)(kcal/kg)$

03 메탄 80%, 에탄 11%, 프로판 6%, 나머지는 부탄으로 구성된 기체연료의 고위발열량이 10,000kcal/Sm³이다. 기체연료의 저위발열량(kcal/Sm³)을 계산하시오.
(단, 메탄 : CH_4, 에탄 : C_2H_6, 프로판 : C_3H_8, 부탄 : C_4H_{10}, 부피기준)

풀이) $CH_4 + 2O_2 \rightarrow CO_2 + 2H_2O$: 80%
$C_2H_6 + 3.5O_2 \rightarrow 2CO_2 + 3H_2O$: 11%
$C_3H_8 + 5O_2 \rightarrow 3CO_2 + 4H_2O$: 6%
$C_4H_{10} + 6.5O_2 \rightarrow 4CO_2 + 5H_2O$: 3%

저위발열량(Hl) = 고위발열량(Hh) $- 480 \times H_2O$ 량 $(kcal/Sm^3)$
$= 10,000 kcal/Sm^3 - 480 \times (2 \times 0.8 + 3 \times 0.11 + 4 \times 0.06 + 5 \times 0.03)$
$= 8,886.4 \, kcal/Sm^3$

02 고체연료 및 액체연료의 연소계산식

(1) 연소계산식(kg/kg ; 질량비)

① $O_o(\text{이론산소량}) = \dfrac{32\text{kg}}{12\text{kg}}C + \dfrac{16\text{kg}}{2\text{kg}}\left(H - \dfrac{O}{8}\right) + \dfrac{32\text{kg}}{32\text{kg}}S$

$= 2.667C + 8\left(H - \dfrac{O}{8}\right) + 1S$

② $A_o(\text{이론공기량}) = O_o(\text{이론산소량}) \times \dfrac{1}{0.232}$

$= \left\{2.667C + 8\left(H - \dfrac{O}{8}\right) + 1S\right\} \times \dfrac{1}{0.232}$

(2) 연소계산식(Sm³/kg ; 체적비)

① $O_o(\text{이론산소량}) = \dfrac{22.4\text{Sm}^3}{12\text{kg}}C + \dfrac{11.2\text{Sm}^3}{2\text{kg}}\left(H - \dfrac{O}{8}\right) + \dfrac{22.4\text{Sm}^3}{32\text{kg}}S$

$= 1.867C + 5.6\left(H - \dfrac{O}{8}\right) + 0.7S$

② $A_o(\text{이론공기량}) = O_o(\text{이론산소량}) \times \dfrac{1}{0.21}$

$= \left\{\dfrac{22.4\text{Sm}^3}{12\text{kg}}C + \dfrac{11.2\text{Sm}^3}{2\text{kg}}\left(H - \dfrac{O}{8}\right) + \dfrac{22.4\text{Sm}^3}{32\text{kg}}S\right\} \times \dfrac{1}{0.21}$

$= \left\{1.867C + 5.6\left(H - \dfrac{O}{8}\right) + 0.7S\right\} \times \dfrac{1}{0.21}$

$= 8.89C + 26.67\left(H - \dfrac{O}{8}\right) + 3.33S$

여기서, C : 연료 중 탄소의 함량　　　H : 연료 중 수소의 함량
　　　　O : 연료 중 산소의 함량　　　S : 연료 중 황의 함량
　　　　$H - \dfrac{O}{8}$: 유효수소　　　　　$\dfrac{O}{8}$: 무효수소

③ $G_{od}(\text{이론건연소가스량}) = A_o - 5.6H + 0.7O + 0.8N$

$= G_{ow} - \{1.244(9H + W)\}$

④ Gd(실제건연소가스량) $= mA_o - 5.6H + 0.7O + 0.8N$
$$= God + \{(m-1)A_o\} = Gw - \{1.244(9H+W)\}$$

⑤ Gow(이론습연소가스량) $= A_o + 5.6H + 0.7O + 0.8N + 1.244W$
$$= God + \{1.244(9H+W)\} = Gw - \{(m-1)A_o\}$$

⑥ Gw(실제습연소가스량) $= mA_o + 5.6H + 0.7O + 0.8N + 1.244W$
$$= Gd + \{1.244(9H+W)\} = Gow + \{(m-1)A_o\}$$

※ 고체연료 및 액체연료의 연소계산식 중 필수 암기사항

(1) 연소계산식(kg/kg ; 질량비)

① O_o(이론산소량) $= 2.667C + 8\left(H - \dfrac{O}{8}\right) + 1S$

② A_o(이론공기량) $= \left\{2.667C + 8\left(H - \dfrac{O}{8}\right) + 1S\right\} \times \dfrac{1}{0.232}$

(2) 연소계산식(Sm^3/kg ; 체적비)

① O_o(이론산소량) $= 1.867C + 5.6\left(H - \dfrac{O}{8}\right) + 0.7S$

② A_o(이론공기량) $= 8.89C + 26.67\left(H - \dfrac{O}{8}\right) + 3.33S$

③ God(이론건연소가스량) $= A_o - 5.6H + 0.7O + 0.8N$

④ Gd(실제건연소가스량) $= mA_o - 5.6H + 0.7O + 0.8N$

⑤ Gow(이론습연소가스량) $= A_o + 5.6H + 0.7O + 0.8N + 1.244W$

⑥ Gw(실제습연소가스량) $= mA_o + 5.6H + 0.7O + 0.8N + 1.244W$

TIP

① 실제 − 이론 = 과잉공기량 = $(m-1)A_o (Sm^3/kg)$

② 습가스량 − 건가스량 = 수분량 = $1.244(9H+W)(Sm^3/kg)$

⑦ CO_2량 $= \dfrac{22.4 Sm^3}{12 kg} C = 1.867C\,(Sm^3/kg)$

⑧ SO_2량 $= \dfrac{22.4Sm^3}{32kg}S = 0.7S\,(Sm^3/kg)$

Question 04

탄소 85%, 수소 13%, 황 2%를 함유하는 중유 10kg 연소시 필요한 이론산소량(Sm^3)을 계산하시오.

풀이

O_o(이론산소량) $= 1.867C + 5.6\left(H - \dfrac{O}{8}\right) + 0.7S$

$= (1.867 \times 0.85 + 5.6 \times 0.13 + 0.7 \times 0.02)\,Sm^3/kg \times 10kg = 23.29\,Sm^3$

Question 05

탄소 85%, 수소 13%, 황 2%로 조성된 중유의 연소에 필요한 이론공기량(Sm^3/kg)을 계산하시오.

풀이

$A_o = 8.89C + 26.67\left(H - \dfrac{O}{8}\right) + 3.33S\,(Sm^3/kg)$

$= 8.89 \times 0.85 + 26.67 \times 0.13 + 3.33 \times 0.02 = 11.09\,Sm^3/kg$

TIP
문제의 조건에서 산소(O)의 함량이 없으므로 $\dfrac{O}{8}$를 생략한다.

Question 06

메탄올(CH_3OH) 3kg을 완전연소하는데 필요한 이론공기량(Sm^3)을 계산하시오.

풀이

① $CH_3OH + 1.5O_2 \rightarrow CO_2 + 2H_2O$

$\quad 32kg : 1.5 \times 22.4Sm^3$
$\quad 3kg : X(이론산소량)$

$\therefore X(이론산소량) = \dfrac{3kg \times 1.5 \times 22.4Sm^3}{32kg} = 3.15\,Sm^3$

② 이론공기량(Sm^3) = 이론산소량(Sm^3) $\times \dfrac{1}{0.21} = 3.15\,Sm^3 \times \dfrac{1}{0.21} = 15\,Sm^3$

TIP

이론공기량(A_o) 및 이론가스량(G_o)

	이론공기량(A_o) 및 이론가스량(G_o)	Rosin	고체 및 액체
고체연료(석탄) (Sm^3/kg)	A_o	$1.01 \times \dfrac{Hl}{1,000} + 0.5$	$1.05 \times \dfrac{Hl}{1,000} + 0.1$
	G_o	$0.89 \times \dfrac{Hl}{1,000} + 1.65$	$1.11 \times \dfrac{Hl}{1,000} + 0.3$
액체연료 (Sm^3/kg)	A_o	$0.85 \times \dfrac{Hl}{1,000} + 2$	$1.04 \times \dfrac{Hl}{1,000} + 0.02$
	G_o	$1.1 \times \dfrac{Hl}{1,000}$	$1.11 \times \dfrac{Hl}{1,000} + 0.04$

(3) 공기비(m)

① 배출가스 분석시($CO_2\%$, $O_2\%$, $N_2\%$ 주어질 때)

$$m = \frac{N_2\%}{N_2\% - 3.76 \times O_2\%}$$

Question 07

석탄 사용 가열로의 배기가스를 분석한 결과 CO_2 : 15%, O_2 : 5%, N_2 : 80%였다. 이때 공기비를 계산하시오.

 풀이

공기비(m) $= \dfrac{N_2\%}{N_2\% - 3.76 \times O_2\%} = \dfrac{80}{80 - 3.76 \times 5} = 1.31$

②
$$과잉공기율(\%) = (m - 1) \times 100(\%)$$

③ 배출가스 중 $O_2\%$가 존재할 때

$$m = \frac{21}{21 - O_2\%}$$

> **Question 08**
>
> 배기가스 중에 일산화탄소가 전혀 없는 완전연소가 일어나고, O_2가 10.5%라면 공기비(m)를 계산하시오.
>
> **풀이** O_2%만 존재시 공기비(m) 구하는 공식 $m = \dfrac{21}{21 - O_2\%} = \dfrac{21}{21 - 10.5\%} = 2.0$

④ 실제공기량($mA_o = A$)과 이론공기량(A_o)이 존재할 때

$$m = \frac{A}{A_o}$$

⑤ $CO_2max(\%)$와 $CO_2(\%)$가 존재할 때

$$m = \frac{CO_2max(\%)}{CO_2(\%)}$$

(4) 공기비(m)의 특징

1) 공기비(m)가 작을 경우 발생하는 현상

① 연소가스 중의 CO와 HC의 농도가 증가한다.
② 매연이나 검댕의 발생량이 증가한다.
③ 연소효율이 저하한다.

2) 공기비(m)가 클 경우 발생하는 현상

① 연소실에서 연소온도가 낮아진다. (연소실의 냉각효과를 가져옴)
② 통풍력이 강하여 배기가스에 의한 열손실이 증대된다.
③ 황산화물과 질소산화물의 함량이 증가하여 부식이 촉진된다.
④ CH_4, CO 및 C 등 물질의 농도가 감소한다.
⑤ 방지시설의 용량이 커지고 에너지 손실이 증가한다.
⑥ 희석효과가 높아져 연소 생성물의 농도가 감소한다.

(5) 고체(쓰레기)에서 공급공기량 계산식

①
$$\text{실제공기량}(A) = m \times A_o \, (Sm^3/kg)$$

Question 09

쓰레기를 소각처리하고자 한다. 질량분율로 탄소성분이 11%, 수소 3%, 산소 13% 이고, 기타 성분(불연소분)이 73%일 때 소각로에 공급해야 할 실제공기량(Sm^3/kg)을 계산하시오. (단, 과잉공기계수(m) = 1.5)

풀이

이론공기량(A_o) = $8.89C + 26.67\left(H - \dfrac{O}{8}\right) + 3.33S \, (Sm^3/kg)$

$= 8.89 \times 0.11 + 26.67 \times \left(0.03 - \dfrac{0.13}{8}\right) = 1.3446 \, Sm^3/kg$

따라서 실제공기량(A) = $m \times A_o = 1.5 \times 1.3446 \, Sm^3/kg = 2.02 \, Sm^3/kg$

②
$$\text{공급공기량}(Sm^3/hr) = m \times A_o \times Gf$$

여기서, m : 공기비(과잉공기계수) A_o : 이론공기량(Sm^3/kg)
Gf : 연료량(kg/hr)

Question 10

탄소, 수소 및 황의 질량비가 83%, 14%, 3%인 폐유 3kg/hr을 소각시키는 경우 배기가스의 분석치가 CO_2 12.5%, O_2 3.5%, N_2 84%이었다면 매시 필요한 공기량(Sm^3/hr)을 계산하시오.

풀이

① $m = \dfrac{N_2\%}{N_2\% - 3.76 \times O_2\%} = \dfrac{84\%}{84\% - 3.76 \times 3.5\%} = 1.1858$

② $A_o = 8.89C + 26.67\left(H - \dfrac{O}{8}\right) + 3.33S \, (Sm^3/kg)$

$= 8.89 \times 0.83 + 26.67 \times 0.14 + 3.33 \times 0.03 = 11.2124 \, Sm^3/kg$

③ 필요한 공기량 = $1.1858 \times 11.2124 \, Sm^3/kg \times 3 \, kg/hr = 39.89 \, Sm^3/hr$

실전연습문제

01 목재류 쓰레기 조성을 원소분석한 결과 질량비가 C : 69%, H : 6%, O : 18%, N : 5%, S : 2%였다. 목재 쓰레기 100kg이 연소할 때 필요한 이론산소량(Sm^3)을 계산하시오.

풀이

① 이론산소량(Sm^3/kg) $= 1.867C + 5.6\left(H - \dfrac{O}{8}\right) + 0.7S$

$\qquad = 1.867 \times 0.69 + 5.6 \times \left(0.06 - \dfrac{0.18}{8}\right) + 0.7 \times 0.02 = 1.51223 \, Sm^3/kg$

② 이론산소량(Sm^3) = 이론산소량(Sm^3/kg) × 쓰레기량(kg)
$\qquad = 1.51223 \, Sm^3/kg \times 100kg = 151.22 \, Sm^3$

02 어떤 폐기물의 원소조성이 다음과 같을 때 연소시 필요한 이론공기량(kg/kg)을 계산하시오. (단, 질량기준이고, 표준상태기준으로 계산하시오.)

[가연성분] 70%
 • C : 60% • H : 10% • O : 25% • S : 5%
[회   분] 30%

풀이

이론공기량(A_o) $= \left\{2.667C + 8 \times \left(H - \dfrac{O}{8}\right) + S\right\} \times \dfrac{1}{0.232} \, (kg/kg)$

$\qquad = \left\{2.667 \times 0.70 \times 0.6 + 8 \times \left(0.70 \times 0.10 - \dfrac{0.70 \times 0.25}{8}\right) + 0.70 \times 0.05\right\} \times \dfrac{1}{0.232}$

$\qquad = 6.64 \, kg/kg$

03 어떤 폐기물의 원소조성이 다음과 같을 때 이론공기량(Sm³/kg)을 계산하시오.

> [가연성분] 70%
> • C : 50%   • H : 10%   • O : 35%   • S : 5%
> [수 분] 20%
> [회 분] 10%

풀이

이론공기량$(A_o) = 8.89C + 26.67\left(H - \dfrac{O}{8}\right) + 3.33S\ (Sm^3/kg)$

$= 8.89 \times 0.7 \times 0.5 + 26.67 \times \left(0.7 \times 0.1 - \dfrac{0.7 \times 0.35}{8}\right) + 3.33 \times 0.7 \times 0.05$

$= 4.28\ Sm^3/kg$

04 어떤 연료를 분석한 결과, C 83%, H 14%, H_2O 3% 였다면 건조연료 1kg의 연소에 필요한 이론공기량(Sm³/kg)을 계산하시오.

풀이

① 이론공기량$(A_o) = 8.89C + 26.67\left(H - \dfrac{O}{8}\right) + 3.33S\ (Sm^3/kg)$

$= 8.89 \times 0.83 + 26.67 \times 0.14 = 11.1125\ Sm^3/kg$

② 연료량 $= 1kg \times \dfrac{100}{100-3\%} = 1.0309\ kg$

③ 연소에 필요한 공기량 $= 11.1125\ Sm^3/kg \times 1.0309\ kg = 11.46\ Sm^3$

05 어떤 폐기물 1kg의 성분조성이 다음과 같을 때 실제공기량이 8Sm³이었다면 과잉공기량(Sm³)을 계산하시오.

> [가연성분] • C : 40%   • H : 12%   • O : 15%   • S : 3%
> [수 분] 20%
> [회 분] 10%

풀이

① 이론공기량$(A_o) = 8.89C + 26.67\left(H - \dfrac{O}{8}\right) + 3.33S\ (Sm^3/kg)$

$= 8.89 \times 0.40 + 26.67 \times \left(0.12 - \dfrac{0.15}{8}\right) + 3.33 \times 0.03 = 6.356\ Sm^3/kg$

② 과잉공기량 = 실제공기량(A) - 이론공기량(A_o)

$= 8\ Sm^3/kg - 6.356\ Sm^3/kg = 1.64\ Sm^3/kg$

06 메탄올(CH_3OH) 5kg을 연소하는데 필요한 이론공기량(Sm^3)을 계산하시오.

 ① 이론산소량(Sm^3)을 계산한다.
$$CH_3OH + 1.5O_2 \rightarrow CO_2 + 2H_2O$$
$$32kg : 1.5 \times 22.4 Sm^3$$
$$5kg : O_o(Sm^3)$$

$$\therefore 산소량(O_o) = \frac{5\,kg \times 1.5 \times 22.4\,Sm^3}{32\,kg} = 5.25 Sm^3$$

② 이론공기량(Sm^3)을 계산한다.
$$이론공기량(Sm^3) = 이론산소량(Sm^3) \times \frac{1}{0.21} = 5.25 Sm^3 \times \frac{1}{0.21} = 25\,Sm^3$$

07 건조 슬러지의 원소분석 결과 분자식이 $C_5H_7NO_2$이라면 이 슬러지 10kg을 완전 연소하는데 필요한 이론 공기의 질량(kg)을 계산하시오. (단, 표준상태 기준이다.)

 ① 이론산소량(kg)을 계산한다.
$$C_5H_7O_2N + 5.75O_2 \rightarrow 5CO_2 + 3.5H_2O + 0.5N_2$$
$$113kg : 5.75 \times 32kg$$
$$10kg : O_o(이론산소량)$$

$$\therefore O_o(이론산소량) = \frac{10kg \times 5.75 \times 32kg}{113kg} = 16.2832 kg$$

② 이론공기량(kg)을 계산한다.
$$이론공기량(kg) = 이론산소량(kg) \times \frac{1}{0.232} = 16.2832 kg \times \frac{1}{0.232} = 70.19 kg$$

08 저위발열량 10,000kcal/kg의 중유를 연소시키는데 필요한 이론공기량(Sm^3/kg)을 계산하시오. (단, Rosin식 적용)

 Rosin식에서 액체연료의 이론공기량(A_o)
$$이론공기량(A_o) = 0.85 \times \frac{저위발열량(Hl)}{1,000} + 2 (Sm^3/kg)$$
$$= 0.85 \times \frac{10,000 kcal/kg}{1,000} + 2 = 10.5 Sm^3/kg$$

09 연소용 공기가 질소와 산소로 구성되어 있다. 과잉공기계수(m)의 관계식을 나타내시오.

> **[풀이]** 산소량(O_2) = 과잉공기량 × 0.21 = (m−1)A_o × 0.21
> 질소량(N_2) = 실제공기량 × 0.79 = mA_o × 0.79
>
> $$\frac{O_2}{N_2} = \frac{(m-1)A_o \times 0.21}{mA_o \times 0.79}$$
>
> $$\frac{m-1}{m} = \frac{0.79 O_2}{0.21 N_2}$$
>
> $$\therefore m = \frac{0.21 N_2}{0.21 N_2 - 0.79 O_2} = \frac{N_2\%}{N_2\% - 3.76 \times O_2\%}$$

10 배기가스의 분석치가 CO_2 10%, O_2 10%, N_2 80%이면 연소시 공기비(m)를 계산하시오.

> **[풀이]** 공기비(m) = $\dfrac{N_2\%}{N_2\% - 3.76 \times O_2\%} = \dfrac{80\%}{80\% - 3.76 \times 10\%} = 1.89$

11 실제공기량과 이론공기량의 비를 m(과잉공기비)이라 한다. 연소 후 배기가스 중 7%의 O_2가 함유되어 있다면 공기비(m)를 계산하시오. (단, 기체연료의 연소, 완전연소로 가정한다.)

> **[풀이]** $O_2\%$만 존재시 공기비(m) = $\dfrac{21}{21 - O_2\%}$ 이므로 공기비(m) = $\dfrac{21}{21 - 7\%} = 1.50$

12 어떤 폐기물의 원소조성이 다음과 같고, 실제공기량이 6Sm³일 때 공기비를 계산하시오.
[단, 가연분 : 60% (C = 45%, H = 10%, O = 40%, S = 5%), 수분 : 30%, 회분 : 10%]

> **[풀이]** ① 이론공기량(A_o) = 8.89C + 26.67$\left(H - \dfrac{O}{8}\right)$ + 3.33S (Sm³)
>
> $= (8.89 \times 0.6 \times 0.45) + \left\{26.67 \times \left(0.6 \times 0.1 - \dfrac{0.6 \times 0.4}{8}\right)\right\} + (3.33 \times 0.6 \times 0.05)$
>
> $= 3.2214 \text{ Sm}^3$
>
> ② 공기비(m) = $\dfrac{실제공기량(A)}{이론공기량(A_o)} = \dfrac{6 \text{Sm}^3}{3.2214 \text{Sm}^3} = 1.86$

13 탄소 80%, 수소 10%, 산소 8%, 황 2%로 조성된 중유를 공기비 1.2로 연소시킬 때 필요한 실제 공기량(Sm^3/kg)을 계산하시오.

① 이론공기량(A_o) = $8.89C + 26.67\left(H - \dfrac{O}{8}\right) + 3.33S\,(Sm^3/kg)$

$= 8.89 \times 0.80 + 26.67 \times \left(0.10 - \dfrac{0.08}{8}\right) + 3.33 \times 0.02 = 9.5789\,Sm^3/kg$

② 공기비(공기과잉계수) = 1.2
③ 필요한 실제공기량(A) = 공기비(m) × 이론공기량(A_o)
$= 1.2 \times 9.5789\,Sm^3/kg = 11.50\,Sm^3/kg$

14 탄소, 수소의 질량조성이 각각 86%, 14%인 액체연료를 매시 15kg 연소하는 경우 배기가스의 분석치는 CO_2 10.5%, O_2 5.5%, N_2 84%이었다. 이 경우 매시 실제 필요한 공기량(Sm^3/hr)을 계산하시오.

① 공기비(m) = $\dfrac{N_2\%}{N_2\% - 3.76 \times O_2\%} = \dfrac{84\%}{84\% - 3.76 \times 5.5\%} = 1.3266$

② 이론공기량(A_o) = $8.89C + 26.67\left(H - \dfrac{O}{8}\right) + 3.33S\,(Sm^3/kg)$

$= 8.89 \times 0.86 + 26.67 \times 0.14 = 11.3792\,Sm^3/kg$

③ 실제 필요한 공기량(Sm^3/hr) = 공기비(m) × 이론공기량(Sm^3/kg) × 연료량(kg/hr)
$= 1.3266 \times 11.3792\,Sm^3/kg \times 15\,kg/hr = 226.44\,Sm^3/hr$

15 탄소 85%, 수소 13%, 황 2%의 중유를 공기과잉계수 1.2로 연소시킬 때 건조 배기가스 중의 이산화황의 부피분율(ppm)을 계산하시오. (단, 황성분은 전량 이산화황으로 전환되고, 표준상태 기준이다.)

$SO_2(ppm) = \dfrac{0.7S\,(Sm^3/kg)}{Gd\,(Sm^3/kg)} \times 10^6$

① 공기과잉계수(m) = 1.2
② 이론공기량(A_o) = $8.89C + 26.67\left(H - \dfrac{O}{8}\right) + 3.33S\,(Sm^3/kg)$

$= 8.89 \times 0.85 + 26.67 \times 0.13 + 3.33 \times 0.02 = 11.0902\,Sm^3/kg$

③ 실제건연소가스량(Gd) = $mA_o - 5.6H + 0.7O + 0.8N\,(Sm^3/kg)$

$= 1.2 \times 11.0902\,Sm^3/kg - 5.6 \times 0.13 = 12.58024\,Sm^3/kg$

④ $SO_2\,ppm = \dfrac{0.7 \times 0.02\,Sm^3/kg}{12.58024\,Sm^3/kg} \times 10^6 = 1,112.86\,ppm$

제3장 | 연소 | 191

16 탄소 84%, 수소 15%, 황 1%인 폐기물을 공기비 1.2로 완전 연소하였다. 건조 연소가스 중의 SO_2 함량(%)을 계산하시오. (단, 표준상태 기준이며, 황은 모두 SO_2로 변환된다.)

풀이

$$SO_2\% = \frac{0.7S(Sm^3/kg)}{Gd(Sm^3/kg)} \times 100$$

① 이론공기량(A_o) $= 8.89C + 26.67\left(H - \frac{O}{8}\right) + 3.33S \,(Sm^3/kg)$

$\qquad = 8.89 \times 0.84 + 26.67 \times 0.15 + 3.33 \times 0.01 = 11.5014 \,Sm^3/kg$

② 실제건연소가스량(Gd) $= mA_o - 5.6H + 0.7O + 0.8N \,(Sm^3/kg)$

$\qquad = 1.2 \times 11.5014 \,Sm^3/kg - 5.6 \times 0.15 = 12.9617 \,Sm^3/kg$

③ $SO_2\% = \dfrac{0.7 \times 0.01 \,Sm^3/kg}{12.9617 \,Sm^3/kg} \times 100 = 0.05\%$

17 C, H, S의 질량비가 각각 87%, 11%, 2%인 중유를 공기비 1.3으로 연소시켜 배연 탈황 후 건조 연소가스 중의 SO_2농도를 측정한 결과 100ppm으로 나타났다. 이 배연탈황 장치의 탈황률(%)을 계산하시오. (단, 연료 중 S는 연소에 의해 전량 SO_2로 전환된다.)

① 실제건연소가스량(Gd)을 기준으로 탈황전 SO_2의 농도(ppm)을 계산한다.

이론공기량(A_o) $= 8.89C + 26.67\left(H - \frac{O}{8}\right) + 3.33S \,(Sm^3/kg)$

$\qquad = 8.89 \times 0.87 + 26.67 \times 0.11 + 3.33 \times 0.02 = 10.7346 \,Sm^3/kg$

실제건연소가스량(Gd) $= mA_o - 5.6H + 0.7O + 0.8N \,(Sm^3/kg)$

$\qquad = 1.3 \times 10.7346 \,Sm^3/kg - 5.6 \times 0.11 = 13.339 \,Sm^3/kg$

$SO_2 \,ppm = \dfrac{0.7S}{Gd} \times 10^6 = \dfrac{0.7 \times 0.02 \,Sm^3/kg}{13.339 \,Sm^3/kg} \times 10^6 = 1,049.55 \,ppm$

② 탈황후 SO_2 농도 $= 100 ppm$

③ 탈황율(%) $= \left(1 - \dfrac{\text{탈황후 } SO_2 ppm}{\text{탈황전 } SO_2 ppm}\right) \times 100 = \left(1 - \dfrac{100 ppm}{1,049.55 ppm}\right) \times 100 = 90.47\%$

03 기체연료의 연소계산식

(1) 기체연료 중 주요 연료의 완전연소반응식

$$C_mH_n + \left(m + \frac{n}{4}\right)O_2 \rightarrow mCO_2 + \frac{n}{2}H_2O$$

(2) 기체연료의 연소계산식(Sm^3/Sm^3)

① $$O_o(\text{이론산소량}) = \text{산소의 수}$$

② $$A_o(\text{이론공기량}) = O_o(\text{이론산소량}) \times \frac{1}{0.21}$$

③ $$God(\text{이론건연소가스량}) = (1 - 0.21)A_o + CO_2량$$

④ $$Gd(\text{실제건연소가스량}) = (m - 0.21)A_o + CO_2량$$

⑤ $$Gow(\text{이론습연소가스량}) = (1 - 0.21)A_o + CO_2량 + H_2O량$$

⑥ $$Gw(\text{실제습연소가스량}) = (m - 0.21)A_o + CO_2량 + H_2O량$$

Question 11

메탄 1Sm³을 공기과잉계수 1.8로 연소시킬 경우, 실제습윤연소가스량(Sm³) 계산하시오.

풀이 $CH_4 + 2O_2 \rightarrow CO_2 + 2H_2O$

$$Gw = (m - 0.21)A_o + CO_2량 + H_2O량 = (1.8 - 0.21) \times \frac{2}{0.21} + 1 + 2 = 18.14 Sm^3/Sm^3$$

Question 12

프로판(C_3H_8) $5Sm^3$을 연소시킬 때 필요한 이론공기량(Sm^3/Sm^3)을 계산하시오.

 ① 완전연소 반응식 : $C_3H_8 + 5O_2 \rightarrow 3CO_2 + 4H_2O$

② $A_o =$ 이론산소량 $\times \dfrac{1}{0.21} = 5 \times \dfrac{1}{0.21}(Sm^3/Sm^3) \times 5Sm^3 = 119.05\,Sm^3$

실전연습문제

01 분자식이 C_mH_n인 탄화수소가스 $1Sm^3$의 완전연소에 필요한 이론공기량(Sm^3/Sm^3)을 계산하시오.

 ① 완전연소반응식을 완성한다.
$$C_mH_n + \left(m + \frac{n}{4}\right)O_2 \rightarrow mCO_2 + \frac{n}{2}H_2O$$
② 이론산소량 $= \left(m + \frac{n}{4}\right) Sm^3/Sm^3$
③ 이론공기량(Sm^3/Sm^3) = 이론산소량$(Sm^3/Sm^3) \times \dfrac{1}{0.21}$
$$= \left(m + \frac{n}{4}\right) Sm^3/Sm^3 \times \frac{1}{0.21} = 4.76m + 1.19n \ (Sm^3/Sm^3)$$

02 CH_4 65%, C_2H_6 20%, C_3H_8 15%로 구성된 기체연료 $8Sm^3$을 연소할 경우 필요한 이론공기량(Sm^3)을 계산하시오.

① $CH_4 + 2O_2 \rightarrow CO_2 + 2H_2O$: 65%
$C_2H_6 + 3.5O_2 \rightarrow 2CO_2 + 3H_2O$: 20%
$C_3H_8 + 5O_2 \rightarrow 3CO_2 + 4H_2O$: 15%

이론공기량(Sm^3/Sm^3) = 이론산소량$(Sm^3/Sm^3) \times \dfrac{1}{0.21}$
$$= (2 \times 0.65 + 3.5 \times 0.20 + 5 \times 0.15) \times \frac{1}{0.21} = 13.0952 \, Sm^3/Sm^3$$

② $13.0952 \, Sm^3/Sm^3 \times 8 Sm^3 = 104.76 \, Sm^3$

03 다음 조성의 기체연소 1Sm³을 완전연소 시키기 위해 필요한 이론공기량(Sm³/Sm³)을 계산하시오.

- H_2 : 30%
- CO : 9%
- CH_4 : 20%
- C_3H_8 : 5%
- CO_2 : 5%
- O_2 : 6%
- N_2 : 25%

풀이

$H_2 + 0.5O_2 \rightarrow H_2O$: 30%
$CO + 0.5O_2 \rightarrow CO_2$: 9%
$CH_4 + 2O_2 \rightarrow CO_2 + 2H_2O$: 20%
$C_3H_8 + 5O_2 \rightarrow 3CO_2 + 4H_2O$: 5%
O_2 : 6%

$$\text{이론공기량}(Sm^3/Sm^3) = \text{이론산소량}(Sm^3/Sm^3) \times \frac{1}{0.21}$$

$$= \frac{(\text{가연성분 연소시 필요한 산소량} - \text{연료 중 산소량})}{0.21}$$

$$= \frac{(0.5 \times 0.30 + 0.5 \times 0.09 + 2 \times 0.20 + 5 \times 0.05) - 0.06}{0.21}$$

$$= 3.74 \, Sm^3/Sm^3$$

04 CH_4 75%, CO_2 5%, N_2 8%, O_2 12%로 조성된 기체연료 1Sm³을 10Sm³의 공기로 연소한다면 이때 공기비를 계산하시오.

풀이

① 이론공기량(Sm^3/Sm^3)을 계산한다.
  $CH_4 + 2O_2 \rightarrow CO_2 + 2H_2O$: 75%
  O_2 : 12%

$$\text{이론공기량}(A_o) = \frac{\text{가연물 연소시 필요한 산소량} - \text{연료의 산소량}}{0.21}$$

$$= \frac{2 \times 0.75 - 0.12}{0.21} = 6.57 Sm^3/Sm^3$$

② 실제공기량(A) = $10 Sm^3/Sm^3$

③ 공기비(m) = $\dfrac{\text{실제공기량}(A)}{\text{이론공기량}(A_o)} = \dfrac{10 Sm^3}{6.57 Sm^3} = 1.52$

05 프로판(C_3H_8) 1kg을 완전 연소시 발생하는 CO_2량(kg)과 아세틸렌(C_2H_2) 1kg을 완전 연소시 발생한 CO_2량(kg)의 비를 계산하시오. (단, 아세틸렌 연소시 CO_2량/프로판 연소시 CO_2량)

풀이
① $C_3H_8 + 5O_2 \rightarrow 3CO_2 + 4H_2O$
　44kg　　　　：　3×44kg
　1kg　　　　：　$X_1(CO_2)$

$\therefore X_1(CO_2) = \dfrac{1\text{kg} \times 3 \times 44\text{kg}}{44\text{kg}} = 3\text{kg}$

② $C_2H_2 + 2.5O_2 \rightarrow 2CO_2 + H_2O$
　26kg　　　　：　2×44kg
　1kg　　　　：　$X_2(CO_2)$

$\therefore X_2(CO_2) = \dfrac{1\text{kg} \times 2 \times 44\text{kg}}{26\text{kg}} = 3.38\text{kg}$

③ $\dfrac{C_2H_2\text{의 } CO_2\text{량}}{C_3H_8\text{의 } CO_2\text{량}} = \dfrac{3.38\text{kg}}{3\text{kg}} = 1.13$

06 C_3H_8 1Sm³를 연소시킬 때 이론건조 연소가스량(Sm³/Sm³)을 계산하시오.

풀이
$C_3H_8 + 5O_2 \rightarrow 3CO_2 + 4H_2O$
이론건연소가스량(God) $= (1-0.21)A_o + CO_2$량(Sm³/Sm³)
$\quad\quad\quad\quad\quad\quad\quad\quad = (1-0.21) \times \dfrac{5}{0.21} + 3 = 21.81$ Sm³/Sm³

07 메탄 3Sm³를 공기과잉계수 1.2로 완전연소시킬 경우 습윤연소가스량(Sm³)을 계산하시오.

풀이
① $CH_4 + 2O_2 \rightarrow CO_2 + 2H_2O$
실제습윤가스량(Gw) $= (m-0.21)A_o + CO_2$량$+ H_2O$량(Sm³/Sm³)
$\quad\quad\quad\quad\quad\quad\quad\quad = (1.2-0.21) \times \dfrac{2}{0.21} + 1 + 2 = 12.4286$ Sm³/Sm³

② 12.4286 Sm³/Sm³ $\times 3$Sm³ $= 37.29$Sm³

TIP
① 공기과잉계수(m)가 주어지면 실제가스량 기준
② 메탄 $= CH_4$

08 프로판 1Sm³를 과잉공기계수 1.1로 완전연소 시킬 경우에 발생하는 건조연소가스량(Sm³)을 계산하시오. (단, 프로판의 분자량은 44이며, 표준상태 기준이다.)

> 풀이) $C_3H_8 + 5O_2 \rightarrow 3CO_2 + 4H_2O$
>
> 실제건연소가스량(Gd) = $(m - 0.21)A_o + CO_2$량(Sm^3/Sm^3)
>
> $= (1.1 - 0.21) \times \dfrac{5}{0.21} + 3 = 24.19 \, Sm^3/Sm^3$

04 공연비(AFR)

(1) 완전연소 반응식

$$C_mH_n + \left(m + \frac{n}{4}\right)O_2 \rightarrow mCO_2 + \frac{n}{2}H_2O$$

(2) AFR(공연비)를 체적으로 구하는 식

$$AFR(Sm^3/Sm^3) = \frac{산소갯수 \times 22.4Sm^3 \times \frac{1}{0.21}}{연료갯수 \times 22.4Sm^3} = \frac{산소갯수}{0.21}$$

(3) AFR(공연비)를 질량으로 구하는 식

$$AFR(kg/kg) = \frac{산소갯수 \times 32kg \times \frac{1}{0.232}}{연료갯수 \times 연료의\ 분자량(kg)}$$

$$= \frac{AFR(Sm^3/Sm^3) \times 공기의\ 분자량(kg)}{연료갯수 \times 연료의\ 분자량(kg)}$$

Question 13

옥탄(C_8H_{18})이 완전연소되는 경우에 공기연료비(AFR, 질량기준)를 계산하시오.

풀이 $C_8H_{18} + 12.5O_2 \rightarrow 8CO_2 + 9H_2O$

$$AFR(kg/kg) = \frac{12.5 \times 32kg \times \frac{1}{0.232}}{114kg} = 15.12$$

TIP
C_8H_{18}의 분자량 $= 8 \times 12 + 18 \times 1 = 114kg$

05 이론연소온도 계산공식

$$H_l = G \times C \times (t_2 - t_1) \qquad \therefore t_2 = \frac{H_l}{G \times C} + t_1$$

여기서, H_l : 저위발열량($kcal/Sm^3$)
　　　　G : 가스량(Sm^3/Sm^3)
　　　　t_1 : 기준온도(℃)
　　　　C : 비열($kcal/Sm^3 \cdot ℃$)
　　　　t_2 : 이론연소온도(℃)

Question 14

저위발열량이 7,000kcal/Sm³의 가스연료의 이론연소온도(℃)를 계산하시오. (단, 이론연소가스량은 20Sm³/Sm³, 연료연소가스의 평균정압비열 0.35kcal/Sm³·℃, 기준온도 15℃, 공기는 예열하지 않으며, 연소가스는 해리되지 않는다.)

풀이
$$t_2 = \frac{H_l}{G \times C} + t_1 = \frac{7,000 kcal/Sm^3}{20 Sm^3/Sm^3 \times 0.35 kcal/Sm^3 \cdot ℃} + 15℃ = 1,015℃$$

06 연소실 열발생율 계산 공식

(1) 고체 및 액체연료의 연소실 열발생율 계산공식

$$\text{연소실 열발생율}(\text{kcal/m}^3 \cdot \text{hr}) = \frac{\text{저위발열량}(\text{kcal/kg}) \times \text{연료량}(\text{kg/hr})}{\text{연소실의 체적}(\text{m}^3)}$$

(2) 기체연료의 연소실 열발생율 계산공식

$$\text{연소실 열발생율}(\text{kcal/m}^3 \cdot \text{hr}) = \frac{\text{저위발열량}(\text{kcal/Sm}^3) \times \text{연료량}(\text{Sm}^3/\text{hr})}{\text{연소실의 체적}(\text{m}^3)}$$

Question 15

가로 1.2m, 세로 2.0m, 높이 12m의 연소실에서 저위발열량 10,000kcal/kg의 중유를 1시간에 100kg 연소한다면 연소실의 열발생율(kcal/m³ · hr)을 계산하시오.

풀이

$$\text{열발생율}(\text{kcal/m}^3 \cdot \text{hr}) = \frac{\text{저위발열량}(\text{kcal/kg}) \times \text{연료량}(\text{kg/hr})}{\text{연소실의 체적}(\text{m}^3)}$$

$$= \frac{10,000 \text{kcal/kg} \times 100 \text{kg/hr}}{1.2\text{m} \times 2.0\text{m} \times 12\text{m}} = 34,722.22 \text{kcal/m}^3 \cdot \text{hr}$$

07 소각로의 화격자 소각능력 계산공식

$$\text{화격자 소각능력}(kg/m^2 \cdot hr) = \frac{\text{소각할 쓰레기의 양}(kg/hr)}{\text{화격자 면적}(m^2)}$$

Question 16

소각로의 화격자 연소능력이 340kg/m² · hr이고 1일 소각할 쓰레기의 양이 20,000kg이다. 1일 8시간 소각하면 필요한 화격자의 면적(m³)을 계산하시오.

풀이

$$340 kg/m^2 \cdot hr = \frac{20{,}000 kg/day \times 1day/8hr}{\text{화격자의 면적}(m^2)}$$

$$\therefore \text{화격자의 면적} = \frac{20{,}000 kg/day \times 1day/8hr}{340 kg/m^2 \cdot hr} = 7.35 m^2$$

08 고체 및 액체 연료에서 CO₂max(최대탄산가스량) 계산식

①
$$CO_2 max(\%) = \frac{1.867\,C}{G_{od}} \times 100(\%)$$

②
$$CO_2 max(\%) = \frac{21 \times (CO_2\% + CO\%)}{21 - O_2\% + 0.395 \times CO\%}$$

③
$$CO_2 max(\%) = \frac{21 \times CO_2\%}{21 - O_2\%}$$

09. 기체 연료에서 CO_2max(최대탄산가스량) 계산식

$$CO_2max(\%) = \frac{CO_2량}{God} \times 100(\%)$$

여기서, $CO_2max(\%)$: 최대탄산가스량(%)

　　　　God : 이론건연소가스량(Sm^3/Sm^3)

　　　　$God = (1-0.21)A_o + CO_2량(Sm^3/Sm^3)$

　　　　$CO_2량$: 완전연소반응식에서의 CO_2 발생 갯수(Sm^3/Sm^3)

　　　　A_o(이론공기량) = 산소의 갯수(Sm^3/Sm^3) $\times \dfrac{1}{0.21}$

Question 17

공기를 이용하여 일산화탄소를 완전연소시킬때 건조가스 중 최대탄산가스량(%)을 계산하시오. (단, 표준상태 기준)

풀이

$CO + 0.5O_2 \rightarrow CO_2$

$CO_2max(\%) = \dfrac{CO_2량}{God} \times 100$

$God = (1-0.21)A_o + CO_2량(Sm^3/Sm^3) = (1-0.21) \times \dfrac{0.5}{0.21} + 1 = 2.881\,Sm^3/Sm^3$

따라서 $CO_2max(\%) = \dfrac{1\,Sm^3/Sm^3}{2.881\,Sm^3/Sm^3} \times 100 = 34.71\%$

실전연습문제

01 옥탄(C_8H_{18})이 완전 연소할 때 AFR를 계산하시오. (단, kg mol$_{air}$/kg mol$_{fuel}$)

풀이) $C_8H_{18} + 12.5O_2 \rightarrow 8CO_2 + 9H_2O$

$$AFR(kg\,mol/kg\,mol) = \frac{산소갯수 \times 22.4Sm^3 \times \frac{1}{0.21}}{연료갯수 \times 22.4Sm^3} = \frac{12.5 \times 22.4Sm^3 \times \frac{1}{0.21}}{22.4Sm^3} = 59.52$$

TIP

① $AFR = \dfrac{공기량}{연료량}$ ② kgmol/kgmol = 체적비 = 갯수비

02 옥탄(C_8H_{18}) 1mol을 완전연소시킬 때 공기연료비(kg공기/kg연료)를 계산하시오.
(단, 표준상태 기준)

풀이) ① 완전연소 반응식 : $C_8H_{18} + 12.5O_2 \rightarrow 8CO_2 + 9H_2O$

② 공연비(AFR)(kg/kg) = $\dfrac{산소갯수 \times 32kg \times \frac{1}{0.232}}{연료갯수 \times 연료의\ 분자량(kg)} = \dfrac{12.5 \times 32kg \times \frac{1}{0.232}}{114kg} = 15.12$

03 1,000℃의 연소가스 온도가 폐열보일러를 거쳐 출구에서는 200℃가 되었다. 이때 가스량은 20kg/sec이며 정압평균 비열은 1.2kcal/kg·℃로 계산된다면 보일러수에 흡수된 열량(kcal/sec)을 계산하시오. (단, 보일러 내의 열손실은 없는 것으로 계산한다.)

풀이) 열량(kcal/sec) = 가스량(kg/sec) × 비열(kcal/kg·℃) × 온도차(℃)
= 20kg/sec × 1.2kcal/kg·℃ × (1,000 − 200)℃
= 19,200 kcal/sec

04 저위발열량 13,500kcal/Sm³인 기체연료를 연소시, 이론습연소가스량이 25Sm³/Sm³이고 이론연소온도는 2,500℃라고 한다. 적용된 연소가스의 평균 정압비열(kcal/Sm³·℃)을 계산하시오.

> **풀이**
> 저위발열량(Hl) = 가스량(G) × 평균정압비열(C) × 온도차($t_2 - t_1$)
> 13,500 kcal/Sm³ = 25 Sm³/Sm³ × C × (2,500 − 15)℃
> ∴ 평균정압비열(C) = $\dfrac{13,500 \,\text{kcal/Sm}^3}{25\,\text{Sm}^3/\text{Sm}^3 \times (2,500-15)℃}$ = 0.22 kcal/Sm³·℃

05 산소 10kg과 질소 11kg으로 혼합된 기체가 있다. 다음 중 이 혼합기체의 정압비열(kcal/kg·℃)을 계산하시오. (단, 질소 및 산소의 정압비열은 각각 0.247, 0.217kcal/kg·℃이다.)

> **풀이**
> 혼합기체의 정압비열 = $\dfrac{\text{산소량} \times \text{산소의 정압비열} + \text{질소량} \times \text{질소의 정압비열}}{\text{산소량} + \text{질소량}}$
> = $\dfrac{(10\,\text{kg} \times 0.247\,\text{kcal/kg}\cdot℃) + (11\,\text{kg} \times 0.217\,\text{kcal/kg}\cdot℃)}{10\,\text{kg} + 11\,\text{kg}}$
> = 0.23 kcal/kg·℃

06 이론연소온도의 정의를 쓰고, 이론연소온도 구하는 공식을 쓰시오.

> **풀이**
> ① 이론연소온도의 정의 : 연료를 이론공기량으로 연소시켰을 때 이론적인 최고온도이며, 연소시 발생하는 화염온도를 의미한다.
> ② $t_2 = \dfrac{Hl}{G \times C} + t_1$
> 여기서, Hl : 저위발열량(kcal/Sm³)
> C : 평균정압비열(kcal/Sm³·℃)
> G : 이론연소가스량(Sm³/Sm³)
> t_2 : 이론연소온도(℃)
> t_1 : 기준온도(℃)

07 저위발열량이 3,500kcal/Sm³인 가스연료의 이론연소 온도(℃)를 계산하시오. (단, 이론연소가스량은 10Sm³/Sm³, 연료연소가스의 평균 정압비열은 0.4kcal/Sm³·℃, 기준온도는 15℃, 공기는 예열되지 않으며, 연소 가스는 해리되지 않는 것으로 한다.)

$$t_2 = \frac{Hl}{G \times C} + t_1$$

여기서, t_2 : 이론연소온도(℃) t_1 : 기준온도(℃)
  Hl : 저위발열량(kcal/Sm³) G : 연소가스량(Sm³/Sm³)
  C : 정압비열(kcal/Sm³·℃)

따라서 $t_2 = \dfrac{3,500\,\text{kcal/Sm}^3}{10\,\text{Sm}^3/\text{Sm}^3 \times 0.4\,\text{kcal/Sm}^3\cdot\text{℃}} + 15\,\text{℃} = 890\,\text{℃}$

08 평균 발열량이 6,500kcal/kg인 P시의 폐기물을 소각하여, 그 도시의 지역난방에 필요한 열에너지를 얻고자 한다. 이 때 지역난방에 필요한 난방수를 하루에 200ton 얻기 위하여 필요한 폐기물의 양(kg/d)을 계산하시오. (단, 난방보일러의 효율은 70%, 보일러 급수온도는 20℃, 보일러 배출수 온도 62℃, 물의 비열은 1.0kcal/kg·℃ 이다.)

① 물의 열량을 계산한다.
물의 열량(kcal/kg)
= 난방수(kg/day)×물의 비열(kcal/kg·℃)×(배출수 온도-급수온도)℃
= $200 \times 10^3 \,\text{kg/day} \times 1.0\,\text{kcal/kg}\cdot\text{℃} \times (62-20)\text{℃} \times \dfrac{100}{70\%}$
= 12,000,000 kcal/day

② 물의 열량=쓰레기의 열량이므로
12,000,000 kcal/day = 6,500 kcal/kg × 폐기물의 양(kg/day)
∴ 폐기물의 양 = $\dfrac{12,000,000\,\text{kcal/day}}{6,500\,\text{kcal/kg}}$ = 1846.15 kg/day

09 소각로에서 열교환기를 이용, 고온의 배기가스의 열을 회수하여 급수예열에 활용하고자 한다. 배기가스와 물의 유량은 각 1,000kg/hr, 급수 입구온도 25℃, 배기가스 입구온도 660℃, 출구온도 360℃라 할 때 급수의 출구온도(℃)를 계산하시오. (단, 물과 배기가스의 비열은 각각 1.0, 0.24kcal/kg·℃)

① 배기가스의 열량을 계산한다.
열량 = 배기가스량(kg/hr) × 배기가스의 비열(kcal/kg·℃) × 온도차(℃)
= 1,000kg/hr × 0.24kcal/kg·℃ × (660 − 360)℃ = 72,000kcal/hr
② 물의 열량을 계산한다.
열량 = 물의 유량(kg/hr) × 물의 비열(kcal/kg·℃) × 온도차(℃)
= 1,000kg/hr × 1.0kcal/kg·℃ × (t_2 − 25)℃
③ 배기가스 열량 = 물의 열량이므로
72,000kcal/hr = 1,000kg/hr × 1.0kcal/kg·℃ × (t_2 − 25)℃

$$\therefore t_2 = \frac{72{,}000\,\text{kcal/hr}}{1{,}000\,\text{kg/hr} \times 1.0\,\text{kcal/kg}\cdot\text{℃}} + 25℃ = 97℃$$

10 고위발열량이 16,820kcal/Sm^3인 에탄(C_2H_6)을 연소시킬 때 이론 연소온도(℃)를 계산하시오. (단, 이론습연소가스량 21Sm^3/Sm^3이며, 연소가스의 정압 비열은 0.63kcal/Sm^3·℃, 연소용공기, 연료온도는 15℃, 공기는 예열하지 않으며, 연소가스는 해리되지 않는다.)

① 저위발열량을 계산한다.
$C_2H_6 + 3.5O_2 \rightarrow 2CO_2 + 3H_2O$
저위발열량(Hl) = 고위발열량(Hh) − 480 × H_2O량(kcal/Sm^3)
= 16,820kcal/Sm^3 − 480 × 3 = 15,380kcal/Sm^3

② $t_2 = \dfrac{Hl}{G \times C} + t_1$

여기서, t_2 : 이론연소온도(℃) t_1 : 연료온도(℃)
Hl : 저위발열량(kcal/Sm^3)   G : 가스량(Sm^3/Sm^3)
C : 비열(kcal/Sm^3·℃)

따라서 $t_2 = \dfrac{15{,}380\,\text{kcal/Sm}^3}{21\,\text{Sm}^3/\text{Sm}^3 \times 0.63\,\text{kcal/Sm}^3\cdot\text{℃}} + 15℃ = 1{,}177.51℃$

11 어떤 소각로에서 배출되는 가스량은 8,000kg/hr이고 온도는 1,000℃(1기압 기준)이다. 배기가스는 소각로 내에서 2초간 체류한다면 소각로 용적(m^3)을 계산하시오. (단, 표준상태에서 배기가스 밀도는 0.2kg/m^3이다.)

풀이) 소각로 용적(m^3) = $\dfrac{배기가스량(kg)}{배기가스\ 밀도(kg/m^3)}$

$= \dfrac{8,000kg/hr \times 1hr/3,600sec \times 2sec}{0.2kg/Sm^3 \times \dfrac{273}{273+1,000℃}} = 103.62\,m^3$

12 연소실의 열발생율과 화격자의 연소능력(부하)를 간단히 설명하시오. (단, 공식을 이용하여 설명하시오.)

풀이)
① 연소실의 열발생율(kcal/$m^3 \cdot$ hr) = $\dfrac{저위발열량(kcal/kg) \times 폐기물량(kg/hr)}{연소실의\ 용적(m^3)}$
따라서, 연소실의 열발생율은 단위 체적, 단위 시간당 폐기물의 발생열량을 의미한다.
② 화격자의 연소능력(부하)(kg/$m^2 \cdot$ hr) = $\dfrac{소각되는\ 폐기물의\ 양(kg/hr)}{화격자의\ 면적(m^2)}$
따라서, 화격자의 연소능력(부하)는 단위 면적당, 단위 시간당 소각되는 폐기물의 양을 의미한다.

13 가로 1.5m, 세로 2.0m, 높이 15.0m의 연소실에서 저위발열량 10,000kcal/kg의 중유를 1시간에 200kg 연소한다. 연소실 열발생률(kcal/$m^3 \cdot$ hr)을 계산하시오.

풀이) 연소실 열발생율(kcal/$m^3 \cdot$ hr) = $\dfrac{저위발열량(kcal/kg) \times 중유량(kg/hr)}{가로 \times 세로 \times 높이\,(m^3)}$

$= \dfrac{10,000kcal/kg \times 200kg/hr}{1.5m \times 2.0m \times 15.0m} = 4.44 \times 10^4\,kcal/m^3 \cdot hr$

14 도시생활폐기물을 1일 50톤 소각 처리 하고자 한다. 1일 소각운전시간 8시간, 소각대상물의 저위발열량 2,500kcal/kg, 연소실 열부하율 1.2×10^5 kcal/$m^3 \cdot$ hr일 때 소각로의 연소실 유효용적(m^3)을 계산하시오.

풀이) 연소실 열부하율(kcal/$m^3 \cdot$ hr) = $\dfrac{저위발열량(kcal/kg) \times 폐기물\ 소각량(kg/hr)}{유효용적(m^3)}$

$1.2 \times 10^5\,kcal/m^3 \cdot hr = \dfrac{2,500kcal/kg \times 50 \times 10^3 kg/day \times 1day/8hr}{유효용적(m^3)}$

$$\therefore \text{유효용적} = \frac{2{,}500\,\text{kcal/kg} \times 50 \times 10^3\,\text{kg/day} \times 1\text{day/8hr}}{1.2 \times 10^5\,\text{kcal/m}^3 \cdot \text{hr}} = 130.21\,\text{m}^3$$

15 세로, 가로, 높이가 각각 1.0m, 1.2m, 1.5m인 연소실의 부하량을 $6 \times 10^5 \text{kcal/m}^3 \cdot \text{hr}$로 유지하기 위해서 연소실 내로 발열량 10,000kcal/kg의 중유가 1시간당 투입, 연소되는 양(kg)을 계산하시오.

풀이

$$\text{연소실의 부하량(kcal/m}^3 \cdot \text{hr)} = \frac{\text{발열량(kcal/kg)} \times \text{중유량(kg/hr)}}{\text{세로} \times \text{가로} \times \text{높이(m}^3)}$$

$$6 \times 10^5\,\text{kcal/m}^3 \cdot \text{hr} = \frac{10{,}000\,\text{kcal/kg} \times \text{중유량(kg/hr)}}{(1.0\text{m} \times 1.2\text{m} \times 1.5\text{m})}$$

$$\therefore \text{중유량} = \frac{6 \times 10^5\,\text{kcal/m}^3 \cdot \text{hr} \times (1.0\text{m} \times 1.2\text{m} \times 1.5\text{m})}{10{,}000\,\text{kcal/kg}} = 108\,\text{kg/hr}$$

16 소각할 쓰레기의 양이 12,760kg/day이다. 1일 10시간 소각로를 가동시키고 화격자의 면적이 7.25m^2일 경우 이 쓰레기 소각로의 소각능력($\text{kg/m}^2 \cdot \text{hr}$)을 계산하시오.

풀이

$$\text{소각로의 소각능력(kg/m}^2 \cdot \text{hr)} = \frac{\text{소각쓰레기의 양(kg/hr)}}{\text{화격자의 면적(m}^2)}$$

$$= \frac{12{,}760\,\text{kg/day} \times 1\text{day/10hr}}{7.25\,\text{m}^2} = 176\,\text{kg/m}^2 \cdot \text{hr}$$

17 소각로의 소각능률이 $170\text{kg/m}^2 \cdot \text{hr}$이며 쓰레기의 양이 20,000kg/일이다. 1일 8시간 소각하면 화격자 면적(m^2)을 계산하시오.

풀이

$$\text{소각로의 소각능률(kg/m}^2 \cdot \text{hr)} = \frac{\text{쓰레기의 소각량(kg/hr)}}{\text{화격자 면적(m}^2)}$$

$$170\,\text{kg/m}^2 \cdot \text{hr} = \frac{20{,}000\,\text{kg/일} \times 1\text{일/8hr}}{\text{화격자 면적(m}^2)}$$

$$\therefore \text{화격자 면적} = \frac{20{,}000\,\text{kg/일} \times 1\text{일/8hr}}{170\,\text{kg/m}^2 \cdot \text{hr}} = 14.71\,\text{m}^2$$

18. 소각대상물인 열가소성 플라스틱의 저위발열량은 5,400kcal/kg이며, 이 플라스틱을 소각시 발생되는 연소재 중의 미연손실을 저위발열량의 10%이고 불완전연소에 의한 손실은 600kcal/kg일 때 소각대상물의 연소효율(%)을 계산하시오.

풀이
① 연소재 중의 미연손실 = 저위발열량(Hl)의 10% = 5,400kcal/kg × 0.1 = 540kcal/kg
② 불완전연소시에 의한 손실 = 600kcal/kg
③ 손실열량 = 540kcal/kg + 600kcal/kg = 1,140kcal/kg
④ 저위발열량(Hl) = 5,400kcal/kg
⑤ 연소효율(%) = $\left(1 - \dfrac{\text{손실열량}}{\text{저위발열량}}\right) \times 100 = \left(1 - \dfrac{1,140\text{kcal/kg}}{5,400\text{kcal/kg}}\right) \times 100 = 78.89\%$

19. 탄소 84%, 수소 16%로 구성된 액상폐기물을 완전연소할 때 $(CO_2)_{max}$를 계산하시오. (단, 표준상태이고, 이론건조가스 기준이다.)

풀이
$CO_{2max} = \dfrac{CO_2 량}{God} \times 100(\%)$

① 이론공기량(A_o) = $8.89C + 26.67\left(H - \dfrac{O}{8}\right) + 3.33S\,(Sm^3/kg)$
   = $8.89 \times 0.84 + 26.67 \times 0.16 = 11.7348\,Sm^3/kg$
② 이론건연소가스량(God) = $A_o - 5.6H + 0.7O + 0.8N\,(Sm^3/kg)$
   = $11.7348\,Sm^3/kg - 5.6 \times 0.16 = 10.8388\,Sm^3/kg$
③ CO_2량 = $1.867C = 1.867 \times 0.84\,Sm^3/kg$
④ $CO_{2max} = \dfrac{CO_2 량}{God} \times 100 = \dfrac{1.867 \times 0.84\,Sm^3/kg}{10.8388\,Sm^3/kg} \times 100 = 14.47\%$

20. 공기를 사용하여 C_4H_{10}을 완전 연소시킬 때 건조 연소가스 중의 $(CO_2)max(\%)$를 계산하시오.

풀이
$C_4H_{10} + 6.5O_2 \rightarrow 4CO_2 + 5H_2O$
① 이론건연소가스량(God) = $(1-0.21)A_o + CO_2 량\,(Sm^3/Sm^3)$
   = $(1-0.21) \times \dfrac{6.5}{0.21} + 4 = 28.4524\,Sm^3/Sm^3$
② CO_2량 = $4\,Sm^3/Sm^3$
③ $CO_2 max = \dfrac{CO_2 량}{God} \times 100 = \dfrac{4\,Sm^3/Sm^3}{28.4524\,Sm^3/kg} \times 100 = 14.06\%$

CHAPTER 04 오염물질 처리법

01 황산화물(SOx) 처리

(1) 중유 탈황법
① 금속산화물에 의한 흡착탈황
② 미생물에 의한 생화학적 탈황
③ 방사선화학에 의한 탈황
④ 접촉수소화 탈황법

(2) 황산화물(SOx) 처리 반응식
①
$$S + O_2 \rightarrow SO_2$$

> **TIP**
> 아황산가스(SO_2) 계산 방법
> $$\begin{array}{lll} S & +O_2 \rightarrow & SO_2 \\ 32kg & & 22.4Sm^3 \\ 중유량(kg/hr) \times \dfrac{S(\%)}{100} & : & X(Sm^3/hr) \end{array}$$

② 가성소다(NaOH) 흡수법
$$S + O_2 \rightarrow SO_2 + 2NaOH \rightarrow Na_2SO_3 + H_2O$$

> **TIP**
>
> 가성소다(NaOH) 계산 방법
>
> $$S + O_2 \rightarrow SO_2 + 2NaOH \rightarrow Na_2SO_3 + H_2O$$
>
> $$\begin{array}{cc} 32kg & 2 \times 40kg \\ \text{중유량}(kg/hr) \times \dfrac{S\%}{100} \times \dfrac{\text{탈황률}(\%)}{100} & : X(kg/hr) \end{array}$$

③ 건식석회석 주입법

$$S + O_2 \rightarrow SO_2 + CaCO_3 + 1/2O_2 \rightarrow CaSO_4 + CO_2$$

> **TIP**
>
> 탄산칼슘($CaCO_3$)계산 방법
>
> $$S + O_2 \rightarrow SO_2 + CaCO_3 + \dfrac{1}{2}O_2 \rightarrow CaSO_4 + CO_2$$
>
> $$\begin{array}{cc} 32kg & : 100kg \\ \text{중유량}(kg/hr) \times \dfrac{S\%}{100} \times \dfrac{\text{탈황률}(\%)}{100} & : X(kg/hr) \end{array}$$
>
> 석고($CaSO_4$) 계산 방법
>
> $$S + O_2 \rightarrow SO_2 + CaCO_3 + \dfrac{1}{2}O_2 \rightarrow CaSO_4 + CO_2$$
>
> $$\begin{array}{cc} 32kg & : 136kg \\ \text{중유량}(kg/hr) \times \dfrac{S\%}{100} \times \dfrac{\text{탈황률}(\%)}{100} & : X(kg/hr) \end{array}$$

④ 석회세정법

$$S + O_2 \rightarrow SO_2 + CaCO_3 + 1/2O_2 + 2H_2O \rightarrow CaSO_4 \cdot 2H_2O + CO_2$$

> **TIP**
>
> 석고이수염($CaSO_4 \cdot 2H_2O$) 계산 방법
>
> $$S + O_2 \rightarrow SO_2 + CaCO_3 + \dfrac{1}{2}O_2 + 2H_2O \rightarrow CaSO_4 \cdot 2H_2O + CO_2$$
>
> $$\begin{array}{cc} 32kg & : 172kg \\ \text{중유량}(kg/hr) \times \dfrac{S\%}{100} \times \dfrac{\text{탈황률}(\%)}{100} & : X(kg/hr) \end{array}$$

02 질소산화물(NO_X) 처리

(1) 선택적 촉매(접촉)환원법(SCR) – 건식법

배기가스 중에 존재하는 산소와는 무관하게 NO_X를 선택적으로 접촉환원시키는 방법이다.

① 질소산화물이 촉매에 의하여 선택적으로 환원되어 질소분자와 물로 전환된다.
② 환원제로는 NH_3가 사용된다.
③ 질소산화물 전환율은 반응온도에 따라 종모양(bell shape)을 나타낸다.
④ 선택적 환원제로는 NH_3, H_2S 등이 있다.
⑤ 선택적인 접촉환원법에서 Al_2O_3계의 촉매는 SO_2, SO_3, O_2와 반응하여 황산염이 되기 쉽고, 촉매의 활성이 저하된다.
⑥ H_2S를 사용하는 선택적 촉매환원법은 Claus 반응에 따라 아황산가스 제거도 가능한 NO_X, SO_X 동시제거법으로 제안되기도 하였다.
⑦ 선택적 촉매환원법에서 NH_3를 환원제로 사용하는 탈질법은 산소존재에 의해 반응속도가 증대하는 특이한 반응이고, 2차 공해의 문제도 적은 편이므로 광범위하게 적용된다.

(2) 비선택적 접촉환원법(NCR)

배기가스중의 산소를 환원제로 소비한 다음 NO_X를 접촉환원시키는 방법이다.

① 촉매로는 Pt 뿐만아니라 Co, Ni, Cu, Cr 등의 산화물도 이용 가능하다.
② 비선택적 촉매환원법에서 NO 환원제는 아세틸렌계 > 올레핀계 > 방향족계 > 파라핀계 순으로 불포화도가 높은 만큼 반응성이 좋다.
③ 비선택적 촉매환원법에서 NO_X와 환원제의 반응서열은 $CH_4 < H_2 < CO$이며, 탄화수소의 경우 탄소수의 증가에 따라 일반적으로 반응성이 개선된다고 볼 수 있다.

(3) 무촉매환원법

① NO의 암모니아에 의한 환원에는 보통 산소의 공존이 필요하다.
② 1,000℃ 정도의 고온과 NH_3/NO가 2 이상의 암모니아의 첨가가 필요하다.
③ NO_X의 제거율은 30~70%로 대체로 낮은 편이다.
④ 반응기 등의 설비가 필요하지 않아 설비비는 작고, 특히 더러운 NO_X의 제거에 적합하다.

(4) NOx 처리방법 중 촉매환원법

선택적으로 환원반응에서는 첨가된 반응물이 NO_X만 환원시키고, 비선택적 환원반응에서는 배출가스중의 과잉의 O_2가 소모된다.

(5) NH_3에 의한 선택적 접촉환원법에서 반응식

① $6NO + 4NH_3 \rightarrow 5N_2 + 6H_2O$

② $6NO_2 + 8NH_3 \rightarrow 7N_2 + 12H_2O$

> **TIP**
>
> $NH_3(kg/hr)$ 계산 방법
>
> ① $\quad\quad 6NO \quad\quad\quad + \quad 4NH_3 \rightarrow 5N_2 + 6H_2O$
> $\quad\quad 6 \times 22.4 Sm^3 \quad\quad : \quad 4 \times 17kg$
> 가스량$(Sm^3/hr) \times NO(ppm) \times 10^{-6} : X_1(kg/hr)$
>
> ② $\quad\quad 6NO_2 \quad\quad\quad + \quad 8NH_3 \rightarrow 7N_2 + 12H_2O$
> $\quad\quad 6 \times 22.4 Sm^3 \quad\quad : \quad 8 \times 17kg$
> 가스량$(Sm^3/hr) \times NO_2(ppm) \times 10^{-6} : X_2(kg/hr)$
>
> ③ NH_3량$(kg/hr) = X_1 + X_2$

(6) 선택적 접촉환원법의 배연탈질법의 반응식

$$4NO + 4NH_3 + O_2 \rightarrow 4N_2 + 6H_2O$$

> **TIP**
>
> $NH_3(Kg/hr)$ 계산 방법
>
> $\quad\quad 4NO \quad\quad\quad + \quad 4NH_3 \quad + O_2 \rightarrow 4N_2 + 6H_2O$
> $\quad 4 \times 22.4 Sm^3 \quad\quad : \quad 4 \times 17 Kg$
> 가스량$(Sm^3/hr) \times NOppm \times 10^{-6} : X(kg/hr)$

(7) NOx(질소산화물)의 발생 억제법

① 저산소 연소법(저과잉공기량 연소법)

② 2단 연소법

③ 배기가스 재순환법
④ 연소부분의 냉각법
⑤ 버너 및 연소실의 구조 개선
⑥ 저온도 연소법
⑦ 연소영역에서 연소가스의 체류시간을 짧게
⑧ 촉매(TiO_2, V_2O_5)를 이용하여 제거하는 방법
⑨ 촉매를 이용하지 않고 암모니아수 또는 요소수를 주입하여 제거하는 방법

03 기타 가스상 물질의 처리반응식

① $2HCl + Ca(OH)_2 \rightarrow CaCl_2 + 2H_2O$
② $2Cl_2 + 2Ca(OH)_2 \rightarrow CaCl_2 + Ca(OCl)_2 + 2H_2O$
③ $HCl + NaOH \rightarrow NaCl + H_2O$
④ $Cl_2 + 2NaOH \rightarrow NaCl + NaOCl + H_2O$
⑤ $2HF + Ca(OH)_2 \rightarrow CaF_2 + 2H_2O$

Question 01

소각과정에서 Cl_2농도가 0.4%인 배출가스 5,000Sm³/hr를 Ca(OH)₂ 현탁액으로 세정 처리하여 Cl_2를 제거하려 할 때 이론적으로 필요한 Ca(OH)₂양(kg/hr)을 계산하시오.

풀이

$2Cl_2 \quad\quad + \quad 2Ca(OH)_2 \rightarrow CaCl_2 + Ca(OCl)_2 + 2H_2O$
$2 \times 22.4 Sm^3 \quad\quad : \quad 2 \times 74 kg$
$5,000 Sm^3/hr \times 0.4\% \times 10^{-2} \quad : \quad X$

∴ $X = 66.07 kg/hr$

04 다이옥신류

(1) 다이옥신류 저감방안 및 제거기술

① 소각로 배출가스의 재연소기에 의한 제거기술을 도입한다.
② 다이옥신 분해 촉매에 의한 제거기술을 도입한다.
③ 활성탄에 의한 흡착기술을 도입한다.
④ 로내 온도를 1,000℃ 이상으로 운전하여 다이옥신 성분 발생량을 최소화 한다.
⑤ 배기가스 conditioning시 칼슘 및 활성탄분말 투입시설을 설치하여 다이옥신과 반응후 집진함으로써 줄일 수 있다.
⑥ 유기염소계 화합물(PVC 제품류) 반입을 제한한다.
⑦ 페인트가 칠해져 있거나 페인트로 처리된 목재, 가구류 반입을 억제 제한한다.
⑧ 활성탄과 백필터를 같이 사용하는 경우에는 분무된 활성탄이 필터 백 표면에 코팅되어 백필터에서도 흡착이 활발하게 일어난다.
⑨ 촉매에 의한 다이옥신 분해 방식은 활성탄 흡착 처리방법에 비해 다이옥신을 무해화하기 위한 후처리가 필요없는 것이 장점이다.
⑩ 촉매에 의한 다이옥신 분해 방식에 사용되는 촉매는 반응성이 높은 금속 산화물이 주로 사용된다.

(2) 활성탄 + 백필터

① 파손여과포의 교체회수가 많아 인력 및 경비 부담이 크고 설비의 연속운전에 지장을 줄 수 있다.
② 다이옥신과 함께 중금속 등이 흡착된다.
③ 활성탄 주입량을 변경하면 제거효율을 어느 정도 변경 가능하다.
④ 체류시간이 작아 다이옥신 재형성 방지가 어렵다.

실전연습문제

01 유황 함량이 2%인 벙커C유 1.0ton을 연소시킬 경우 발생되는 SO_2의 양(kg)을 계산하시오. (단, 황성분 전량이 SO_2로 전환된다.)

풀이

$$S + O_2 \rightarrow SO_2$$
$$32kg \quad : \quad 64kg$$
$$1,000kg \times 0.02 \quad : \quad X$$

$$\therefore X = \frac{64kg \times 1,000kg \times 0.02}{32kg} = 40kg$$

02 유황의 함량이 3%인 폐기물 20,000kg을 연소할 때 생성되는 SO_2가스의 총 부피(Sm^3)를 계산하시오. (단, 표준상태를 기준으로 하며, 황성분은 전량 SO_2로 가스화되며, 완전연소이다.)

풀이

$$S + O_2 \rightarrow SO_2$$
$$32kg \quad : \quad 22.4Sm^3$$
$$20,000kg \times 0.03 \quad : \quad X$$

$$\therefore X = \frac{20,000kg \times 0.03 \times 22.4Sm^3}{32kg} = 420Sm^3$$

03 매시간 4ton의 폐유를 소각하는 소각로에서 발생하는 황산화물을 접촉산화법으로 탈황하고 부산물로 50%의 황산을 회수한다면 회수되는 부산물량(kg/hr)을 계산하시오. (단, 폐유 중 황성분 3%, 탈황율 95%라 가정한다.)

풀이

$$S + O_2 \rightarrow SO_2 + 0.5O_2 \rightarrow SO_3 + H_2O \rightarrow H_2SO_4$$
$$32kg \quad\quad\quad\quad\quad\quad\quad\quad\quad\quad\quad\quad\quad : \quad 98kg$$
$$4 \times 10^3 kg/hr \times 0.03 \times 0.95 \quad\quad\quad : \quad 0.5 \times X$$

$$\therefore X = \frac{98kg \times 4 \times 10^3 kg/hr \times 0.03 \times 0.95}{0.5 \times 32kg} = 698.25 kg/hr$$

TIP

$$S + O_2 \rightarrow SO_2 + 0.5O_2 \rightarrow SO_3 + H_2O \rightarrow H_2SO_4$$
$$32kg \quad\quad\quad\quad\quad\quad\quad\quad\quad\quad\quad\quad\quad\quad : \quad 98kg$$
$$\text{폐유량}(kg/hr) \times \frac{S(\%)}{100} \times \frac{\text{탈황율}(\%)}{100} \quad : \quad X \times \frac{\text{순도}(\%)}{100}$$

04 황성분이 0.8%인 폐기물을 20t/hr 소각하는 소각로에서 배기가스 중의 SO_2를 $CaCO_3$로 완전히 탈황하는 경우 이론상 하루에 필요한 $CaCO_3$의 양(ton/day)을 계산하시오.(단, 폐기물 중의 S는 모두 SO_2로 전환되며, 소각로의 1일 가동시간은 16시간, Ca 원자량 : 40)

[풀이]

$$S + O_2 \rightarrow SO_2 + CaCO_3 + 0.5O_2 \rightarrow CaSO_4 + CO_2$$

$$\begin{array}{cc} 32\text{kg} & : & 100\text{kg} \\ 20\text{ton/hr} \times 0.008 \times 16\text{hr/day} & : & X \end{array}$$

$$\therefore X = \frac{20\text{ton/hr} \times 0.008 \times 16\text{hr/day} \times 100\text{kg}}{32\text{kg}} = 8.0\text{ton/day}$$

05 NO 400ppm을 함유한 연소가스 300,000Sm³/hr을 암모니아를 환원제로 하는 선택적 촉매 환원법으로 처리하고자 한다. NH_3의 반응률을 80%로 할 때 필요한 NH_3량(kg/hr)을 계산하시오.

[풀이]

$$6NO + 4NH_3 \rightarrow 5N_2 + 6H_2O$$

$$\begin{array}{cc} 6 \times 22.4\text{Sm}^3 & : & 4 \times 17\text{kg} \\ 300,000\text{Sm}^3/\text{hr} \times 400\text{ppm} \times 10^{-6} & : & X \times 0.80 \end{array}$$

$$\therefore X = \frac{4 \times 17\text{kg} \times 300,000\text{Sm}^3/\text{hr} \times 400\text{ppm} \times 10^{-6}}{6 \times 22.4\text{Sm}^3 \times 0.80} = 75.89\text{kg/hr}$$

06 폐기물 연소 후 배출되는 배기가스 중 염화수소 농도가 361ppm이고, 배기가스 부피가 2,900Sm³/hr일 때, 배기가스 내 염화수소를 $Ca(OH)_2$로 처리시 필요한 $Ca(OH)_2$량(kg/hr)을 계산하시오. (단, 표준상태를 기준으로 하고, Ca 원자량 : 40, 처리 반응률은 100% 기준)

[풀이]

$$2HCl + Ca(OH)_2 \rightarrow CaCl_2 + 2H_2O$$

$$\begin{array}{cc} 2 \times 22.4\text{Sm}^3 & : & 74\text{kg} \\ 2,900\text{Sm}^3/\text{hr} \times 361\text{ppm} \times 10^{-6} & : & X \end{array}$$

$$\therefore X = \frac{2,900\text{Sm}^3/\text{hr} \times 361\text{ppm} \times 10^{-6} \times 74\text{kg}}{2 \times 22.4\text{Sm}^3} = 1.73\text{kg/hr}$$

07 소각과정에서 Cl_2농도가 0.4%인 배출가스 5,000Sm³/hr를 $Ca(OH)_2$ 현탁액으로 세정처리하여 Cl_2를 제거하려 할 때 이론적으로 필요한 $Ca(OH)_2$양(kg/hr)을 계산하시오. (단, 원자량 Cl : 35.5, Ca : 40)

풀이
$$2Cl_2 + 2Ca(OH)_2 \rightarrow CaCl_2 + Ca(OCl)_2 + 2H_2O$$
$$2 \times 22.4 Sm^3 \quad : \quad 2 \times 74 kg$$
$$5,000 Sm^3/hr \times 0.4\% \times 10^{-2} \quad : \quad X$$
$$\therefore X = \frac{5,000 Sm^3/hr \times 0.4\% \times 10^{-2} \times 2 \times 74 kg}{2 \times 22.4 Sm^3} = 66.07 kg/hr$$

08 연소실 내에서의 질소산화물 저감대책 5가지를 쓰시오.

풀이
① 저과잉공기량 연소법 ② 저온도연소법
③ 배기가스 재순환법   ④ 이단연소법
⑤ 수증기 및 물분사

09 염화수소(HCl)의 제거반응식을 2가지 쓰시오.

풀이
① $2HCl + Ca(OH)_2 \rightarrow CaCl_2 + 2H_2O$
② $HCl + NaOH \rightarrow NaCl + H_2O$

10 다이옥신류의 생성기전을 3가지 쓰시오.

풀이
① 유기염소계 화합물(PCB)의 소각에 의해 생성
② 저온에서 촉매화 반응에 의해 먼지와 결합해 생성
③ 폐기물에 존재하는 다이옥신류가 연소시 분해되지 않고 배기가스로 배출되어 생성

11 소각시설에서 발생하는 먼지촉매에 의한 저온재생성에 대해 간단히 쓰시오.

풀이
300 ~ 400℃범위의 저온영역에서 비산재 등에 의한 비균질성 촉매반응에 의해 다이옥신류 전구물질과 염소 Donner와의 상호반응으로 생성되는 것을 말한다.

12 다이옥신류의 저감방안 및 제거기술 중 연소과정 제어법 5가지를 쓰시오.

① 로내 온도를 1,000℃ 이상으로 운전하여 다이옥신 성분 발생량을 최소화
② 로내에서 적절한 체류시간 유지
③ 폐기물과 공기의 혼합을 충분하게 유지
④ 비산재 발생을 최소화
⑤ 연소상태를 완전연소로 유지

13 다이옥신류의 저감방안 및 제거기술 ((가) 연소전 제어, (나) 연소과정 제어, (다) 연소과정 후 제어)을 쓰시오.

(가) 연소전 제어방법
　① 유기염소계 화합물(PVC 제품류) 반입을 제한한다.
　② 페인트가 칠해져 있거나 페인트로 처리된 목재, 가구류 반입을 억제 제한한다.
(나) 연소과정 제어방법
　① 로내 온도를 1,000℃ 이상으로 운전하여 다이옥신 성분 발생량을 최소화 한다.
　② 로내에서 적절한 체류시간과 폐기물과 공기의 혼합을 충분하게 하여 완전연소 시킨다.
(다) 연소과정 후 제어방법
　① 활성탄과 백필터 사용하여 제어 : 이 경우에는 분무된 활성탄이 필터백 표면에 코팅되어 백필터에서도 흡착이 활발하게 일어난다.
　② 촉매에 의한 다이옥신분해 방법 : 활성탄 흡착처리에 비해 다이옥신을 무해화하기 위한 후처리가 필요 없다.

14 활성탄을 이용한 소각로중에 존재하는 다이옥신 제거공정을 설명하시오.

활성탄과 백필터를 같이 사용하는 경우 배기가스 conditioning시 활성탄분말 투입시설을 설치하여 활성탄을 분무하면 분무된 활성탄이 필터 백 표면에 코팅되어 백필터에서 흡착하여 제거한다.

15 다이옥신 저감을 위한 대표적 설비 4가지를 서술하시오.

① 촉매분해법
② 고온광분해법
③ 오존산화법
④ 열분해산화법

CHAPTER 05 오염물질 제거장치

01 전기집진장치

코로나 방전에 의해 발생하는 기전력으로 입자를 대전시켜 집진한다.

(1) 전기집진장치의 특징

1) 장점

① 집진효율이 높다.
② 유지관리가 용이하고 운전비, 유지비가 적게 소요된다.
③ 압력손실이 적고 대량의 분진함유가스를 처리할 수 있다.
④ 회수할 가치가 있는 입자의 포집이 가능하다.
⑤ 부식성가스가 함유된 먼지도 처리가 가능하다.
⑥ 고온가스, 대량의 가스처리가 가능하다.
⑦ 미세입자 제거가 가능하다.
⑧ 배출가스의 온도 강하가 작다.

2) 단점

① 설치시 소요 부지면적이 크다.
② 초기시설비가 크다.
③ 전압변동과 같은 조건변동에 쉽게 적응하기 어렵다.

02 여과집진장치

(1) 여과집진장치의 특징

1) 장점

① 1㎛ 이상의 미세입자의 제거가 용이하다.
② 세정집진장치보다 압력손실과 동력소모가 적다.
③ 다양한 여과재의 사용으로 인하여 설계시 융통성이 있다.

2) 단점

① 폭발성, 점착성 및 흡습성 먼지의 제거가 어렵다.
② 수분이나 여과속도에 대한 적응성이 낮다.
③ 여과재의 교환으로 유지비가 고가이다.

(2) 여과집진장치의 집진 원리

① 확산작용   ② 관성충돌
③ 차단작용   ④ 중력작용

(3) 여과집진장치의 여과속도

$$Q = A \times V_f$$

여기서, Q : 처리가스량(m^3/sec)   A : 여과포 유효면적(m^2)
 V_f : 여과속도(m/sec)

03 스크러버(세정집진장치)

스크러버는 액적 또는 액막을 형성시켜 함진가스와의 접촉에 의해 오염물질을 제거시키는 장치이다.

1) 장점

① 2차적 먼지처리가 불필요하다.
② 전기, 여과집진장치 보다 좁은 공간에 설치가 가능하다.
③ 한번 제거된 입자는 다시 처리가스 속으로 재비산되지 않는다.
④ 고온 다습한 가스나 연소성 및 폭발성 가스의 처리가 가능하다.
⑤ 가동부분이 작고 조작이 간단하다.
⑥ 입자상 물질과 가스상 물질을 동시에 제거가 가능하다.
⑦ 접착성 및 조해성 먼지의 처리가 가능하다.
⑧ 친수성 더스트의 집진효과가 높다.

2) 단점

① 냉한기에 세정수의 동결에 의한 대책 수립이 필요하다.
② 부식성 가스의 흡수로 재료 부식이 발생할 수 있다.
③ 소수성 먼지의 집진효과가 낮다.
④ 압력손실과 동력소비량이 크고 많은 물이 필요하다.

04 사이클론(원심력 집진장치)의 특징

① 압력손실($80 \sim 100\,mmH_2O$)이 비교적 작다.
② 고온가스의 처리가 가능하다.
③ 먼지량과 유량의 변화에 민감하다.
④ 미세입자의 집진효율이 낮다.
⑤ 고농도는 병렬로 연결하고, 응집성이 강한 먼지는 직렬연결(단수 3단 한계)하여 주로 사용

한다.
⑥ 일반적으로 축류식 직진형, 접선 유입식, 소구경 multiclone에서 blow down 효과를 얻을 수 있다.
⑦ 함진가스의 온도가 높아지면 집진율은 저하되나 그 영향은 크지 않다.
⑧ 가동부(moving part)가 없는 것이 기계적 특징이다.
⑨ 원심력과 중력이 동시에 작용하며 중력은 보다 큰 입자의 분진에 작용한다.
⑩ 유입속도 변화없이 입구면적이 증가하면 압력손실은 증가하고 효율은 감소한다.

05 관성력 집진장치의 특징

① 충돌식과 반전식이 있으며, 일반적으로 고온가스의 처리가 가능하므로 굴뚝 또는 배관내에 적용될 때가 있다.
② 액체입자의 포집에 사용되는 multibaffle형을 1μm 전후의 미립자 제거가 가능하나, 완전하게 처리하기 위해 가스출구에 충전층을 설치하는 것이 좋다.
③ 집진가능한 입자는 주로 10μm 이상의 조대입자이며 일반적으로 집진율은 50~70% 정도이다.

06 중력집진장치의 특징

① 중력에 의한 자연침강의 방법으로 주로 입자의 크기가 50μm 이상의 입자상물질을 처리하는데 사용된다.
② 함진가스의 온도변화에 의한 영향을 거의 받지 않는다.
③ 전처리(1차처리장치)로 사용된다.
④ 유지비 및 설치비가 적게드나 신뢰도가 낮다.

실전연습문제

01 사이클론 집진장치에서 블로우다운의 정의를 쓰고, 효과를 4가지 쓰시오.

(1) 블로우다운의 정의 : 사이클론 하부의 더스트박스에서 처리가스량의 5 ~ 10%를 처리하여 사이클론의 집진효율을 높이는 방법이다.
(2) 효과
① 난류현상 억제
② 먼지의 재비산 방지
③ 유효원심력 증가
④ 장치내벽 부착으로 일어나는 먼지의 축적 방지

02 사이클론(원심력 집진장치)의 장·단점을 각각 3가지씩 쓰시오.

(1) 장점
① 압력손실($80 \sim 100\,mmH_2O$)이 비교적 작다.
② 고온가스의 처리가 가능하다.
③ 구조가 간단하다.
(2) 단점
① 먼지량과 유량의 변화에 민감하다.
② 미세입자의 집진효율이 낮다.
③ 점착성 먼지 처리가 어렵다.

03 전기집진장치의 장점을 6가지 쓰시오.

① 미세한 입자 제거가 가능하고 집진효율이 높다.
② 유지관리가 용이하고 운전비, 유지비가 적게 소요된다.
③ 압력손실이 적고 대량의 먼지함유가스를 처리할 수 있다.
④ 회수할 가치가 있는 입자의 포집이 가능하다.
⑤ 부식성 가스가 함유된 먼지도 처리가 가능하다.
⑥ 고온가스, 대량의 가스처리가 가능하다.

04 백필터를 통과한 가스의 분진농도가 8mg/m³이고 분진의 통과율이 10%라면 백필터를 통과하기 전 가스중의 분진농도(g/m³)를 계산하시오.

풀이

통과율(P) = $\dfrac{출구농도}{입구농도} \times 100$

$10\% = \dfrac{8 \times 10^{-3} \text{g/m}^3}{입구농도(\text{g/m}^3)} \times 100$

∴ 입구농도 = $\dfrac{8 \times 10^{-3} \text{g/m}^3}{0.1} = 0.08 \, \text{g/m}^3$

05 배출가스의 먼지농도가 2,000mg/Sm³인 소각로에서 먼지를 처리하기 위하여 집진효율 40%인 중력집진기, 90%인 여과집진기 그리고 세정집진기가 직렬로 연결되어 있다. 먼지농도를 5mg/Sm³ 이하로 줄이기 위해서는 세정집진기의 집진효율(%)을 계산하시오.

풀이

① 세정집진장치의 입구농도 = 입구먼지농도(mg/Sm³) × $(1-\eta_1) \times (1-\eta_2)$
   = 2,000mg/Sm³ × $(1-0.4) \times (1-0.9)$ = 120 mg/Sm³

② 세정집진장치의 출구농도 = 5mg/Sm³

③ 세정집진장치의 집진효율(%) = $\left(1 - \dfrac{출구농도}{입구농도}\right) \times 100$

= $\left(1 - \dfrac{5\text{mg/Sm}^3}{120\text{mg/Sm}^3}\right) \times 100 = 95.83\,\%$

PART 04

공정시험기준

CHAPTER 01 총칙

CHAPTER 02 시료의 채취

CHAPTER 03 일반항목편

폐기물처리
기　　사
실　　기

CHAPTER 01 총칙

01 총칙

(1) 온도

① 온도의 표시는 셀시우스(Celcius) 법에 따라 아라비아 숫자의 오른쪽에 ℃를 붙인다. 절대온도는 K로 표시하며, 절대온도 0K는 -273℃로 한다.
② 표준온도 : 0℃, 상온 : 15~25℃, 실온은 1~35℃, 찬곳 : 0~15℃
③ 냉수 : 15℃ 이하, 온수 : 60~70℃, 열수 : 약 100℃
④ 수욕상 또는 수욕중에서 가열한다 : 따로 규정이 없는 한 수온 100℃에서 가열함을 뜻하고 약 100℃의 증기욕을 쓸 수 있다.
⑤ 각각의 시험은 따로 규정이 없는 한 상온에서 조작하고 조작 직후에 그 결과를 관찰한다. 단, 온도의 영향이 있는 것의 판정은 표준온도를 기준으로 한다.

(2) 관련 용어의 정의

① 액상폐기물 : 고형물의 함량이 5% 미만
② 반고상폐기물 : 고형물의 함량이 5% 이상 15% 미만
③ 고상폐기물 : 고형물의 함량이 15% 이상
④ 함침성 고상폐기물 : 종이, 목재 등 기름을 흡수하는 변압기 내부부재(종이, 나무와 금속이 서로 혼합되어 있어 분리가 어려운 경우를 포함)를 말한다.
⑤ 비함침성 고상폐기물 : 금속판, 구리선 등 기름을 흡수하지 않는 평면 또는 비평면형태의 변압기 내부부재를 말한다.
⑥ 즉시 : 30초 이내에 표시된 조작을 하는 것

⑦ 감압 또는 진공 : 따로 규정이 없는 한 15mmHg 이하
⑧ 방울수 : 20℃에서 정제수 20방울을 적하할 때, 그 부피가 약 1mL 되는 것
⑨ 항량으로 될 때까지 건조한다 : 같은 조건에서 1시간 더 건조할 때 전후 무게의 차가 g당 0.3mg 이하일 때를 말한다.
⑩ 정밀히 단다 : 규정된 양의 시료를 취하여 화학저울 또는 미량저울로 칭량함
⑪ 정확히 단다 : 규정된 수치의 질량을 0.1mg까지 다는 것
⑫ 정확히 취하여 : 규정한 양의 액체를 홀피펫으로 눈금까지 취하는 것
⑬ 약 : 기재된 양에 대하여 ±10% 이상의 차가 있어서는 안 된다.

02 정도보증/정도관리(QA/QC)

(1) 검정곡선

검정곡선(calibration curve)은 분석물질의 농도변화에 따른 지시값을 나타낸 것으로 시료 중 분석 대상 물질의 농도를 포함하도록 범위를 설정하고, 검정곡선 작성용 표준용액은 가급적 시료의 매질과 비슷하게 제조하여야 한다.

① 절대검정곡선법(external standard method) : 시료의 농도와 지시값과의 상관성을 검정곡선식에 대입하여 작성하는 방법이다.

② 표준물질첨가법(standard addition method) : 시료와 동일한 매질에 일정량의 표준물질을 첨가하여 검정곡선을 작성하는 방법으로써, 매질효과가 큰 시험 분석 방법에서 분석 대상 시료와 동일한 매질의 표준시료를 확보하지 못한 경우에 매질효과를 보정하여 분석할 수 있는 방법이다.

③ 상대검정곡선법(internal standard calibration) : 검정곡선 작성용 표준용액과 시료에 동일한 양의 내부표준물질을 첨가하여 시험분석 절차, 기기 또는 시스템의 변동으로 발생하는 오차를 보정하기 위해 사용하는 방법이다. 상대검정곡선법은 시험 분석하려는 성분과 물리·화학적 성질은 유사하나 시료에는 없는 순수 물질을 내부표준물질로 선택한다. 일반적으로 내부표준물질로는 분석하려는 성분에 동위원소가 치환된 것을 많이 사용한다.

(2) 검출한계

① 기기검출한계(IDL) : 시험분석 대상물질을 기기가 검출할 수 있는 최소한의 농도 또는 양으로서, 일반적으로 S/N 비의 2~5배농도 또는 바탕시료를 반복 측정 분석한 결과의 표준편차에 3배한 값 등을 말한다.

② 정량한계(LOQ) : 시험분석 대상을 정량화할 수 있는 측정값으로서, 제시된 정량한계 부근의 농도를 포함하도록 시료를 준비하고 이를 반복 측정하여 얻은 결과의 표준편차(S)에 10배한 값을 사용한다.

③

$$정량한계 = 10 \times 표준편차(S)$$

CHAPTER 02 시료의 채취

01 시료의 채취

(1) 시료 용기

① 채취용기는 시료를 변질시키거나 흡착하지 않는 것이어야 하며 기밀하고 누수나 흡습성이 없어야 한다.
② 시료용기는 무색경질의 유리병 또는 폴리에틸렌병, 폴리에틸렌백을 사용
③ 노말헥산 추출물질, 유기인, 폴리클로리네이티드비페닐(PCBs) 및 휘발성 저급 염소화 탄화수소류는 갈색경질 유리병만 사용
④ 시료 중에 다른 물질의 혼입이나 성분의 손실을 방지하기 위하여 밀봉할 수 있는 마개를 사용하며 코르크 마개를 사용하여서는 안 된다. 다만, 고무나 코르크 마개에 파라핀지, 유지 또는 셀로판지를 씌워 사용할 수도 있다.
⑤ 시료용기에는 폐기물의 명칭, 대상 폐기물의 양, 채취장소, 채취시간 및 일기, 시료번호, 채취책임자 이름, 시료의 양, 채취방법, 기타 참고자료(보관상태 등)를 기재한다.

(2) 시료의 채취방법

1) 폐기물 소각시설의 소각재 시료 채취.

① 연속식 연소방식의 소각재 반출 설비에서 시료채취
㉠ 연속식 연소방식의 소각재 반출설비에서 채취하는 경우 바닥재 저장조에서는 부설된 크레인을 이용하여 채취하고, 비산재 저장조에서는 낙하구 밑에서 채취하며, 소각재가 운반차량에 적재되어 있는 경우에는 적재 차량에서 채취하는 것을 원칙으로 하고, 부지 내에 야적되어 있는 경우에는 야적더미에서 각 층별로 채취하는 것을 원칙으로

한다.
ⓛ 소각재 저장조에서 채취하는 경우는 저장조에 쌓여 있는 소각재를 평면상에서 5등분한 후 각 등분마다 크레인을 이용하여 소각재를 상하층으로 잘 섞은 다음 크레인으로 일정량을 저장조 밖으로 운반한다. 다만, 시료채취장소가 좁아 작업하기 힘든 경우에는 크레인으로부터 직접 일정량을 채취하는 것으로 한다. 시료는 운반된 소각재중 대표성이 있다고 판단되는 곳에서 각 등분마다 500g 이상을 채취한다.
ⓒ 낙하구 밑에서 채취하는 경우는 시료의 양이 1회에 500g 이상이 되도록 채취한다.
ⓔ 야적더미에서 채취하는 경우는 야적더미를 2m 높이마다 각각의 층으로 나누고 각 층별로 적절한 지점에서 500g 이상의 시료를 채취한다.
ⓜ 소각재가 적재되어 있는 운반차량에서 시료를 채취하는 경우 5톤 미만의 차량에 적재되어 있을 때에는 적재폐기물을 평면상에서 6등분한 후 각 등분마다 시료를 채취한다. 반면, 5톤 이상의 차량에 적재되어 있을 때에는 적재폐기물을 평면상에서 9등분한 후 각 등분마다 시료를 채취한다.

② 회분식 연소방식의 소각재 반출 설비에서 시료채취
회분식 연소방식의 소각재 반출설비에서 채취하는 경우에는 하루 동안의 운전횟수에 따라 매 운전 시마다 2회 이상 채취하는 것을 원칙으로 하고, 시료의 양은 1회에 500g 이상으로 한다.

(3) 시료의 양

시료의 양은 1회에 100g 이상 채취한다. 다만, 소각재의 경우에는 1회에 500g 이상을 채취한다.

(4) 시료의 수

① 대상폐기물의 양과 시료의 최소 수

대상폐기물의 양(단위 : ton)	시료의 최소 수	대상폐기물의 양(단위 : ton)	시료의 최소 수
~ 1 미만	6	100 이상~ 500 미만	30
1 이상~ 5 미만	10	500 이상~ 1,000 미만	36
5 이상~ 30 미만	14	1,000 이상~ 5,000 미만	50
30 이상~ 100 미만	20	5,000 이상	60

② 폐기물이 적재되어 있는 운반차량에서 시료를 채취할 경우에는 적재 폐기물의 성상이 균일하다고 판단되는 깊이에서 시료를 채취한다.

㉠ 5톤 미만의 차량에 적재되어 있을 때에는 적재폐기물을 평면상에서 6등분한 후 각 등분마다 시료를 채취한다.
㉡ 5톤 이상의 차량에 적재되어 있을 때에는 적재폐기물을 평면상에서 9등분한 후 각 등분마다 시료를 채취한다.

(5) 시료의 분할 채취 방법

1) 구획법

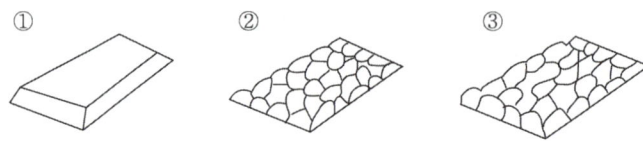

① 모아진 대시료를 네모꼴로 엷게 균일한 두께로 편다.
② 이것을 가로 4등분 세로 5등분하여 20개의 덩어리로 나눈다.
③ 20개의 각 부분에서 균등량 씩을 취하여 혼합하여 하나의 시료로 한다.

2) 교호삽법

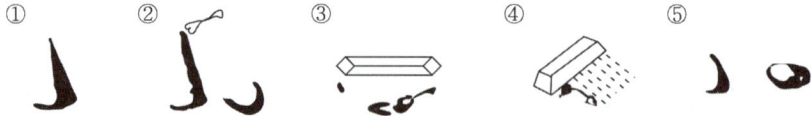

① 분쇄한 대시료를 단단하고 깨끗한 평면위에 원추형으로 쌓는다.
② 원추를 장소를 바꾸어 다시 쌓는다.
③ 원추에서 일정량을 취하여 장방형으로 도포하고 계속해서 일정량을 취하여 그 위에 입체로 쌓는다.
④ 육면체의 측면을 교대로 돌면서 균등량씩을 취하여 두개의 원추를 쌓는다.
⑤ 하나의 원추는 버리고 나머지 원추를 앞의 조작을 반복하면서 적당한 크기까지 줄인다.

3) 원추 4분법

① 분쇄한 대시료를 단단하고 깨끗한 평면위에 원추형으로 쌓아 올린다.

② 앞의 원추를 장소를 바꾸어 다시 쌓는다.
③ 원추의 꼭지를 수직으로 눌러서 평평하게 만들고 이것을 부채꼴로 사등분한다.
④ 마주 보는 두 부분을 취하고 반은 버린다.
⑤ 반으로 준 시료를 앞의 조작을 반복하여 적당한 크기까지 줄인다.

02 시료의 준비

(1) 함량 시험방법

지정폐기물여부 판정을 위한 기름성분, 폴리클로리네이티드비페닐(PCBs) 및 정제유의 품질검사를 위한 실험에 적용한다. 또한 폐기물관리법에서 규정하고 있지 않으나, 폐기물 중에 함유된 오염물질의 농도를 측정하는 시료에 적용한다.

(2) 용출 시험방법

고상 또는 반고상 폐기물에 대하여 폐기물관리법에서 규정하고 있는 지정폐기물의 판정 및 지정폐기물의 중간처리방법 또는 매립방법을 결정하기 위한 실험에 적용한다.

1) 시료용액의 조제

시료의 조제방법에 따라 조제한 시료 100g 이상을 정확히 달아 정제수에 염산을 넣어 pH를 5.8 ~ 6.3으로 한 용매(mL)를 시료 : 용매 = 1 : 10(W : V)의 비로 2,000mL 삼각플라스크에 넣어 혼합한다.

2) 용출조작

① 시료용액의 조제가 끝난 혼합액을 상온 상압에서 진탕회수가 매분 당 약 200회, 진폭이 4 ~ 5cm의 진탕기를 사용하여 6시간 연속 진탕한다.
② $1.0\mu m$의 유리섬유 여과지로 여과하고 여과액을 적당량 취하여 용출실험용 시료용액으로 한다.
③ 여과가 어려운 경우에는 원심분리기를 사용하여 매분당 3,000회전 이상으로 20분 이상 원심분리한 다음 상징액을 적당량 취하여 용출실험용 시료용액으로 한다.

3) 실험결과의 보정

항목별 시험기준 중 각항의 규정에 따라 실험한 용출실험의 결과는 시료 중의 수분함량 보정을 위해 함수율 85%이상인 시료에 한하여 $\dfrac{15}{100-시료의\ 함수율(\%)}$ 을 곱하여 계산된 값으로 한다.

(3) 산분해법

1) **질산 분해법** : 유기물 함량이 낮은 시료에 적용

2) **질산 - 염산 분해법** : 유기물 함량이 비교적 높지 않고 금속의 수산화물, 산화물, 인산염 및 황화물을 함유하고 있는 시료에 적용

3) **질산 - 황산 분해법**
   ① 유기물 등을 많이 함유하고 있는 대부분의 시료에 적용
   ② 칼슘, 바륨, 납 등을 다량 함유한 시료는 난용성의 황산염을 생성하여 다른 금속성분을 흡착하므로 주의하여야 한다.

4) **질산 - 과염소산 분해법** : 유기물을 높은 비율로 함유하고 있으면서 산화분해가 어려운 시료에 적용

5) **질산-과염소산-불화수소산 분해법**
   점토질 또는 규산염이 높은 비율로 함유된 시료에 적용

6) **회화법**
   ① 목적성분이 400℃ 이상에서 휘산되지 않고 쉽게 회화될 수 있는 시료에 적용
   ② 시료 중에 염화암모늄, 염화마그네슘, 염화칼슘 등이 다량 함유된 경우에는 납, 철, 주석, 아연, 안티몬 등이 휘산되어 손실을 가져오므로 주의하여야 한다.

실전연습문제

01 다음 괄호에 들어갈 온도를 순서대로 바르게 쓰시오.

> 표준온도는 0℃, 상온은 (①)℃, 실온은 (②)℃로 하며, 찬 곳은 따로 규정이 없는 한 (③)℃의 곳을 뜻한다.
> 온수는 60 ~ 70℃, 열수는 약 100℃, 냉수는 (④)℃ 이하로 한다. "수욕상(水浴上) 또는 물 중탕에서 가열한다."라 함은 따로 규정이 없는 한 수온 (⑤)℃에서 가열함을 뜻하고 약 100℃의 증기욕을 쓸 수 있다.

풀이 ① 15 ~ 25 ② 1 ~ 35 ③ 0 ~ 15 ④ 15 ⑤ 100

02 폐기물공정시험기준상 총칙에 대한 내용 중 폐기물을 액상폐기물, 반고상폐기물, 고상폐기물로 나눈다. 고형물 함량에 따라 구분하시오.

풀이
① 액상폐기물 : 고형물의 함량이 5% 미만
② 반고상폐기물 : 고형물의 함량이 5% 이상 15% 미만
③ 고상폐기물 : 고형물의 함량이 15% 이상

03 폐기물공정시험기준상 총칙에 대한 내용 중 함침성 고상폐기물과 비함침성 고상폐기물에 대해 간단히 서술하시오.

풀이
① 함침성 고상폐기물 : 종이, 목재 등 기름을 흡수하는 변압기 내부부재(종이, 나무와 금속이 서로 혼합되어 있어 분리가 어려운 경우를 포함)를 말한다.
② 비함침성 고상폐기물 : 금속판, 구리선 등 기름을 흡수하지 않는 평면 또는 비평면형태의 변압기 내부부재를 말한다.

04 시료를 채취할 때 사용하는 용기의 종류를 3가지만 쓰시오.

풀이 ① 갈색경질의 유리병 ② 폴리에틸렌병 ③ 폴리에틸렌백

05 시료를 채취할 때 사용하는 용기 중 반드시 갈색경질 유리병만 사용하여야 하는 물질을 4가지만 쓰시오.

① 노말헥산 추출물질 ② 유기인
③ 폴리클로리네이티드비페닐(PCBs) ④ 휘발성 저급 염소화 탄화수소류

06 시료를 채취할 때 사용하는 용기에 기재하는 사항 6가지를 쓰시오.

① 폐기물의 명칭 ② 대상 폐기물의 양
③ 채취장소 ④ 채취시간 및 일기
⑤ 시료번호 ⑥ 채취책임자 이름
⑦ 시료의 양 ⑧ 채취방법

07 다음은 시료의 양에 대한 내용이다. ( )를 알맞게 채우시오.

> 시료의 양은 1회에 (①)g 이상 채취한다. 다만, 소각재의 경우에는 1회에 (②)g 이상을 채취한다.

① 100 ② 500

08 대상폐기물의 양이 1,500톤인 경우, 시료의 최소수를 쓰시오.

50

TIP

대상폐기물의 양과 시료의 최소 수

대상폐기물의 양(단위 : ton)	시료의 최소 수	대상폐기물의 양(단위 : ton)	시료의 최소 수
~ 1 미만	6	100 이상 ~ 500 미만	30
1 이상 ~ 5 미만	10	500 이상 ~ 1,000 미만	36
5 이상 ~ 30 미만	14	1,000 이상 ~ 5,000 미만	50
30 이상 ~ 100 미만	20	5,000 이상	60

09 폐기물공정시험기준에 규정된 시료의 축소방법의 종류 3가지를 쓰시오.

풀이 ① 구획법   ② 교호삽법   ③ 원추4분법

11 구획법을 3단계로 나눠서 간단히 설명하시오.

풀이 ① 모아진 대시료를 네모꼴로 얇게 균일한 두께로 편다.
② 이것을 가로 4등분, 세로 5등분하여 20개의 덩어리로 나눈다.
③ 20개의 각 부분에서 균등량 씩을 취하여 혼합하여 하나의 시료로 한다.

12 교호삽법을 4단계로 나눠서 간단히 설명하시오.

풀이 ① 분쇄한 대시료를 단단하고 깨끗한 평면위에 원추형으로 쌓는다.
② 그 원추를 장소를 바꾸어 다시 쌓는다.
③ 원추에서 일정량을 취하여 장방형으로 도포하고 계속해서 일정량을 취하여 그 위에 입체로 쌓는다.
④ 육면체의 측면을 교대로 돌면서 균등량씩을 취하여 두 개의 원추를 쌓고 이중 하나는 버리는 방식으로 시료를 계속 적당한 크기로 줄인다.

13 원추4분법을 5단계로 나눠서 간단히 설명하시오.

풀이 ① 분쇄한 대시료를 단단하고 깨끗한 평면위에 원추형으로 쌓아 올린다.
② 앞의 원추를 장소를 바꾸어 다시 쌓는다.
③ 원추의 꼭지를 수직으로 눌러서 평평하게 만들고 이것을 부채꼴로 사등분한다.
④ 마주 보는 두 부분을 취하고 반은 버린다.
⑤ 반으로 준 시료를 앞의 조작을 반복하여 적당한 크기까지 줄인다.

14 용출시험방법에서 다음 물음에 답하시오

(가) 시료용액의 조제시 pH의 범위

(나) 진탕회수

(다) 진폭

(라) 진탕시간

(마) 여과가 어려운 경우 시료용액 조제방법

 (가) 시료용액의 조제시 pH의 범위 : 5.8 ~ 6.3
(나) 진탕회수 : 매분 당 약 200회
(다) 진폭 : 4 ~ 5 cm
(라) 진탕시간 : 6시간
(마) 여과가 어려운 경우 시료용액 조제방법 : 원심분리기를 사용하여 매분당 3,000 회전 이상으로 20분 이상 원심분리한 다음 상징액을 적당량 취하여 용출실험용 시료용액으로 한다.

15 다음은 용출시험 방법 중 시료의 조제에 관한 내용이다. ( )를 알맞게 채우시오.

> 시료의 조제방법에 따라 조제한 시료 100g 이상을 달아 정제수에 염산을 넣어 pH(①)으로 한 용매(mL)를 (②)의 비율로 2,000mL 삼각플라스크에 넣어 혼합한다.

 ① 5.8 ~ 6.3 ② 시료 : 용매 = 1 : 10(W : V)

16 용출시험을 위해 시료 (①)g 이상을 정확히 달고 정제수에 (②)을 넣어 pH 5.8 ~ 6.3으로 하고 용매(mL)를 시료 : 용매 = 1 : 10(W/V)로 혼합한다. 용출시험결과는 시료 중의 수분함량을 보정하기 위해 함수율 (③)% 이상인 시료에 한하여 (④) 곱하여 계산된 값으로 한다. ( )안에 알맞은 말을 쓰시오.

 ① 100g ② 염산

③ 85 ④ $\dfrac{15}{100 - 시료의\ 함수율(\%)}$

17 함수율이 90%인 오니를 용출시험하여 구리의 농도를 측정하니 1.0mg/L로 나타났다. 수분함량을 보정한 용출시험 결과치(mg/L)를 계산하시오.

풀이
① 용출실험의 결과는 시료중의 수분함량 보정을 위해 함수율 85%이상인 시료에 한하여 $\dfrac{15}{100-시료의\ 함수율(\%)}$ 을 곱하여 계산된 값으로 한다.

따라서 $\dfrac{15}{100-90\%} = 1.5$

② $1.0\text{mg/L} \times 1.5 = 1.5\text{mg/L}$

18 90%의 함수율을 가진 하수슬러지 20톤과 70%의 함수율을 가진 음식쓰레기 50톤을 혼합할 경우 혼합폐기물의 함수율(%)을 계산하고, 액상, 고상, 반고상 폐기물인지 판단 기준을 제시하고 판단하시오.

풀이
(1) 혼합폐기물의 함수율(%)을 계산한다.

혼합폐기물의 함수율(%) = $\dfrac{20톤 \times 90\% + 50톤 \times 70\%}{20톤 + 50톤} = 75.71\%$

(2) 폐기물 판단
① 고상폐기물 : 고형물의 함량이 15% 이상
   반고상폐기물 : 고형물의 함량이 5% 이상 15% 미만
   액상폐기물 : 고형물의 함량이 5% 미만
② 혼합폐기물의 고형물 함량(%)=100-혼합폐기물의 함수율(%)= $100-75.71\% = 24.29\%$
③ 혼합폐기물의 상태는 고상폐기물이다.

19 산분해법의 종류를 5가지 쓰고, 적용시료를 각각 쓰시오.

풀이
① 질산 분해법 : 유기물 함량이 낮은 시료에 적용
② 질산-염산 분해법 : 유기물 함량이 비교적 높지 않고 금속의 수산화물, 산화물, 인산염 및 황화물을 함유하고 있는 시료에 적용
③ 질산-황산 분해법 : 유기물 등을 많이 함유하고 있는 대부분의 시료에 적용
④ 질산-과염소산 분해법 : 유기물을 높은 비율로 함유하고 있으면서 산화분해가 어려운 시료에 적용
⑤ 질산-과염소산-불화수소산 분해법 : 점토질 또는 규산염이 높은 비율로 함유된 시료에 적용

CHAPTER 03 일반항목편

01 강열감량 및 유기물함량 – 중량법

(1) 목적

시료에 질산암모늄용액(25%)을 넣고 가열하여 (600 ± 25)℃의 전기로 안에서 3시간 강열한 다음 데시케이터에서 식힌 후 무게를 달아 증발접시의 무게차로부터 강열감량 및 유기물함량의 양(%)을 구한다.

(2) 적용범위 : 이 시험기준은 0.1%까지 측정한다.

(3) 분석절차

① 도가니 또는 접시를 미리 (600 ± 25)℃에서 30분간 강열하고 데시케이터 안에서 식힌 후 사용하기 직전에 무게를 단다.
② 시료 적당량(20g 이상)을 취하여 도가니 또는 접시와 시료의 무게를 정확히 단다.
③ 질산암모늄용액(25%)을 넣어 시료에 적시고 천천히 가열하여 (600 ± 25)℃의 전기로 안에서 3시간 강열하고 실리카겔이 담겨있는 데시케이터 안에 넣어 식힌 후 무게를 정확히 단다.

(4) 결과

①
$$강열감량(\%) = \frac{(W_2 - W_3)}{(W_2 - W_1)} \times 100$$

②
$$유기물함량(\%) = \frac{휘발성\ 고형물(\%)}{고형물(\%)} \times 100$$

여기서, 휘발성고형물(%) = 강열감량(%) − 수분(%)
- W_1 : 도가니 또는 접시의 무게
- W_2 : 강열 전의 도가니 또는 접시와 시료의 무게
- W_3 : 강열 후의 도가니 또는 접시와 시료의 무게

02 수분 및 고형물 – 중량법

(1) 목적
시료를 105 ~ 110℃에서 4시간 건조하고 데시케이터에서 식힌 후 무게를 달아 증발접시의 무게차로부터 수분 및 고형물의 양(%)을 구한다.

(2) 적용범위 : 이 시험기준은 0.1%까지 측정한다.

(3) 분석절차
① 평량병 또는 증발접시를 미리 105 ~ 110℃에서 1시간 건조시킨 다음 데시케이터 안에서 식힌 후 사용하기 직전에 무게를 단다.
② 시료 적당량을 취하여 평량병 또는 증발접시와 시료의 무게를 정확히 단다.
③ 물중탕에서 수분의 대부분을 날려 보내고 105 ~ 110℃의 건조기 안에서 4시간 완전 건조시킨 다음 실리카겔이 담겨있는 데시케이터 안에 넣어 식힌 후 무게를 정확히 단다.

(4) 결과
①
$$수분(\%) = \frac{(W_2 - W_3)}{(W_2 - W_1)} \times 100$$

②
$$고형물(\%) = \frac{(W_3 - W_1)}{(W_2 - W_1)} \times 100$$

여기서, W_1 : 평량병 또는 증발접시의 무게
W_2 : 건조전의 평량병 또는 증발접시와 시료의 무게
W_3 : 건조후의 평량병 또는 증발접시와 시료의 무게

실전연습문제

01 시료의 강열감량(%)를 측정하기 위해 10g의 도가니에 20g의 시료를 취한 후 25% 질산 암모늄 용액을 넣어 600 ±25℃의 전기로 안에서 3시간 강열한 후 데시케이터에서 식힌 후 무게는 25g 이었다면 강열감량(%)을 계산하시오.

강열감량(%) = $\dfrac{W_2 - W_3}{W_2 - W_1} \times 100$

여기서, W_1 : 도가니의 무게
 W_2 : 강열 전의 도가니와 시료의 무게
 W_3 : 강열 후의 도가니와 시료의 무게

따라서 강열감량(%) = $\dfrac{(20g + 10g) - (25g)}{(20g + 10g) - (10g)} \times 100 = 25\%$

02 강열감량 시험에서 얻어진 다음 데이터로부터 강열감량(%)을 계산하시오.

- 접시무게(W_1) = 30.5238g
- 접시와 시료의 무게(W_2) = 58.2695g
- 강열 방냉 후 무게(W_3) = 43.3767g

강열감량(%) = $\left(\dfrac{W_2 - W_3}{W_2 - W_1}\right) \times 100$

여기서, W_1 : 접시의 무게
 W_2 : 강열 전 접시와 시료의 무게
 W_3 : 강열 후 접시와 시료의 무게

따라서 강열감량(%) = $\dfrac{58.2695g - 43.3767g}{58.2695g - 30.5238g} \times 100 = 53.68\%$

03 수분 40%, 고형물 60%, 휘발성고형물 30%인 쓰레기의 유기물 함량(%)을 계산하시오.

풀이) 유기물 함량(%) = $\dfrac{휘발성\ 고형물(\%)}{고형물(\%)} \times 100 = \dfrac{30\%}{60\%} \times 100 = 50\%$

04 고형물함량이 50%, 수분함량이 50%, 강열감량이 95%인 폐기물의 경우 폐기물의 고형물 중 유기함량(%)을 계산하시오.

풀이) 유기물 함량(%) = $\dfrac{휘발성\ 고형물(\%)}{고형물(\%)} \times 100$

휘발성 고형물(%) = 강열감량(%) − 수분(%) = 95% − 50% = 45%

따라서 유기물 함량(%) = $\dfrac{45\%}{50\%} \times 100 = 90\%$

05 고형물 함량이 50%, 강열감량이 80%인 폐기물의 유기물 함량(%)을 계산하시오.

풀이) 유기물 함량(%) = $\dfrac{휘발성\ 고형물(\%)}{고형물(\%)} \times 100$

① 수분(%) = 100 − 고형물(%) = 100 − 50% = 50%
② 휘발성 고형물(%) = 강열감량(%) − 수분(%) = 80% − 50% = 30%
③ 유기물 함량(%) = $\dfrac{30\%}{50\%} \times 100 = 60\%$

06 수분 40%, 고형물 60%인 쓰레기의 강열감량 및 유기물 함량을 분석한 결과가 다음과 같았다. 이 쓰레기의 유기물 함량(%)을 계산하시오.

- 도가니의 무게(W_1) = 22.5 g
- 강열 전의 도가니와 시료의 무게(W_2) = 65.8 g
- 강열 후의 도가니와 시료의 무게(W_3) = 38.8 g

풀이) ① 강열감량(%) = $\left(\dfrac{W_2 - W_3}{W_2 - W_1}\right) \times 100$

여기서, W_1 : 도가니의 무게
W_2 : 강열 전의 도가니와 시료의 무게
W_3 : 강열 후의 도가니와 시료의 무게

따라서 강열감량(%) = $\left(\dfrac{65.8\text{g} - 38.8\text{g}}{65.8\text{g} - 22.5\text{g}}\right) \times 100 = 62.36\%$

② 휘발성 고형물(%) = 강열감량(%) − 수분(%) = 62.36% − 40% = 22.36%

③ 유기물 함량(%) = $\dfrac{휘발성\ 고형물(\%)}{고형물(\%)} \times 100 = \dfrac{22.36\%}{60\%} \times 100 = 37.27\%$

07 수분 40%, 고형물 60%인 쓰레기의 유기물 함량을 측정하기 위해 다음과 같이 강열감량을 측정하였다. 대상 쓰레기의 강열감량(%)을 계산하시오.

- 용기의 방냉 후 무게(W_1) = 22.5(g)
- 용기와 시료의 무게(W_2) = 65.8(g)
- 600 ± 25℃에서 3시간 강열한 후 용기와 시료의 방냉 후 무게(W_3) = 38.8(g)

강열감량(%) = $\left(\dfrac{W_2 - W_3}{W_2 - W_1}\right) \times 100$

여기서, W_1 : 용기의 무게
W_2 : 강열 전 용기와 시료의 무게
W_3 : 강열 후 용기와 시료의 무게

따라서 강열감량(%) = $\left(\dfrac{65.8\text{g} - 38.8\text{g}}{65.8\text{g} - 22.5\text{g}}\right) \times 100 = 62.36\%$

08 강열감량의 정의를 간단히 쓰시오.

시료의 일정량을 1,000~1,200℃로 가열하여 시료 속의 휘발성 성분과 열분해될 수 있는 성분이 제거되고 불연분만 남아 질량이 일정한 값이 될 때까지의 감량을 시료에 대한 백분율로 나타낸 양이다. 즉 소각재 잔사 중 미연분의 함량을 질량 백분율로 표시한 것이다.

PART 05
폐기물관계법규

CHAPTER 01 지정폐기물의 종류

CHAPTER 02 지정폐기물과 사업장폐기물의 분류번호

CHAPTER 03 의료폐기물

폐기물처리
기사
실기

CHAPTER 01 지정폐기물의 종류

지정폐기물의 종류

1. **특정시설에서 발생되는 폐기물**
(1) 폐합성 고분자화합물
  ① 폐합성 수지(고체상태의 것은 제외)
  ② 폐합성 고무(고체상태의 것은 제외)
(2) 오니류(수분함량이 95퍼센트 미만이거나 고형물함량이 5퍼센트 이상인 것 한정)
  ① 폐수처리 오니(환경부령으로 정하는 물질을 함유한 것으로 환경부장관이 고시한 시설에서 발생되는 것으로 한정)
  ② 공정 오니(환경부령으로 정하는 물질을 함유한 것으로 환경부장관이 고시한 시설에서 발생되는 것으로 한정)
  ③ 폐농약(농약의 제조·판매업소에서 발생되는 것으로 한정)

2. **부식성 폐기물**
(1) 폐산(액체상태의 폐기물로서 수소이온 농도지수가 2.0 이하인 것으로 한정)
(2) 폐알칼리(액체상태의 폐기물로서 수소이온 농도지수가 12.5 이상인 것으로 한정하며, 수산화칼륨 및 수산화나트륨을 포함)

3. **유해물질함유 폐기물**(환경부령으로 정하는 물질을 함유한 것으로 한정)
(1) 광재(철광 원석의 사용으로 인한 고로슬래그는 제외)
(2) 분진(대기오염 방지시설에서 포집된 것으로 한정하되, 소각시설에서 발생되는 것은 제외)
(3) 폐주물사 및 샌드블라스트 폐사
(4) 폐내화물 및 재벌구이 전에 유약을 바른 도자기 조각
(5) 소각재
(6) 안정화 또는 고형화·고화 처리물
(7) 폐촉매
(8) 폐흡착제 및 폐흡수제[광물유·동물유 및 식물유(폐식용유 및 식품 재료와 원료를 조리·가공하면서 발생하는 기름은 제외)의 정제에 사용된 폐토사를 포함]

4. 폐유기용제
(1) 할로겐족(환경부령으로 정하는 물질 또는 이를 함유한 물질로 한정)
(2) 그 밖의 폐유기용제(가목 외의 유기용제를 말한다)

5. 폐페인트 및 폐래커(다음 각 목의 것을 포함)
(1) 페인트 및 래커와 유기용제가 혼합된 것으로서 페인트 및 래커 제조업, 용적 5세제곱미터 이상 또는 동력 3마력 이상의 도장시설, 폐기물을 재활용하는 시설에서 발생되는 것
(2) 페인트 보관용기에 남아 있는 페인트를 제거하기 위하여 유기용제와 혼합된 것
(3) 폐페인트 용기(용기 안에 남아 있는 페인트가 건조되어 있고, 그 잔존량이 용기 바닥에서 6밀리미터를 넘지 아니하는 것은 제외)

6. 폐유[기름성분을 5퍼센트 이상 함유한 것을 포함하며, 폴리클로리네이티드비페닐(PCBs)함유 폐기물, 폐식용유(식용을 목적으로 식품 재료와 원료를 제조·조리·가공하거나 식용유를 유통·사용하는 과정에서 발생하는 기름을 말한다)와 그 잔재물, 폐흡착제 및 폐흡수제는 제외]

7. 폐석면
(1) 건조고형물의 함량을 기준으로 하여 석면이 1퍼센트 이상 함유된 제품·설비(뿜칠로 사용된 것은 포함) 등의 해체·제거 시 발생되는 것
(2) 슬레이트 등 고형화된 석면 제품 등의 연마·절단·가공 공정에서 발생된 부스러기 및 연마·절단·가공 시설의 집진기에서 모아진 분진
(3) 석면의 제거작업에 사용된 바닥비닐시트(뿜칠로 사용된 석면의 해체·제거작업에 사용된 경우에는 모든 비닐시트)·방진마스크·작업복 등

8. 폴리클로리네이티드비페닐 함유 폐기물
(1) 액체상태의 것(1리터당 2밀리그램 이상 함유한 것으로 한정)
(2) 액체상태 외의 것(용출액 1리터당 0.003밀리그램 이상 함유한 것으로 한정)

9. 폐유독물(「유해화학물질관리법」 제2조 제3호에 따른 유독물을 폐기하는 경우로 한정)

10. 의료폐기물(환경부령으로 정하는 의료기관이나 시험·검사 기관 등에서 발생되는 것으로 한정)

11. 그 밖에 주변환경을 오염시킬 수 있는 유해한 물질로서 환경부장관이 정하여 고시하는 물질

CHAPTER 02 지정폐기물과 사업장폐기물의 분류번호

1. 지정폐기물의 세부분류 및 분류번호

01 : 특정시설에서 발생하는 폐기물
02 : 부식성폐기물
03 : 유해물질 함유 폐기물
04 : 폐유기용제
05 : 폐페인트 및 폐락카
06 : 폐유
07 : 폐석면
08 : 폴리클로리네이티드비페닐 함유 폐기물
09 : 폐유독물
10 : 의료폐기물
30 : 그 밖에 환경부장관이 정하여 고시하는 폐기물

2. 사업장일반폐기물의 세부분류 및 분류번호

51-01 유기성오니류
51-02 무기성오니류
51-03 폐합성고분자화합물
51-04 광재류
51-05 분진(대기오염방지시설에서 포집된 것에 한정하되, 소각시설에서 발생되는 것은 제외)
51-06 폐주물사 및 폐사
51-07 폐내화물 및 폐도자기 조각
51-08 소각재
51-09 안정화 또는 고형화·고화 처리물
51-10 폐촉매
51-11 폐흡착제 및 폐흡수제
51-12 폐석고 및 폐석회
51-13 연소잔재물
51-14 폐석재류
51-15 폐타이어

51-16 폐식용유(식용을 목적으로 식품 재료와 원료를 제조·조리·가공하거나 식용유를 유통·사용하는 과정에서 발생하는 기름을 말한다)
51-17 동·식물성잔재물(식품 재료와 원료를 제조·조리·가공하거나 음식료품을 제조·유통·사용하는 과정에서 발생하는 잔재물을 포함)
51-18 폐전기전자제품류
51-19 왕겨 및 쌀겨
51-20 폐목재류(원목의 용도 그대로 사용하는 나무뿌리·가지 등을 제거한 원줄기는 제외)
51-21 폐토사류
51-22 폐콘크리트
51-23 폐아스팔트콘크리트
51-24 폐벽돌
51-25 폐블록
51-26 폐기와
51-27 폐섬유
51-28 폐지류
51-29 폐금속류
51-30 폐유리
51-31 폐타일
51-32 폐보드류
51-33 폐판넬
51-35 폐전주(폐전주를 철거할 때 발생하는 폐애자, 폐근가 및 폐합성수지제 커버류 등을 포함)
51-36 폐가스 포집물
51-37 폐냉매물질
51-99 그 밖의 폐기물

CHAPTER 03 의료폐기물

의료폐기물

1. **격리의료폐기물** : 전염병예방법에 따른 전염병으로부터 타인을 보호하기 위하여 격리된 사람에 대한 의료행위에서 발생한 일체의 폐기물

2. **위해의료폐기물**
   (1) 조직물류폐기물 : 인체 또는 동물의 조직·장기·기관·신체의 일부, 동물의 사체, 혈액·고름 및 혈액생성물(혈청, 혈장, 혈액제제)
   (2) 병리계폐기물 : 시험·검사 등에 사용된 배양액, 배양용기, 보관균주, 폐시험관, 슬라이드, 커버글라스, 폐배지, 폐장갑
   (3) 손상성폐기물 : 주사바늘, 봉합바늘, 수술용 칼날, 한방침, 치과용침, 파손된 유리재질의 시험기구
   (4) 생물·화학폐기물 : 폐백신, 폐항암제, 폐화학치료제
   (5) 혈액오염폐기물 : 폐혈액백, 혈액투석 시 사용된 폐기물, 그 밖에 혈액이 유출될 정도로 포함되어 있어 특별한 관리가 필요한 폐기물

3. **일반의료폐기물** : 혈액·체액·분비물·배설물이 함유되어 있는 탈지면, 붕대, 거즈, 일회용 기저귀, 생리대, 일회용 주사기, 수액세트

실전연습문제

01 다음 ( )안에 알맞은 말을 쓰시오.

> (가) 폐산은 액체상태의 폐기물로서 수소이온 농도지수가 (①)인 것으로 한정한다.
> (나) 폐알칼리는 액체상태의 폐기물로서 수소이온 농도지수가 (②)인 것으로 한정하며, 수산화칼륨 및 수산화나트륨을 포함한다.
> (다) 폐유는 기름성분을 (③) 함유한 것을 포함하며, 폴리클로리네이티드비페닐(PCBs) 함유 폐기물, 폐식용유(식용을 목적으로 식품 재료와 원료를 제조·조리·가공하거나 식용유를 유통·사용하는 과정에서 발생하는 기름을 말한다)와 그 잔재물, 폐흡착제 및 폐흡수제는 제외한다.

풀이 ① 2.0 이하   ② 12.5 이상   ③ 5퍼센트 이상

02 폐기물법규상 지정폐기물의 분류번호와 물질을 바르게 쓰시오.

풀이
01 : 특정시설에서 발생하는 폐기물
02 : 부식성폐기물
03 : 유해물질 함유 폐기물
04 : 폐유기용제
05 : 폐페인트 및 폐락카
06 : 폐유
07 : 폐석면
08 : 폴리클로리네이티드비페닐 함유 폐기물
09 : 폐유독물질
10 : 의료폐기물

03 부식성 폐기물 중 폐산에 대한 설명이다. ( )를 알맞게 채우시오.

폐산은 액체상태의 폐기물로서 수소이온 농도지수가 ( )인 것으로 한정한다.

풀이 2.0 이하

04 부식성 폐기물 중 폐알칼리에 대한 설명이다. ( )를 알맞게 채우시오.

폐알칼리는 액체상태의 폐기물로서 수소이온 농도지수가 ( )인 것으로 한정하며, 수산화칼륨 및 수산화나트륨을 포함한다.

풀이 12.5 이상

05 부식성 폐기물 중 폐유에 대한 설명이다. ( )를 알맞게 채우시오.

기름성분을 ( ) 함유한 것을 포함하며, 폴리클로리네이티드비페닐(PCBs)함유 폐기물, 폐식용유(식용을 목적으로 식품 재료와 원료를 제조·조리·가공하거나 식용유를 유통·사용하는 과정에서 발생하는 기름을 말한다)와 그 잔재물, 폐흡착제 및 폐흡수제는 제외한다.

풀이 5퍼센트 이상

06 다음은 지정폐기물의 분류번호이다. ( )를 알맞게 채우시오.

01 : 특정시설에서 발생하는 폐기물
02 : (①)
03 : 유해물질 함유 폐기물
04 : (②)
05 : 폐페인트 및 폐락카
06 : (③)
07 : 폐석면
08 : 폴리클로리네이티드비페닐 함유 폐기물
09 : 폐유독물
10 : (④)

풀이 ① 부식성폐기물 ② 폐유기용제
       ③ 폐유   ④ 의료폐기물

PART

부록

최근기출문제

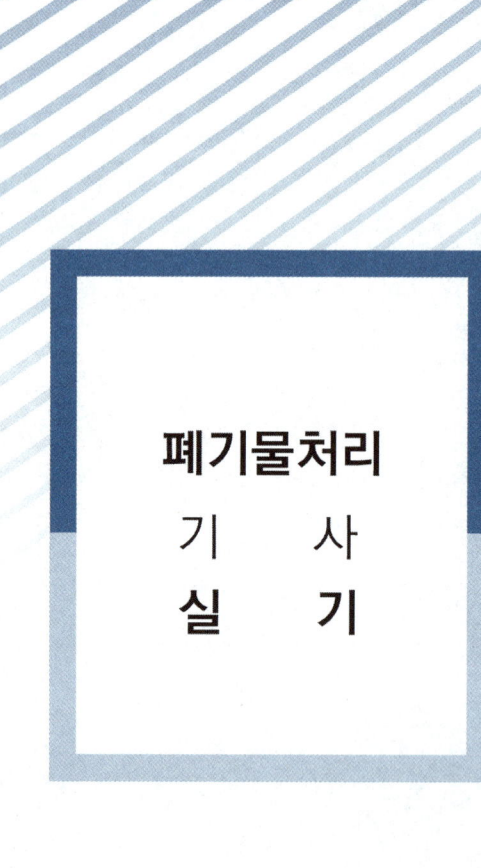

01회 2010년 폐기물처리기사 최근 기출문제

2010년 4월 시행

01 중유를 분석한 결과 질량비로 C : 85%, H : 12%, S : 3%이었고, 과잉공기계수(m) 1.2로 연소시킬 경우 다음 물음에 답하시오.

(1) 이론공기량(Sm^3/kg)을 계산하시오.
(2) 건조연소가스량(Sm^3/kg)을 계산하시오.
(3) 건조연소가스 중 SO_2(%)를 계산하시오.

풀이

(1) 이론공기량$(A_o) = 8.89C + 26.67\left(H - \dfrac{O}{8}\right) + 3.33S\,(Sm^3/kg)$

$\qquad = 8.89 \times 0.85 + 26.67 \times 0.12 + 3.33 \times 0.03 = 10.86\,Sm^3/kg$

(2) 실제건연소가스량$(Gd) = mA_o - 5.6H + 0.7O + 0.8N\,(Sm^3/kg)$

$\qquad = 1.2 \times 10.86\,Sm^3/kg - 5.6 \times 0.12 = 12.36\,Sm^3/kg$

(3) $SO_2(\%) = \dfrac{0.7S\,(Sm^3/kg)}{Gd\,(Sm^3/kg)} \times 100 = \dfrac{0.7 \times 0.03\,Sm^3/kg}{12.36\,Sm^3/kg} \times 100 = 0.17\%$

02 탄소, 수소, 산소, 황의 질량비가 83%, 4%, 10%, 3%인 연료를 연소할 경우, 배기가스의 분석치가 CO_2 12.5%, O_2 3.5%, N_2 84%이었다. 실제 필요한 공기량(Sm^3/kg)을 계산하시오.

풀이

① 공기과잉계수$(m) = \dfrac{N_2(\%)}{N_2(\%) - 3.76 \times O_2(\%)} = \dfrac{84\%}{84\% - 3.76 \times 3.5\%} = 1.1858$

② 이론공기량$(A_o) = 8.89C + 26.67\left(H - \dfrac{O}{8}\right) + 3.33S\,(Sm^3/kg)$

$\qquad = 8.89 \times 0.83 + 26.67 \times \left(0.04 - \dfrac{0.1}{8}\right) + 3.33 \times 0.03 = 8.212\,Sm^3/kg$

③ 필요한 공기량(Sm^3/kg) = 공기과잉계수 × 이론공기량(Sm^3/kg)

$\qquad = 1.1858 \times 8.212\,Sm^3/kg = 9.74\,Sm^3/kg$

03 $C_{50}H_{100}O_{42}N$으로 표현되는 폐기물 1ton을 혐기성 상태에서 분해할 때 발생하는 메탄의 양(kg)을 계산하시오.

 $C_{50}H_{100}O_{42}N + 4.75H_2O \rightarrow 26.625CH_4 + 23.375CO_2 + NH_3$
1,386kg : 26.625×16kg
1,000kg : X

따라서 $X = \dfrac{1,000\,kg \times 26.625 \times 16\,kg}{1,386\,kg} = 307.36$kg

Tip
① 혐기성 완전분해식
$$C_aH_bO_cN_d + \left(\dfrac{4a-b-2c+3d}{4}\right)H_2O$$
$$\rightarrow \left(\dfrac{4a+b-2c-3d}{8}\right)CH_4 + \left(\dfrac{4a-b+2c+3d}{8}\right)CO_2 + dNH_3$$
② $C_{50}H_{100}O_{42}N$의 분자량 $= 50 \times 12 + 100 \times 1 + 42 \times 16 + 14 = 1,386$

 04 $5m^3$의 용적을 가지는 용기에 질소가스를 9kg을 채우고 압력을 5atm으로 하였다. 이때 온도(℃)를 계산하시오. (단, 기체상수(R)는 0.082atm · L/mol · K이며, 이상기체 기준이다.)

 ① 이상기체상태 방정식을 이용한다.
$$P \times V = \dfrac{W}{M} \times R \times T$$
여기서, P : 압력(atm) V : 부피(L)
W : 질량(g) M : 분자량(g)
R : 기체상수(atm·L/mol·K)
K : 절대온도

따라서 $5\,atm \times 5,000L = \dfrac{9 \times 10^3 g}{28g} \times 0.082\,atm \cdot L/mol \cdot K \times T$

∴ $T = 948.51$K
② 온도(℃) $= 948.51K - 273K = 675.51$℃

Tip
① 질소가스(N_2)의 분자량 $= 2 \times 14 = 28$
② kg $\xrightarrow{\times 10^3}$ g이므로 $9kg = 9 \times 10^3 g$

05 함수율 96%인 슬러지의 부피를 2/3로 하였을 때 유기탄소량은 30%/TS이고, 총질소량은 15%/TS이다. 이 슬러지와 혼합할 볏짚의 함수율은 25%이며 유기탄소량은 85%/TS, 총 질소량은 3%/TS이다. 슬러지 : 볏짚을 질량비 2 : 3으로 혼합했을 경우의 C/N비를 계산하시오.

풀이

① 슬러지의 부피를 2/3로 하였을 때의 함수율(%)을 계산한다.
$$V_1 \times (100 - P_1) = V_2 \times (100 - P_2)$$
여기서, V_1 : 초기 슬러지량 P_1 : 초기 함수율(%)
V_2 : 감소 후 슬러지량 P_2 : 감소 후 함수율(%)

따라서 $1 \times (100 - 96) = 1 \times \dfrac{2}{3} \times (100 - P_2)$

∴ $P_2 = 94\%$

② C/N비 = $\dfrac{\text{탄소량}}{\text{질소량}} = \dfrac{\{\text{슬러지의 탄소량} + \text{볏짚의 탄소량}\}}{\{\text{슬러지의 질소량} + \text{볏짚의 질소량}\}}$

$= \dfrac{\left\{(1-0.94) \times 0.3 \times \dfrac{2}{5}\right\} + \left\{(1-0.25) \times 0.85 \times \dfrac{3}{5}\right\}}{\left\{(1-0.94) \times 0.15 \times \dfrac{2}{5}\right\} + \left\{(1-0.25) \times 0.03 \times \dfrac{3}{5}\right\}} = 22.79$

Tip
① 고형물(TS) = 100 - 함수율(P)
② 슬러지 : 볏짚이 2 : 3이므로 슬러지량은 $\dfrac{2}{5}$이다.
③ 슬러지 : 볏짚이 2 : 3이므로 볏짚량은 $\dfrac{3}{5}$이다.

06 유량이 100m³/day인 어느 도시의 슬러지 농도는 TS가 6%이고, TS의 65%가 VS이다. 이 슬러지를 혐기성 소화 처리를 한다면 하루에 발생하는 가스의 양(m³)을 계산하시오. (단, 비중은 1.0으로 가정하고, 슬러지의 VS 1kg당 0.4m³의 가스가 발생한다.)

가스의 발생량
= 유량(m³/day) × 고형물량(kg/m³) × 휘발성고형물량 × 가스발생량(m³/kg)
= 100m³/day × 60kg/m³ × 0.65 × 0.4m³/kg = 1,560m³/day

Tip
① 6% = 6 × 10⁴mg/L = 60kg/m³
② % $\xrightarrow{\times 10^4}$ ppm(mg/L) $\xrightarrow{\times 10^{-3}}$ kg/m³

07 인구가 30만명인 A 도시의 쓰레기 발생량이 1.5kg/인·일이며, 쓰레기의 밀도는 450kg/m³이다. 다음 물음에 답하시오.

(1) 가연성분을 소각처리를 하고자 할 경우 소각처리량(ton/일)을 계산하시오. (단, 가연성분은 85%를 차지한다.)

(2) 매립지의 매립높이가 2m일 때 A 도시에서 발생되는 쓰레기를 매립하고자 할 경우 10년간 필요한 부지면적(m²)을 계산하시오.

(1) 소각처리량(ton/일)

$= 쓰레기 발생량(kg/인·일) \times 인구수 \times 10^{-3} ton/kg \times \dfrac{가연성분(\%)}{100}$

$= 1.5 kg/인·일 \times 300,000인 \times 10^{-3} ton/kg \times \dfrac{85\%}{100} = 382.5 ton/일$

(2) 매립지의 부지면적(m²) $= \dfrac{쓰레기\ 발생량(kg)}{쓰레기\ 밀도(kg/m^3) \times 매립지\ 깊이(m)}$

$= \dfrac{1.5 kg/인·일 \times 300,000인 \times 365일/1년 \times 10년}{450 kg/m^3 \times 2m}$

$= 1,825,000 m^2$

08 아래의 조건에 따른 지역의 쓰레기를 수거하고자 한다. 30일간 발생된 쓰레기 수거에 필요한 차량의 수를 계산하시오.

- 발생된 쓰레기밀도 : 450kg/m³
- 압축비 : 2.0
- 적재함 이용율 : 80%
- 수거대상 가구수 : 450가구
- 차량적재용량 : 8m³
- 발생량 : 1.2kg/인·일
- 차량운행횟수 : 1회
- 1가구당 인구수 : 4명

수거차량 수 $= \dfrac{쓰레기의\ 총\ 발생량}{차량의\ 적재용량}$

$= \dfrac{1.2 kg/인·일 \times 4인/1가구 \times 450가구 \times 30일 \times \dfrac{1}{450 kg/m^3}}{8 m^3/1대·1회 \times 1회 \times 0.8 \times 2.0} = 12대$

09 침출수에 함유되어 있는 수은 5mg/L를 활성탄 흡착법으로 처리하여 0.05mg/L로 방류하고자 한다. 이때 소요되는 활성탄 흡착제의 양(mg/L)을 계산하시오.
(단, Freundlich식을 이용하고 K = 0.5, n = 1이다.)

풀이

$$\frac{X}{M} = K \cdot C^{\frac{1}{n}} \Rightarrow \frac{(C_i - C_o)}{M} = K \cdot C_o^{\frac{1}{n}}$$

따라서 $\frac{(5\text{mg/L} - 0.05\text{mg/L})}{M} = 0.5 \times (0.05\text{mg/L})^{\frac{1}{1}}$

$$\therefore M = \frac{(5\text{mg/L} - 0.05\text{mg/L})}{0.5 \times (0.05\text{mg/L})^{\frac{1}{1}}} = 198\text{mg/L}$$

10 하루에 500톤의 폐기물을 연속적으로 소각처리 한다. 질량비로 85%가 감량되는 소각로에서 생성되는 재가 6분에 1회씩 소각로에서 떨어져 재를 냉각하는 장치에서 재 질량의 30%인 수분이 첨가된다. 냉각된 재의 겉보기 비중은 1.0이며 컨베이어를 이용해 이송할 때, 컨베이어의 이송능력(m^3/회)을 계산하시오.

풀이

컨베이어의 이송능력(m^3/회)
$= \frac{500\text{ton/day} \times (1 - 0.85) \times 1.3 \times 1\text{day/24hr} \times 1\text{hr/60min} \times 6\text{min/1회}}{1.0\text{ton/}m^3} = 0.41\,m^3/\text{회}$

Tip	겉보기 비중 $1.0 = 1.0\text{ton/}m^3$

11 15%의 철성분을 함유하는 도시폐기물 500ton/일을 처리하는 자력 선별기를 이용해 선별된 물질량은 90ton/일이고 선별물질은 철성분을 70%함유하고 있다. Worrell식에 의한 선별효율(%)과 Rietema식에 의한 선별효율(%)을 각각 계산하시오.

풀이

① Worrell식에 의한 선별효율(%) $= \left(\frac{X_c}{X_i} \times \frac{Y_o}{Y_i}\right) \times 100(\%)$

$= \left(\frac{63\text{ton/일}}{75\text{ton/일}} \times \frac{398\text{ton/일}}{425\text{ton/일}}\right) \times 100 = 78.66\%$

② Rietema에 의한 선별효율(%) $= \left|\left(\frac{X_c}{X_i} - \frac{Y_c}{Y_i}\right)\right| \times 100(\%)$

$= \left|\left(\frac{63\text{ton/일}}{75\text{ton/일}} - \frac{27\text{ton/일}}{425\text{ton/일}}\right)\right| \times 100 = 77.65\%$

Tip	• X_i(투입량 중 회수대상물질) = 500ton/일 × 0.15 = 75ton/일 • Y_i(투입량 중 비회수대상물질) = 500ton/일 − 75ton/일 = 425ton/일 • X_c(회수량 중 회수대상물질) = 90ton/일 × 0.7 = 63ton/일 • Y_c(회수량 중 비회수대상물질) = 90ton/일 − 63ton/일 = 27ton/일 • X_o(제거량 중 회수대상물질) = 75ton/일 − 63ton/일 = 12ton/일 • Y_o(제거량 중 비회수대상물질) = 425ton/일 − 27ton/일 = 398ton/일

12 연소용 공기가 질소와 산소로 구성되어 있다. 과잉공기계수(m)의 관계식을 나타내시오.

 산소량(O_2) = 과잉공기량 × 0.21 = (m−1)A_o × 0.21

질소량(N_2) = 실제공기량 × 0.79 = mA_o × 0.79

$$\frac{O_2}{N_2} = \frac{(m-1)A_o \times 0.21}{mA_o \times 0.79}$$

$$\frac{(m-1)}{m} = \frac{0.79 O_2}{0.21 N_2}$$

$$1 - \frac{1}{m} = \frac{0.79 O_2}{0.21 N_2}$$

$$\frac{1}{m} = 1 - \frac{0.79 O_2}{0.21 N_2} = \frac{0.21 N_2 - 0.79 O_2}{0.21 N_2}$$

$$m = \frac{0.21 N_2}{0.21 N_2 - 0.79 O_2}$$

따라서, $m = \dfrac{N_2(\%)}{N_2(\%) - 3.76 \times O_2(\%)}$

13 미생물을 에너지원과 탄소원에 따라 4가지로 분류하시오.
(단, 미생물 분류 – 에너지원 – 탄소원의 순서로 나타낼 것)

 미생물의 분류
① 광합성 독립영양계 미생물 – 빛 – CO_2
② 화학합성 독립영양계 미생물 – 무기물의 산화·환원 반응 – CO_2
③ 광합성 종속영양계 미생물 – 빛 – 유기탄소
④ 화학합성 종속영양계 미생물 – 유기물의 산화·환원 반응 – 유기탄소

14 D_n, d_n이 침출수의 집배수층 체상분율과 매립지의 토양 체상분율이다. 다음의 조건을 만족하는 값을 나타내시오.

(1) 침출수의 집배수층 주변 물질에 막히지 않는 조건

(2) 침출수의 집배수층이 충분한 투수성을 유지하는 조건

(1) $\dfrac{D_{15\%}}{d_{85\%}} < 5$ (2) $\dfrac{D_{15\%}}{d_{15\%}} > 5$

여기서, $D_{15\%}$: 입도누적곡선상 15%에 상당하는 침출수의 집배수층 필터재료의 입경
$d_{85\%}$: 입도누적곡선상 85%에 상당하는 침출수의 집배수층 주변토양의 입경
$d_{15\%}$: 입도누적곡선상 15% 상당하는 침출수의 집배수층 주변토양의 입경

15 폐기물의 발생량 예측방법 3가지를 쓰고 간단히 설명하시오.

① 다중회귀모델 : 하나의 수식으로 각 인자들의 효과를 총괄적으로 나타내어 복잡한 시스템의 분석에 유용하게 사용할 수 있는 쓰레기 발생량을 예측하는 방법이다.
② 동적모사모델 : 쓰레기 배출에 영향을 주는 모든 인자를 시간에 대한 함수로 나타낸 후 시간에 대한 함수로 각 영향인자들간에 상관관계를 수식화한 것이다.
③ 경향모델 : 폐기물 발생량 예측방법 중 모든 인자를 시간에 대한 함수로 하여 모델화시켜 예측하는 방법으로 단지 시간과 그에 따른 폐기물 발생량 간의 상관관계만을 고려하는 방법이다.

16 호기성 소화에 비해 혐기성 소화의 장점 6가지를 쓰시오. (단, 예시의 답은 제외할 것)

[예시] 처리장의 규모가 클 때 건설비가 적게 든다.

① 슬러지의 탈수성이 양호하다.
② 슬러지가 적게 발생한다.
③ 동력시설의 소모가 적어 운전비용이 저렴하다.
④ 고농도 폐수처리에 적합하다.
⑤ 회수된 가스를 연료로 사용 가능하다.
⑥ 연속처리가 가능하다.

17 슬러지에 존재하는 수분의 형태는 간극모관결합수, 모관결합수, 표면부착수, 내부수로 분류할 수 있다. 각각의 수분을 설명하고 슬러지내의 탈수성의 순서를 쓰시오.

(1) 수분의 종류
① 간극모관결합수 : 큰 고형물입자 간극에 존재하는 수분으로 슬러지내의 수분 중 일반적으로 가장 많은 양을 차지하며 고형물질과 직접 결합해 있지 않기 때문에 농축 등의 방법으로 용이하게 분리할 수 있는 수분이다.
② 모관결합수 : 미세한 슬러지 고형물의 입자사이의 얇은 틈에 존재하는 수분으로 모세관압으로 결합되어 있는 수분이며, 원심력, 진공압 등 기계적 압착으로 분리시킨다.
③ 표면부착수 : 콜로이드상 결합수로 표면에 부착되어 있는 수분이며, 수분제거가 용이하지 못하다.
④ 내부수 : 세포내부에 강하게 결합된 수분으로 슬러지 건조시 증발이 가장 어려운 수분으로 탈수가 가장 어려운 수분이다.
(2) 슬러지내의 탈수성 순서
간극모관결합수 > 모관결합수 > 표면부착수 > 내부수

18 쓰레기를 수거하는 작업, 즉 청소작업이 끝난 후 이에 대한 상태를 평가하는 방법으로는 CEI와 USI를 이용한다. CEI와 USI 각각에 대하여 간단히 기술하시오.

① CEI : 청소상태의 평가법 중 가로의 청소상태를 기준으로 하는 지역사회 효과지수를 말한다.
② USI : 청소상태를 평가하는 방법 중 서비스를 받는 시민들의 만족도를 설문조사하여 나타내어지는 사용자 만족도 지수를 말한다.

19 압축비(CR)와 부피감소율(VR)의 관계를 식으로 나타내시오.

CR과 VR의 관계식

$$VR(\text{부피감소율}) = \left(1 - \frac{V_2}{V_1}\right) \times 100 = \left(1 - \frac{1}{\frac{V_1}{V_2}}\right) \times 100 = \left(1 - \frac{1}{CR}\right) \times 100$$

여기서, V_1 : 압축 전 부피 V_2 : 압축 후 부피

$$CR(\text{압축비}) = \frac{V_1}{V_2}$$

02회 2010년 폐기물처리기사 최근 기출문제

2010년 7월 시행

01 S도시의 쓰레기를 최종매립장까지 운반하는데 4,000원/km·ton의 운반비용이 소모된다. 하지만 적환장을 중간에 설치하여 운반하면 적환장에서 최종 매립장까지 2,500원/km·ton의 운반비용이 소모된다. 적환장을 설치하기 전과 후의 비용이 동일하게 되는 적환장의 설치위치를 쓰레기 발생 지점으로부터 몇 km 지점인지 계산하시오. (단, 적환장의 관리비용은 위치와는 상관없이 1ton 8,000원이며, 쓰레기 발생지점과 쓰레기 최종 매립장까지의 거리는 25km, 기타조건은 고려하지 않는다.)

$(W_1 \times L_1) = \{W_2 \times (L_1 - L_2)\} + (W_1 \times L_2) + W_3$

여기서, W_1 : 최종매립장까지 쓰레기 운반비용(원/km·ton)
W_2 : 적환장에서 최종매립장까지 운반비용(원/km·ton)
L_1 : 쓰레기 발생지점과 쓰레기 최종매립장까지의 거리(km)
L_2 : 적환장 설치 전후의 비용이 동일하게 되는 적환장의 설치위치(km)
W_3 : 적환장의 관리비용(원/ton)

따라서 $(4,000원/km·ton \times 25km)$
$= \{2,500원/km·ton \times (25km - L_2)\} + (4,000원/km·ton \times L_2) + 8,000원/ton$
$\therefore L_2 = 19.67km$

02 고형물이 5%인 슬러지를 농축하였더니 고형물이 8.5%가 되었다. 농축 후의 슬러지 비중과 부피감소율(%)을 계산하시오. (단, 고형물의 비중은 1.3 기준이다.)

① 농축 전의 슬러지의 비중을 계산한다.

$$\frac{1}{\rho_{SL}} = \frac{W_{TS}}{\rho_{TS}} + \frac{W_P}{\rho_P}$$

여기서, ρ_{SL} : 슬러지의 비중 ρ_{TS} : 고형물의 비중
W_{TS} : 고형물의 함량 ρ_P : 수분의 비중
W_P : 수분의 함량

$$\frac{1}{\rho_{SL}} = \frac{0.05}{1.3} + \frac{0.95}{1.0}$$

$\therefore \rho_{SL} = 1.01$

② 농축 전의 슬러지부피(V_1)를 계산한다.

$$슬러지부피(V_1) = \frac{슬러지량(kg)}{비중량(kg/m^3)} \times \frac{100}{고형물(\%)} = \frac{1kg}{1,010kg/m^3} \times \frac{100}{5\%} = 0.02m^3$$

③ 농축 후의 슬러지의 비중을 계산한다.

$$\frac{1}{\rho_{SL}} = \frac{W_{TS}}{\rho_{TS}} + \frac{W_P}{\rho_P}$$

$$\frac{1}{\rho_{SL}} = \frac{0.085}{1.3} + \frac{0.915}{1.0}$$

$$\therefore \rho_{SL} = 1.02$$

④ 농축 후의 슬러지부피(V_2)를 계산한다.

$$\text{슬러지부피}(V_2) = \frac{\text{슬러지량(kg)}}{\text{비중량}(kg/m^3)} \times \frac{100}{\text{고형물}(\%)} = \frac{1kg}{1,020kg/m^3} \times \frac{100}{8.5\%} = 0.0115m^3$$

⑤ 부피감소율(%)을 계산한다.

$$\text{부피감소율}(\%) = \left(1 - \frac{V_2}{V_1}\right) \times 100 = \left(1 - \frac{0.0115m^3}{0.02m^3}\right) \times 100 = 42.5\%$$

 농축 후 슬러지의 비중 : 1.02
부피감소율(%) : 42.5%

> **Tip**
> ① 물의 비중=1.0
> ② 함수율(%) = 100 − 고형물(%)
> ③ 비중(ton/m^3) $\times 10^3 \to kg/m^3$

03 다음에 주어진 반응식은 $C_6H_{12}O_6$이 혐기성 분해시 나타나는 반응이다. 1mol의 $C_6H_{12}O_6$은 2mol의 CH_3COOH와 4mol의 H_2로 변화한 다음 CH_3OH를 생성한다. 이때 CH_3COOH와 H_2로부터 생성되는 CH_4의 양(L)을 계산하고, 이때 생성되는 CO_2와 CH_4의 비율을 나타내시오.

[반응식] $C_6H_{12}O_6 + 2H_2O \to 2CH_3COOH + 4H_2 + 2CO_2$

 $2CH_3COOH + 4H_2 \to 3CH_4 + CO_2 + 2H_2O$
① CH_4의 생성량 $= 3 \times 22.4L = 67.2L$
② CO_2와 CH_4의 생성비율은 $1CO_2 : 3CH_4$이므로 1 : 3이다.

04 슬러지(C/N=8.0)를 C/N비 50인 낙엽과 혼합하여 퇴비화하려고 한다. 혼합물의 C/N비가 25가 되도록 다음 조건하에서 혼합폐기물 중 낙엽의 혼합비율(%)을 계산하시오.

• 슬러지의 수분 : 80%(건조질량 기준)   • 낙엽의 수분 : 45%(건조질량 기준)
• 슬러지의 질소 : 4.5%(건조질량 기준)   • 낙엽의 질소 : 0.8%(건조질량 기준)

 ① 슬러지 중 탄소량(%)를 계산한다.

$$C/N\text{비} = \frac{\text{탄소량}(\%)}{\text{질소량}(\%)} \text{이므로 } 8.0 = \frac{(100-80) \times C}{(100-80) \times 4.5} \quad \therefore C = 36\%$$

② 낙엽 중 탄소량(%)를 계산한다.

C/N비 $= \dfrac{탄소량(\%)}{질소량(\%)}$ 이므로 $50 = \dfrac{(100-45) \times C}{(100-45) \times 0.8\%}$ ∴ $C = 40\%$

③ 낙엽을 X, 슬러지를 $(1-X)$ 라고 두고 혼합물의 탄소(C)의 함량과 혼합물의 질소(N)의 함량을 계산한다.

혼합물의 탄소의 함량 $= \{(1-X) \times (1-0.80) \times 0.36\} + \{X \times (1-0.45) \times 0.40\}$
$= 0.072 + 0.148X$

혼합물의 질소의 함량 $= \{(1-X) \times (1-0.80) \times 0.045\} + \{X \times (1-0.45) \times 0.008\}$
$= 0.009 - 0.0046X$

④ 낙엽의 함량을 계산한다.

혼합물의 C/N비 $= \dfrac{혼합물의\ 탄소량}{혼합물의\ 질소량}$

$25 = \dfrac{0.072 + 0.148X}{0.009 - 0.0046X}$ ∴ $X(낙엽) = 0.5818$

슬러지 $= (1-X) = 1 - 0.5818 = 0.4182$
따라서 낙엽의 혼합비율은 58.18%이다.

05 다음과 같은 매립지 내 침출수가 차수층을 통과하는데 소요되는 시간(년)을 계산하시오.

[조건]
- 점토층 두께 : 1.0m
- 투수계수 : 10^{-7}cm/sec
- 유효공극률 : 0.2
- 상부침출수 수두 : 0.4m

$t = \dfrac{d^2 \cdot n}{k(d+h)}$

여기서, t : 침출수가 점토층을 통과하는 시간(년)
　　　　d : 점토층의 두께(m)
　　　　n : 유효공극률
　　　　k : 투수계수(m/년)
　　　　h : 침출수 수두(m)

① $k(m/년) = \dfrac{10^{-7}\,cm}{sec} \times \dfrac{1m}{10^2\,cm} \times \dfrac{3,600\,sec}{1\,hr} \times \dfrac{24\,hr}{1\,day} \times \dfrac{365\,day}{1년} = 3.15 \times 10^{-2}\,m/년$

② $t = \dfrac{(1.0m)^2 \times 0.2}{3.15 \times 10^{-2}\,m/년 \times (1.0m + 0.4m)} = 4.54년$

06 2,000kg의 폐기물을 이용하여 호기성으로 퇴비화를 하려고 할 때 필요한 산소량(kg)을 계산하시오. (단, 폐기물의 분자식은 $[C_6H_7O_2(OH)_3]_5$이며, 최종단계에서 발생하는 퇴비의 화학식은 $[C_6H_7O_2(OH)_3]_2$이다.)

 풀이

$$[C_6H_7O_2(OH)_3]_5 + 18O_2 \rightarrow 18CO_2 + 15H_2O + [C_6H_7O_2(OH)_3]_2$$

$$810\text{kg} \quad : \quad 18 \times 32\text{kg}$$
$$2,000\text{kg} \quad : \quad 산소량(\text{kg})$$

$$\therefore 산소량 = \frac{2,000\text{kg} \times 18 \times 32\text{kg}}{810\text{kg}} = 1,422.22\,\text{kg}$$

Tip

$[C_6H_7O_2(OH)_3]_5$의 분자량
$= (6 \times 12 \times 5) + (7 \times 1 \times 5) + (2 \times 16 \times 5) + (3 \times 16 \times 5) + (3 \times 1 \times 5) = 810$

07 아래의 조건을 이용해 Rietema식과 Worrell식을 이용하여 선별효율(%)을 계산하시오.

- 투입량 : 1ton/hr
- 회수량 : 700kg/hr(회수대상물질은 500kg/hr)
- 제거량 : 300kg/hr(회수대상물질은 50kg/hr)

 풀이

① Rietema식을 이용해 선별효율(%)을 계산한다.

$$\text{Rietema의 선별효율}(E) = \left| \left(\frac{X_c}{X_i} - \frac{Y_c}{Y_i} \right) \right| \times 100(\%)$$

여기서, X_i : 투입량 중 회수대상물질 X_c : 회수량 중 회수대상물질
      Y_i : 투입량 중 비회수대상물질 Y_c : 회수량 중 비회수대상물질

따라서 $E = \left| \left(\frac{500\text{kg/hr}}{550\text{kg/hr}} - \frac{200\text{kg/hr}}{450\text{kg/hr}} \right) \right| \times 100(\%) = 46.47\%$

② Worrell식을 이용해 선별효율(%)을 계산한다.

$$\text{Worrell의 선별효율}(E) = \left(\frac{X_c}{X_i} \times \frac{Y_o}{Y_i} \right) \times 100$$

여기서, X_i : 투입량 중 회수대상물질 X_c : 회수량 중 회수대상물질
      Y_i : 투입량 중 비회수대상물질 Y_o : 제거량 중 비회수대상물질

따라서 $E = \left(\frac{500\text{kg/hr}}{550\text{kg/hr}} \times \frac{250\text{kg/hr}}{450\text{kg/hr}} \right) \times 100 = 50.51\%$

Tip

- X_i=550kg/hr   · X_o=50kg/hr   · X_c=500kg/hr
- Y_i=450kg/hr   · Y_o=250kg/hr   · Y_c=200kg/hr

08 탄소, 수소, 산소, 황의 질량비가 83%, 4%, 10%, 3%인 폐유 3kg/hr을 소각시키는 경우 배기가스의 분석치가 CO_2 12.5%, O_2 3.5%, N_2 84%이었다면 매시 필요한 공기량(Sm^3/hr)을 계산하시오.

풀이

공급공기량(Sm^3/hr) = 공기비(m) × 이론공기량(A_o) × 연료량(kg/hr)

① 공기비(m) = $\dfrac{N_2\%}{N_2\% - 3.76 \times O_2\%}$ = $\dfrac{84\%}{84\% - 3.76 \times 3.5\%}$ = 1.1858

② 이론공기량(A_o) = $8.89C + 26.67\left(H - \dfrac{O}{8}\right) + 3.33S$ (Sm^3/kg)

= $8.89 \times 0.83 + 26.67 \times \left(0.04 - \dfrac{0.10}{8}\right) + 3.33 \times 0.03$ = 8.212 Sm^3/kg

③ 공급공기량 = $1.1858 \times 8.212 Sm^3/kg \times 3kg/hr$ = 29.21 Sm^3/hr

Tip

배출가스 분석치 $CO_2\%$, $O_2\%$, $N_2\%$

공기비(m) = $\dfrac{N_2\%}{N_2\% - 3.76 \times O_2\%}$

---

09 쓰레기를 각 성분별로 분석하여 함수율을 측정한 결과로부터 전체 쓰레기의 함수율(%)을 계산하시오.

성 분	질량(kg)	함수율(%)
음식찌꺼기	30	70
종이류	60	6
금속류	10	3

풀이

전체 쓰레기의 함수율(%) = $\dfrac{합\{질량(kg) \times 함수율(\%)\}}{합\{질량(kg)\}}$

= $\dfrac{30kg \times 70\% + 60kg \times 6\% + 10kg \times 3\%}{30kg + 60kg + 10kg}$ = 24.9%

---

10 소각로 내의 열부하가 50,000kcal/m^3 · hr이며 쓰레기의 발열량이 1,400kcal/kg이다. 쓰레기의 양이 10,000kg/day이라고 하면 로의 부피(m^3)를 계산하시오. (단, 1일 8시간만 가동)

풀이

소각로내의 열부하(kcal/m^3 · hr) = $\dfrac{발열량(kcal/kg) \times 쓰레기의\ 양(kg/hr)}{로의\ 부피(m^3)}$

따라서 50,000kcal/m^3 · hr = $\dfrac{1,400kcal/kg \times 10,000kg/day \times 1day/8hr}{로의\ 부피(m^3)}$

$$\therefore \text{로의 부피} = \frac{1,400\text{kcal/kg} \times 10,000\text{kg/day} \times 1\text{day/8hr}}{50,000\text{kcal/m}^3 \cdot \text{hr}} = 35\text{m}^3$$

11 차수시설의 종류에는 연직차수막과 표면차수막이 있다. 선정조건과 연직차수막 공법의 종류를 4가지 쓰시오.

(1) 선정조건
① 연직차수막 : 지중에 수평방향의 차수층이 존재할 때 사용한다.
② 표면차수막 : 매립지 필요범위에 차수재료로 덮인 바닥이 있거나, 매립지 지반의 투수계수가 큰 경우에 사용
(2) 연직차수막 공법의 종류
① 강널말뚝 공법
② 굴착에 의한 차수시트 매설 공법
③ 어스댐 코어 공법
④ 그라우트 공법

12 퇴비화의 영향인자 중 C/N비에 대한 설명이다. 다음 조건에서 발생하는 현상을 쓰시오.

(가) C/N비가 80 이상인 경우

(나) C/N비가 20 이하인 경우

(가) C/N비가 80 이상인 경우 : 질소함량이 부족하여 퇴비화가 잘 되지 않고, 퇴비화에 걸리는 시간도 길어진다.
(나) C/N비가 20 이하인 경우 : 질소원 손실이 커서 비료효과가 저하될 가능성이 높고, 암모니아 가스가 발생하여 퇴비화 과정 중 좋지 않은 냄새가 발생된다.

13 가연성 물질을 공기가 충분한 상태에서 가열할 때 점화원이 없이 자신의 연소열에 의해 스스로 불이 붙는 최저온도를 착화온도라 한다. 착화온도가 낮아지는 조건 5가지를 쓰시오. (단, 예시에서 제시된 답란은 제외할 것)

[예시] 활성화에너지가 작을수록 착화온도는 낮아진다.

① 발열량이 높을수록 착화온도는 낮아진다.
② 분자구조가 복잡할수록 착화온도는 낮아진다.
③ 화학결합의 활성도가 클수록 낮아진다.
④ 화학반응성이 클수록 착화온도는 낮아진다.
⑤ 공기 중의 산소농도가 클수록 낮아진다.

14 이론연소온도의 정의를 쓰고, 이론연소온도 구하는 공식을 쓰시오.

① 이론연소온도의 정의 : 연료를 이론공기량으로 연소시켰을 때 이론적인 최고온도이며, 연소시 발생하는 화염온도를 의미한다.
② $t_2 = \dfrac{Hl}{G \times C} + t_1$

여기서, Hl : 저위발열량($kcal/Sm^3$) $\qquad$ C : 평균정압비열($kcal/Sm^3 \cdot ℃$)
$\qquad$ G : 이론연소가스량(Sm^3/Sm^3) $\qquad$ t_2 : 이론연소온도(℃)
$\qquad$ t_1 : 기준온도(℃)

15 폐기물을 매립하는 공법에는 내륙매립공법과 해안매립공법이 있다. 내륙매립공법 4가지를 쓰고 간단히 설명하시오.

① 샌드위치 공법 : 쓰레기를 수평으로 고르게 깔아서 압축한 다음 그 위에 복토를 하여 쓰레기와 복토를 번갈아 하면서 쌓는 방법이다.
② 셀공법 : 쓰레기 비탈면의 경사를 20% 전후(15 ~ 25%)로 하여 쓰레기를 셀모양으로 쌓고 각각의 셀에 복토하는 방법이다.
③ 압축매립공법 : 쓰레기를 매립하기 전에 쓰레기의 감량화를 목적으로 먼저 쓰레기를 일정한 더미형태로 압축하여 부피를 감소시킨 후 포장을 실시하여 매립하는 방법이다.
④ 도랑형 공법 : 폭 20m, 깊이 10m 정도의 도랑을 판 다음 일정한 두께로 쓰레기를 매립한 다음 인근 도랑에서 굴착한 흙으로 복토하는 방법이다.

16 퇴비화의 영향인자 중 Bulking Agent의 특징을 4가지 서술하시오.

① 처리대상물질의 수분함량을 조절한다.
② 퇴비의 질(C/N비) 개선에 영향을 준다.
③ 처리대상물질 내의 공기가 원활히 유동될 수 있도록 한다.
④ 퇴비생산에 필요한 탄소나 질소를 함유시켜 제공할 수도 있다.

17 매립장의 차수재의 파손원인 3가지를 쓰고 그에 대한 대책을 각각 쓰시오.

① 돌기물질에 의한 파손원인 : 매립지 침출수의 압력이 부분적으로 크게 작용하기 때문
$\quad$ 대책 : 돌기물질 제거
② 지지력 부족에 의한 파손원인 : 작업을 하는 장비에 의한 부분적인 큰 하중에 의한 바닥파손에 의해
$\quad$ 대책 : 바닥다짐이나 지반 개량
③ 지반침하에 의한 파손원인 : 매립지 침출수의 압력이 부분적으로 작용하여 비틀림에 의해서
$\quad$ 대책 : 바닥다짐이나 지반 개량
④ 지각변동에 의한 파손원인 : 지진 등에 의해서
$\quad$ 대책 : 지진에 대비한 시공

04회 2010년 폐기물처리기사 최근 기출문제

2010년 10월 시행

01 공기가 1mole의 산소와 3.76mole의 질소로 구성되어 있다. 프로판 1mole을 완전연소 시키고자 할 때 다음 물음에 답하시오.

(가) 프로판의 실제 완전연소반응식을 서술하시오. (단, 질소성분 포함할 것)

(나) AFR(부피기준)를 계산하시오.

(다) AFR(질량기준)를 계산하시오. (단, 공기의 분자량은 28.95 기준이다.)

풀이 (가) $C_3H_8 + 5O_2 + (5 \times 3.76)N_2 \rightarrow 3CO_2 + 4H_2O + (5 \times 3.76)N_2$

(나) $AFR(Sm^3/Sm^3) = \dfrac{산소갯수 \times 22.4Sm^3 \times \dfrac{1}{0.21}}{연료갯수 \times 22.4Sm^3} = \dfrac{5 \times 22.4Sm^3 \times \dfrac{1}{0.21}}{1 \times 22.4Sm^3} = 23.81$

(다) $AFR(kg/kg) = AFR(Sm^3/Sm^3) \times \dfrac{공기의\ 분자량(kg)}{연료의\ 분자량(kg)} = 23.81 \times \dfrac{28.95kg}{44kg} = 15.67$

Tip
① $AFR = 공연비 = \dfrac{공기량}{연료량}$
② $AFR(부피기준) = AFR(Sm^3/Sm^3)$
③ $AFR(질량기준) = AFR(kg/kg)$
④ $N_2\ 량 = 공기량 \times 0.79 = \dfrac{산소갯수}{0.21} \times 0.79 = 5 \times \dfrac{0.79}{0.21} = 5 \times 3.76$

02 어떤 도시에서 1일 50톤의 폐기물이 발생되었고 이때 밀도가 400kg/m³이었다. 3m의 깊이인 도랑식(trench)으로 매립하고자 할 때 1년 동안 필요한 부지면적(m²/년)을 계산하시오. (단, 매립시 압축에 따른 쓰레기 부피감소율을 50%로 한다.)

풀이 매립면적(m²/년) $= \dfrac{폐기물\ 발생량(kg/년) \times (1 - 부피감소율)}{폐기물\ 밀도(kg/m^3) \times 매립지\ 깊이(m)}$

$= \dfrac{50ton/day \times 10^3 kg/ton \times 365day/년 \times (1 - 0.50)}{400kg/m^3 \times 3m} = 7,604.17 m^2/년$

03 탄소, 수소 및 황의 질량비가 83%, 14%, 3%인 중유를 공기비(m) 1.2로 완전연소 하고자 할 때 다음 물음에 답하시오.

(가) 이론공기량(A_o)을 계산하시오.

(나) 실제건연소가스량(Gd)를 계산하시오.

(다) 실제건연소가스 중 SO_2의 농도(%)를 계산하시오.

(가) 이론공기량(A_o)을 계산한다.

$$A_o = 8.89C + 26.67\left(H - \frac{O}{8}\right) + 3.33S \, (Sm^3/kg)$$

$$= 8.89 \times 0.83 + 26.67 \times 0.14 + 3.33 \times 0.03 = 11.21 \, Sm^3/kg$$

(나) 실제건연소가스량(Gd)를 계산한다.

$$Gd = mA_o - 5.6H + 0.7O + 0.8N \, (Sm^3/kg)$$

$$= 1.2 \times 11.21 \, Sm^3/kg - 5.6 \times 0.14 = 12.67 \, Sm^3/kg$$

(다) SO_2의 농도(%)를 계산한다.

$$SO_2(\%) = \frac{0.7S}{Gd} \times 100 = \frac{0.7 \times 0.03 \, Sm^3/kg}{12.67 \, Sm^3/kg} \times 100 = 0.17\%$$

Tip
① 공기비(m)가 주어지면 실제가스량 기준
② SO_2량 = $0.7S(Sm^3/kg)$

04 포도당 1kg을 완전연소 시켰을 때 필요한 이론산소량(kg)을 계산하시오.

$$C_6H_{12}O_6 + \quad 6O_2 \quad \rightarrow \quad 6CO_2 + 6H_2O$$
$$180kg \; : \; 6 \times 32kg$$
$$1kg \; : \; X(이론산소량)$$

$$\therefore X(이론산소량) = \frac{1kg \times 6 \times 32kg}{180kg} = 1.07kg$$

05 폐기물공정시험기준상 폐기물의 시료를 원추4분법을 이용하여 축소하고자 한다. 3,000g의 시료에 대해 축소작업을 3번한 경우 줄어든 시료의 양(g)을 계산하시오.

줄어든 시료의 양(g) = 시료량(g) $\times \left(\frac{1}{2}\right)^n$

여기서, n은 축소작업 횟수

따라서 줄어든 시료의 양(g) = $3,000g \times \left(\frac{1}{2}\right)^3 = 375g$

06 평균입경이 20cm인 폐기물을 입경 1cm가 되도록 파쇄할 때 에너지는 입경을 4cm로 파쇄할 때 소요되는 에너지의 몇 배인지 계산하시오. (단, Kick의 법칙 적용, n = 1)

풀이

Kick의 법칙에서 동력(E) $= C \ln\left(\dfrac{dp_1}{dp_2}\right)$

① $E_1 = C \ln\left(\dfrac{20cm}{1cm}\right) = C \ln 20$

② $E_2 = C \ln\left(\dfrac{20cm}{4cm}\right) = C \ln 5$

③ 소요에너지의 변화 $= \dfrac{E_1}{E_2} = \dfrac{C \ln 20}{C \ln 5} = 1.86$배

07 어느 매립지의 침출수 농도가 반으로 감소하는데 4년이 걸린다면 이 침출수 농도가 90% 분해되는데 걸리는 시간(년)을 계산하시오. (단, 1차반응기준이다.)

풀이

① 반감기 공식 : $\ln\dfrac{1}{2} = -k \times t$

$\ln\dfrac{1}{2} = -k \times 4\text{년}$

$\therefore k = \dfrac{\ln\dfrac{1}{2}}{-4\text{년}} = 0.1733/\text{년}$

② 1차반응식 공식 : $\ln\dfrac{C_t}{C_o} = -k \times t$

$\ln\dfrac{10\%}{100\%} = -0.1733/\text{년} \times t$

$\therefore t = \dfrac{\ln\dfrac{10\%}{100\%}}{-0.1733/\text{년}} = 13.29\text{년}$

Tip
① C_o(초기농도) $= 100\%$
② C_t(t시간 후의 농도) $= 100 -$ 분해된 농도(%) $= 100 - 90\% = 10\%$

08 다음 조성을 가진 분뇨와 음식물을 질량비 3 : 5로 혼합처리시 C/N비(탄질소비)를 계산하시오.

구분	함수율(%)	유기탄소(%)/TS	총질소량(%)/TS
분뇨	95%	40%	20%
음식물	35%	87%	5%

풀이

$$\frac{C}{N} = \frac{탄소량}{질소량} = \frac{(1-0.95) \times 0.4 \times \frac{3}{8} + (1-0.35) \times 0.87 \times \frac{5}{8}}{(1-0.95) \times 0.2 \times \frac{3}{8} + (1-0.35) \times 0.05 \times \frac{5}{8}} = 15$$

09 폐기물 10ton 중에서 유리가 7%를 차지할 때 다음 물음에 답하시오.

폐기물의 종류(ton)	투입(ton)	제거(ton)	회수(ton)
유리	0.7	0.08	0.62
캔	9.3	8.92	0.38

(가) 유리의 회수율(%)을 계산하시오.

(나) Worrell식을 이용해 유리의 선별효율(%)을 계산하시오.

(다) 유리의 순도(%)를 계산하시오.

풀이 (가) 유리의 회수율(%) 계산

$$회수율(\%) = \frac{유리의\ 회수량(ton)}{유리의\ 투입량(ton)} \times 100 = \frac{0.62ton}{0.7ton} \times 100 = 88.57\%$$

(나) Worrell식을 이용한 유리의 선별효율(%) 계산

$$선별효율(\%) = \left(\frac{X_c}{X_i} \times \frac{Y_o}{Y_i}\right) \times 100$$

여기서, X_i : 유리의 투입량 X_c : 유리의 회수량
       Y_i : 캔의 투입량 Y_o : 캔의 제거량

따라서 선별효율(%) $= \left(\frac{0.62ton}{0.7ton} \times \frac{8.92ton}{9.3ton}\right) \times 100 = 84.95\%$

(다) 유리의 순도(%) 계산

$$유리의\ 순도(\%) = \left\{\frac{유리의\ 회수량(ton)}{유리의\ 회수량(ton) + 캔의\ 회수량(ton)}\right\} \times 100$$

$$= \frac{0.62ton}{0.62ton + 0.38ton} \times 100 = 62\%$$

10 어느 도시의 일일 쓰레기 발생량이 350ton/day, 수거차량의 적재용량은 8m³, 1일 운행시간은 8hr, 왕복운반시간은 90분, 운반거리는 5km, 수거차량의 쓰레기 적재율은 95%, 적재쓰레기의 밀도는 450kg/m³이었다.

(가) 수거차량 1대당 운반 쓰레기의 양(ton/day)을 계산하시오.

(나) 쓰레기 운반에 필요한 수거차량수를 계산하시오.

풀이 (가) 수거차량 1대당 운반 쓰레기의 양(ton/day · 대) 계산

운반쓰레기의 양(ton/day · 대)

$= 적재용량(m^3/대·회) \times 적재쓰레기 밀도(ton/m^3) \times \dfrac{1회}{작업시간(min)}$

$\times \dfrac{운행시간(hr)}{1day} \times \dfrac{60min}{1hr} \times \dfrac{쓰레기 적재율(\%)}{100}$

$= 8m^3/대·회 \times 0.45ton/m^3 \times \dfrac{1회}{90min} \times \dfrac{8hr}{1day} \times \dfrac{60min}{1hr} \times 0.95$

$= 18.24 ton/day · 대$

(나) 수거차량의 소요댓수(대/day) $= \dfrac{쓰레기\ 발생량(ton/day)}{운반\ 쓰레기의\ 양(ton/day · 대)}$

$= \dfrac{350 ton/day}{18.24 ton/day · 대} = 20대$

---

11 폐기물 매립장에서 발생되는 침출수의 BOD 농도가 2,000mg/L이다. 1차 처리시설의 효율이 85%, 2차 처리시설의 효율이 60% 일 때 최종 방류수의 BOD 농도를 20mg/L로 유지하기 위해 3차 처리시설의 효율(%)은 얼마 이상이어야 하는지 계산하시오.

풀이

유입수 BOD농도 2,000mg/L → 1차 처리 $\eta_1 = 85\%$ → 2차 처리 $\eta_1 = 60\%$ → 3차 처리 $\eta_1 = ?$ → 유출수 BOD농도 20mg/L

3차 처리시설의 효율(%) $= \left\{ 1 - \dfrac{유출수의\ BOD\ 농도(mg/L)}{유입수의\ BOD\ 농도(mg/L)} \right\} \times 100$

① 3차 처리시설의 유입수 BOD 농도(mg/L)
   $= 유입수\ BOD\ 농도(mg/L) \times (1-\eta_1) \times (1-\eta_2)$
   $= 2,000mg/L \times (1-0.85) \times (1-0.60) = 120mg/L$

② 3차 처리시설의 유출수 BOD 농도 $= 20mg/L$

③ 3차 처리시설의 효율(%) $= \left(1 - \dfrac{20mg/L}{120mg/L} \right) \times 100 = 83.33\%$

12 수소(H_2) 1kg을 완전연소 하는데 필요한 공기량은 탄소(C) 1kg을 완전연소 하는데 필요한 공기량의 몇 배가 되는지 계산하시오.

[풀이]

① 수소(H_2) 1kg을 완전연소 하는데 필요한 이론공기량을 계산

$$H_2 + 0.5O_2 \rightarrow H_2O$$
$$2kg : 0.5 \times 32kg$$
$$1kg : O_O$$

$$\therefore O_o(\text{이론산소량}) = \frac{0.5 \times 32kg \times 1kg}{2kg} = 8kg$$

따라서 이론공기량(kg) = $\frac{\text{이론산소량(kg)}}{0.232} = \frac{8kg}{0.232} = 34.48kg$

② 탄소(C) 1kg을 완전연소 하는데 필요한 이론공기량을 계산

$$C + O_2 \rightarrow CO_2$$
$$12kg : 32kg$$
$$1kg : O_O$$

$$\therefore O_o(\text{이론산소량}) = \frac{32kg \times 1kg}{12kg} = 2.6667kg$$

따라서 이론공기량(kg) = $\frac{\text{이론산소량(kg)}}{0.232} = \frac{2.6667kg}{0.232} = 11.49kg$

③ $\frac{\text{수소의 이론공기량(kg)}}{\text{탄소의 이론공기량(kg)}} = \frac{34.48kg}{11.49kg} = 3.0$배

13 차수막의 종류에는 연직차수막과 표면차수막이 있다. 다음의 조건에 따라 알맞게 쓰시오.
(가) 차수성 확인
(나) 지하수 집배수시설
(다) 경제성
(라) 보수성

[풀이]

구 분	연직차수막	표면차수막
(가) 차수성 확인	지하에 매설하기 때문에 확인이 어렵다.	시공시에는 가능하지만 매립후에는 곤란하다.
(나) 지하수 집배수시설	필요없다.	필요하다.
(다) 경제성	단위면적당 공사비가 비싼 반면 총공사비는 싸다.	단위면적당 공사비는 싸지만 매립지 전체를 시공하는 경우는 총공사비가 비싸다.
(라) 보수성	차수막보강 시공이 가능하다.	매립전에는 가능하나 매립후에는 어렵다.

14 다이옥신류의 저감방안 및 제거기술을 쓰시오.

(가) 연소전 제어

(나) 연소과정 제어

(다) 연소과정 후 제어

 (가) 연소전 제어방법
① 유기염소계 화합물(PVC 제품류) 반입을 제한한다.
② 페인트가 칠해져 있거나 페인트로 처리된 목재, 가구류 반입을 억제 제한한다.
(나) 연소과정 제어방법
① 로내 온도를 1,000℃ 이상으로 운전하여 다이옥신 성분 발생량을 최소화 한다.
② 로내에서 적절한 체류시간과 폐기물과 공기의 혼합을 충분하게 하여 완전연소 시킨다.
(다) 연소과정 후 제어방법
① 활성탄과 백필터 사용하여 제어 : 이 경우에는 분무된 활성탄이 필터백 표면에 코팅되어 백필터에서도 흡착이 활발하게 일어난다.
② 촉매에 의한 다이옥신 분해 방법 : 활성탄 흡착처리에 비해 다이옥신을 무해화하기 위한 후처리가 필요 없다.

15 쓰레기의 수집 시스템 중에서 관거(pipe-line) 수송방식의 종류 3가지를 쓰시오.

 ① 공기수송　② 슬러리 수송　③ 캡슐 수송

16 다음 물음에 답하시오.

(가) 일일복토의 최소두께를 쓰시오.

(나) 일일복토의 실시시기를 쓰시오.

(다) 복토의 목적을 5가지 쓰시오.

 (가) 일일복토의 최소두께 : 15cm 이상
(나) 일일복토의 실시시기 : 일일 매립작업이 끝난 후
(다) 복토의 목적
① 우수의 침투방지
② 쓰레기의 비산방지
③ 화재 예방
④ 유해곤충이나 해충의 서식방지
⑤ 악취 방지

01회 2011년 폐기물처리기사 최근 기출문제

2011년 5월 시행

01 쓰레기의 발생량이 1.2kg/인·일, 인구 30만명, 폐기물의 밀도 450kg/m³, 매립지의 사용연한이 10년인 경우 매립지의 용적(m³)을 계산하시오.

[풀이]

$$\text{매립지의 용적(m}^3) = \frac{\text{쓰레기의 발생량(kg)}}{\text{쓰레기의 밀도(kg/m}^3)}$$

$$= \frac{1.2\text{kg/인·일} \times 300{,}000\text{인} \times 365\text{일/1년} \times 10\text{년}}{450\text{kg/m}^3} = 2{,}920{,}000\text{m}^3$$

02 직경이 2.7m인 Trommel Screen의 임계속도(rpm)를 계산하시오.

[풀이]

$$N_c = \sqrt{\frac{g}{4 \times \pi^2 \times r}} \times 60 \, (\text{rpm})$$

여기서, g : 중력가속도(9.8m/sec²)
　　　　r : 스크린의 반경(m)
　　　　N_C : 임계속도(rpm)

따라서 $N_c = \sqrt{\dfrac{9.8\text{m/sec}^2}{4 \times \pi^2 \times \dfrac{2.7\text{m}}{2}}} \times 60 = 25.73\,\text{rpm}$

03 폐기물 중에서 알루미늄을 선별하고자 한다. 폐기물 투입량은 150톤이고, 회수량은 120톤, 회수량 중 알루미늄 캔량이 110톤, 제거량 중 알루미늄 캔량이 10톤일 때 Worrell식을 이용하여 선별효율(%)을 계산하시오.

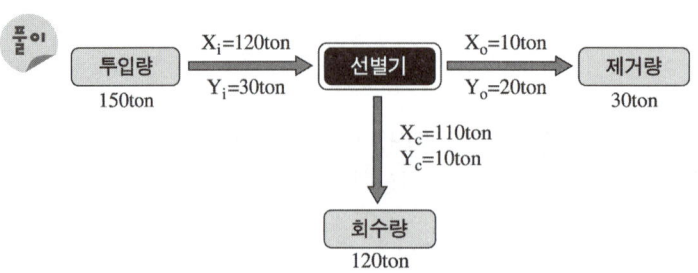

$$\text{Worrell 선별효율(E)} = \left(\frac{X_c}{X_i} \times \frac{Y_o}{Y_i}\right) \times 100 = \left(\frac{110톤}{120톤} \times \frac{20톤}{30톤}\right) \times 100 = 61.11\%$$

04 인구가 300,000인 도시의 폐기물 매립지를 선정하고자 한다. 도시의 1인당 폐기물 발생량은 1.5kg/day, 폐기물의 밀도는 500kg/m³, 매립높이는 2m이다. 매립에 필요한 면적(m²)을 계산하시오. (단, 매립장의 수명은 5년이다.)

$$\text{매립면적(m}^2\text{)} = \frac{\text{폐기물의 발생량(kg)}}{\text{폐기물의 밀도(kg/m}^3\text{)} \times \text{매립지의 깊이(m)}}$$
$$= \frac{1.5\text{kg/인·일} \times 300,000\text{인} \times 365\text{일/년} \times 5\text{년}}{500\text{kg/m}^3 \times 2\text{m}}$$
$$= 821,250\,\text{m}^2$$

05 평균입경이 20cm인 폐기물을 입경 1cm가 되도록 파쇄할 때 에너지는 입경을 4cm로 파쇄할 때 소요되는 에너지의 몇 배인지 계산하시오. (단, Kick의 법칙 적용, n = 1)

Kick의 법칙에서 동력(E) $= C \ln\left(\frac{dp_1}{dp_2}\right)$

① $E_1 = C \ln\left(\frac{20\text{cm}}{1\text{cm}}\right) = C \ln 20$

② $E_2 = C \ln\left(\frac{20\text{cm}}{4\text{cm}}\right) = C \ln 5$

③ 소요에너지의 변화 $= \frac{E_1}{E_2} = \frac{C \ln 20}{C \ln 5} = 1.86$배

06 수소(H_2) 1kg을 완전연소 하는데 필요한 공기량은 탄소(C) 1kg을 완전연소 하는데 필요한 공기량의 몇 배가 되는지 계산하시오.

[풀이] ① 수소(H_2) 1kg을 완전연소 하는데 필요한 이론공기량을 계산

$$H_2 + 0.5O_2 \rightarrow H_2O$$
$$2kg : 0.5 \times 32kg$$
$$1kg : O_0$$

$$\therefore O_0(\text{이론산소량}) = \frac{0.5 \times 32kg \times 1kg}{2kg} = 8kg$$

따라서 이론공기량(kg) $= \frac{\text{이론산소량}(kg)}{0.232} = \frac{8kg}{0.232} = 34.48 kg$

② 탄소(C) 1kg을 완전연소 하는데 필요한 이론공기량을 계산

$$C + O_2 \rightarrow CO_2$$
$$12kg : 32kg$$
$$1kg : O_0$$

$$\therefore O_0(\text{이론산소량}) = \frac{32kg \times 1kg}{12kg} = 2.6667kg$$

따라서 이론공기량(kg) $= \frac{\text{이론산소량}(kg)}{0.232} = \frac{2.6667kg}{0.232} = 11.49 kg$

③ $\dfrac{\text{수소의 이론공기량}(kg)}{\text{탄소의 이론공기량}(kg)} = \dfrac{34.48kg}{11.49kg} = 3.0$배

 07 고형물의 농도가 80kg/m^3인 농축슬러지를 300m^3/day 유량으로 탈수시키려 한다. 고형물 질량에 대해 25%의 소석회를 넣으면 (이때 첨가된 소석회의 50%가 고형물이 된다.) 15kg/m^2·hr의 여과속도 및 함수율 70%의 탈수 Cake가 얻어진다. 탈수기의 하루 운전시간은 8시간이고 Cake의 비중은 1.0일 때 다음 물음에 답하시오.

(가) 여과면적(m^2)을 계산하시오.

(나) 탈수 Cake의 양(ton/day)을 계산하시오.

[풀이] (가) 여과면적(m^2) 계산

$$\text{여과속도}(kg/m^2 \cdot hr) = \frac{\text{고형물의 농도}(kg/m^3) \times \text{농축슬러지량}(m^3/hr)}{\text{여과면적}(m^2)}$$

$$15kg/m^2 \cdot hr = \frac{80kg/m^3 \times \{1+(0.25 \times 0.50)\} \times 300m^3/day \times 1day/8hr}{\text{여과면적}(m^2)}$$

∴ 여과면적 = 225m^2

(나) 탈수 Cake의 양(ton/day) 계산

① 슬러지량(ton/day) = 고형물의 농도(ton/m^3) × 농축슬러지량(m^3/day)
$$= 80kg/m^3 \times \{1+(0.25 \times 0.50)\} \times 300m^3/day \times 10^{-3} ton/kg$$
$$= 27 ton/day$$

② 탈수 Cake의 양(ton/day) = 슬러지량(ton/day) × $\dfrac{100}{100-\text{함수율}(\%)}$

$$= 27\text{ton/day} \times \frac{100}{100-70\%} = 90\text{ton/day}$$

 옥탄 1mol을 완전연소 시켰을 때 다음 물음에 답하시오.

(가) 완전연소 반응식을 서술하시오.

(나) AFR을 부피기준으로 계산하시오.

(다) AFR을 질량기준으로 계산하시오. (단, 공기의 분자량은 28.95)

풀이 (가) 완전연소반응식 : $C_8H_{18} + 12.5O_2 \rightarrow 8CO_2 + 9H_2O$

(나) AFR을 부피기준으로 계산

$$\text{AFR}(\text{Sm}^3/\text{Sm}^3) = \frac{\text{산소갯수} \times 22.4\text{Sm}^3 \times \frac{1}{0.21}}{\text{연료갯수} \times 22.4\text{Sm}^3} = \frac{12.5 \times 22.4\text{Sm}^3 \times \frac{1}{0.21}}{1 \times 22.4\text{Sm}^3} = 59.52$$

(다) AFR을 질량기준으로 계산

$$\text{AFR}(\text{kg/kg}) = \text{AFR}(\text{Sm}^3/\text{Sm}^3) \times \frac{\text{공기의 분자량(kg)}}{\text{연료의 분자량(kg)}} = 59.52 \times \frac{28.95\text{kg}}{114\text{kg}} = 15.12$$

Tip
① AFR=공연비=$\frac{\text{공기량}}{\text{연료량}}$
② 옥탄=C_8H_{18}
③ C_8H_{18}의 분자량 $= 8 \times 12 + 18 \times 1 = 114\text{kg}$

 수은이 포함되어 있는 폐기물 2,000kg/hr를 소각할 때 배출되는 비산재를 전기집진장치를 이용하여 98% 제거할 때 포집되는 수은의 양(kg/년)을 계산하시오. (단, 비산재는 소각폐기물의 2%(질량기준), 비산재 중 수은의 함량은 1.5μg/g, 1년 365일 기준이다.)

풀이 포집되는 수은의 양(kg/년)

$$= \text{폐기물의 양(kg/년)} \times \frac{\text{소각폐기물 중 비산재(\%)}}{100} \times \frac{\text{제거율(\%)}}{100} \times \text{비산재 중 수은의 함량(g/g)}$$

$$= 2,000\text{kg/hr} \times 24\text{hr/day} \times 365\text{day/년} \times 0.02 \times 0.98 \times 1.5 \times 10^{-6}\text{g/g} = 0.52\text{kg/년}$$

10 도시폐기물 20ton이 있다. 도시폐기물 중 수분함량이 20%이고, 총고형물 중 휘발성고형물은 80%, 휘발성고형물 중 60%가 분해되고, 가스발생량은 0.75m³/kg · VS, 발생가스 중 메탄의 함량은 85%, 가스의 열량은 5,500kcal/m³, 에너지의 가치는 5,000원/10⁵kcal이다. 다음 물음에 답하시오.

(가) 메탄의 발생량(m³)을 계산하시오.

(나) 금전적 가치(원)를 계산하시오.

풀이 (가) 메탄의 발생량(m^3) 계산

메탄의 발생량(m^3)
$$= 도시폐기물(kg) \times \frac{TS(\%)}{100} \times \frac{VS(\%)}{100} \times \frac{VS의\ 분해율(\%)}{100}$$
$$\times 가스발생량(m^3/kg \cdot VS) \times \frac{발생가스\ 중\ CH_4함량(\%)}{100}$$
$$= 20 \times 10^3 kg \times (1-0.20) \times 0.80 \times 0.6 \times 0.75 m^3/kg \cdot VS \times 0.85 = 4,896\, m^3$$

(나) 금전적 가치(원) 계산

금전적 가치(원) $= 4,896 m^3 \times 5,500 kcal/m^3 \times 5,000원/10^5 kcal = 1,346,400$ 원

11 탄소, 수소 및 황의 질량비가 83%, 14%, 3%인 폐기물을 소각시킬 경우 배기가스의 분석치가 $CO_2 + SO_2$ 12.5%, O_2 3.5%, N_2 84%가 발생하였을 때 다음 물음에 답하시오.

(가) 공기과잉계수(m)를 계산하시오.

(나) 이론공기량(Sm^3/kg)을 계산하시오.

(다) 건조연소가스량 중 SO_2의 농도(%)을 계산하시오.

풀이 (가) 공기과잉계수(m) 계산
$$m = \frac{N_2\%}{N_2\% - 3.76 \times O_2\%} = \frac{84\%}{84\% - 3.76 \times 3.5\%} = 1.19$$

(나) 이론공기량(A_o) 계산
$$A_o = 8.89C + 26.67\left(H - \frac{O}{8}\right) + 3.33S\,(Sm^3/kg)$$
$$= 8.89 \times 0.83 + 26.67 \times 0.14 + 3.33 \times 0.03 = 11.21\,Sm^3/kg$$

(다) $SO_2(\%) = \dfrac{SO_2량}{Gd} \times 100$

① 실제건연소가스량(Gd) $= mA_o - 5.6H + 0.7O + 0.8N\,(Sm^3/kg)$
$$= 1.19 \times 11.21\,Sm^3/kg - 5.6 \times 0.14 = 12.556\,Sm^3/kg$$

② $SO_2(\%) = \dfrac{0.7S\,(Sm^3/kg)}{Gd\,(Sm^3/kg)} \times 100 = \dfrac{0.7 \times 0.03\,Sm^3/kg}{12.556\,Sm^3/kg} \times 100 = 0.17\%$

> **Tip**
> ① $CO_2 + SO_2(\%) = CO_2(\%)$
> ② 공기과잉계수(m)를 구할 때 $N_2(\%)$가 주어지지 않으면 $N_2(\%) = 100 - (CO_2\% + O_2\%)$
> ③ 공기과잉계수(m)가 주어지면 실제가스량 기준이므로 실제건연소가스량(Gd)를 사용한다.

12 150mol/hr의 C_4H_{10}과 5,500mol/hr의 공기가 연소장치에서 완전연소 될 경우 과잉공기율(%)을 계산하시오. (단, 표준상태 기준)

과잉공기율(%) = $(m-1) \times 100$
① 이론산소량(mol/hr)을 계산한다.
C_4H_{10} + $6.5O_2$ → $4CO_2 + 5H_2O$
 1mol : 6.5mol
 150mol/hr : X(이론산소량)
∴ X(이론산소량) = $\dfrac{150\,\text{mol/hr} \times 6.5\,\text{mol}}{1\,\text{mol}} = 975\,\text{mol/hr}$

② 이론공기량(A_o)을 계산한다.
A_o(mol/hr) = 이론산소량(mol/hr) × $\dfrac{1}{0.21}$ = $975\,\text{mol/hr} \times \dfrac{1}{0.21}$ = 4,642.86 mol/hr

③ 공기비(m) = $\dfrac{\text{실제공기량(A)}}{\text{이론공기량}(A_o)} = \dfrac{5,500\,\text{mol/hr}}{4,642.86\,\text{mol/hr}} = 1.1846$

④ 과잉공기율(%) = $(1.1846 - 1) \times 100$ = 18.46%

13 유동층 소각로의 단점 5가지를 쓰시오.

① 로내로 투입하기 전 파쇄 등의 전처리가 필요하다.
② 상으로부터 찌꺼기 분리가 어렵다.
③ 유동매체의 손실로 인한 보충이 필요하다.
④ 유동매체인 모래의 마모가 일어난다.
⑤ 고점착성 슬러지처리가 어렵다.

14 RDF의 구비조건 5가지를 쓰시오.

① 재의 양이 적을 것 ② 대기오염이 적을 것
③ 함수율이 낮을 것 ④ 균일한 조성을 가질 것
⑤ 발열량이 높을 것

15 응집보조제의 종류 3가지와 사용목적을 쓰시오.

풀이
① 소석회 [Ca(OH)$_2$] : pH 조절 및 응집효과촉진
② 탄산나트륨 [Na$_2$CO$_3$] : pH 조절
③ 규산나트륨 [NaSiO$_3$] : 응집효과촉진

16 통풍방식의 종류 4가지를 쓰고 간단히 설명하시오.

풀이
① 압입통풍 : 로 안에 설치된 가압송풍기에 의해 연소용 공기를 연소로 안으로 압입하는 통풍방식으로 연소실 공기를 예열할 수 있고 로내압이 정압(+)으로 연소효율이 좋다.
② 흡입통풍 : 로내의 압력을 부압(-)으로 하여 배기가스를 굴뚝으로 흡인시켜 배출하는 방식으로 역화의 위험성이 없으며 통풍력이 크다.
③ 평형통풍 : 대용량의 연소설비에 적합하며, 통풍 및 로내압의 조건이 용이하며, 동력소모가 크고 설비비 및 유지비가 많이 든다.
④ 자연통풍 : 공기와 배출가스의 밀도차에 의해 통풍하는 방식이다.

17 다이옥신류의 저감방안 및 제거기술 중 연소과정 제어방법을 3가지만 쓰시오.

풀이
① 로내 온도는 1,000℃ 이상으로 운전하여 다이옥신 성분 발생량을 최소화한다.
② 완전연소시킨다.
③ 폐기물과 공기의 혼합을 충분하게 한다.

18 합성차수막의 종류 5가지를 쓰고, 장점 2가지씩을 각각 쓰시오.

풀이
(1) CR
 ① 대부분의 화학물질에 대한 저항성이 높다.
 ② 마모 및 기계적 충격에 강하다.
(2) PVC
 ① 강도가 크다.　② 접합이 용이하다.
(3) CSPE
 ① 접합이 용이하다.　② 미생물에 강하다.
(4) HDPE & LDPE
 ① 대부분의 화학물질에 대한 저항성이 높다.
 ② 온도에 대한 저항성이 높다.
(5) EPDM
 ① 수분함량이 낮다.　② 강도가 높다.

19 폐기물 매립 후 발생되는 생성가스 농도변화를 4단계로 나누어 간단히 설명하시오.

① Ⅰ단계(호기성단계) : 산소와 질소가 감소하고, 이산화탄소가 생성되기 시작한다.
② Ⅱ단계(혐기성비메탄단계) : 혐기성 단계지만 CH_4가 형성되지 않고, H_2가 생성되기 시작하고 SO_4^{2-}, NO_3^- 등이 환원된다.
③ Ⅲ단계(메탄생성축적단계) : 혐기성 단계이며 CH_4가 발생하기 시작한다.
④ Ⅳ단계(정상적인혐기단계) : 정상적인 혐기단계로 CH_4와 CO_2의 함량이 거의 일정하다. (CH_4 55%, CO_2 45%로 구성)

2011년 폐기물처리기사 최근 기출문제

2011년 7월 시행

01 소각로의 화상부하가 170kg/m² · hr이며 쓰레기의 양이 20ton/일이다. 1일 8시간 소각할 때 화격자 면적(m²)을 계산하시오.

[풀이]

소각로의 화상부하(kg/m² · hr) = $\dfrac{\text{쓰레기의 소각량(kg/hr)}}{\text{화격자 면적(m}^2\text{)}}$

$170\text{kg/m}^2 \cdot \text{hr} = \dfrac{20,000\text{kg/일} \times 1\text{일}/8\text{hr}}{\text{화격자 면적(m}^2\text{)}}$

∴ 화격자 면적 = $\dfrac{20,000\text{kg/일} \times 1\text{일}/8\text{hr}}{170\text{kg/m}^2 \cdot \text{hr}} = 14.71\text{m}^2$

02 폐기물의 성분분석결과 탄소 84%, 수소 11%, 황 2.4%, 산소 1.3%, 수분 1.3%이었다면 이 폐기물의 고위발열량(kcal/kg)과 저위발열량(kcal/kg)을 계산하시오. (단, Dulong식을 이용하시오.)

[풀이]

① Dulong식에 의한 고위발열량(Hh)을 계산한다.

$Hh = 8,100C + 34,000\left(H - \dfrac{O}{8}\right) + 2,500S \text{ (kcal/kg)}$

$= 8,100 \times 0.84 + 34,000 \times \left(0.11 - \dfrac{0.013}{8}\right) + 2,500 \times 0.024$

$= 10,548.75 \text{kcal/kg}$

② 저위발열량(Hl)을 계산한다.

저위발열량(Hl) = 고위발열량(Hh) − 600(9H + W)(kcal/kg)

$= 10,548.75\text{kcal/kg} - 600(9 \times 0.11 + 0.013) = 9,946.95\text{kcal/kg}$

03 파쇄기를 사용하여 평균크기가 30.5cm인 혼합된 도시폐기물을 최종크기 5.1cm로 파쇄하기 위한 톤당 소요되는 에너지량(kW·hr/ton)을 계산하시오. (단, 평균크기 15.2cm에서 5.1cm로 파쇄하기 위하여 필요한 에너지 소모율은 14.9kW·hr/ton이며 킥의 법칙을 적용하시오.)

Kick의 법칙 : $E = C \ln\left(\dfrac{dp_1}{dp_2}\right)$

여기서, E : 에너지 소모율(kW·hr/ton) dp_1 : 평균크기(cm)
dp_2 : 최종크기(cm)

① $14.9 \text{kW} \cdot \text{hr/ton} = C \times \ln\left(\dfrac{15.2 \text{cm}}{5.1 \text{cm}}\right)$

$\therefore C = \dfrac{14.9 \text{kW} \cdot \text{hr/ton}}{\ln\left(\dfrac{15.2 \text{cm}}{5.1 \text{cm}}\right)} = 13.64 \text{kW} \cdot \text{hr/ton}$

② $E = 13.64 \text{kW} \cdot \text{hr/ton} \times \ln\left(\dfrac{30.5 \text{cm}}{5.1 \text{cm}}\right) = 24.4 \text{kW} \cdot \text{hr/ton}$

04 직경이 2.7m인 Trommel Screen의 임계속도(rpm)를 계산하시오.

$N_C = \sqrt{\dfrac{g}{4\pi^2 r}} \times 60$

여기서, N_C : 임계속도(rpm = 회/min) g : 중력가속도(9.8m/sec²)
r : 스크린 반경(m)

따라서 $N_C = \sqrt{\dfrac{9.8 \text{m/sec}^2}{4 \times \pi^2 \times \dfrac{2.7 \text{m}}{2}}} \times 60 = 25.73 \text{rpm}$

05 함수율이 90%인 폐기물을 용출 시험하여 농도를 측정한 결과 0.02mg/L로 나타났다. 지정폐기물의 기준치가 0.1mg/L일 때 이 폐기물이 지정폐기물인지 여부를 판별하시오.

① 용출실험의 결과는 시료중의 수분함량 보정을 위해 함수율 85%이상인 시료에 한하여 $\dfrac{15}{100 - 시료의\ 함수율(\%)}$ 을 곱하여 계산된 값으로 한다.

따라서 $\dfrac{15}{100 - 90\%} = 1.5$

② $0.02 \text{mg/L} \times 1.5 = 0.03 \text{mg/L}$

③ 기준치를 초과하지 않으므로 지정폐기물이 아니다.

06 등유($C_{10}H_{20}$) 1kg을 완전연소 시켰을 때 소요되는 실제공기량(Sm^3)을 계산하시오. (단, 공기비(m)는 1.2이다.)

① 이론산소량(Sm^3)을 계산한다.
$$C_{10}H_{20} + 15O_2 \rightarrow 10CO_2 + 10H_2O$$
140kg : $15 \times 22.4 Sm^3$
1kg : X(이론산소량)

$$\therefore X(\text{이론산소량}) = \frac{1kg \times 15 \times 22.4 Sm^3}{140kg} = 2.4 Sm^3$$

② 이론공기량(Sm^3)을 계산한다.
$$\text{이론공기량}(Sm^3) = \text{이론산소량}(Sm^3) \times \frac{1}{0.21} = 2.4 Sm^3 \times \frac{1}{0.21} = 11.4286 Sm^3$$

③ 실제공기량(Sm^3)을 계산한다.
$$\text{실제공기량}(Sm^3) = \text{공기비}(m) \times \text{이론공기량}(Sm^3) = 1.2 \times 11.4286 Sm^3 = 13.71 Sm^3$$

07 인구 1천만명이 거주하는 도시를 위한 위생쓰레기 매립지를 계획할 때 매립지의 수명을 10년으로 하고 복토량은 부피로(쓰레기 : 복토)비율이 5 : 1이 되게 할 때 10년간 매립용량(m^3)을 계산하시오. (단, 밀도는 600kg/m^3이고, 일일발생량은 1.3kg/인·일이다.)

$$\text{매립용적}(m^3) = \frac{\text{쓰레기의 발생량}(kg)}{\text{쓰레기의 밀도}(kg/m^3)} \times \left(\frac{\text{쓰레기} + \text{복토}}{\text{쓰레기}}\right)$$
$$= \frac{1.3kg/\text{인}\cdot\text{일} \times 10,000,000\text{인} \times 365\text{일}/1\text{년} \times 10\text{년}}{600kg/m^3} \times \left(\frac{5+1}{5}\right)$$
$$= 94,900,000 \, m^3$$

08 100kg의 폐기물을 분석한 결과 종이류가 50%, 플라스틱류가 30%, 수분이 20%이다. 파쇄 후 수분 25%가 없어지며, 선별후 종이류와 플라스틱류로 분류되었다. 종이류에는 플라스틱류 5%(혼합폐기물 중 플라스틱류가 5%)가 혼합되어 있고, 플라스틱류에는 종이류가 10%(혼합폐기물 중 종이류가 10%)가 혼합되어 있다. 그리고 수분은 80%가 종이류로 모여들고 플라스틱류의 수분은 20%가 증발된다. 선별 후 종이류와 플라스틱류의 질량(kg)을 계산하시오.

(1) 선별 후 종이류의 질량
 ① 처음 종이류의 질량 = $100kg \times 0.50 = 50kg$
 ② 종이류에 혼합된 플라스틱의 질량 = $100kg \times 0.30 \times 0.05 = 1.5kg$
 ③ 플라스틱에 혼합된 종이류 질량 = $100kg \times 0.50 \times 0.10 = 5kg$
 ④ 종이류에 모여든 수분의 질량 = $100kg \times 0.20 \times (1-0.25) \times 0.80 = 12kg$
 따라서 선별 후 종이류의 질량 = $50kg + 1.5kg - 5kg + 12kg = 58.5kg$

(2) 선별 후 플라스틱류의 질량
 ① 처음 플라스틱류의 질량 = $100kg \times 0.30 = 30kg$

② 플라스틱류에 혼합된 종이류의 질량= $100kg \times 0.50 \times 0.1 = 5kg$
③ 종이류에 혼합된 플라스틱류 질량= $100kg \times 0.30 \times 0.05 = 1.5kg$
④ 플라스틱류에 모여든 수분의 질량= $100kg \times 0.20 \times (1-0.25) \times 0.2 \times (1-0.20) = 2.4kg$
따라서 선별 후 플라스틱류의 질량= $30kg + 5kg - 1.5kg + 2.4kg = 35.9kg$

> **Tip** 종이류로 수분이 80% 모이므로 플라스틱류에는 수분이 20%가 모여든다.

09 인구가 400,000명인 어느 도시의 쓰레기 배출 원단위가 1.2kg/인·일이고, 밀도는 0.45ton/m³으로 측정되었다. 이러한 쓰레기를 분쇄하여 그 용적이 2/3로 되었으며, 이 분쇄된 쓰레기를 다시 압축하면서 또다시 1/3 용적이 축소되었다. 분쇄만 하여 매립할 때와 분쇄, 압축한 후에 매립할 때에 양자간의 연간 매립소요면적(m^2)의 차이를 계산하시오.
(단, Trench 깊이는 4m이며 기타 조건은 고려하지 않는다.)

매립면적(m^2/년) = $\dfrac{\text{폐기물 발생량(kg/년)} \times (1 - \text{부피감소율})}{\text{밀도(kg/m}^3) \times \text{깊이(m)}}$

① 분쇄하여 용적이 $\dfrac{2}{3}$로 된 경우의 소요면적

$= \dfrac{1.2kg/\text{인} \cdot \text{일} \times 400,000\text{인} \times 365\text{일/년} \times \dfrac{2}{3}}{450kg/m^3 \times 4m} = 64,888.89m^2$

② 압축하여 다시 $\dfrac{1}{3}$ 용적이 감소되는 경우의 소요면적

$= 64,888.89m^2 \times \left(1 - \dfrac{1}{3}\right) = 43,259.26m^2$

③ 소요면적 차 $= 64,888.89m^2 - 43,259.26m^2 = 21,629.63m^2$

10 탄소, 수소 및 황의 질량비가 83%, 14%, 3%인 폐유 3kg/hr을 소각시키는 경우 배기가스의 분석치가 CO_2 12.5%, O_2 3.5%, N_2 84%이었다면 매시 필요한 실제공기량(Sm^3/hr)을 계산하시오.

① 공기비(m) = $\dfrac{84\%}{84\% - 3.76 \times 3.5\%} = 1.1858$

② 이론공기량(A_o) = $8.89C + 26.67\left(H - \dfrac{O}{8}\right) + 3.33S$ (Sm^3/kg)
$= 8.89 \times 0.83 + 26.67 \times 0.14 + 3.33 \times 0.03 = 11.2124 \, Sm^3/kg$

③ 실제 공기량 = 공기비(m) × 이론공기량(Sm^3/kg) × 연료량(kg/hr)
$= 1.1858 \times 11.2124 Sm^3/kg \times 3kg/hr = 39.89 \, Sm^3/hr$

11 자연상태의 쓰레기 밀도가 200kg/m³이었던 것을 적환장에 설치된 압축기에 넣어 압축시킨 결과 900kg/m³으로 증가하였다. 이때 부피감소율(%)을 계산하시오.

부피감소율(%) $= \left(1 - \dfrac{V_2}{V_1}\right) \times 100$

여기서, V_1 : 압축 전 부피(m³) V_2 : 압축 후 부피(m³)

① $V_1 = 1\text{kg} \times \dfrac{1}{200\text{kg/m}^3} = 0.005\,\text{m}^3$

② $V_2 = 1\text{kg} \times \dfrac{1}{900\text{kg/m}^3} = 0.0011\,\text{m}^3$

③ 부피감소율(%) $= \left(1 - \dfrac{0.0011\,\text{m}^3}{0.005\,\text{m}^3}\right) \times 100 = 78\%$

12 고위발열량이 16,820kcal/Sm³인 에탄(C_2H_6)을 연소시킬 때 이론연소온도(℃)를 계산하시오. (단, 이론습연소가스량 21Sm³/Sm³이며, 연소가스의 정압 비열은 0.63kcal/Sm³·℃, 기준온도는 15℃, 공기는 예열하지 않으며, 연소가스는 해리되지 않는다.)

① 저위발열량을 계산한다.

$C_2H_6 + 3.5O_2 \rightarrow 2CO_2 + 3H_2O$

저위발열량(Hl) = 고위발열량(Hh) $- 480 \times H_2O$량(kcal/Sm³)
$= 16{,}820\,\text{kcal/Sm}^3 - 480 \times 3 = 15{,}380\,\text{kcal/Sm}^3$

② $t_2 = \dfrac{Hl}{G \times C} + t_1$

여기서, t_2 : 이론연소온도(℃) t_1 : 기준온도(℃)
Hl : 저위발열량(kcal/Sm³)   G : 가스량(Sm³/Sm³)
C : 비열(kcal/Sm³·℃)

따라서 $t_2 = \dfrac{15{,}380\,\text{kcal/Sm}^3}{21\text{Sm}^3/\text{Sm}^3 \times 0.63\,\text{kcal/Sm}^3 \cdot \text{℃}} + 15\text{℃} = 1{,}177.51\,\text{℃}$

13 액상폐기물중에 존재하는 As이온의 제거법 2가지를 간단히 쓰시오. (단, 예시는 답란에서 제외하시오.)

[예시] 비소의 제거법으로 흡착법과 이온교환법을 이용한다.

① 침전법 : 칼슘, 알루미늄, 마그네슘, 철등의 수산화물에 공침시켜 제거한다.
② 역삼투법 : 반투막이나 멤브레인을 사용하여 여과 제거한다.

> **Tip** 각 이온의 수산화물
> - 칼슘의 수산화물= $Ca(OH)_2$
> - 알루미늄의 수산화물= $Al(OH)_3$
> - 마그네슘의 수산화물= $Mg(OH)_2$
> - 철의 수산화물= $Fe(OH)_3$

14 폐기물의 고화처리방법 중 열가소성 플라스틱법의 장·단점 3가지씩 각각 쓰시오.

 (1) 장점
① 용출손실률은 시멘트기초법에 비해 매우 낮다.
② 대부분의 메트릭스 물질은 수용액의 침투에 저항성이 매우 크다.
③ 고화처리된 폐기물 성분을 나중에 회수하여 재활용을 할 수 있다.
(2) 단점
① 높은 온도에서 분해되는 물질에는 사용할 수 없다.
② 처리과정에서 화재의 위험성이 있다.
③ 에너지 요구량이 크다.

15 도시 생활쓰레기와 하수 슬러지를 혼합해 퇴비화를 하고자 한다. 장점을 3가지만 쓰시오.

 ① C/N비 조절이 가능하다.
② 도시 생활쓰레기가 팽화제의 역할을 한다.
③ 미생물이나 영양분을 보충해 준다.

16 고체연료와 비교해 액체연료의 특징을 5가지 쓰시오.

 ① 발열량이 크고 품질이 비교적 균일하다.
② 회분이 거의 없고 점화, 소화 및 연소의 조절이 비교적 쉽다.
③ 계량, 기록이 수월하다.
④ 저장, 운반이 용이하며 배관공사 등에 걸리는 비용도 적게 소요된다.
⑤ 화재, 역화 등의 위험이 크며, 연소온도가 높아 국부가열을 일으키기 쉽다.

17 소각로의 연소실에서 연소가스와 폐기물의 흐름에 따라서 로의 본체 형식을 나눌 수 있다. 로의 본체 형식 4가지를 쓰고 간단히 설명하시오.

(1) 역류식(향류식)
   ① 수분이 많고 저위발열량이 낮은 쓰레기에 적합하다.
   ② 연소실내의 연소가스의 흐름방향과 폐기물의 이송방향이 반대인 형식이다.
(2) 병류식
   ① 수분이 적고 저위발열량이 높은 폐기물에 적합하다.
   ② 폐기물의 이송방향과 연소가스의 흐름방향이 같은 형식이다.
(3) 교류식(중간류식)
   ① 폐기물 질의 변동이 심한 경우에 사용한다.
   ② 역류식(향류식)과 병류식의 중간적인 형식이다.
(4) 복류식
   ① 폐기물의 질이나 저위발열량의 변동이 심할 경우에 사용한다.
   ② 2개의 출구를 가지고 있으며, 댐퍼의 개폐로 역류식, 병류식, 교류식으로 조절할 수 있다.

18 소각장치에서 통풍력을 증가시키기 위한 방법을 4가지만 쓰시오.
(단, 예시는 정답에서 제외하시오.)

[예시] 겨울철이 여름철보다 통풍력이 증가한다.

① 굴뚝의 높이를 증가시킨다.
② 배출가스의 온도를 증가시킨다.
③ 배출가스의 속도를 높게 한다.
④ 굴뚝내의 굴곡이 없을수록 통풍력은 증가한다.

19 다음은 연직차수막과 표면차수막을 비교한 것이다. ( )안을 알맞게 채우시오.

구 분	연직차수막	표면차수막
채용조건	(가) ( )	(나) ( )
차수성 확인	지하에 매설하기 때문에 확인이 어렵다.	시공시에는 가능하나 매립후에는 곤란하다.
경제성	(다) ( )	(라) ( )
보수성	차수막 보강시공이 가능	매립전에는 가능하나 매립후에는 어렵다.
지하수 집배수시설	필요없다.	필요하다.

(가) 지중에 수평방향의 차수층이 존재할 때 사용
(나) 매립지 필요범위에 차수재료로 덮인 바닥이 있을 때 또는 매립지 지반의 투수계수가 큰 경우에 사용한다.
(다) 단위면적당 공사비가 비싼 반면 총공사비는 싸다.
(라) 단위면적당 공사비는 싸지만 매립지 전체를 시공하는 경우가 많아 총공사비는 비싸다.

20 폴리클로리네이티드비페닐(PCBs)의 유해성(질환) 6가지를 쓰시오.

 ① 카네미유증 유발 ② 간장장해 유발
③ 발암 유발 ④ 피부장해 유발
⑤ 전신권태 유발 ⑥ 수족저림 유발

21 아래의 조건을 이용해 혼합률(MR)과 부피변화율(VCF)의 관계식을 서술하시오.

〈조건〉

- 혼합률(MR)$= \dfrac{Ma}{Mr}$
- 부피변화율(VCF)$= \dfrac{Vs}{Vr}$

 여기서, Ma : 첨가제의 질량　　　　　　　　Mr : 폐기물의 질량
　　　　 Vs : 고화처리 후 폐기물의 부피　　Vr : 고화처리 전 폐기물의 부피

 $\mathrm{VCF} = \dfrac{Vs}{Vr} = \dfrac{(Mr+Ma)/\rho_2}{Mr/\rho_1} = \dfrac{(Mr+Ma)\times \rho_1}{Mr \times \rho_2} = \dfrac{Mr+Ma}{Mr}\times \dfrac{\rho_1}{\rho_2} = (1+MR)\times \dfrac{\rho_1}{\rho_2}$

여기서, ρ_1 : 고화처리 전 폐기물의 밀도
　　　　ρ_2 : 고화처리 후 폐기물의 밀도

04회 2011년 폐기물처리기사 최근 기출문제

2011년 10월 시행

01 인구가 400,000명인 어느 도시의 쓰레기 배출 원단위가 1.2kg/인·일이고, 밀도는 0.45ton/m³으로 측정되었다. 이러한 쓰레기를 분쇄하여 그 용적이 2/3로 되었으며, 이 분쇄된 쓰레기를 다시 압축하면서 또다시 1/3 용적이 축소되었다. 분쇄만 하여 매립할 때와 분쇄, 압축한 후에 매립할 때에 양자간의 연간 매립소요면적(m²)의 차이를 계산하시오. (단, Trench 깊이는 4m이며 기타 조건은 고려하지 않는다.)

매립면적(m²/년) = $\dfrac{\text{폐기물 발생량(kg/년)} \times (1-\text{부피감소율})}{\text{밀도(kg/m}^3) \times \text{깊이(m)}}$

① 분쇄하여 용적이 $\dfrac{2}{3}$로 된 경우의 소요면적

$= \dfrac{1.2\text{kg/인}\cdot\text{일} \times 400{,}000\text{인} \times 365\text{일/년} \times \dfrac{2}{3}}{450\text{kg/m}^3 \times 4\text{m}} = 64{,}888.89\text{m}^2$

② 압축하여 다시 $\dfrac{1}{3}$ 용적이 감소되는 경우의 소요면적

$= 64{,}888.89\text{m}^2 \times \left(1-\dfrac{1}{3}\right) = 43{,}259.26\text{m}^2$

③ 소요면적 차 $= 64{,}888.89\text{m}^2 - 43{,}259.26\text{m}^2 = 21{,}629.63\text{m}^2$

02 Trommel Screen의 임계속도가 30rpm일 때, Screen의 직경(m)을 계산하시오.

① $N_C = \sqrt{\dfrac{g}{4\pi^2 r}} \times 60$

여기서, N_C : 임계속도(rpm = 회/min)
 g : 중력가속도(9.8m/sec²)
 r : 스크린 반경(m)

따라서 30rpm $= \sqrt{\dfrac{9.8\text{m/sec}^2}{4 \times \pi^2 \times r}} \times 60$

∴ $r = 0.993$m

② 직경(D) = 반지름(r) × 2 = 0.993m × 2 = 1.99m

03 도시생활폐기물을 1일 50톤 소각 처리 하고자 한다. 1일 소각운전시간 8시간, 소각대상물의 저위발열량 2,500kcal/kg, 연소실 열부하율 1.2×10⁵kcal/m³·hr일 때 소각로의 연소실 유효용적(m³)을 계산하시오.

풀이

연소실 열부하율(kcal/m³·hr) = $\dfrac{\text{저위발열량(kcal/kg)} \times \text{폐기물 소각량(kg/hr)}}{\text{유효용적(m}^3\text{)}}$

$1.2 \times 10^5 \text{kcal/m}^3 \cdot \text{hr} = \dfrac{2{,}500\text{kcal/kg} \times 50 \times 10^3 \text{kg/day} \times 1\text{day/8hr}}{\text{유효용적(m}^3\text{)}}$

∴ 유효용적 = $\dfrac{2{,}500\text{kcal/kg} \times 50 \times 10^3 \text{kg/day} \times 1\text{day/8hr}}{1.2 \times 10^5 \text{kcal/m}^3 \cdot \text{hr}} = 130.21 \text{ m}^3$

04 쓰레기의 압축비가 5이고 압축후의 부피가 5m³인 쓰레기의 부피감소율(%)을 계산하시오.

풀이

부피감소율(%) = $\left(1 - \dfrac{1}{\text{압축비}}\right) \times 100 = \left(1 - \dfrac{1}{5}\right) \times 100 = 80\%$

05 자연상태의 쓰레기 밀도가 200kg/m³이었던 것을 적환장에 설치된 압축기에 넣어 압축시킨 결과 900kg/m³으로 증가하였다. 이때 부피감소율(%)을 계산하시오.

풀이

부피감소율(%) = $\left(1 - \dfrac{V_2}{V_1}\right) \times 100$

여기서, V_1 : 압축 전 부피(m³) V_2 : 압축 후 부피(m³)

① $V_1 = 1\text{kg} \times \dfrac{1}{200\text{kg/m}^3} = 0.005 \text{m}^3$

② $V_2 = 1\text{kg} \times \dfrac{1}{900\text{kg/m}^3} = 0.0011 \text{m}^3$

③ 부피감소율(%) = $\left(1 - \dfrac{0.0011\text{m}^3}{0.005\text{m}^3}\right) \times 100 = 78\%$

06 유해폐기물을 고화처리 할 때 사용하는 지표인 Mix Ratio(MR 또는 섞음률)는 고화제첨가량과 폐기물 양과의 질량비로 정의된다. 고화처리 전 폐기물의 밀도가 $1.0g/cm^3$, 고화처리 후 폐기물의 밀도가 $1.2g/cm^3$이라면 MR이 0.3일 때 부피변화율(VCF)을 계산하시오.

부피변화율(VCF) = $(1+MR) \times \dfrac{\rho_1}{\rho_2}$

여기서, MR : 혼합률
ρ_1 : 고화처리 전 폐기물의 밀도(g/cm^3)
ρ_2 : 고화처리 후 폐기물의 밀도(g/cm^3)

따라서 부피변화율(VCF) = $(1+0.3) \times \dfrac{1.0g/cm^3}{1.2g/cm^3} = 1.08$

07 다음과 같은 매립지 내 침출수가 차수층을 통과하는데 소요되는 시간(년)을 계산하시오.

- 점토층 두께 : 1.0m
- 투수계수 : 10^{-7} cm/sec
- 유효공극률 : 0.2
- 상부침출수 수두 : 0.4m

$t = \dfrac{d^2 \cdot n}{k(d+h)}$

여기서, t : 침출수가 점토층을 통과하는 시간(년)
d : 점토층의 두께(m)
n : 유효공극률
k : 투수계수(m/년)
h : 침출수 수두(m)

① $k(m/년) = \dfrac{10^{-7}cm}{sec} \times \dfrac{1m}{10^2 cm} \times \dfrac{3,600sec}{1hr} \times \dfrac{24hr}{1day} \times \dfrac{365day}{1년} = 3.15 \times 10^{-2}$ m/년

② $t = \dfrac{(1.0m)^2 \times 0.2}{3.15 \times 10^{-2} m/년 \times (1.0m + 0.4m)} = 4.54$년

함수율이 90% 하수슬러지와 함수율이 30%인 톱밥을 혼합하여 함수율이 55%인 퇴비 100kg을 만들고자 한다. 필요한 하수슬러지의 양(kg)과 톱밥의 양(kg)을 계산하시오.

풀이 혼합공식을 이용한다.

$$C_m = \frac{Q_1C_1 + Q_2C_2}{Q_1 + Q_2}$$

여기서, C_m : 혼합 함수율(%)
Q_1 : 하수슬러지의 양(kg)
C_1 : 하수슬러지의 함수율(%)
Q_2 : 톱밥의 양(kg) ($Q_2 = 100 - Q_1$)
C_2 : 톱밥의 함수율(%)

따라서 $55\% = \dfrac{Q_1 \times 90\% + (100 - Q_1) \times 30\%}{Q_1 + (100 - Q_1)}$

∴ Q_1(하수슬러지) = 41.67kg
Q_2(톱밥)$(100 - Q_1) = 100\text{kg} - 41.67\text{kg} = 58.33\text{kg}$

 파쇄에 앞서 폐기물 100ton/hr 중 유리 8% 회수하기 위해 트롬멜 스크린으로 선별하였다. 회수되는 폐기물의 양이 10ton/hr이고, 회수되는 폐기물 중 유리의 양이 7.2ton/hr이다. 다음 물음에 답하시오.

(가) 유리의 회수율(%)을 계산하시오.

(나) Worrell식을 이용하여 선별효율(%)을 계산하시오.

(다) Rietema식을 이용하여 선별효율(%)을 계산하시오.

풀이 (가) 유리의 회수율(%)을 계산한다.

유리의 회수율(%) = $\dfrac{\text{회수되는 유리}}{\text{투입되는 유리}} \times 100 = \dfrac{7.2\text{ton/hr}}{100\text{ton/hr} \times 0.08} \times 100 = 90\%$

(나) Worrell식에 의한 선별효율(%)을 계산한다.

선별효율(%) = $\left(\dfrac{X_c}{X_i} \times \dfrac{Y_o}{Y_i}\right) \times 100 = \left(\dfrac{7.2\text{ton/hr}}{8\text{ton/hr}} \times \dfrac{89.2\text{ton/hr}}{92\text{ton/hr}}\right) \times 100 = 87.26\%$

(다) Rietema식에 의한 선별효율(%)을 계산한다.

선별효율(%) = $\left|\left(\dfrac{X_c}{X_i} - \dfrac{Y_c}{Y_i}\right)\right| \times 100 = \left|\left(\dfrac{7.2\text{ton/hr}}{8\text{ton/hr}} - \dfrac{2.8\text{ton/hr}}{92\text{ton/hr}}\right)\right| \times 100 = 86.96\%$

> **Tip**
> - X_i(투입량 중 회수대상물질) = 100ton/hr × 0.08 = 8ton/hr
> - Y_i(투입량 중 비회수대상물질) = 100ton/hr − 8ton/hr = 92ton/hr
> - X_c(회수량 중 회수대상물질) = 7.2ton/hr
> - Y_c(회수량 중 비회수대상물질) = 2.8ton/hr
> - X_o(제거량 중 회수대상물질) = 8ton/hr − 7.2ton/hr = 0.8ton/hr
> - Y_o(제거량 중 비회수대상물질) = 92ton/hr − 2.8ton/hr = 89.2ton/hr

10 인구수가 20만명인 대도시에서 80m³의 용적을 가진 수거차량을 이용해 7일 동안 수거하였다. 쓰레기의 밀도가 450kg/m³일 때 다음 물음에 답하시오.

일	1일	2일	3일	4일	5일	6일	7일
차량수	15대	7대	10대	15대	13대	5대	8대

(가) 쓰레기 발생량(kg/인·일)을 계산하시오.
(나) 중앙값을 계산하시오.
(다) 표준편차를 계산하시오.
(라) 기하평균값을 계산하시오.
(마) 변이계수(%)를 계산하시오.

풀이 (가) 쓰레기 발생량(kg/인·일) 계산

① 1일 차량의 평균 댓수 = $\dfrac{차량의\ 총\ 댓수}{기간(일)}$

= $\dfrac{15대 + 7대 + 10대 + 15대 + 13대 + 5대 + 8대}{7일}$ = 11대/일

② 쓰레기 발생량(kg/인·일) = $\dfrac{80m^3/대 \times 11대/일 \times 450kg/m^3}{200,000인}$ = 2.0kg/인·일

(나) 중앙값을 계산

n이 홀수인 경우 중앙값(중간값) = $\dfrac{n+1}{2}$ 이므로, 차량댓수의 크기로 나타내면 5대, 7대, 8대, 10대, 13대, 15대, 15대

따라서 중앙값 = $\dfrac{7+1}{2}$ = 4번째의 값이므로 10대가 된다.

> **Tip** 짝수인 경우는 $\dfrac{n}{2}$ 번째값과 $\left(\dfrac{n}{2}+1\right)$ 번째 값의 평균값이 중앙값(중간값)이 된다.

(다) 표준편차 계산

$$표준편차 = \sqrt{\frac{\sum_{i=1}^{n}(X_i - 평균값)^2}{n-1}}$$

$$= \sqrt{\frac{(15-11)^2+(7-11)^2+(10-11)^2+(15-11)^2+(13-11)^2+(5-11)^2+(8-11)^2}{7-1}}$$

$$= 4.04\,대$$

(라) 기하평균값 계산

$$기하평균 = \sqrt[n]{x_1 \times x_2 \times \cdots \times x_n} = \sqrt[7]{15 \times 7 \times 10 \times 15 \times 13 \times 5 \times 8} = 9.72\,대$$

(마) 변이계수 계산

$$변이계수(\%) = \frac{표준편차값}{평균값} \times 100 = \frac{4.04\,대}{11\,대} \times 100 = 36.73\%$$

11 어느 매립지의 침출수 농도가 반으로 감소하는데 4년이 걸린다면 이 침출수 농도가 90% 분해되는데 걸리는 시간(년)을 계산하시오. (단, 1차반응기준이다.)

① 반감기 공식 : $\ln\frac{1}{2} = -k \times t$

$\ln\frac{1}{2} = -k \times 4년$

$\therefore k = \dfrac{\ln\frac{1}{2}}{-4년} = 0.1733/년$

② 1차반응식 공식 : $\ln\dfrac{C_t}{C_o} = -k \times t$

$\ln\dfrac{10\%}{100\%} = -0.1733/년 \times t$

$\therefore t = \dfrac{\ln\dfrac{10\%}{100\%}}{-0.1733/년} = 13.29년$

12 수분함량이 20%인 쓰레기의 수분함량을 10%로 감소시키면 감소 후 쓰레기 질량은 처음질량의 몇 %가 되는지 계산하시오.

$W_1 \times (100 - P_1) = W_2 \times (100 - P_2)$
$W_1 \times (100 - 20) = W_2 \times (100 - 10)$

$\therefore \dfrac{W_2}{W_1} = \dfrac{(100-20)}{(100-10)} = 0.8889$

따라서 W_2는 W_1의 88.89%에 해당한다.

13 매립지의 침출수량에 영향을 주는 요인 5가지를 쓰시오.

① 강우량　　　　　② 증발량
③ 지하수량　　　　④ 침투수량
⑤ 표면유출량　　　⑥ 폐기물 분해시 발생량

14 폐기물의 고화처리방법 중 시멘트 기초법의 장점 5가지를 쓰시오. (단, 예시는 답란에서 제외하시오.)

> [예시] 재료의 가격이 싸고 풍부하게 존재한다.

① 다양한 폐기물을 처리할 수 있다.
② 폐기물의 건조 또는 탈수가 필요없다.
③ 사용되는 시멘트의 양을 조절함으로써 폐기물 콘크리트의 강도를 높일 수 있다.
④ 고농도 중금속 폐기물에 적합하다.
⑤ 장치이용이 쉽고 고도의 기술이 필요치 않다.

15 화격자식(Stoker) 소각로의 단점을 4가지 쓰시오.

① 체류시간이 길고 교반력이 약하여 국부가열이 발생할 염려가 있다.
② 고온중에서 기계적으로 구동하기 때문에 금속부의 마모손실이 심하다.
③ 플라스틱 등과 같이 열에 쉽게 용해되는 물질은 화격자가 막힐 염려가 있다.
④ 배출가스량이 많이 발생한다.

16 Rotary Kiln(로터리 킬른)의 장·단점을 각각 4가지씩 쓰시오.

(1) 장점
　① 액상이나 고상의 여러가지 폐기물을 동시에 처리할 수 있다.
　② 경사진 구조로 용융상태의 물질에 의하여 방해를 받지 않는다.
　③ 폐기물의 체류시간은 로의 회전속도를 조절함으로써 제어할 수 있다.
　④ 대체로 예열, 혼합, 파쇄 등의 전처리 없이 폐기물 주입이 가능하다.
(2) 단점
　① 비교적 열효율이 낮은 편이며, 먼지 발생량이 많다.
　② 로 내에서의 공기유출이 크므로 종종 대량의 과잉공기가 필요하다.
　③ 처리량이 적은 경우 설치비가 많이 든다.
　④ 구형 및 원통형 물질은 완전연소가 끝나기 전에 굴러 떨어질 수 있다.

17 사이클론(원심력 집진장치)의 장·단점을 각각 3가지씩 쓰시오.

(1) 장점
① 압력손실(80 ~ 100 mmH$_2$O)이 비교적 적다.
② 고온가스의 처리가 가능하다.
③ 구조가 간단하다.
(2) 단점
① 먼지량과 유량의 변화에 민감하다.
② 미세입자의 집진효율이 낮다.
③ 점착성 먼지 처리가 어렵다.

18 열분해에 대한 다음 물음에 답하시오.

(가) 열분해의 정의를 간단히 쓰시오.

(나) 열분해장치를 3가지 쓰시오.

(다) 열분해시 생성물질을 고체, 액체, 기체상물질로 구분하여 쓰시오.

(가) 열분해의 정의 : 폐기물을 무산소 또는 산소가 부족한 상태에서 고온으로 가열하여 기체, 액체, 고체 상태의 연료를 생산하는 공정이다.
(나) 열분해 장치 : 고정상 방식, 유동상 방식, 부유상 방식
(다) 열분해시 생성물질
① 기체상 물질 : 수소(H$_2$), 메탄(CH$_4$), 일산화탄소(CO)
② 액체상 물질 : 아세톤, 메탄올, 오일
③ 고체상 물질 : 탄화물(Char), 불활성 물질

19 매립장의 차수재의 파손원인 3가지를 쓰고 그에 대한 대책을 각각 쓰시오.

① 돌기물질에 의한 파손원인 : 매립지 침출수의 압력이 부분적으로 크게 작용하기 때문
대책 : 돌기물질 제거
② 지지력 부족에 의한 파손원인 : 작업을 하는 장비에 의한 부분적인 큰 하중에 의한 바닥파손에 의해
대책 : 바닥다짐이나 지반 개량
③ 지반침하에 의한 파손원인 : 매립지 침출수의 압력이 부분적으로 작용하여 비틀림에 의해서
대책 : 바닥다짐이나 지반 개량
④ 지각변동에 의한 파손원인 : 지진 등에 의해서
대책 : 지진에 대비한 시공

01회 2012년 폐기물처리기사 최근 기출문제

2012년 4월 시행

01 폐기물을 분석한 결과 수분 20%, 회분 15%, 고정탄소 25%, 휘발분이 40%이고, 휘발분을 원소 분석한 결과 수소 20%, 황 5%, 산소 25%, 탄소 50%이었다. 이때 폐기물의 저위발열량(kcal/kg)을 계산하시오. (단, Dulong공식을 적용하시오.)

 ① Dulong공식을 이용해 고위발열량(Hh)을 계산한다.

고위발열량(Hh) $= 8,100C + 34,000\left(H - \dfrac{O}{8}\right) + 2,500S$ (kcal/kg)

$= 8,100 \times (0.25 + 0.4 \times 0.5) + 34,000 \times \left(0.4 \times 0.2 - \dfrac{0.4 \times 0.25}{8}\right) + 2,500 \times (0.4 \times 0.05)$

$= 5,990 \, \text{kcal/kg}$

② 저위발열량(Hl)을 계산한다.

저위발열량(Hl) = 고위발열량(Hh) $- 600(9H + W)$ (kcal/kg)

$= 5,990 \, \text{kcal/kg} - 600(9 \times 0.4 \times 0.2 + 0.20) = 5,438 \, \text{kcal/kg}$

 문제풀이에서 $8,100 \times C$를 계산할 경우 $8,100 \times$ (고정탄소 + 휘발분 중 탄소함량)에 주의해야 한다.

02 1일 쓰레기 발생량이 29.8t인 도시의 쓰레기를 깊이 2.5m의 도랑식(Trench)으로 매립하고자 한다. 쓰레기 밀도 500kg/m³, 도랑 점유율 60%, 부피감소율 40%일 경우 1년간 필요한 부지면적(m²)을 계산하시오.

 필요한 부지면적(m²/년) $= \dfrac{\text{쓰레기 발생량(kg/년)} \times (1 - \text{부피감소율})}{\text{쓰레기 밀도(kg/m}^3\text{)} \times \text{깊이(m)}} \times \dfrac{1}{\text{도랑 점유율}}$

$= \dfrac{29.8 \times 10^3 \text{kg/일} \times 365\text{일/년} \times (1 - 0.4)}{500 \text{kg/m}^3 \times 2.5\text{m}} \times \dfrac{1}{0.6} = 8701.6 \, \text{m}^2/\text{년}$

03 $X_{90}=4.0\text{cm}$로 도시폐기물을 파쇄하고자 할 때, 즉 90% 이상을 4.0cm 보다 작게 파쇄하고자 할 때 Rosin-Rammler 모델에 의한 특성입자 크기(C_m)를 계산하시오.
(단, n=1로 가정)

$$Y = 1 - \exp\left[-\left(\frac{X}{X_o}\right)^n\right]$$

여기서, Y : 체하분율   X : 폐기물 입자의 크기(cm)
        X_o : 특성입자의 크기(cm)   n : 상수

따라서 $0.90 = 1 - \exp\left[-\left(\frac{4.0\text{cm}}{X_o}\right)^1\right]$

∴ $X_o = \dfrac{-4.0\text{cm}}{LN(1-0.90)} = 1.74\text{cm}$

04 다음과 같은 매립지 내 침출수가 차수층을 통과하는데 소요되는 시간(년)을 계산하시오.

- 점토층 두께 : 1.0m
- 투수계수 : 10^{-7}cm/sec
- 유효공극률 : 0.2
- 상부침출수 수두 : 0.4m

$$t = \frac{d^2 \cdot n}{k(d+h)}$$

여기서, t : 침출수가 점토층을 통과하는 시간(년)
        d : 점토층의 두께(m)
        n : 유효공극률
        k : 투수계수(m/년)
        h : 침출수 수두(m)

① $k(\text{m/년}) = \dfrac{10^{-7}\text{cm}}{\text{sec}} \times \dfrac{1\text{m}}{10^2\text{cm}} \times \dfrac{3,600\text{sec}}{1\text{hr}} \times \dfrac{24\text{hr}}{1\text{day}} \times \dfrac{365\text{day}}{1\text{년}} = 3.15 \times 10^{-2}\text{m/년}$

② $t = \dfrac{(1.0\text{m})^2 \times 0.2}{3.15 \times 10^{-2}\text{m/년} \times (1.0\text{m}+0.4\text{m})} = 4.54\text{년}$

05 탄소 83%, 수소 12%, 산소 3%, 황 2%를 함유하는 중유 1kg 연소에 필요한 이론산소량(Sm^3) 및 이론공기량(Sm^3)을 계산하시오.

① 이론산소량(Sm^3/kg) $= 1.867C + 5.6\left(H - \dfrac{O}{8}\right) + 0.7S$

$= 1.867 \times 0.83 + 5.6 \times \left(0.12 - \dfrac{0.03}{8}\right) + 0.7 \times 0.02 = 2.22 Sm^3/kg$

② 이론공기량(Sm^3/kg)=이론산소량(Sm^3/kg)×$\dfrac{1}{0.21}$

$\qquad\qquad\qquad\qquad\quad = 2.22Sm^3/kg \times \dfrac{1}{0.21} = 10.57Sm^3/kg$

Tip 이론산소량과 이론공기량을 질량(kg/kg)으로 구하는 공식
① O_o(이론산소량) $= 2.667C + 8\left(H - \dfrac{O}{8}\right) + 1S$
② A_o(이론공기량) $= \left\{2.667C + 8\left(H - \dfrac{O}{8}\right) + 1S\right\} \times \dfrac{1}{0.232}$

06 아래의 표를 이용하여 다음 물음에 답하시오.

종류	플라스틱류	종이류	음식물류	금속류	유리류
조성비(%)	40	30	20	5	5
발열량(kcal/kg)	8,500	4,000	1,500	0	0

(가) 재활용을 하기 전 가연성 물질의 평균 발열량(kcal/kg)을 계산하시오.

(나) 플라스틱류 50%, 종이류 60%, 금속류 30%, 유리류 30%를 회수하여 재활용하고자 한다. 이때 남아있는 가연성 물질의 발열량(kcal/kg)을 계산하시오.

풀이
(1) 재활용을 하기 전 가연성 물질의 평균 발열량(kcal/kg) 계산
평균 발열량(kcal/kg)=8,500kcal/kg×0.4+4,000kcal/kg×0.3+1,500kcal/kg×0.2
$\qquad\qquad\qquad\quad = 4,900$kcal/kg

(2) 남아있는 가연성 물질의 발열량(kcal/kg) 계산
플라스틱류=40%×(1−0.5)=20%
종이류=30%×(1−0.6)=12%
음식물류=20%
남아있는 가연성 물질의 총 조성비(%)=20%+12%+20%=52%
따라서
발열량(kcal/kg)
$= \left(8,500\text{kcal/kg} \times \dfrac{20\%}{52\%}\right) + \left(4,000\text{kcal/kg} \times \dfrac{12\%}{52\%}\right) + \left(1,500\text{kcal/kg} \times \dfrac{20\%}{52\%}\right)$
$= 4,769.23$kcal/kg

07 폐기물의 발생량이 하루에 1,500ton인 대도시에서 적재용량이 9ton의 수거차량을 이용하여 운반하고자 한다. 하루에 필요한 차량(대)을 계산하시오. (단, 대기차량 포함)

- 차량당 하루 작업시간 : 8시간
- 왕복운반시간 : 50분
- 폐기물 적재시간 : 15분
- 대기차량 : 3대
- 운반거리 : 30km
- 폐기물 투기시간 : 10분
- 폐기물의 밀도 : 450kg/m³

① 차량적재량(ton/일·대)

$$= \frac{\text{폐기물 적재용량(ton/대·회)}}{\frac{(\text{왕복운반시간}+\text{투기시간}+\text{적재시간})\min}{1\text{회}} \times \frac{1\text{hr}}{60\min} \times \frac{1\text{day}}{\text{작업시간(hr)}}}$$

$$= \frac{9\text{ton/대·회}}{\frac{(50+10+15)\min}{1\text{회}} \times \frac{1\text{hr}}{60\min} \times \frac{1\text{day}}{8\text{hr}}} = 57.6\text{ton/일·대}$$

② 차량대수 $= \frac{\text{폐기물 발생량(ton/일)}}{\text{차량적재량(ton/일·대)}} + \text{대기차량} = \frac{1{,}500\text{ton/일}}{57.6\text{ton/일·대}} + 3 = 29\text{대}$

08 다음의 조건을 이용하여 물음에 답하시오.

- 쓰레기 발생량 : 1,000,000ton/년
- 수거 인부수 : 4,500명
- 1년 작업일수 : 300일
- 도시의 인구수 : 2,000,000명
- 하루 작업시간 : 8시간
- 쓰레기 발생량의 100%를 수거함

(가) 쓰레기 발생량(kg/인·일)을 계산하시오.

(나) 수거인부 1인이 수거하는 쓰레기의 양(ton/day)을 계산하시오.

(다) MHT를 계산하시오.

(가) 쓰레기 발생량(kg/인·일) $= \frac{\text{쓰레기 발생량(kg/일)}}{\text{인구수(인)}}$

$$= \frac{1{,}000{,}000 \times 10^3 \text{kg/년} \times 1\text{년}/300\text{일}}{2{,}000{,}000\text{인}} = 1.67\text{kg/일·인}$$

(나) 수거하는 쓰레기의 양(ton/일·인) $= \frac{\text{쓰레기 발생량(ton/일)}}{\text{수거 인부수(인)}}$

$$= \frac{1{,}000{,}000\text{ton/년} \times 1\text{년}/300\text{일}}{4{,}500\text{인}} = 0.74\text{ton/일·인}$$

(다) MHT(man·hr/ton) $= \frac{\text{수거인부수(인)} \times \text{작업시간(hr)}}{\text{수거실적(ton)}}$

$$= \frac{4{,}500\text{인} \times 8\text{hr/day} \times 300\text{day/년}}{1{,}000{,}000\text{ton/년}} = 10.8\text{MHT}$$

09 유기물 $C_{60}H_{93}ON$ 1ton을 호기성으로 분해할 때 필요한 산소량(Sm^3)을 계산하시오.
(단, 생성물질은 CO_2, H_2O, HNO_3이다.)

$C_{60}H_{93}ON + 84O_2 \rightarrow 60CO_2 + 46H_2O + HNO_3$
843kg : $84 \times 22.4 Sm^3$
$1 \times 10^3 kg$: X(이론산소량)

$\therefore X(\text{이론산소량}) = \dfrac{1 \times 10^3 kg \times 84 \times 22.4 Sm^3}{843 kg} = 2,232.03\, Sm^3$

10 100톤의 폐기물을 투입하고 있다. 이 폐기물 중 회수대상물질이 30%, 비회수 대상물질이 70%이다. 회수량이 30톤이고 이 중 회수대상물질이 90%, 비회수 대상물질이 10%일 때 Rietema식에 의한 선별효율(%)을 계산하시오.

Rietema식에 의한 선별효율(%) $= \left| \left(\dfrac{X_c}{X_i} - \dfrac{Y_c}{Y_i} \right) \right| \times 100 = \left| \left(\dfrac{27톤}{30톤} - \dfrac{3톤}{70톤} \right) \right| \times 100 = 85.71\%$

Tip	• X_i(투입량 중 회수대상물질)=100톤×0.3=30톤 • Y_i(투입량 중 비회수대상물질)=100톤×0.7=70톤 • X_c(회수량 중 회수대상물질)=30톤×0.9=27톤 • Y_c(회수량 중 비회수대상물질)=30톤×0.1=3톤 • X_o(제거량 중 회수대상물질)=$X_i - X_c$=30톤−27톤=3톤 • Y_o(제거량 중 비회수대상물질)=$Y_i - Y_c$=70톤−3톤=67톤

11 슬러지(C/N=8.0)를 C/N비 50인 낙엽과 혼합하여 퇴비화하려고 한다. 혼합물의 C/N비가 25가 되도록 다음 조건하에서 혼합분율(낙엽 : 슬러지) = 1 : ( )을 결정하시오.

• 슬러지의 수분 : 80%(건조질량 기준)   • 낙엽의 수분 : 45%(건조질량 기준)
• 슬러지의 질소 : 4.5%(건조질량 기준)   • 낙엽의 질소 : 0.8%(건조질량 기준)

① 슬러지 중 탄소량(%)를 계산한다.
 C/N비 = $\dfrac{\text{탄소량}(\%)}{\text{질소량}(\%)}$ 이므로 $8.0 = \dfrac{(100-80) \times C}{(100-80) \times 4.5}$ $\therefore$ C = 36%
② 낙엽 중 탄소량(%)를 계산한다.
 C/N비 = $\dfrac{\text{탄소량}(\%)}{\text{질소량}(\%)}$ 이므로 $50 = \dfrac{(100-45) \times C}{(100-45) \times 0.8}$ $\therefore$ C = 40%
③ 낙엽을 X, 슬러지를 (1−X)라고 두고 혼합물의 탄소(C)의 함량과 혼합물의 질소(N)의 함량을 계산한다.
 혼합물의 탄소의 함량 = $\{(1-X) \times (1-0.80) \times 0.36\} + \{X \times (1-0.45) \times 0.40\}$

$$\text{혼합물의 질소의 함량} = \{(1-X) \times (1-0.80) \times 0.045\} + \{X \times (1-0.45) \times 0.008\}$$
$$= 0.072 + 0.148X$$
$$= 0.009 - 0.0046X$$

④ 낙엽의 함량을 계산한다.

$$\text{혼합물의 C/N비} = \frac{\text{혼합물의 탄소량}}{\text{혼합물의 질소량}}$$

$$25 = \frac{0.072 + 0.148X}{0.009 - 0.0046X}$$

∴ X(낙엽) = 0.5818, 슬러지 = (1 − X) = 1 − 0.5818 = 0.4182

⑤ 낙엽 : 슬러지의 비를 계산한다.

$$\frac{0.5818}{0.5818} : \frac{0.4182}{0.5818} = 1 : 0.72$$

12 차수시설의 종류에는 연직차수막과 표면차수막이 있다. 선정조건과 연직차수막 공법의 종류를 4가지 쓰시오.

풀이 (1) 선정조건
① 연직차수막 : 지중에 수평방향의 차수층이 존재할 때 사용한다.
② 표면차수막 : 매립지 필요범위에 차수재료로 덮인 바닥이 있거나, 매립지 지반의 투수계수가 큰 경우에 사용
(2) 연직차수막 공법의 종류
① 강널말뚝 공법   ② 굴착에 의한 차수시트 매설 공법
③ 어스댐 코어 공법   ④ 그라우트 공법

13 다이옥신류의 저감방안 및 제거기술 중 연소과정 제어법 5가지를 쓰시오.

풀이 ① 로내 온도를 1,000℃ 이상으로 운전하여 다이옥신 성분 발생량을 최소화
② 로내에서 적절한 체류시간 유지
③ 폐기물과 공기의 혼합을 충분하게 유지
④ 비산재 발생을 최소화
⑤ 연소상태를 완전연소로 유지

14 사이클론 집진장치에서 블로우다운의 정의를 쓰고, 효과를 4가지 쓰시오.

 (1) 블로우다운의 정의 : 사이클론 하부의 더스트박스에서 처리가스량의 5~10%를 처리하여 사이클론의 집진효율을 높이는 방법이다.
(2) 효과
① 난류현상 억제
② 먼지의 재비산 방지
③ 유효원심력 증가
④ 장치내벽 부착으로 일어나는 먼지의 축적 방지

15 열분해가 소각처리에 비해 갖는 장점 6가지를 쓰시오.

 ① 황 및 중금속이 회분속에 고정되는 비율이 크다.
② 저장 및 수송이 가능한 연료를 회수할 수 있다.
③ 환원성 분위기가 유지되어 Cr^{3+}가 Cr^{6+}로 변화되기 어렵다.
④ 배기가스량이 적어 가스처리 장치가 소형이다.
⑤ 소각처리에 비해 상대적으로 저온이기 때문에 NO_X 발생량이 적다.
⑥ 지속적 환원 분위기로 효과적 에너지 회수가 가능하다.

16 용출시험방법에서 다음 물음에 답하시오.

(가) 시료용액의 조제시 pH의 범위

(나) 진탕회수

(다) 진폭

(라) 진탕시간

(마) 여과가 어려운 경우 시료용액 조제방법

 (가) 시료용액의 조제시 pH의 범위 : 5.8~6.3
(나) 진탕회수 : 매분당 약 200회
(다) 진폭 : 4~5cm
(라) 진탕시간 : 6시간
(마) 여과가 어려운 경우 시료용액 조제방법 : 원심분리기를 사용하여 매분당 3,000회전 이상으로 20분 이상 원심분리한 다음 상징액을 적당량 취하여 용출실험용 시료용액으로 한다.

17 다음은 오염된 토양을 정화하거나 복구하는 기술들이다. 간단히 쓰시오.

(가) 동전기정화기술

(나) 전기삼투

(다) 전기이동

(라) 전기영동

(가) 동전기정화기술 : 오염된 토양속에 전극을 설치하여 전류를 통하게 하여 토양속의 오염물질을 전기화학적 원리를 이용하여 정화하는 기술이다.

(나) 전기삼투 : 포화 토양속에 전류를 가해 양이온이 음극쪽으로 이동함과 동시에 공극수의 이동을 통하여 오염된 토양을 정화하는 기술이다.

(다) 전기이동 : 전기경사에 의해서 전하를 띠는 화학물질의 이동현상을 이용하여 오염된 토양을 정화하는 기술이다.

(라) 전기영동 : 전하를 띠는 입자에 직류전압을 걸면 (+) 하전 입자는 음극으로, (-) 하전 입자는 양극으로 향하여 이동하게 되는 원리를 이용하여 오염 토양을 정화하는 기술이다.

02회 2012년 폐기물처리기사 최근 기출문제

2012년 7월 시행

01 인구가 400,000명인 어느 도시의 쓰레기 배출 원단위가 1.2kg/인·일이고, 밀도는 0.45ton/m³으로 측정되었다. 이러한 쓰레기를 분쇄하여 그 용적이 2/3로 되었으며, 이 분쇄된 쓰레기를 다시 압축하면서 또다시 1/3 용적이 축소되었다. 분쇄만 하여 매립할 때와 분쇄, 압축한 후에 매립할 때에 양자간의 연간 매립소요면적(m²)의 차이를 계산하시오. (단, Trench 깊이는 4m이며 기타 조건은 고려하지 않는다.)

매립면적(m²/년) = $\dfrac{\text{폐기물 발생량(kg/년)} \times (1 - \text{부피감소율})}{\text{밀도(kg/m}^3) \times \text{깊이(m)}}$

① 분쇄하여 용적이 $\dfrac{2}{3}$로 된 경우의 소요면적

$= \dfrac{1.2\text{kg/인·일} \times 400,000\text{인} \times 365\text{일/년} \times \dfrac{2}{3}}{450\text{kg/m}^3 \times 4\text{m}} = 64,888.89\text{m}^2$

② 압축하여 다시 $\dfrac{1}{3}$ 용적이 감소되는 경우의 소요면적

$= 64,888.89\text{m}^2 \times \left(1 - \dfrac{1}{3}\right) = 43,259.26\text{m}^2$

③ 소요면적 차 $= 64,888.89\text{m}^2 - 43,259.26\text{m}^2 = 21,629.63\text{m}^2$

02 구성성분이 탄소 84%, 수소 15%, 황 1%인 연료를 완전연소했을 때 배기가스의 분석치는 CO_2 14.5%, O_2 3.5%, CO 0%, 나머지는 N_2이다. 건조 연소가스중의 SO_2의 농도(%)를 계산하시오. (단, 표준상태 기준이며, 황은 모두 SO_2로 변환된다.)

$SO_2\% = \dfrac{0.7S(Sm^3/kg)}{Gd(Sm^3/kg)} \times 100$

① 공기비(m) $= \dfrac{N_2\%}{N_2\% - 3.76 \times (O_2\% - 0.5CO\%)}$

$N_2(\%) = 100 - (CO_2 + O_2 + CO) = 100 - (14.5\% + 3.5\%) = 82\%$

따라서 공기비(m) $= \dfrac{82\%}{82\% - 3.76 \times 3.5\%} = 1.2$

② 이론공기량(A_o) $= 8.89C + 26.67\left(H - \dfrac{O}{8}\right) + 3.33S \, (Sm^3/kg)$

$= 8.89 \times 0.84 + 26.67 \times 0.15 + 3.33 \times 0.01 = 11.5014 \, Sm^3/kg$

③ 실제건연소가스량(Gd) $= mA_o - 5.6H + 0.7O + 0.8N(Sm^3/kg)$
$= 1.2 \times 11.5014 Sm^3/kg - 5.6 \times 0.15 = 12.9617 Sm^3/kg$

④ $SO_2\% = \dfrac{0.7 \times 0.01 Sm^3/kg}{12.9617 Sm^3/kg} \times 100 = 0.05\%$

> **Tip** 공기비(m)가 주어지면 실제가스량 기준임

03 저위발열량이 5,000kcal/Sm³의 가스연료의 이론연소온도(℃)를 계산하시오. (단, 습배기가스량은 10Sm³/Sm³, 연료연소가스의 평균정압비열 0.40kcal/Sm³·℃, 기준온도는 10℃, 공기는 예열하지 않으며, 연소가스는 해리되지 않는다.)

풀이

$t_2 = \dfrac{Hl}{G \times C} + t_1$

여기서, Hl : 저위발열량(kcal/Sm³)
 G : 습배기가스량(Sm³/Sm³)
 C : 평균정압비열(kcal/Sm³·℃)
 t_2 : 이론연소온도(℃)
 t_1 : 기준온도(℃)

따라서 $t_2 = \dfrac{5,000 kcal/Sm^3}{10 Sm^3/Sm^3 \times 0.40 kcal/Sm^3 \cdot ℃} + 10℃ = 1,260℃$

04 평균 입경이 20cm인 폐기물을 입경 1cm가 되도록 파쇄할 때 소요되는 에너지는 입경을 4cm로 파쇄할 때 소요되는 에너지의 몇 배인지 계산하시오. (단, Kick의 법칙 적용, n = 1)

풀이

Kick의 법칙에서 동력(E) $= C \ln\left(\dfrac{dp_1}{dp_2}\right)$

① $E_1 = C \ln\left(\dfrac{20 cm}{1 cm}\right) = C \ln 20$

② $E_2 = C \ln\left(\dfrac{20 cm}{4 cm}\right) = C \ln 5$

③ 소요에너지의 변화 $= \dfrac{E_1}{E_2} = \dfrac{C \ln 20}{C \ln 5} = 1.86$배

05 1차반응에서 초기농도가 1/2로 감소하는데 100초가 걸렸다면 초기농도가 1/100로 감소하는데 걸리는 시간(sec)을 계산하시오.

풀이
① $\ln \dfrac{C_t}{C_o} = -k \times t$

$\ln\left(\dfrac{1}{2}\right) = -k \times 100\,\text{sec}$

$\therefore k = \dfrac{\ln\left(\dfrac{1}{2}\right)}{-100\,\text{sec}} = 0.00693/\text{sec}$

② $\ln\left(\dfrac{1}{100}\right) = -0.00693/\text{sec} \times t$

$\therefore t = \dfrac{\ln\left(\dfrac{1}{100}\right)}{-0.00693/\text{sec}} = 664.53\,\text{sec}$

06 화학식이 $C_5H_7O_2N$이고 함수율이 15%인 건조슬러지를 완전연소할 때 건조슬러지 1kg당 필요한 공기량(kg)과 고위발열량(kcal/kg) 그리고 저위발열량(kcal/kg)을 계산하시오. (단, Dulong식을 이용 하시오.)

풀이
① $C_5H_7O_2N$의 분자량을 계산한다.
$C_5H_7O_2N = 5 \times 12 + 7 \times 1 + 2 \times 16 + 1 \times 14 = 113$

② 각 원소의 성분(%)을 계산한다.
$C = \dfrac{5 \times 12 \times 0.85}{113} \times 100 = 45.13\%$

$H = \dfrac{7 \times 1 \times 0.85}{113} \times 100 = 5.27\%$

$O = \dfrac{2 \times 16 \times 0.85}{113} \times 100 = 24.07\%$

$N = \dfrac{1 \times 14 \times 0.85}{113} \times 100 = 10.53\%$

③ A_o(이론공기량) $= \left\{2.667C + 8\left(H - \dfrac{O}{8}\right) + 1S\right\} \times \dfrac{1}{0.232}$ (kg/kg)

$= \left\{2.667 \times 0.4513 + 8 \times \left(0.0527 - \dfrac{0.2407}{8}\right)\right\} \times \dfrac{1}{0.232} = 5.97\,\text{kg/kg}$

④ Dulong식을 이용해 고위발열량(Hh)을 계산한다.
$Hh = 8{,}100C + 34{,}000\left(H - \dfrac{O}{8}\right) + 2{,}500S$ (kcal/kg)

$= 8{,}100 \times 0.4513 + 34{,}000 \times \left(0.0527 - \dfrac{0.2407}{8}\right) = 4{,}424.36\,\text{kcal/kg}$

⑤ 저위발열량(Hl)을 계산한다.
$Hl = Hh - 600(9H + W)$ (kcal/kg)
$= 4{,}424.36\,\text{kcal/kg} - 600 \times (9 \times 0.0527 + 0.15) = 4{,}049.78\,\text{kcal/kg}$

07 함수율 98%, 슬러지를 농축하여 부피를 2/3로 감소시켰을 때 슬러지의 탄소량은 TS의 35%, 질소량은 TS의 10%이고, 생활폐기물의 함수율은 20%, 탄소량은 TS의 85%, 질소량은 TS의 2%이다. 농축슬러지와 생활폐기물을 3 : 2의 비율로 혼합할 때 C/N비를 계산하시오.

① 슬러지의 부피가 2/3로 감소했을 때의 함수율(%)을 계산한다.

$$V_1 \times (100-P_1) = V_2 \times (100-P_2)$$

$$1 \times (100-98) = \frac{2}{3} \times (100-P_2)$$

$$\therefore P_2 = 100 - \left\{ \frac{1 \times (100-98)}{\frac{2}{3}} \right\} = 97\%$$

② 혼합물의 C/N비를 계산한다.

$$\frac{C}{N}비 = \frac{혼합물\ 중의\ 탄소량}{혼합물\ 중의\ 질소량}$$

$$= \frac{\left\{(1-0.97) \times 0.35 \times \frac{3}{5}\right\} + \left\{(1-0.20) \times 0.85 \times \frac{2}{5}\right\}}{\left\{(1-0.97) \times 0.10 \times \frac{3}{5}\right\} + \left\{(1-0.20) \times 0.02 \times \frac{2}{5}\right\}} = 33.94$$

Tip
① 고형물(TS)=100−함수율(P)
② V_2가 V_1의 $\frac{2}{3}$로 감소했으므로 $V_1 = 1$, $V_2 = \frac{2}{3}$
③ 농축슬러지와 생활폐기물의 비가 3 : 2이므로 농축슬러지 $= \frac{3}{5}$, 생활폐기물 $= \frac{2}{5}$

08 1,000kg의 폐수에 유리산(H_2SO_4) 5%와 결합산($FeSO_4$) 13%가 함유되어 있다. 폐수를 중화하는데 필요한 5% NaOH의 양(kg)을 계산하시오. (단, Na : 23, Fe : 56)

① 유리산(H_2SO_4)의 당량을 계산한다.

$$eq(당량) = 1,000kg \times \frac{10^3 g}{1kg} \times \frac{5g}{100g} \times \frac{1eq}{98g/2} = 1,020.41\,eq$$

② 결합산($FeSO_4$)의 당량을 계산한다.

$$eq(당량) = 1,000kg \times \frac{10^3 g}{1kg} \times \frac{13g}{100g} \times \frac{1eq}{152g/2} = 1,710.53\,eq$$

③ 중화에 필요한 NaOH의 양(kg)을 계산한다.

$$NaOH = (1,020.41 + 1,710.53)eq \times \frac{40g}{1eq} \times \frac{1kg}{10^3 g} \times \frac{100}{5\%} = 2,184.75\,kg$$

> **Tip**
> ① 1eq(1당량) = $\dfrac{\text{분자량(g)}}{\text{가수}}$
> ② H_2SO_4는 2가 물질이므로 1eq = $\dfrac{98g}{2}$
> ③ $FeSO_4$는 2가 물질이므로 1eq = $\dfrac{152g}{2}$
> ④ $NaOH$는 1가 물질이므로 1eq = $\dfrac{40g}{1}$

09 소각로의 배기가스 배출량이 8,000kg/hr이며, 체류시간은 2초, 소각로내의 온도는 1,000℃이다. 이때 소각로의 체적(m^3)을 계산하시오. (단, 가스의 밀도는 1.293kg/Sm^3이다.)

 체적(m^3)=가스량(m^3/sec)×체류시간(sec)

① 가스량(m^3/sec) = $\dfrac{8,000\text{kg/hr}}{1.293\text{kg/Sm}^3} \times \dfrac{273+1,000℃}{273} \times \dfrac{1\text{hr}}{3,600\text{sec}} = 8.01\text{m}^3/\text{sec}$

② 체적(m^3) = $8.01\text{m}^3/\text{sec} \times 2\text{sec} = 16.02\text{m}^3$

> **Tip**
> ① 가스량(m^3/sec) = $\dfrac{\text{가스량(kg/sec)}}{\text{밀도(kg/m}^3\text{)}}$
> ② 체적(m^3) = $V(Sm^3) \times \dfrac{273+℃}{273(\text{표준})} \times \dfrac{760\text{mmHg}}{\text{절대압력(mmHg)}}$

10 화학식 $[C_5H_7O_2(OH)_3]_5$인 폐기물 1톤을 호기성처리 후 생성물이 $[C_5H_7O_2(OH)_3]_3$ 600kg이다. 반응전 $[C_5H_7O_2(OH)_3]_5$와 비교하여 반응후 생성된 $[C_5H_7O_2(OH)_3]_3$의 몰비(n)을 계산하고, 소모된 산소량(kg)을 계산하시오.

[반응식]

$C_aH_bO_cN_d + rO_2 \rightarrow nC_wH_xO_yN_z + sCO_2 + mH_2O + (d-z)NH_3$
$r = 0.5 \times (ny + 2s + m - c)$
$s = a - nw$
$m = 0.5 \times (b - nx)$

 (1) 몰비(n) = $\dfrac{[C_5H_7O_2(OH)_3]_3}{[C_5H_7O_2(OH)_3]_5}$ 를 계산한다.

① $[C_5H_7O_2(OH)_3]_5$의 mol = $1,000\text{kg} \times \dfrac{10^3\text{g}}{1\text{kg}} \times \dfrac{1\text{mol}}{750\text{g}} = 1,333.33\,\text{mol}$

② $[C_5H_7O_2(OH)_3]_3$의 mol $= 600kg \times \dfrac{10^3 g}{1kg} \times \dfrac{1mol}{450g} = 1,333.33\,mol$

③ 몰비(n) $= \dfrac{1,333.33\,mol}{1,333.33\,mol} = 1.0$

(2) 소모된 산소량(kg)을 계산한다.

$[C_5H_7O_2(OH)_3]_5 + 10O_2 \rightarrow [C_5H_7O_2(OH)_3]_3 + 10CO_2 + 10H_2O$

750kg : 10×32kg
1,000kg : X(산소량)

∴ X(산소량) $= \dfrac{1,000kg \times 10 \times 32kg}{750kg} = 426.67\,kg$

> **Tip**
> ① $[C_5H_7O_2(OH)_3]_5 = C_{25}H_{50}O_{25}$
> ② $[C_5H_7O_2(OH)_3]_3 = C_{15}H_{30}O_{15}$
> ③ a = 25, b = 50, c = 25, w = 15, x = 30, y = 15
> ④ s = a − nw = 25 − (1×15) = 10
> ⑤ m = 0.5×(b − n×x) = 0.5×(50 − 1×30) = 10
> ⑥ r = 0.5×(n×y + 2×s + m − c) = 0.5×(1×15 + 2×10 + 10 − 25) = 10

11 유해폐기물을 처리하는 고형화 처리방법 5가지를 쓰시오.

① 시멘트 기초법 ② 석회 기초법
③ 자가시멘트법 ④ 피막형성법
⑤ 열가소성 플라스틱법 ⑥ 유리화법

12 폐기물의 발생량 예측방법 3가지를 쓰고 간단히 설명하시오.

① 다중회귀모델 : 하나의 수식으로 각 인자들의 효과를 총괄적으로 나타내어 복잡한 시스템의 분석에 유용하게 사용할 수 있는 쓰레기 발생량을 예측하는 방법이다.
② 동적모사모델 : 쓰레기 배출에 영향을 주는 모든 인자를 시간에 대한 함수로 나타낸 후 시간에 대한 함수로 각 영향인자들간에 상관관계를 수식화한 것이다.
③ 경향모델 : 폐기물 발생량 예측방법 중 모든 인자를 시간에 대한 함수로 하여 모델화시켜 예측하는 방법으로 단지 시간과 그에 따른 폐기물 발생량 간의 상관관계만을 고려하는 방법이다.

13 미생물을 에너지원과 탄소원에 따라 4가지로 분류하시오.
(단, 미생물 분류 – 에너지원 – 탄소원의 순서로 나타낼 것)

> 미생물의 분류
> ① 광합성 독립영양계 미생물 – 빛 – CO_2
> ② 화학합성 독립영양계 미생물 – 무기물의 산화·환원 반응 – CO_2
> ③ 광합성 종속영양계 미생물 – 빛 – 유기탄소
> ④ 화학합성 종속영양계 미생물 – 유기물의 산화·환원 반응 – 유기탄소

14 연소실 내에서의 질소산화물 저감대책 5가지를 쓰시오.

> ① 저과잉공기량 연소법 ② 저온도연소법
> ③ 배기가스 재순환법   ④ 이단연소법
> ⑤ 수증기 및 물분사

15 유해폐기물을 처리하는 고형화 처리방법 중 유리화법의 장·단점을 2가지씩 각각 쓰시오.

> (1) 장점
> ① 첨가제의 비용이 비교적 싸다.
> ② 2차 오염물질의 발생이 적다.
> (2) 단점
> ① 에너지 집약적이다.
> ② 특수장치와 숙련된 인원이 필요하다.

16 다이옥신류의 저감방안 및 제거기술 중 연소과정 제어법 5가지를 쓰시오.

> ① 로내 온도를 1,000℃ 이상으로 운전하여 다이옥신 성분 발생량을 최소화
> ② 로내에서 적절한 체류시간 유지
> ③ 폐기물과 공기의 혼합을 충분하게 유지
> ④ 비산재 발생을 최소화
> ⑤ 연소상태를 완전연소로 유지

17 다음 ( )안에 알맞은 말을 쓰시오.

(가) 폐산은 액체상태의 폐기물로서 수소이온 농도지수가 (①)인 것으로 한정한다.

(나) 폐알칼리는 액체상태의 폐기물로서 수소이온 농도지수가 (②)인 것으로 한정하며, 수산화칼륨 및 수산화나트륨을 포함한다.

(다) 폐유는 기름성분을 (③) 함유한 것을 포함하며, 폴리클로리네이티드비페닐(PCBs) 함유 폐기물, 폐식용유(식용을 목적으로 식품 재료와 원료를 제조·조리·가공하거나 식용유를 유통·사용하는 과정에서 발생하는 기름을 말한다)와 그 잔재물, 폐흡착제 및 폐흡수제는 제외한다.

풀이 ① 2.0 이하   ② 12.5 이상   ③ 5퍼센트 이상

18 Cd^{2+}를 Na_2S로 침전시키는 침전반응식을 쓰시오.

풀이 $Cd^{2+} + Na_2S \rightarrow CdS \downarrow + 2Na^+$

19 연직차수막과 표면차수막의 그림을 그리고 간단히 설명 하시오.

풀이 (1) 연직차수막
① 연직차수막의 설명 : 연직차수막은 지중에 수평방향의 차수층이 존재할 때 사용하며, 연직차수막은 지중에 암반 및 점성토로 구성된 불투수층이 수평방향으로 넓게 분포하고 있는 경우 수직 또는 경사로 시공한다.
② 연직차수막의 그림

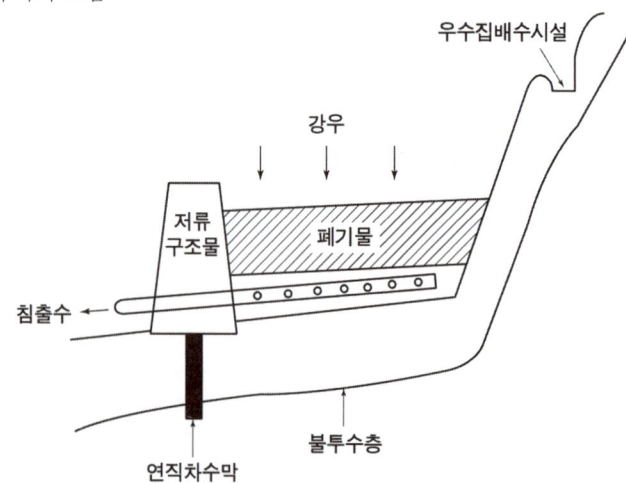

(2) 표면차수막
① 표면차수막의 설명 : 매립지 필요범위에 차수재료로 덮인 바닥이 있을 때나 매립지 지반의 투수계수가 큰 경우에 사용한다.
② 표면차수막의 그림

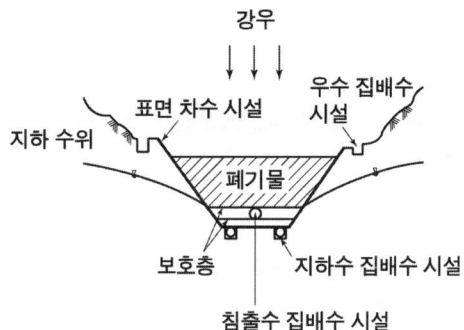

04회 2012년 폐기물처리기사 최근 기출문제

2012년 10월 시행

01 함수율이 35%인 쓰레기를 함수율이 7%로 감소시키면 감소시킨 후 쓰레기의 부피감소율(%)을 계산하시오. (단, 쓰레기 비중은 1.0 기준이다.)

 ① $V_1 \times (100 - P_1) = V_2 \times (100 - P_2)$
여기서, V_1 : 처음 쓰레기량 P_1 : 처음 함수율
        V_2 : 감소 후 쓰레기량 P_2 : 감소 후 함수율
따라서 $V_1 \times (100 - 35) = V_2 \times (100 - 7)$
∴ $\dfrac{V_2}{V_1} = \dfrac{(100-35)}{(100-7)}$ 가 된다.

② 부피감소율(%) $= \left(1 - \dfrac{V_2}{V_1}\right) \times 100 = \left\{1 - \dfrac{(100-35)}{(100-7)}\right\} \times 100 = 30.11\%$

02 폐기물을 분석한 결과 수분 20%, 회분 15%, 고정탄소 25%, 휘발분이 40%이고, 휘발분을 원소 분석한 결과 수소 20%, 황 5%, 산소 25%, 탄소 50%이었다. 이때 폐기물의 저위발열량(kcal/kg)을 계산하시오. (단, Dulong공식을 적용하시오.)

 ① Dulong공식을 이용해 고위발열량(Hh)을 계산한다.
고위발열량(Hh) $= 8,100C + 34,000\left(H - \dfrac{O}{8}\right) + 2,500S \,(kcal/kg)$
$= 8,100 \times (0.25 + 0.4 \times 0.5) + 34,000 \times \left(0.4 \times 0.2 - \dfrac{0.4 \times 0.25}{8}\right) + 2,500 \times (0.4 \times 0.0$
$= 5,990 \,kcal/kg$

② 저위발열량(Hl)을 계산한다.
저위발열량(Hl) = 고위발열량(Hh) $- 600(9H + W)\,(kcal/kg)$
$= 5,990 \,kcal/kg - 600(9 \times 0.4 \times 0.2 + 0.20) = 5,438 \,kcal/kg$

> **Tip** 문제풀이에서 $8,100 \times C$를 계산할 경우 $8,100 \times$ (고정탄소 + 휘발분 중 탄소함량)에 주의해야 한다.

03 다음 조성을 가진 분뇨와 음식물을 질량비 3:5로 혼합 처리시 C/N비(탄질소비)를 계산하시오.

구 분	함수율	유기탄소량/TS	총질소량/TS
분뇨	95%	40%	20%
음식물	35%	87%	5%

풀이

$$C/N비 = \frac{탄소량}{질소량} = \frac{(1-0.95) \times 0.4 \times \frac{3}{8} + (1-0.35) \times 0.87 \times \frac{5}{8}}{(1-0.95) \times 0.2 \times \frac{3}{8} + (1-0.35) \times 0.05 \times \frac{5}{8}} = 15$$

Tip 고형물(TS) = 100 − 함수율(%)

04 40ton/hr 규모의 시설에서 평균크기가 30.5cm인 혼합된 도시폐기물을 최종크기 5.1cm로 파쇄하기 위한 동력(kW)를 계산하시오. (단, 평균크기 15.2cm에서 5.1cm로 파쇄하기 위하여 필요한 에너지 소모율은 14.9kw·hr/ton이며 킥의 법칙을 적용하시오.)

풀이

Kick의 법칙 : $E = C \ln\left(\frac{dp_1}{dp_2}\right)$

여기서, E : 에너지 소모율 dp_1 : 평균크기(cm)
        dp_2 : 최종크기(cm)

① $14.9 \text{kW} \cdot \text{hr/ton} = C \times \ln\left(\frac{15.2 \text{cm}}{5.1 \text{cm}}\right)$

∴ $C = \frac{14.9 \text{ kW} \cdot \text{hr/ton}}{\ln\left(\frac{15.2 \text{cm}}{5.1 \text{cm}}\right)} = 13.64 \text{kW} \cdot \text{hr/ton}$

② $E = 13.64 \text{kW} \cdot \text{hr/ton} \times \ln\left(\frac{30.5 \text{cm}}{5.1 \text{cm}}\right) = 24.4 \text{kW} \cdot \text{hr/ton}$

③ 동력 = $24.4 \text{kW} \cdot \text{hr/ton} \times 40 \text{ton/hr} = 976 \text{kW}$

05 초기농도의 1/4이 감소하는데 걸리는 시간(hr)을 계산하시오. (단, 1차반응식을 이용하고, 감소속도상수는 0.067/hr이다.)

풀이

1차 반응식 : $\ln\dfrac{C_t}{C_o} = -k \times t$

$\ln\left(\dfrac{1}{4}\right) = -0.067/\text{hr} \times t$

$\therefore t = \dfrac{\ln\left(\dfrac{1}{4}\right)}{-0.067/\text{hr}} = 20.69\,\text{hr}$

06 함수율이 90%인 폐기물을 용출시험하여 농도를 측정한 결과 0.02mg/L로 나타났다. 지정폐기물의 기준치가 0.1mg/L일 때 이 폐기물이 지정폐기물인지 여부를 판별하시오.

풀이

① 용출실험의 결과는 시료중의 수분함량 보정을 위해 함수율 85% 이상인 시료에 한하여 $\dfrac{15}{100 - \text{시료의 함수율(\%)}}$ 을 곱하여 계산된 값으로 한다.

따라서 $\dfrac{15}{100 - 90\%} = 1.5$

② $0.02\,\text{mg/L} \times 1.5 = 0.03\,\text{mg/L}$

③ 기준치를 초과하지 않으므로 지정폐기물이 아니다.

07 탄소, 수소 및 황의 질량비가 83%, 14%, 3%인 폐유 300kg/hr을 소각시키는 경우 배기가스의 분석치가 CO_2 12.5%, O_2 3.5%, N_2 84%이었다면 매시 필요한 실제공기량(Sm^3/hr)을 계산하시오.

풀이

공급공기량(Sm^3/hr) = 공기과잉계수(m) × 이론공기량(A_o) × 연료량(kg/hr)

① 공기과잉계수(m) = $\dfrac{N_2\%}{N_2\% - 3.76 \times O_2\%} = \dfrac{84\%}{84\% - 3.76 \times 3.5\%} = 1.1858$

② 이론공기량(A_o) = $8.89C + 26.67\left(H - \dfrac{O}{8}\right) + 3.33S\,(Sm^3/kg)$

$= 8.89 \times 0.83 + 26.67 \times 0.14 + 3.33 \times 0.03 = 11.2124\,Sm^3/kg$

③ 실제 공급공기량 = $1.1858 \times 11.2124\,Sm^3/kg \times 300\,kg/hr = 3,988.70\,Sm^3/hr$

Tip	배출가스 분석치 $CO_2\%$, $O_2\%$, $N_2\%$ 공기비(m) = $\dfrac{N_2\%}{N_2\% - 3.76 \times O_2\%}$

08 폐기물의 발생량이 1.5kg/인·일, 인구가 30만명인 대도시에서 적재용량이 9m³의 수거차량을 이용하여 운반 하고자 한다. 하루에 필요한 차량(대)을 계산하시오. (단, 대기차량 포함)

- 차량당 하루 작업시간 : 8시간
- 왕복운반시간 : 50분
- 폐기물 적재시간 : 15분
- 폐기물의 밀도 : 550kg/m³
- 운반거리 : 30km
- 폐기물 투기시간 : 10분
- 대기차량 3대

① 차량 적재량(m³/일·대)

$$= \frac{\text{폐기물 적재용량}(m^3/\text{대}\cdot\text{회})}{\frac{(\text{왕복운반시간}+\text{투기시간}+\text{적재시간})\min}{1\text{회}} \times \frac{1\text{hr}}{60\min} \times \frac{1\text{day}}{\text{작업시간}(\text{hr})}}$$

$$= \frac{9m^3/\text{대}\cdot\text{회}}{\frac{(50+10+15)\min}{1\text{회}} \times \frac{1\text{hr}}{60\min} \times \frac{1\text{day}}{8\text{hr}}} = 57.6 m^3/\text{일}\cdot\text{대}$$

② 폐기물 발생량(m³/일) = 1.5kg/인·일 × 300,000인 × $\frac{1}{550\text{kg/m}^3}$ = 818.18m³/일

③ 차량대수 = $\frac{\text{폐기물 발생량}(m^3/\text{일})}{\text{차량 적재량}(m^3/\text{일}\cdot\text{대})}$ + 대기차량 = $\frac{818.18m^3/\text{일}}{57.6m^3/\text{일}\cdot\text{대}}$ + 3 = 18대

09 인구가 300,000인 도시의 폐기물 매립지를 선정하고자 한다. 도시의 1인당 폐기물 발생량은 1.5kg/day, 폐기물의 밀도는 500kg/m³, 매립높이는 2m이다. 매립에 필요한 면적(m²)을 계산하시오. (단, 매립장의 수명은 5년이며, 부대시설의 면적은 매립면적의 3%이다.)

매립면적(m²) = $\frac{\text{폐기물의 발생량}(\text{kg/년})}{\text{폐기물의 밀도}(\text{kg/m}^3) \times \text{매립지의 깊이}(\text{m})}$

$= \frac{1.5\text{kg/인·일} \times 300,000\text{인} \times 365\text{일/년} \times 5\text{년}}{500\text{kg/m}^3 \times 2\text{m}} \times 1.03 = 845,887.5 m^2$

Tip 부대시설의 면적은 매립면적의 3%이므로 전체매립면적은 103% 된다. 따라서 1.03을 곱해 주어야 한다.

다음의 조건을 이용해 물음에 답하시오.

폐기물의 종류	질량(kg)	압축계수	매립지에서의 압축부피(m^3)
음식물류	95	0.27	0.12
종이류	350	0.18	0.525
플라스틱류	45	0.20	0.301
고무	30	0.25	0.021
유리	65	0.31	0.190
비철금속	25	0.25	0.027
목재	35	0.41	0.018
섬유	15	0.17	0.051

(가) 폐기물 매립지 겉보기밀도(kg/m^3)를 계산하시오. (단, 매립시 완전히 다져졌다고 가정.)

(나) 종이류 40%, 플라스틱류 70%, 유리가 90% 회수된 후의 매립지의 압축겉보기밀도(kg/m^3)를 계산하시오.

 (가) 폐기물 매립시 겉보기밀도(kg/m^3) 계산

$$겉보기밀도(kg/m^3) = \frac{폐기물의\ 질량(kg)}{매립지에서의\ 압축부피(m^3)}$$

① 폐기물의 질량(kg) = $95kg + 350kg + 45kg + 30kg + 65kg + 25kg + 35kg + 15kg$
$= 660kg$

② 매립지에서의 압축부피(m^3)
$= 0.12m^3 + 0.525m^3 + 0.301m^3 + 0.021m^3 + 0.190m^3 + 0.027m^3 + 0.018m^3 + 0.051m^3$
$= 1.253m^3$

③ 겉보기밀도(kg/m^3) = $\frac{660kg}{1.253m^3} = 526.74\ kg/m^3$

(나) 회수 후 매립지의 압축겉보기밀도(kg/m^3) 계산

$$압축겉보기밀도(kg/m^3) = \frac{회수\ 후\ 질량(kg)}{회수\ 후\ 부피(m^3)}$$

① 회수 후 질량(kg) = 폐기물의 총 질량(kg) $-$ 회수물질의 질량(kg)
$= 660kg - (350kg \times 0.40 + 45kg \times 0.70 + 65kg \times 0.90) = 430\ kg$

② 회수 후 부피(m^3) = 매립지의 총 압축부피(m^3) $-$ 매립지의 회수물질 압축부피(m^3)
$= 1.253m^3 - (0.525m^3 \times 0.40 + 0.301m^3 \times 0.70 + 0.190m^3 \times 0.90)$
$= 0.6613\ m^3$

③ 압축겉보기 밀도(kg/m^3) = $\frac{430kg}{0.6613m^3} = 650.23\ kg/m^3$

11 어떤 폐기물 1kg의 원소조성이 다음과 같고 실제 주입된 공기량이 10Sm³일 때 과잉으로 주입된 공기량과 과잉공기비를 계산하시오.

> 질량비(%) : C=30, H=12, O=25, S=3, 수분=20, ash=10

(가) 과잉공기량(Sm³/kg)

(나) 과잉공기비

 (가) 과잉공기량(Sm^3/kg) 계산

① 이론공기량(A_o) = $8.89C + 26.67\left(H - \dfrac{O}{8}\right) + 3.33S$ (Sm^3/kg)

$= 8.89 \times 0.30 + 26.67 \times \left(0.12 - \dfrac{0.25}{8}\right) + 3.33 \times 0.03$

$= 5.1339\,Sm^3/kg$

② 실제공기량 = $10\,Sm^3/kg$

③ 과잉공기량(Sm^3/kg) = 실제공기량(A) − 이론공기량(A_o)

$= 10\,Sm^3/kg - 5.1339\,Sm^3/kg = 4.87\,Sm^3/kg$

(나) 과잉공기비(m) 계산

과잉공기비(m) = $\dfrac{\text{실제공기량(A)}}{\text{이론공기량}(A_o)} = \dfrac{10\,Sm^3/kg}{5.1339\,Sm^3/kg} = 1.95$

12 폐기물 1ton 중에서 유기물을 구성하는 성분은 $C_{60}H_{97}O_{37}N$이고, 함수율은 55%, VS는 65%, VS의 85%가 분해 제거된다. 유기물 분해에 소요되는 시간이 5day일 때, 필요한 송풍량(m^3/day)을 계산하시오. (단, 공기 중 산소의 함량은 23%, 공기의 밀도는 $1.21kg/m^3$을 기준으로 하시오.)

 필요한 송풍량(m^3/day)

= 소요되는 산소량(kg/day) × $\dfrac{1}{\text{공기 중 산소량}}$ × $\dfrac{1}{\text{공기의 밀도}(kg/m^3)}$

① 소요되는 산소량(kg/day) 계산

$C_{60}H_{97}O_{37}N$ + $67O_2$ → $60CO_2 + 48H_2O + HNO_3$

1,423kg : 67×32kg

$1{,}000kg \times (1-0.55) \times 0.65 \times 0.85 \times \dfrac{1}{5day}$: X(산소량)

∴ X(산소량) = 74.92 kg/day

② 필요한 송풍량(m^3/day) = $74.92\,kg/day \times \dfrac{1}{0.23} \times \dfrac{1}{1.21\,kg/m^3} = 269.21\,m^3/day$

13 소각로의 종류 중에서 유동층 소각로의 장점 7가지를 쓰시오.

① 기계적 구동부분이 적어 고장률이 낮다.
② 가스의 온도가 낮고 과잉공기량이 적어 질소산화물(NO_X)도 적게 배출된다.
③ 로내 온도의 자동제어와 열회수가 용이하다.
④ 반응시간이 빨라 소각시간이 짧다.
⑤ 유동매체의 축열량이 높아 단기간 정지 후 가동시에 보조연료 사용 없이 정상가동이 가능하다.
⑥ 연소효율이 높아 미연소분의 배출이 적고 2차 연소실이 필요없다.
⑦ 유동매체의 열용량이 커서 액상, 기상, 고형폐기물의 전소 및 혼소가 가능하다.

14 RDF의 구비조건을 5가지를 쓰시오.

① 재의 양이 적을 것   ② 대기오염이 적을 것
③ 함수율이 낮을 것   ④ 균일한 조성을 가질 것
⑤ 발열량이 높을 것   ⑥ 저장 및 수송이 용이할 것

15 차수막으로 이용되는 점토의 수분함량과 연관성이 큰 액성한계(LL)와 소성한계(PL)를 간단히 설명하고, 액성한계(LL)와 소성한계(PL)와 소성지수(PI)의 상호관계를 나타내시오.

(1) 정의
  ① 액성한계 : 수분의 함량이 일정수준 이상이 되면 점토의 상태가 액체상태로 변하게 되는데 이때의 한계 수분 함량을 말한다.
  ② 소성한계 : 수분의 함량이 일정수준 미만이 되면 점토가 성형상태를 유지하지 못하고 부숴지게 되는데 이때의 한계 수분 함량을 말한다.
(2) 소성지수(PI) = 액성한계(LL) − 소성한계(PL)

16 압축비(CR)와 부피감소율(VR)의 관계를 식으로 설명하고, 세로축을 압축비(CR), 가로축을 부피감소율(VR)로 하여 두 인자의 상관관계를 그래프로 도식하시오.

① CR과 VR의 관계식

$$VR(부피감소율) = \left(1 - \frac{V_2}{V_1}\right) \times 100 = \left(1 - \frac{1}{\frac{V_1}{V_2}}\right) \times 100 = \left(1 - \frac{1}{CR}\right) \times 100$$

여기서, V_1 : 압축 전 부피 V_2 : 압축 후 부피

CR(압축비) $= \dfrac{V_1}{V_2}$ 이다.

② CR과 VR의 관계 그래프

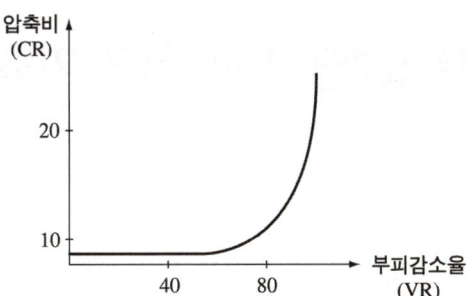

| Tip | 부피감소율(VR)이 증가함으로써 압축비(CR)는 서서히 증가하기 시작하여 부피감소율이 80% 이상이 되면 급격히 증가하게 된다. |

17 폐기물법규상 지정폐기물의 분류번호와 물질을 바르게 쓰시오.

01 : 특정시설에서 발생하는 폐기물
02 : 부식성폐기물
03 : 유해물질 함유 폐기물
04 : 폐유기용제
05 : 폐페인트 및 폐락카
06 : 폐유
07 : 폐석면
08 : 폴리클로리네이티드비페닐 함유 폐기물
09 : 폐유독물질
10 : 의료폐기물

04회 2013년 폐기물처리기사 최근 기출문제

2013년 11월 시행

01 분자식 $C_{50}H_{100}O_{40}N$을 혐기성 소화에 의해 완전분해될 때 생성 가능한 메탄발생량(kg/ton)을 계산하시오. (단, 표준상태 기준, 최종산물은 메탄, 이산화탄소, 암모니아)

① $C_{50}H_{100}O_{40}N + 5.75H_2O \rightarrow 27.125CH_4 + 22.875CO_2 + NH_3$
  1,354ton   : 27.125×16ton
  1ton   : $X(CH_4)$

$\therefore X(CH_4) = \dfrac{1\text{ton} \times 27.125 \times 16\text{ton}}{1,354\text{ton}} = 0.32053\text{ton/ton}$

② 메탄발생량(kg/ton) = $0.32053\text{ton/ton} \times 10^3\text{kg/ton} = 320.53\text{kg/ton}$

Tip	혐기성 완전분해식 $C_aH_bO_cN_d + \left(\dfrac{4a-b-2c+3d}{4}\right)H_2O \rightarrow \left(\dfrac{4a+b-2c-3d}{8}\right)CH_4 + \left(\dfrac{4a-b+2c+3d}{8}\right)CO_2 + dNH_3$

02 투입량이 1ton/hr이고, 회수량이 600kg/hr(그중 회수대상물질은 550kg/hr)이며 제거량 400kg/hr(그중 회수대상물질은 70kg/hr)일 때 Worrell식 및 Rietema식에 의한 선별효율을 각각 계산하시오.

(가) Worrell식에 의한 선별효율(%)

(나) Rietema식에 의한 선별효율(%)

(가) Worrell의 선별효율(E) = $\left(\dfrac{X_c}{X_i} \times \dfrac{Y_o}{Y_i}\right) \times 100$

$= \left(\dfrac{550\text{kg/hr}}{620\text{kg/hr}} \times \dfrac{330\text{kg/hr}}{380\text{kg/hr}}\right) \times 100 = 77.04\%$

(나) Rietema의 선별효율(E) = $\left|\left(\dfrac{X_c}{X_i} - \dfrac{Y_c}{Y_i}\right)\right| \times 100(\%)$

$= \left|\left(\dfrac{550\text{kg/hr}}{620\text{kg/hr}} - \dfrac{50\text{kg/hr}}{380\text{kg/hr}}\right)\right| \times 100(\%) = 75.55\%$

Tip	• X_i(투입량 중 회수대상물질)=620kg/hr • Y_i(투입량 중 비회수대상물질)=380kg/hr • X_o(제거량 중 회수대상물질)=70kg/hr • Y_o(제거량 중 비회수대상물질)=330kg/hr • X_c(회수량 중 회수대상물질)=550kg/hr • Y_c(회수량 중 비회수대상물질)=50kg/hr

03 반입용량이 10ton/hr인 폐기물을 파쇄하는데 평균크기 20cm의 폐기물을 15cm로 파쇄하는데 소요되는 동력(kW)을 Kick's법칙을 이용하여 계산하시오. (단, n = 1, 평균크기 20cm인 폐기물을 10cm로 파쇄하는데 에너지소모율은 12.5kW · hr/ton이다.)

① Kick의 법칙에서 $E = C \ln\left(\dfrac{dp_1}{dp_2}\right)$

여기서, E : 동력   C : 상수 dp_1 : 평균크기 dp_2 : 최종 크기

$12.5\text{kW} \cdot \text{hr/ton} = C \times \ln\left(\dfrac{20\text{cm}}{10\text{cm}}\right)$

$\therefore C = \dfrac{12.5\text{kW} \cdot \text{hr/ton}}{\ln\left(\dfrac{20\text{cm}}{10\text{cm}}\right)} = 18.034\text{kW} \cdot \text{hr/ton}$

② $E = 18.034\text{kW} \cdot \text{hr/ton} \times \ln\left(\dfrac{20\text{cm}}{15\text{cm}}\right) = 5.188\text{kW} \cdot \text{hr/ton}$

③ 동력(kW) = $5.188\text{kW} \cdot \text{hr/ton} \times 10\text{ton/hr} = 51.88\text{kW}$

04 유해폐기물 고화처리시 흔히 사용하는 지표인 혼합률(MR)은 고화제 첨가량과 폐기물 양과의 질량비로 정의된다. 고화처리 전 폐기물의 밀도가 1.1ton/m³, 처리 후 폐기물의 밀도가 1.2ton/m³이라면 혼합률(MR)이 0.3일 때 고화처리된 폐기물의 부피변화율(VCF)을 계산하시오.

부피변화율(VCF) = $(1 + MR) \times \dfrac{\rho_1}{\rho_2}$

여기서, MR : 혼합률$\left(MR = \dfrac{\text{첨가제의 질량}}{\text{폐기물의 질량}}\right)$

ρ_1 : 고화처리 전 폐기물의 밀도(ton/m³)
ρ_2 : 고화처리 후 폐기물의 밀도(ton/m³)

따라서 부피변화율(VCF) = $(1 + 0.3) \times \dfrac{1.1\text{ton/m}^3}{1.2\text{ton/m}^3} = 1.19$

05 30ton/8hr인 소각로의 설계에 있어서 화격자 부하율이 180kg/m²·hr로 했을 때 화격자면적(m²)을 계산하시오.

풀이 화격자부하율$(kg/m^2 \cdot hr) = \dfrac{\text{소각할 폐기물의 양}(kg/hr)}{\text{화격자 면적}(m^2)}$

따라서 $180 kg/m^2 \cdot hr = \dfrac{30{,}000 kg/8hr}{\text{화격자 면적}(m^2)}$

∴ 화격자 면적 $= \dfrac{30{,}000 kg/8hr}{180 kg/m^2 \cdot hr} = 20.83 m^2$

 06 당일복토재의 양(m³)과 전체 매립량(폐기물 + 복토재)의 몇 %에 해당하는지 계산하시오.

[조건]
- 폭(앞면) = 10m
- 매립량 = 20ton/day
- 경사 = 2 : 1(층높이 = 1)
- 셀형태의 매립
- 복토는 3면(윗면, 앞면(경사), 옆면(경사))에서 실시
- 층의 높이 = 3m
- 밀도 : 300kg/m³
- 당일복토두께 = 15cm
- 셀은 평면육면체

풀이 (가) 당일 복토재의 양(m³) 계산

① 폐기물의 양$(m^3) = \dfrac{20 ton/day}{0.3 ton/m^3} = 66.6667 m^3/day$

② 셀의 길이$(L) = \dfrac{\text{폐기물의 양}(m^3)}{\text{폭}(m) \times \text{높이}(m)} = \dfrac{66.6667 m^3}{10 m \times 3 m} = 2.2222 m$

③ 셀의 면적을 계산한다.
   ⓐ 윗면의 면적(m^2) = 길이(m) × 폭(m) = $2.2222 m \times 10 m = 22.222 m^2$
   ⓑ 앞면의 면적(m^2) = 길이 × $\sqrt{(\text{높이})^2 + (2 \times \text{높이})^2}$
   $= 2.2222 m \times \sqrt{(3m)^2 + (2 \times 3m)^2} = 14.907 m^2$
   ⓒ 옆면의 면적(m^2) = 폭 × $\sqrt{(\text{높이})^2 + (2 \times \text{높이})^2}$
   $= 10 m \times \sqrt{(3m)^2 + (2 \times 3m)^2} = 67.082 m^2$

④ 당일 복토재의 양(m³)을 계산한다.
   당일 복토재의 양(m^3) = 당일복토두께(m) × 셀의 면적(m^2)
   $= 0.15 m \times (22.222 m^2 + 14.907 m^2 + 67.082 m^2) = 15.63 m^3$

(나) $\dfrac{\text{복토재의 양}(m^3)}{(\text{복토재의 양} + \text{폐기물의 양})(m^3)} \times 100(\%)$

$= \dfrac{15.63 m^3}{15.63 m^3 + 66.6667 m^3} \times 100(\%) = 18.99\%$

07 폐슬러지(C/N = 8.0)와 음식물폐기물(C/N = 55)을 혼합하여 퇴비화할 때 혼합폐기물의 C/N = 25로 조절하기 위해 음식물폐기물의 비율은 몇 %인지 계산하시오. (단, 폐슬러지 함수율 : 75%(N성분 : 5%), 음식물폐기물 함수율 : 50%(고형물 중 N성분 0.6%)이고 질량기준, 비중은 1.0이다.)

풀이

① 폐슬러지 중 탄소량(%)를 계산한다.

$$C/N비 = \frac{탄소량(\%)}{질소량(\%)} \text{ 이므로 } 8.0 = \frac{(100-75) \times C}{(100-75) \times 5\%} \quad \therefore \quad C = 40\%$$

② 음식물폐기물 중 탄소량(%)를 계산한다.

$$C/N비 = \frac{탄소량(\%)}{질소량(\%)} \text{ 이므로 } 55 = \frac{(100-50) \times C}{(100-50) \times 0.6\%} \quad \therefore \quad C = 33\%$$

③ 음식물폐기물을 X, 폐슬러지를 (1−X) 라고 두고 탄소(C)의 함량과 질소(N)의 함량을 계산한다.

탄소의 함량 $= \{(1-X) \times (1-0.75) \times 0.40\} + \{X \times (1-0.50) \times 0.33\} = 0.1 + 0.065X$

질소의 함량 $= \{(1-X) \times (1-0.75) \times 0.05\} + \{X \times (1-0.50) \times 0.006\}$
$= 0.0125 - 0.0095X$

④ 음식물폐기물의 혼합비율(%)을 계산한다.

$$C/N비 = \frac{탄소량}{질소량} \quad 25 = \frac{0.1 + 0.065X}{0.0125 - 0.0095X}$$

$\therefore$ X(음식물폐기물) = 0.7025

따라서 음식물폐기물의 혼합비율은 70.25%이다.

08 탄소 83%, 수소 12%, 산소 3%, 황 2%를 함유하는 중유 1kg 연소에 필요한 이론산소량(Sm^3/kg) 및 이론공기량(Sm^3/kg), 실제공기량(Sm^3/kg)을 계산하시오. (단, 공기비(m)는 1.30이다.)

풀이

① 이론산소량$(Sm^3/kg) = 1.867C + 5.6\left(H - \frac{O}{8}\right) + 0.7S$

$= 1.867 \times 0.83 + 5.6 \times \left(0.12 - \frac{0.03}{8}\right) + 0.7 \times 0.02 = 2.22 \, Sm^3/kg$

② 이론공기량$(Sm^3/kg) = $ 이론산소량$(Sm^3/kg) \times \frac{1}{0.21}$

$= 2.22 \, Sm^3/kg \times \frac{1}{0.21} = 10.57 Sm^3/kg$

③ 실제공기량$(Sm^3/kg) = $ 공기비$(m) \times $ 이론공기량(Sm^3/kg)
$= 1.3 \times 10.57 \, Sm^3/kg = 13.74 \, Sm^3/kg$

Tip

이론산소량과 이론공기량을 질량(kg/kg)으로 구하는 공식

① O_o(이론산소량) $= 2.667C + 8\left(H - \frac{O}{8}\right) + 1S$

② A_o(이론공기량) $= \left\{2.667C + 8\left(H - \frac{O}{8}\right) + 1S\right\} \times \frac{1}{0.232}$

09 도시폐기물을 분석한 결과 조성이 다음 표와 같았다. 이때 습윤고위발열량, 건조고위발열량 그리고 가연분 건조고위발열량을 각각 kcal/kg을 Dulong 공식을 이용하여 계산하시오.

가연분						수분	회분
C	H	O	N	S	Cl	65%	나머지 %
11.7%	1.8%	8.8%	0.4%	0.1%	0.2%		

(가) 습윤고위발열량

(나) 건조고위발열량

(다) 가연분건조고위발열량

 (가) 습윤 고위발열량(kcal/kg)을 계산한다.

$$습윤\ 고위발열량(Hh) = 8,100C + 34,000\left(H - \frac{O}{8}\right) + 2,500\,S\ (kcal/kg)$$

$$= 8,100 \times 0.117 + 34,000 \times \left(0.018 - \frac{0.088}{8}\right) + 2,500 \times 0.001$$

$$= 1,188.2\,kcal/kg$$

(나) 건조 고위발열량(kcal/kg)을 계산한다.

$$건조\ 고위발열량(Hh) = 습윤\ 고위발열량(kcal/kg) \times \frac{습윤함량(\%)}{건조함량(\%)}$$

$$= 1,188.2\,kcal/kg \times \frac{100\%}{100 - 65\%} = 3,394.86\,kcal/kg$$

(다) 가연분 건조 고위발열량(kcal/kg)을 계산한다.

$$가연분\ 건조\ 고위발열량(Hh) = 건조\ 고위발열량(kcal/kg) \times \frac{고형물함량(\%)}{가연분함량(\%)}$$

$$= 3,394.86\,kcal/kg \times \frac{100 - 65\%}{23\%} = 5,166.09\,kcal/kg$$

10 다음 조건의 관리형 매립지에서 침출수의 통과 년 수를 계산하시오.

[조건]
- 점토층 두께 : 1m
- 투수계수 : 10^{-7}cm/sec
- 기타 조건은 고려하지 않음.
- 유효공극률 : 0.3
- 점토층 상부에 고인 침출수 수두: 50cm

 $t = \dfrac{d^2 \cdot n}{k(d+h)}$

① $k(m/년) = \dfrac{10^{-7}cm}{sec} \times \dfrac{1m}{10^2 cm} \times \dfrac{3,600sec}{1hr} \times \dfrac{24\,hr}{1\,day} \times \dfrac{365\,day}{1년} = 3.15 \times 10^{-2}\,m/년$

② $t = \dfrac{(1m)^2 \times 0.3}{3.15 \times 10^{-2} m/년 \times (1m + 0.5m)} = 6.35년$

11 유기성폐기물을 1,134kg을 호기적으로 산화시키는데 필요한 산소량(kg)을 계산하시오.

> 초기화학식 $[C_6H_7O_2(OH)_3]_7$의 최종안정화산물은 $[C_6H_7O_2(OH)_3]_3$이며 안정화 후 남아있는 양은 486kg이다.
> $C_aH_bO_cN_d + 0.5(ny + 2s + r - c)O_2 \rightarrow nC_wH_xO_yN_z + sCO_2 + rH_2O + (d+nz)NH_3$
> $r = 0.5(b - nx - 3(d - nz))$
> $s = a - nw$

풀이 $[C_6H_7O_2(OH)_3]_7 + 24O_2 \rightarrow [C_6H_7O_2(OH)_3]_3 + 24CO_2 + 20H_2O$

1,134kg : 24×32kg
1,134kg : X(산소량)

∴ X(산소량) $= \dfrac{1,134kg \times 24 \times 32kg}{1,134kg} = 768\,kg$

Tip
① $[C_6H_7O_2(OH)_3]_7 = C_{42}H_{70}O_{35}$
② $[C_6H_7O_2(OH)_3]_3 = C_{18}H_{30}O_{15}$
③ $a = 42$, $b = 70$, $c = 35$, $d = 0$, $Z = 0$, $w = 18$, $x = 30$, $y = 15$
④ $s = a - nw = 42 - 1 \times 18 = 24$
⑤ $m = 0.5 \times (b - n \times x) = 0.5 \times (50 - 1 \times 30) = 10$
⑥ $r = 0.5 \times (b - nx - 3(d - nz)) = 0.5 \times (70 - 1 \times 30 - 3 \times (0 - 1 \times 0)) = 20$

12 60% 함수율(습윤량기준)을 가진 도시폐기물을 40%로 건조시키면 폐기물 1ton당 증발되는 수분량(kg)을 계산하시오. (단, 비중은 1.0)

풀이 ① $W_1 \times (100 - P_1) = W_2 \times (100 - P_2)$
따라서 $1,000kg \times (100 - 60) = W_2 \times (100 - 40)$
∴ $W_2 = \dfrac{1,000kg \times (100 - 60)}{(100 - 40)} = 666.67\,kg$
② 수분의 증발량(kg) $= W_1 - W_2 = 1,000kg - 666.67kg = 333.33kg$

13 저위발열량 추정법 3가지와 대표적인 추정식 하나씩을 서술하시오.

 ① 원소분석에 의한 방법
$$Hl = Hh - 600(9H + W)(kcal/kg)$$
여기서, Hl : 저위발열량(kcal/kg)　　Hh : 고위발열량(kcal/kg)
　　　　　H : 수소의 함량　　　　　　W : 수분의 함량
② 추정식에 의한 방법(3성분에 의한 방법)
$$Hl = 45VS - 6W$$
여기서, Hl : 저위발열량(kcal/kg)　　VS : 가연성분(%)
　　　　　W : 수분함량(%)
③ 물리적조성에 의한 방법
$$Hl = 88.2 \times R + 40.5 \times (G + P) - 6W$$
여기서, R : 플라스틱의 함량(%)　　G : 진개의 함량(%)
　　　　　P : 종이류의 함량(%)　　　W : 수분의 함량(%)

14 다이옥신 저감을 위한 대표적 설비 4가지를 서술하시오.

 ① 촉매분해법　　② 고온광분해법
③ 오존산화법　　④ 열분해산화법

15 차단형 매립지의 차수재료로 보편적으로 사용되는 3가지를 쓰시오.

 ① 합성차수막
② 점토
③ 토양, 아스팔트, 시멘트 등의 혼합물(토양 혼합물)

16 질소산화물 발생억제(연소방법 개선) 4가지를 쓰시오.

 ① 저과잉공기량 연소법　② 이단연소법
③ 저온도연소법　　　　　④ 배기가스재순환법

17 LCA의 정의와 구성요소 4가지를 서술하시오.

(1) 전과정평가(LCA)의 정의 : 사용하는 자원, 에너지, 환경에 미치는 각종 부하를 원료자원 채취 – 생산 – 유통 – 사용 – 재사용 – 폐기의 전 과정에 걸쳐 가능한 정량적으로 분석 및 평가하여 현재 인류가 직면하고 있는 자원의 고갈 및 생태계의 파괴현상과 지구환경문제 등을 근본적으로 해결하기 위한 각종 개선방안을 모색하는 기술적이며 체계적인 과정을 의미한다.

(2) 전과정평가(LCA)의 구성요소
  ① 목적 및 범위의 설정(Initiation analysis) : 전과정 평가 연구결과의 이용분야를 고려하여 연구의 목적을 설정하고, 목적을 달성하기 위한 타당한 범위를 설정하는 단계이다.
  ② 목록분석(Inventory analysis) : 제품이나 서비스 시스템의 전과정에 관련된 투입물과 산출물을 규명하고 정량화하는 단계이다.
  ③ 영향평가(Impact analysis) : 환경부하에 대한 영향을 평가하는 기술적, 정량적, 정성적 과정이다.
  ④ 개선평가 및 해석(Improvement analysis) : 전과정 목록분석과 전과정 영향평가로부터 얻은 결과를 정의된 목적과 범위에 맞게 해석(결과보고)하는 과정이다.

01회 2014년 폐기물처리기사 최근 기출문제

2014년 4월 시행

01 고형물의 농도가 80kg/m³인 농축슬러지를 300m³/day 유량으로 탈수시키려 한다. 고형물 질량에 대해 25%의 소석회를 넣으면 (이때 첨가된 소석회의 50%가 고형물이 된다.) 15kg/m² · hr의 여과속도 및 함수율 70%의 탈수 Cake가 얻어진다. 탈수기의 하루 운전시간은 8시간이고 Cake의 비중은 1.0일 때 다음 물음에 답하시오.

(가) 여과면적(m²)을 계산하시오.
(나) 탈수 Cake의 양(ton/day)을 계산하시오.

 (가) 여과면적(m²) 계산

$$여과속도(kg/m^2 \cdot hr) = \frac{고형물의\ 농도(kg/m^3) \times 농축슬러지량(m^3/hr)}{여과면적(m^2)}$$

$$15kg/m^2 \cdot hr = \frac{80kg/m^3 \times \{1+(0.25 \times 0.50)\} \times 300m^3/day \times 1day/8hr}{여과면적(m^2)}$$

∴ 여과면적 = 225m²

(나) 탈수 Cake의 양(ton/day) 계산

① 슬러지량(ton/day) = 고형물의 농도(ton/m³) × 농축슬러지량(m³/day)
 = 80kg/m³ × {1+(0.25×0.50)} × 300m³/day × 10⁻³ton/kg
 = 27ton/day

② 탈수 Cake의 양(ton/day) = 슬러지량(ton/day) × $\frac{100}{100-함수율(\%)}$
 = 27ton/day × $\frac{100}{100-70\%}$ = 90ton/day

02 5m³의 용적을 가지는 용기에 질소가스를 9kg을 채우고 압력을 5atm으로 하였다. 이때 온도(℃)를 계산하시오. (단, 기체상수(R)는 0.082atm · L/mol · K이며, 이상기체 기준이다.)

 ① 이상기체상태 방정식을 이용한다.

$$P \times V = \frac{W}{M} \times R \times T$$

여기서, P : 압력(atm) V : 부피(L)
 W : 질량(g) M : 분자량(g)
 R : 기체상수(atm · L/mol · K)
 K : 절대온도

따라서 $5\,\text{atm} \times 5,000\text{L} = \dfrac{9 \times 10^3 \text{g}}{28\text{g}} \times 0.082\,\text{atm} \cdot \text{L/mol} \cdot \text{K} \times \text{T}$

∴ T = 948.51K

② 온도(℃) = 948.51K − 273 = 675.51℃

03 유해폐기물 고화처리시 흔히 사용하는 지표인 혼합률(MR)은 고화제 첨가량과 폐기물 양과의 질량비로 정의된다. 고화처리 전 폐기물의 밀도가 1.1ton/m³, 처리 후 폐기물의 밀도가 1.2ton/m³이라면 혼합률(MR)이 0.3일 때 고화처리된 폐기물의 부피변화율(VCF)을 계산하시오.

부피변화율(VCF) = $(1 + \text{MR}) \times \dfrac{\rho_1}{\rho_2}$

여기서, MR : 혼합률$\left(\text{MR} = \dfrac{첨가제의\ 질량}{폐기물의\ 질량}\right)$

ρ_1 : 고화처리 전 폐기물의 밀도(ton/m³)
ρ_2 : 고화처리 후 폐기물의 밀도(ton/m³)

따라서 부피변화율(VCF) = $(1 + 0.3) \times \dfrac{1.1\,\text{ton/m}^3}{1.2\,\text{ton/m}^3} = 1.19$

04 탄소, 수소 및 황의 질량비가 83%, 14%, 3%인 폐유 300kg/hr을 소각시키는 경우 배기가스의 분석치가 CO_2 12.5%, O_2 3.5%, N_2 84%이었다면 매시 필요한 실제공기량(Sm³/hr)을 계산하시오.

공급공기량(Sm³/hr) = 공기과잉계수(m) × 이론공기량(A_o) × 연료량(kg/hr)

① 공기과잉계수(m) = $\dfrac{\text{N}_2\%}{\text{N}_2\% - 3.76 \times \text{O}_2\%} = \dfrac{84\%}{84\% - 3.76 \times 3.5\%} = 1.1858$

② 이론공기량(A_o) = $8.89\text{C} + 26.67\left(\text{H} - \dfrac{\text{O}}{8}\right) + 3.33\text{S}$ (Sm³/kg)

= $8.89 \times 0.83 + 26.67 \times 0.14 + 3.33 \times 0.03 = 11.2124\,\text{Sm}^3/\text{kg}$

③ 실제 공급공기량 = $1.1858 \times 11.2124\,\text{Sm}^3/\text{kg} \times 300\,\text{kg/hr} = 3,988.70\,\text{Sm}^3/\text{hr}$

Tip	배출가스 분석치 $CO_2\%$, $O_2\%$, $N_2\%$ 공기비(m) = $\dfrac{\text{N}_2\%}{\text{N}_2\% - 3.76 \times \text{O}_2\%}$

05 인구가 400,000명인 어느 도시의 쓰레기 배출 원단위가 1.2kg/인·일이고, 밀도는 0.45ton/m³으로 측정되었다. 이러한 쓰레기를 분쇄하여 그 용적이 2/3로 되었으며, 이 분쇄된 쓰레기를 다시 압축하면서 또다시 1/3 용적이 축소되었다. 분쇄만 하여 매립할 때와 분쇄, 압축한 후에 매립할 때에 양자간의 연간 매립소요면적(m²)의 차이를 계산하시오. (단, Trench 깊이는 4m이며 기타 조건은 고려하지 않는다.)

매립면적(m²/년) = $\dfrac{\text{폐기물 발생량(kg/년)} \times (1-\text{부피감소율})}{\text{밀도(kg/m}^3) \times \text{깊이(m)}}$

① 분쇄하여 용적이 $\dfrac{2}{3}$로 된 경우의 소요면적

$= \dfrac{1.2\text{kg/인·일} \times 400{,}000\text{인} \times 365\text{일/년} \times \dfrac{2}{3}}{450\text{kg/m}^3 \times 4\text{m}} = 64{,}888.89\text{m}^2$

② 압축하여 다시 $\dfrac{1}{3}$ 용적이 감소되는 경우의 소요면적

$= 64{,}888.89\text{m}^2 \times \left(1-\dfrac{1}{3}\right) = 43{,}259.26\text{m}^2$

③ 소요면적 차 $= 64{,}888.89\text{m}^2 - 43{,}259.26\text{m}^2 = 21{,}629.63\text{m}^2$

06 다음과 같은 매립지 내 침출수가 차수층을 통과하는데 소요되는 시간(년)을 계산하시오.

- 점토층 두께 : 1.0m
- 투수계수 : 10^{-7}cm/sec
- 유효공극률 : 0.2
- 상부침출수 수두 : 0.4m

$t = \dfrac{d^2 \cdot n}{k(d+h)}$

여기서, t : 침출수가 점토층을 통과하는 시간(년)
       d : 점토층의 두께(m)
       n : 유효공극률
       k : 투수계수(m/년)
       h : 침출수 수두(m)

① $k(\text{m/년}) = \dfrac{10^{-7}\text{cm}}{\text{sec}} \times \dfrac{1\text{m}}{10^2\text{cm}} \times \dfrac{3{,}600\text{sec}}{1\text{hr}} \times \dfrac{24\text{hr}}{1\text{day}} \times \dfrac{365\text{day}}{1\text{년}} = 3.15 \times 10^{-2}\text{m/년}$

② $t = \dfrac{(1.0\text{m})^2 \times 0.2}{3.15 \times 10^{-2}\text{m/년} \times (1.0\text{m}+0.4\text{m})} = 4.54$년

07 옥탄 1mol을 완전연소 시켰을 때 다음 물음에 답하시오.

(가) 완전연소 반응식을 서술하시오.

(나) AFR을 부피기준으로 계산하시오.

(다) AFR을 질량기준으로 계산하시오. (단, 공기의 분자량은 28.95)

(가) 완전연소반응식 : $C_8H_{18} + 12.5O_2 \rightarrow 8CO_2 + 9H_2O$

(나) AFR을 부피기준으로 계산

$$AFR(Sm^3/Sm^3) = \frac{\text{산소갯수} \times 22.4Sm^3 \times \frac{1}{0.21}}{\text{연료갯수} \times 22.4Sm^3} = \frac{12.5 \times 22.4Sm^3 \times \frac{1}{0.21}}{1 \times 22.4Sm^3} = 59.52$$

(다) AFR을 질량기준으로 계산

$$AFR(kg/kg) = AFR(Sm^3/Sm^3) \times \frac{\text{공기의 분자량}(kg)}{\text{연료의 분자량}(kg)} = 59.52 \times \frac{28.95kg}{114kg} = 15.12$$

Tip
① AFR = 공연비 = $\frac{\text{공기량}}{\text{연료량}}$
② 옥탄 = C_8H_{18}
③ C_8H_{18}의 분자량 $= 8 \times 12 + 18 \times 1 = 114kg$

08 침출수에 함유되어 있는 수은 5mg/L를 활성탄 흡착법으로 처리하여 0.05mg/L로 방류하고자 한다. 이때 소요되는 활성탄 흡착제의 양(mg/L)을 계산하시오.
(단, Freundlich식을 이용하고 K=0.5, n=1이다.)

$$\frac{X}{M} = K \cdot C^{\frac{1}{n}} \Rightarrow \frac{(C_i - C_o)}{M} = K \cdot C_o^{\frac{1}{n}}$$

따라서 $\frac{(5mg/L - 0.05mg/L)}{M} = 0.5 \times (0.05mg/L)^{\frac{1}{1}}$

$\therefore M = \frac{(5\,mg/L - 0.05\,mg/L)}{0.5 \times (0.05mg/L)^{\frac{1}{1}}} = 198\,mg/L$

09 100kg의 폐기물을 분석한 결과 종이류가 50%, 플라스틱류가 30%, 수분이 20%이다. 파쇄 후 수분 25%가 없어지며, 선별후 종이류와 플라스틱류로 분류되었다. 종이류에는 플라스틱류 5%(혼합폐기물 중 플라스틱류가 5%)가 혼합되어 있고, 플라스틱류에는 종이류가 10%(혼합폐기물 중 종이류가 10%)가 혼합되어 있다. 그리고 수분은 80%가 종이류로 모여들고 플라스틱류의 수분은 20%가 증발된다. 선별 후 종이류와 플라스틱류의 질량(kg)를 계산하시오.

(1) 선별 후 종이류의 질량
① 처음 종이류의 질량 = 100kg × 0.50 = 50kg
② 종이류에 혼합된 플라스틱의 질량 = 100kg × 0.30 × 0.05 = 1.5kg
③ 플라스틱에 혼합된 종이류 질량 = 100kg × 0.50 × 0.10 = 5kg
④ 종이류에 모여든 수분의 질량 = 100kg × 0.20 × (1 − 0.25) × 0.80 = 12kg
따라서 선별 후 종이류의 질량 = 50kg + 1.5kg − 5kg + 12kg = 58.5kg

(2) 선별 후 플라스틱류의 질량
① 처음 플라스틱류의 질량 = 100kg × 0.30 = 30kg
② 플라스틱류에 혼합된 종이류의 질량 = 100kg × 0.50 × 0.1 = 5kg
③ 종이류에 혼합된 플라스틱류 질량 = 100kg × 0.30 × 0.05 = 1.5kg
④ 플라스틱류에 모여든 수분의 질량 = 100kg × 0.20 × (1 − 0.25) × 0.2 × (1 − 0.20) = 2.4kg
따라서 선별 후 플라스틱류의 질량 = 30kg + 5kg − 1.5kg + 2.4kg = 35.9kg

> **Tip** 종이류로 수분이 80% 모이므로 플라스틱류에는 수분이 20%가 모여든다.

10 어느 도시의 일일 쓰레기 발생량이 350ton/day, 수거차량의 적재용량은 8m³, 1일 운행시간은 8hr, 왕복운반시간은 90분, 운반거리는 5km, 수거차량의 쓰레기 적재율은 95%, 적재 쓰레기의 밀도는 450kg/m³이었다.

(가) 수거차량 1대당 운반 쓰레기의 양(ton/day)을 계산하시오.

(나) 쓰레기 운반에 필요한 수거차량수를 계산하시오.

(가) 수거차량 1대당 운반 쓰레기의 양(ton/day · 대) 계산
운반쓰레기의 양(ton/day · 대)
$$= 적재용량(m^3/대 · 회) \times 적재쓰레기 밀도(ton/m^3) \times \frac{1회}{작업시간(min)}$$
$$\times \frac{운행시간(hr)}{1day} \times \frac{60min}{1hr} \times \frac{쓰레기\ 적재율(\%)}{100}$$
$$= 8m^3/대 · 회 \times 0.45ton/m^3 \times \frac{1회}{90min} \times \frac{8hr}{1day} \times \frac{60min}{1hr} \times 0.95 = 18.24ton/day · 대$$

(나) 수거차량의 소요댓수(대) = $\frac{쓰레기\ 발생량(ton/day)}{운반\ 쓰레기의\ 양(ton/day · 대)}$
$$= \frac{350ton/day}{18.24ton/day · 대} = 20대$$

11 다음 조성의 도시 고형폐기물 1ton 소각시 발생하는 이론습연소가스의 질량(ton) 및 실제습연소가스의 질량(ton)을 계산하시오.

- 공기비(m) = 1.5
- 조성(%) : C = 30, H = 20, O = 20, S = 5, N = 5, 수분 = 10, ash = 10

(가) 이론습연소가스 질량(ton/ton)

(나) 실제습연소가스 질량(ton/ton)

 ① 이론공기량(ton/ton)을 계산한다.

$$A_o = \left\{2.667C + 8 \times \left(H - \frac{O}{8}\right) + S\right\} \times \frac{1}{0.232}$$

$$= \left\{2.667 \times 0.3 + 8 \times \left(0.2 - \frac{0.2}{8}\right) + 0.05\right\} \times \frac{1}{0.232} = 9.6987 \text{ton/ton}$$

② 이론습연소가스 질량(ton/ton)를 계산한다.

$$Gow = (1 - 0.232)A_o + \frac{44}{12}C + \frac{18}{2}H + \frac{64}{32}S + \frac{28}{28}N + \frac{18}{18}W \text{(ton/ton)}$$

$$= (1 - 0.232) \times 9.6987 \text{(ton/ton)} + \frac{44}{12} \times 0.30 + \frac{18}{2} \times 0.20 + \frac{64}{32} \times 0.05$$

$$+ \frac{28}{28} \times 0.05 + \frac{18}{18} \times 0.10$$

$$= 10.60 \text{(ton/ton)}$$

③ 실제습연소가스 질량(ton/ton)를 계산한다.

$$Gw = Gow + \{(m-1)A_o\} \text{(ton/ton)}$$

$$= 10.60 \text{ton/ton} + \{(1.5-1) \times 9.6987 \text{ton/ton}\} = 15.45 \text{(ton/ton)}$$

12 $C_6H_{12}O_6$ 1ton을 혐기성 분해시 발생되는 메탄의 양을 질량(kg)와 부피(Sm^3)로 각각 계산하시오.

 ① 발생되는 메탄을 질량(kg)으로 계산

$C_6H_{12}O_6 \rightarrow 3CH_4 + 3CO_2$
180kg : 3×16kg
1,000kg : X_1
∴ $X_1 = 266.67 \text{kg}$

② 발생되는 메탄을 부피(Sm^3)로 계산

$C_6H_{12}O_6 \rightarrow 3CH_4 + 3CO_2$
180kg : 3×22.4Sm^3
1,000kg : X_2
∴ $X_2 = 373.33 Sm^3$

13 수소 1몰을 다음과 같이 반응시킬 때 필요한 공기량(Sm^3)을 계산하시오.

$$H_2 + \frac{1}{2}O_2 \rightarrow H_2O$$

 ① 이론산소량(Sm^3)을 계산한다.

$$H_2 \quad + \quad \frac{1}{2}O_2 \quad \rightarrow \quad H_2O$$

$$1\,mol \quad : \quad \frac{1}{2} \times 22.4\,Sm^3$$

$$1\,mol \quad : \quad O_o(\text{이론산소량})$$

∴ $O_o(\text{이론산소량}) = 11.2\,Sm^3$

② 이론공기량(Sm^3)을 계산한다.

$$\text{이론공기량}(Sm^3) = \text{이론산소량}(Sm^3) \times \frac{1}{0.21}$$

$$= 11.2\,Sm^3 \times \frac{1}{0.21} = 53.33\,Sm^3$$

14 LCA의 정의 및 구성요소는 무엇인지 쓰시오.

(가) 정의

(나) 구성요소

 (1) 전과정평가(LCA)의 정의 : 사용하는 자원, 에너지, 환경에 미치는 각종 부하를 원료자원 채취 – 생산 – 유통 – 사용 – 재사용 – 폐기의 전 과정에 걸쳐 가능한 정량적으로 분석 및 평가하여 현재 인류가 직면하고 있는 자원의 고갈 및 생태계의 파괴현상과 지구환경문제 등을 근본적으로 해결하기 위한 각종 개선방안을 모색하는 기술적이며 체계적인 과정을 의미한다.

(2) 전과정평가(LCA)의 구성요소
  ① 목적 및 범위의 설정(Initiation analysis)
  ② 목록분석(Inventory analysis)
  ③ 영향평가(Impact analysis)
  ④ 개선평가 및 해석(Improvement analysis)

15 유해폐기물을 처리하는 고형화 처리방법 5가지를 쓰시오.

 ① 시멘트 기초법 ② 석회 기초법
③ 자가시멘트법 ④ 피막형성법
⑤ 열가소성 플라스틱법 ⑥ 유리화법

16 열분해에 대한 다음 물음에 답하시오.

(가) 열분해의 정의를 간단히 쓰시오.

(나) 열분해장치를 3가지를 쓰시오.

(다) 열분해시 생성물질을 고체, 액체, 기체상물질로 구분하여 쓰시오.

> (가) 열분해의 정의 : 폐기물을 무산소 또는 산소가 부족한 상태에서 고온으로 가열하여 기체, 액체, 고체 상태의 연료를 생산하는 공정이다.
> (나) 열분해 장치 : 고정상 방식, 유동상 방식, 부유상 방식
> (다) 열분해시 생성물질
>   ① 기체상 물질 : 수소(H_2), 메탄(CH_4), 일산화탄소(CO)
>   ② 액체상 물질 : 아세톤, 메탄올, 오일
>   ③ 고체상 물질 : 탄화물(Char), 불활성 물질

17 퇴비화의 영향인자 중 C/N비에 대한 설명이다. 다음 조건에서 발생하는 현상을 쓰시오.

(가) C/N비가 80 이상인 경우

(나) C/N비가 20 이하인 경우

> (가) C/N비가 80 이상인 경우 : 질소함량이 부족하여 퇴비화가 잘 되지 않고, 퇴비화에 걸리는 시간도 길어진다.
> (나) C/N비가 20 이하인 경우 : 질소원 손실이 커서 비료효과가 저하될 가능성이 높고, 암모니아 가스가 발생하여 퇴비화 과정 중 좋지 않은 냄새가 발생된다.

18 차수시설의 종류에는 연직차수막과 표면차수막이 있다. 연직차수막 공법의 종류를 4가지 쓰고, 차수설비에 사용되는 재료를 3가지 쓰시오.

> (1) 연직차수막 공법의 종류
>   ① 강널말뚝 공법
>   ② 굴착에 의한 차수시트 매설 공법
>   ③ 어스댐 코어 공법
>   ④ 그라우트 공법
> (2) 차수설비에 사용되는 재료
>   ① 합성차수막
>   ② 점토
>   ③ 토양, 아스팔트, 시멘트 등의 혼합물(토양 혼합물)

19 고화처리방법 중 자가시멘트법의 장·단점을 각각 2가지씩 쓰시오.

(1) 장점
    ① 중금속 저지에 효과적이다.
    ② 탈수 등의 전처리가 필요없다.
(2) 단점
    ① 보조에너지가 필요하다.
    ② 장치비가 크며 숙련된 기술을 요한다.

02회 2014년 폐기물처리기사 최근 기출문제

2014년 7월 시행

01 1일 쓰레기 발생량이 1ton인 도시의 쓰레기를 깊이 2.5m의 도랑식(Trench)으로 매립하고자 한다. 쓰레기 밀도 500kg/m³, 도랑 점유율 60%, 압축율 30%일 경우 1년간 필요한 부지면적(m²)을 계산하시오.

풀이

필요한 부지면적(m²/년) = $\dfrac{\text{쓰레기 발생량(kg/년)} \times (1-\text{압축율})}{\text{쓰레기 밀도(kg/m}^3) \times \text{깊이(m)}} \times \dfrac{1}{\text{도랑 점유율}}$

$= \dfrac{1 \times 10^3 \text{kg/일} \times 365\text{일/년} \times (1-0.3)}{500\text{kg/m}^3 \times 2.5\text{m}} \times \dfrac{1}{0.6}$

$= 340.67 \text{m}^2/\text{년}$

02 평균 입경이 20cm인 폐기물을 입경 1cm가 되도록 파쇄할 때 소요되는 에너지는 입경을 4cm로 파쇄할 때 소요되는 에너지의 몇 배인지 계산하시오. (단, Kick의 법칙 적용, n=1)

풀이

Kick의 법칙에서 동력(E) = $C \ln\left(\dfrac{dp_1}{dp_2}\right)$

① $E_1 = C \ln\left(\dfrac{20\text{cm}}{1\text{cm}}\right) = C \ln 20$

② $E_2 = C \ln\left(\dfrac{20\text{cm}}{4\text{cm}}\right) = C \ln 5$

③ 소요에너지의 변화 = $\dfrac{E_1}{E_2} = \dfrac{C \ln 20}{C \ln 5} = 1.86$배

03 $C_{10}H_{20}$ 1kg을 완전연소 시켰을 때 소요되는 실제공기량(Sm^3)을 계산하시오. (단, 공기비(m)는 1.2이다.)

풀이

① 이론산소량(Sm^3)을 계산한다.

$C_{10}H_{20} + 15O_2 \rightarrow 10CO_2 + 10H_2O$

140kg : $15 \times 22.4 Sm^3$

1kg : X(이론산소량)

∴ X(이론산소량) = $\dfrac{1\text{kg} \times 15 \times 22.4 Sm^3}{140\text{kg}} = 2.4 Sm^3$

② 이론공기량(Sm^3)을 계산한다.

　　이론공기량(Sm^3) = 이론산소량(Sm^3) × $\dfrac{1}{0.21}$ = $2.4 Sm^3 × \dfrac{1}{0.21}$ = $11.4286 Sm^3$

③ 실제공기량(Sm^3)을 계산한다.

　　실제공기량(Sm^3) = 공기비(m) × 이론공기량(Sm^3) = $1.2 × 11.4286 Sm^3$ = $13.71 Sm^3$

04 분자식이 C_xH_y인 탄화수소 $1Sm^3$을 완전연소 하는데 필요한 이론공기량(Sm^3)을 계산하시오.

풀이

$$C_xH_y + \left(x + \dfrac{y}{4}\right)O_2 \rightarrow xCO_2 + \dfrac{y}{2}H_2O$$

이론산소량 = $\left(x + \dfrac{y}{4}\right)$

이론공기량 = 이론산소량 × $\dfrac{1}{0.21}$ = $\left(x + \dfrac{y}{4}\right) × \dfrac{1}{0.21}$ = $4.76x + 1.19y \,(Sm^3/Sm^3)$

05 유기물 $C_{60}H_{93}ON$ 1ton을 호기성으로 분해할 때 필요한 산소량(Sm^3)을 계산하시오. (단, 생성물질은 CO_2, H_2O, NH_3이다.)

풀이

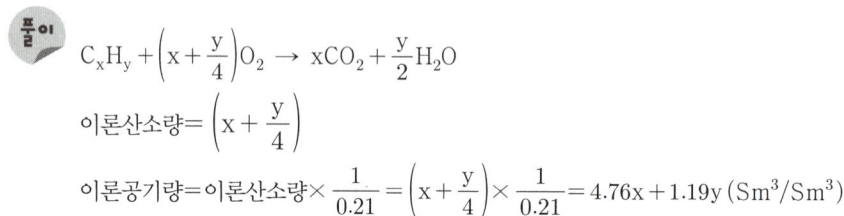

∴ X(이론산소량) = $\dfrac{1 × 10^3 kg × 82 × 22.4 Sm^3}{843 kg}$ = $2,178.89 Sm^3$

06 수분함량이 98%인 쓰레기의 수분함량을 90%로 감소시키면 감소 후 쓰레기 질량은 처음 질량의 몇 %가 되는지 계산하시오.

풀이

$W_1 × (100 - P_1) = W_2 × (100 - P_2)$

$W_1 × (100 - 98) = W_2 × (100 - 90)$

∴ $\dfrac{W_2}{W_1} = \dfrac{(100 - 98)}{(100 - 90)} = 0.20$

따라서 W_2는 W_1의 20%에 해당한다.

07 고형물이 5%인 슬러지를 농축하였더니 고형물이 8.5%가 되었다. 다음 물음에 답하시오. (단, 고형물의 비중은 1.3 기준이다.)

(가) 농축 후의 슬러지 비중

(나) 부피감소율(%)

풀이

① 농축 전의 슬러지의 비중을 계산한다.

$$\frac{1}{\rho_{SL}} = \frac{W_{TS}}{\rho_{TS}} + \frac{W_P}{\rho_P}$$

여기서 ρ_{SL} : 슬러지의 비중 ρ_{TS} : 고형물의 비중
W_{TS} : 고형물의 함량 ρ_P : 수분의 비중
W_P : 수분의 함량

$$\frac{1}{\rho_{SL}} = \frac{0.05}{1.3} + \frac{0.95}{1.0} \therefore \rho_{SL} = 1.01$$

② 농축 전의 슬러지부피(V_1)를 계산한다.

$$슬러지부피(V_1) = \frac{슬러지량(kg)}{비중량(kg/m^3)} \times \frac{100}{고형물(\%)} = \frac{1kg}{1,010 kg/m^3} \times \frac{100}{5\%} = 0.02 m^3$$

③ 농축 후의 슬러지의 비중을 계산한다.

$$\frac{1}{\rho_{SL}} = \frac{W_{TS}}{\rho_{TS}} + \frac{W_P}{\rho_P}$$

$$\frac{1}{\rho_{SL}} = \frac{0.085}{1.3} + \frac{0.915}{1.0}$$

$$\therefore \rho_{SL} = 1.02$$

④ 농축 후의 슬러지부피(V_2)를 계산한다.

$$슬러지부피(V_2) = \frac{슬러지량(kg)}{비중량(kg/m^3)} \times \frac{100}{고형물(\%)} = \frac{1kg}{1,020 kg/m^3} \times \frac{100}{8.5} = 0.0115 m^3$$

⑤ 부피감소율(%)을 계산한다.

$$부피감소율(\%) = \left(1 - \frac{V_2}{V_1}\right) \times 100 = \left(1 - \frac{0.0115 m^3}{0.02 m^3}\right) \times 100 = 42.5\%$$

정답 (가) 농축 후의 슬러지 비중 : 1.02
(나) 부피감소율(%) : 42.5%

Tip
① 물의 비중=1.0
② 함수율(%)=100 - 고형물(%)
③ 비중(ton/m³)×10³ → kg/m³

08 고형물의 함량이 10%인 오니를 용출시험하여 납의 농도를 측정하니 5.0mg/L로 나타났다. 수분함량이 보정된 납의 용출농도(mg/L)를 계산하시오.

풀이 ① 용출실험의 결과는 시료중의 수분함량 보정을 위해 함수율 85% 이상인 시료에 한하여 $\dfrac{15}{100-\text{시료의 함수율}(\%)}$ 을 곱하여 계산된 값으로 한다.

따라서 $\dfrac{15}{100-90\%} = 1.5$

② $5.0\text{mg/L} \times 1.5 = 7.5\text{mg/L}$

09 폐기물의 조성을 분석한 결과 고형물 60%(C : 23%, H : 14%, O : 17%, S : 5%, N : 1%), 수분 30%, 회분 10%이었다. 폐기물을 연소시킬 때 필요한 이론공기량을 질량과 부피기준으로 계산하시오.

풀이 ① 질량기준으로 이론공기량(kg/kg)을 계산한다.

이론공기량 $= \left\{2.667\text{C} + 8\left(\text{H} - \dfrac{\text{O}}{8}\right) + \text{S}\right\} \times \dfrac{1}{0.232}$

$= \left\{2.667 \times 0.23 + 8\left(0.14 - \dfrac{0.17}{8}\right) + 0.05\right\} \times \dfrac{1}{0.232} = 6.95\text{kg/kg}$

② 부피기준으로 이론공기량(Sm^3/kg)을 계산한다.

이론공기량 $= \left\{1.867\text{C} + 5.6\left(\text{H} - \dfrac{\text{O}}{8}\right) + 0.7\text{S}\right\} \times \dfrac{1}{0.21}$

$= \left\{1.867 \times 0.23 + 5.6\left(0.14 - \dfrac{0.17}{8}\right) + 0.7 \times 0.05\right\} \times \dfrac{1}{0.21} = 5.38\text{Sm}^3/\text{kg}$

10 유동층 소각로의 단점을 6가지 쓰시오.

풀이 ① 로내로 투입하기 전 파쇄 등의 전처리가 필요하다.
② 상으로부터 찌꺼기 분리가 어렵다.
③ 유동매체의 손실로 인한 보충이 필요하다.
④ 유동매체인 모래의 마모가 일어난다.
⑤ 고점착성 슬러지처리가 어렵다.
⑥ 부하변동에 쉽게 응할 수 없다.

11 소각처리시 질소산화물의 발생억제방법 중 연소방법 개선에 의한 방법 3가지를 쓰시오.

풀이 ① 저과잉공기량 연소법　② 이단연소법　③ 저온도연소법

12 퇴비화 인자 3가지와 최적의 운전범위를 쓰시오.

풀이
① 온도 : 50~60℃ ② pH : 6~8
③ C/N비 : 30~50 ④ 수분 : 50~60%
⑤ 공급공기량 : 5~15%

13 유동상 소각로에서 Bed(유동물질)의 특징을 5가지 쓰시오.

풀이
① 불활성일 것 ② 융점이 높을 것
③ 비중이 작을 것 ④ 내마모성이 있을 것
⑤ 열충격에 강할 것 ⑥ 가격이 쌀 것

14 다음 보기에서 Fenton시약 구성요소로 알맞은 것을 고르시오.

① H_2O_2	② O_2	③ $FeSO_4$	④ Fe_2SO_3
⑤ O_3	⑥ $FeCl$	⑦ H_2O	⑧ NaNTA
⑨ EDTA			

풀이 ① H_2O_2 ③ $FeSO_4$

15 합성차수막의 재료 5가지를 쓰시오.

풀이
① CR ② PVC
③ CSPE ④ HDPE & LDPE
⑤ EPDM

16 폐기물의 발생량 예측방법 중 다중회귀모델과 동적모사모델에 대해 간단히 쓰시오.

풀이
① 다중회귀모델 : 하나의 수식으로 각 인자들의 효과를 총괄적으로 나타내어 복잡한 시스템의 분석에 유용하게 사용할 수 있는 쓰레기 발생량을 예측하는 방법이다.
② 동적모사모델 : 쓰레기 배출에 영향을 주는 모든 인자를 시간에 대한 함수로 나타낸 후 시간에 대한 함수로 각 영향인자들간에 상관관계를 수식화한 것이다.

17 건식파쇄방식 3가지를 쓰고 각각의 적용 쓰레기 1가지를 쓰시오.

① 전단파쇄 : 목재류, 플라스틱류, 종이류
② 충격파쇄 : 유리, 목질류
③ 압축파쇄 : 콘크리트 덩어리, 건축물 폐기물

18 활성탄 백필터를 사용하여 다이옥신을 제거할 경우 제거공정의 특징을 4가지 쓰시오.

① 파손여과포의 교체횟수가 많아 인력 및 경비 부담이 크고 설비의 연속운전에 지장을 줄 수 있다.
② 다이옥신과 함께 중금속 등이 흡착된다.
③ 활성탄 주입량을 변경하면 제거효율을 어느 정도 변경 가능하다.
④ 체류시간이 작아 다이옥신 재형성 방지가 어렵다.

04회 2014년 폐기물처리기사 최근 기출문제

2014년 11월 시행

01 $C_6H_{12}O_6$ 1ton을 혐기성 분해시 발생되는 메탄의 양을 질량(kg)와 부피(Sm^3)로 각각 계산하시오.

(가) 반응식

(나) 메탄의 양(kg)

(다) 메탄의 양(Sm^3)

 (가) 반응식
$$C_6H_{12}O_6 \rightarrow 3CH_4 + 3CO_2$$

(나) 메탄의 양을 질량(kg)로 계산
$$C_6H_{12}O_6 \rightarrow 3CH_4 + 3CO_2$$
180kg : 3×16kg
1,000kg : X_1(kg)
∴ $X_1 = 266.67\,kg$

(다) 메탄의 양을 부피(Sm^3)로 계산
$$C_6H_{12}O_6 \rightarrow 3CH_4 + 3CO_2$$
180kg : 3×22.4 Sm^3
1,000kg : X_2(Sm^3)
∴ $X_2 = 373.33\,Sm^3$

02 어느 매립지의 침출수 농도가 반으로 감소하는데 2.96년이 걸린다면 이 침출수 농도가 99% 분해되는데 걸리는 시간(년)을 계산하시오. (단, 1차 반응기준이다.)

 ① 반감기 공식 : $\ln\dfrac{1}{2} = -k \times t$

$\ln\dfrac{1}{2} = -k \times 2.96년$

∴ $k = \dfrac{\ln\dfrac{1}{2}}{-2.96년} = 0.2342/년$

② 1차 반응식 공식 : $\ln\dfrac{C_t}{C_o} = -k \times t$

$$\ln\frac{100-99\%}{100\%} = -0.2342/\text{년} \times t$$

$$\therefore t = \frac{\ln\frac{100\%-99\%}{100\%}}{-0.2342/\text{년}} = 19.66\text{년}$$

03 구성성분이 탄소 84%, 수소 15%, 황 1%인 연료를 완전연소했을 때 배기가스의 분석치는 CO_2 14.5%, O_2 3.5%, CO 0%, 나머지는 N_2이다. 건조 연소가스중의 SO_2의 농도(%)를 계산하시오. (단, 표준상태 기준이며, 황은 모두 SO_2로 변환된다.)

풀이

$$SO_2(\%) = \frac{0.7S(Sm^3/kg)}{Gd(Sm^3/kg)} \times 100$$

① 공기비(m) = $\dfrac{N_2\%}{N_2\% - 3.76 \times (O_2\% - 0.5CO\%)}$

$N_2(\%) = 100 - (CO_2\% + O_2\% + CO\%) = 100 - (14.5\% + 3.5\%) = 82\%$

따라서 공기비(m) = $\dfrac{82\%}{82\% - 3.76 \times 3.5\%} = 1.2$

② 이론 공기량 $(A_o) = 8.89C + 26.67(H - \dfrac{O}{8}) + 3.33S \, (Sm^3/kg)$

$\quad = 8.89 \times 0.84 + 26.67 \times 0.15 + 3.33 \times 0.01$

$\quad = 11.5014 \, Sm^3/kg$

③ 실제 건연소가스량(Gd) = $mA_o - 5.6H + 0.7O + 0.8N \, (Sm^3/kg)$

$\quad = 1.2 \times 11.5014 \, Sm^3/kg - 5.6 \times 0.15 = 12.9617 \, Sm^3/kg$

④ $SO_2(\%) = \dfrac{0.7 \times 0.01 \, Sm^3/kg}{12.9617 \, Sm^3/kg} \times 100 = 0.05\%$

Tip 공기비(m)가 주어지면 실제 가스량 기준임

04 파쇄에 앞서 폐기물 100ton/hr 중 유리 8% 회수하기 위해 트롬멜 스크린으로 선별하였다. 회수되는 폐기물의 양이 10ton/hr이고, 회수되는 폐기물 중 유리의 양이 7.2ton/hr이다. 다음 물음에 답하시오.

(가) 유리의 회수율(%)을 계산하시오.

(나) Rietema식을 이용하여 선별효율(%)을 계산하시오.

(다) Worrell식을 이용하여 선별효율(%)을 계산하시오.

풀이 (가) 유리의 회수율(%)을 계산한다.

$$\text{유리의 회수율(\%)} = \frac{\text{회수되는 유리}}{\text{투입되는 유리}} \times 100 = \frac{7.2\text{ton/hr}}{100\text{ton/hr} \times 0.08} \times 100 = 90\%$$

(나) Rietema식을 이용하여 선별효율(%)을 계산한다.

$$\text{선별효율(\%)} = \left|\left(\frac{X_c}{X_i} - \frac{Y_c}{Y_i}\right)\right| \times 100$$

$$= \left|\left(\frac{7.2\text{ton/hr}}{8\text{ton/hr}} - \frac{2.8\text{ton/hr}}{92\text{ton/hr}}\right)\right| \times 100 = 86.96\%$$

(다) Worrell식을 이용하여 선별효율(%)을 계산한다.

$$\text{선별효율(\%)} = \left(\frac{X_c}{X_i} \times \frac{Y_o}{Y_i}\right) \times 100$$

$$= \left(\frac{7.2\text{ton/hr}}{8\text{ton/hr}} \times \frac{89.2\text{ton/hr}}{92\text{ton/hr}}\right) \times 100 = 87.26\%$$

Tip
- X_i(투입량 중 회수대상물질) $= 100\text{ton/hr} \times 0.08 = 8\text{ton/hr}$
- Y_i(투입량 중 비회수대상물질) $= 100\text{ton/hr} - 8\text{ton/hr} = 92\text{ton/hr}$
- X_c(회수량 중 회수대상물질) $= 7.2\text{ton/hr}$
- Y_c(회수량 중 비회수대상물질) $= 10\text{ton/hr} - 7.2\text{ton/hr} = 2.8\text{ton/hr}$
- X_o(제거량 중 회수대상물질) $= 8\text{ton/hr} - 7.2\text{ton/hr} = 0.8\text{ton/hr}$
- Y_o(제거량 중 비회수대상물질) $= 92\text{ton/hr} - 2.8\text{ton/hr} = 89.2\text{ton/hr}$

05 도시폐기물 20ton이 있다. 도시폐기물 중 수분함량이 20%이고, 총고형물 중 휘발성고형물은 80%, 휘발성고형물 중 60%가 분해되고, 가스발생량은 0.75m³/kg·VS, 발생가스 중 메탄의 함량은 85%, 가스의 열량은 5,500kcal/m³, 에너지의 가치는 5,000원/10⁵kcal이다. 다음 물음에 답하시오.

(가) 메탄의 발생량(m³)을 계산하시오.

(나) 금전적 가치(원)을 계산하시오.

 (가) 메탄의 발생량(m³) 계산

메탄의 발생량(m³)

$$= \text{도시폐기물(kg)} \times \frac{TS(\%)}{100} \times \frac{VS(\%)}{100} \times \frac{VS\text{의 분해율}(\%)}{100}$$

$$\times \text{가스발생량}(m^3/kg \cdot VS) \times \frac{\text{발생가스 중 } CH_4 \text{ 함량}(\%)}{100}$$

$$= 20 \times 10^3 \text{kg} \times (1-0.2) \times 0.80 \times 0.6 \times 0.75\text{m}^3/\text{kg} \cdot \text{VS} \times 0.85$$

$$= 4,896\text{m}^3$$

(나) 금전적 가치(원) 계산

금전적 가치(원) $= 4,896\text{m}^3 \times 5,500\text{kcal/m}^3 \times 5,000\text{원}/10^5\text{kcal} = 1,346,400\text{원}$

06 수소(H_2) 1kg을 완전연소하는데 필요한 공기량은 탄소(C) 1kg을 완전연소하는데 필요한 공기량의 몇 배가 되는지 계산하시오.

① 수소(H_2) 1kg을 완전연소 하는데 필요한 이론 공기량을 계산

$H_2 + 0.5O_2 \rightarrow H_2O$

2kg : 0.5×32kg

1kg : O_o

$\therefore O_o$(이론 산소량) $= \dfrac{0.5 \times 32kg \times 1kg}{2kg} = 8kg$

따라서 이론 공기량(kg) $= \dfrac{\text{이론산소량(kg)}}{0.232} = \dfrac{8kg}{0.232} = 34.48kg$

② 탄소(C) 1kg을 완전연소 하는데 필요한 이론 공기량을 계산

$C + O_2 \rightarrow CO_2$

12kg : 32kg

1kg : O_o

$\therefore O_o$(이론 산소량) $= \dfrac{32kg \times 1kg}{12kg} = 2.6667kg$

따라서 이론 공기량(kg) $= \dfrac{\text{이론산소량(kg)}}{0.232} = \dfrac{2.6667kg}{0.232} = 11.49kg$

③ $\dfrac{\text{수소의 이론 공기량(kg)}}{\text{탄소의 이론 공기량(kg)}} = \dfrac{34.48kg}{11.49kg} = 3.0$배

07 유량이 100m³/day인 어느 도시의 슬러지 농도가 TS가 6% 이고, TS의 65%가 VS이다. 이 슬러지를 혐기성 소화 처리를 한다면 하루에 발생하는 가스의 양(m³)을 계산하시오. (단, 비중은 1.0으로 가정하고, 슬러지의 VS 1kg당 0.4m³의 가스가 발생한다.)

가스의 발생량
$= $ 유량(m^3/day)×고형물량(kg/m^3)×휘발성 고형물량×가스발생량(m^3/kg)
$= 100m^3/day \times 60kg/m^3 \times 0.65 \times 0.4m^3/kg = 1,560 m^3/day$

Tip	
① $6\% = 6 \times 10^4 mg/L = 60 kg/m^3$	
② $\% \xrightarrow{\times 10^4} ppm(mg/L) \xrightarrow{\times 10^{-3}} kg/m^3$	

08 고위 발열량이 16,820 kcal/Sm³인 메탄(CH_4)을 연소시킬 때 이론 연소온도(℃)를 계산하시오. (단, 이론 습연소가스량 21 Sm³/Sm³이며, 연소가스의 정압 비열은 0.63 kcal/Sm³·℃, 기준온도는 15℃, 공기는 예열하지 않으며, 연소가스는 해리되지 않는다.)

풀이

① 저위 발열량을 계산한다.
$$CH_4 + 2O_2 \rightarrow CO_2 + 2H_2O$$

저위 발열량(Hl) = 고위 발열량(Hh) $- 480 \times H_2O$량(kcal/Sm³)
$$= 16,820 \text{kcal/Sm}^3 - 480 \times 2 = 15,860 \text{kcal/Sm}^3$$

② $t_2 = \dfrac{Hl}{G \times C} + t_1$

여기서, t_2 : 이론 연소온도(℃)
t_1 : 기준온도(℃)
Hl : 저위 발열량(kcal/Sm³)
G : 가스량(Sm³/Sm³)
C : 비열(kcal/Sm³·℃)

따라서 $t_2 = \dfrac{15,860 \text{kcal/Sm}^3}{21 \text{Sm}^3/\text{Sm}^3 \times 0.63 \text{kcal/Sm}^3 \cdot \text{℃}} + 15\text{℃} = 1,213.79\text{℃}$

09 도시생활폐기물을 1일 50톤 소각 처리하고자 한다. 1일 소각운전시간 8시간, 소각대상물의 저위 발열량 2,500kcal/kg, 연소실 열부하율 1.2×10^5 kcal/m³·hr일 때 소각로의 연소실 유효용적(m³)을 계산하시오.

풀이

연소실 열부하율(kcal/m³·hr)
$= \dfrac{\text{저위 발열량(kcal/kg)} \times \text{폐기물 소각량(kg/hr)}}{\text{유효용적(m}^3\text{)}}$

$1.2 \times 10^5 \text{kcal/m}^3 \cdot \text{hr} = \dfrac{2,500 \text{kcal/kg} \times 50 \times 10^3 \text{kg/day} \times 1\text{day/8hr}}{\text{유효용적(m}^3\text{)}}$

∴ 유효용적(m³) $= \dfrac{2,500 \text{kcal/kg} \times 50 \times 10^3 \text{kg/day} \times 1\text{day/8hr}}{1.2 \times 10^5 \text{kcal/m}^3 \cdot \text{hr}} = 130.21 \text{m}^3$

10 처음 함수율이 90%, 건조 후 질량은 처음의 1/4이 된다. 건조 후 함수율을 계산하시오.

풀이

$W_1 \times (100 - P_1) = W_2 \times (100 - P_2)$

$W_1 \times (100 - 90\%) = W_1 \times \dfrac{1}{4} \times (100 - P_2)$

∴ $P_2 = 100 - \dfrac{W_1 \times (100 - 90\%)}{W_1 \times \dfrac{1}{4}} = 60\%$

11 고형물 중 VS 60%이고, 함수율 97%인 농축슬러지 100m³을 소화시켰다. 소화율(VS 대상)이 50%이고, 소화 후 함수율이 95%라면 소화 후의 부피(m³)를 계산하시오.
(단, 모든 슬러지의 비중은 1.0 기준이다.)

풀이

소화 후 슬러지 부피$(m^3) = (VS+FS) \times \dfrac{100}{100-P(\%)}$

여기서, VS : 잔류 휘발성 고형물(유기물)
　　　　FS : 잔류성 고형물(무기물)
　　　　P : 소화 후 함수율(%)

① $VS(m^3) =$ 농축 슬러지량$(m^3) \times$ 고형물량 $\times VS \times (1-$소화율$)$
　　　　　$= 100m^3 \times 0.03 \times 0.6 \times (1-0.50) = 0.9m^3$

② $FS(m^3) =$ 농축 슬러지량$(m^3) \times$ 고형물량 $\times FS$
　　　　　$= 100m^3 \times 0.03 \times 0.4 = 1.2m^3$

③ 소화 후 슬러지 부피$(m^3) = (0.9m^3 + 1.2m^3) \times \dfrac{100}{100-95\%} = 42m^3$

Tip
① 슬러지량(%)＝고형물(%)＋함수율(%)
② 고형물(%)＝100%－함수율(%)＝100%－97%＝3%
③ 고형물(%)＝VS(%)＋FS(%)
④ FS(%)＝100%－VS(%)＝100%－60%＝40%

12 쓰레기의 발생량이 1.2kg/인·일, 인구 10만명, 폐기물의 밀도 0.55ton/m³, 부피감소율이 40%일 경우 연간 매립지의 용적(m³)을 계산하시오.

풀이

매립지의 용적(m³/년)

$= \dfrac{\text{쓰레기 발생량(kg/인·년)} \times \text{인구수} \times (1-\text{부피감소율})}{\text{폐기물의 밀도(kg/m}^3)}$

$= \dfrac{1.2\,kg/\text{인·일} \times 100,000\text{인} \times 365\text{일/년} \times (1-0.40)}{550\,kg/m^3}$

$= 47,781.82\,m^3/\text{년}$

13 유리산(H_2SO_4) 5%, 결합산$(FeSO_4)$이 13%인 폐황산 1,000kg이 있다. 이것을 5% NaOH로 중화하는 경우 소요량(kg)은 얼마인지 계산하시오.

풀이

① 유리산(H_2SO_4)의 당량을 계산한다.

$eq(\text{당량}) = 1,000kg \times \dfrac{10^3 g}{1kg} \times \dfrac{5g}{100g} \times \dfrac{1eq}{98g/2} = 1,020.41\,eq$

② 결합산($FeSO_4$)의 당량을 계산한다.

$$eq(당량) = 1,000kg \times \frac{10^3 g}{1kg} \times \frac{13g}{100g} \times \frac{1eq}{152g/2} = 1,710.53\,eq$$

③ 중화에 필요한 NaOH의 양(kg)을 계산한다.

$$NaOH(kg) = (1,020.41 + 1,710.53)\,eq \times \frac{40g}{1eq} \times \frac{1kg}{10^3 g} \times \frac{100}{5\%} = 2,184.75\,kg$$

> **Tip**
> ① 1eq(1당량) = $\frac{분자량(g)}{가수}$
> ② 유리산(H_2SO_4)는 2가 물질이므로 1eq = $\frac{98g}{2}$
> ③ 결합산($FeSO_4$)는 2가 물질이므로 1eq = $\frac{152g}{2}$
> ④ NaOH는 1가 물질이므로 1eq = $\frac{40g}{1}$

14 퇴비화에서 톱밥, 왕겨를 섞어주는 이유 2가지를 서술하시오.

① 처리대상물질의 수분함량을 조절한다.
② 처리대상물질 내의 공기가 원활히 유동될 수 있도록 한다.

15 다음은 오염된 토양을 정화하거나 복구하는 기술들이다. 간단히 쓰시오.

(가) 동전기정화기술

(나) 전기삼투

(다) 전기이동

(라) 전기영동

(가) 동전기정화기술 : 오염된 토양속에 전극을 설치하여 전류를 통하게 하여 토양속의 오염물질을 전기화학적 원리를 이용하여 정화하는 기술이다.
(나) 전기삼투 : 포화 토양속에 전류를 가해 양이온이 음극쪽으로 이동함과 동시에 공극수의 이동을 통하여 오염된 토양을 정화하는 기술이다.
(다) 전기이동 : 전기경사에 의해서 전하를 띄는 화학물질의 이동현상을 이용하여 오염된 토양을 정화하는 기술이다.
(라) 전기영동 : 전하를 띄는 입자에 직류전압을 걸면 (+)하전 입자는 음극으로, (-)하전 입자는 양극으로 향하여 이동하게 되는 원리를 이용하여 오염토양을 정화하는 기술이다.

16 소각에 비하여 열분해가 갖는 특징을 3가지 서술하시오.

① 황 및 중금속이 회분속에 고정되는 비율이 크다.
② 저장 및 수송이 가능한 연료를 회수할 수 있다.
③ 환원성 분위기가 유지되어 Cr^{3+}가 Cr^{6+}로 변화되기 어렵다.
④ 배기가스량이 적어 가스처리 장치가 소형이다.
⑤ 소각처리에 비해 상대적으로 저온이기 때문에 NO_X 발생량이 적다.
⑥ 지속적 환원 분위기로 효과적 에너지 회수가 가능하다.

17 다이옥신류를 로내에서 억제할 수 있는 기술 5가지를 서술하시오.

① 로내 온도를 1,000℃ 이상으로 운전하여 다이옥신 성분 발생량을 최소화
② 로내에서 적절한 체류시간 유지
③ 폐기물과 공기의 혼합을 충분하게 유지
④ 비산재 발생을 최소화
⑤ 연소상태를 완전연소로 유지

18 위해의료폐기물에 속하는 것을 보기에서 고르시오.

① 격리의료폐기물	② 일반의료폐기물	③ 조직물류폐기물
④ 병리계폐기물	⑤ 손상성폐기물	⑥ 생물·화학폐기물
⑦ 혈액오염폐기물		

위해 의료폐기물 : ③ ④ ⑤ ⑥ ⑦

※ 알림
최근기출문제는 수강생들의 도움으로 복원된 문제이므로 실제문제와 다소 차이가 있을 수 있음을 알려 드립니다.
실기시험을 친 수험생은 실기문제를 복원하여 메일(kwe7002@hanmail.net)로 보내 주시면 됩니다.
수험생 여러분들이 원하시는 수험서를 만들도록 항상 최선의 노력을 다하겠습니다.

01회 2015년 폐기물처리기사 최근 기출문제

2015년 4월 시행

01 수분함량이 90%인 폐기물의 용출시험결과 A 중금속의 농도가 0.25mg/L이고, 지정폐기물의 기준이 0.3mg/L이었다면 지정폐기물로 분류되는지를 판별하시오.

풀이 ① 용출실험의 결과는 시료중의 수분함량 보정을 위해 함수율 85% 이상인 시료에 한하여 $\dfrac{15}{100-\text{시료의 함수율}(\%)}$ 을 곱하여 계산된 값으로 한다.

따라서 $\dfrac{15}{100-90\%} = 1.5$

② $0.25\text{mg/L} \times 1.5 = 0.375\text{mg/L}$
③ 지정폐기물의 기준치를 초과하였으므로 지정폐기물에 해당한다.

02 인구가 50만명인 어느 도시의 쓰레기 배출량은 1kg/인·일이다. 이러한 쓰레기를 압축하여 그 용적이 2/3로 되었으며, 이 압축한 쓰레기를 다시 분쇄하여 또다시 1/2의 용적이 축소되었다. 이때 매립지의 년간 소요면적(m²)을 계산하시오. (단, 쓰레기의 밀도는 500 kg/m³, Trench 깊이는 5m이며, Trench 깊이는 복토층의 두께 1m를 포함한다.)

풀이 매립면적($\text{m}^2/\text{년}$) = $\dfrac{\text{쓰레기 발생량}(\text{kg}/\text{년}) \times (1 - \text{부피감소율})}{\text{쓰레기 밀도}(\text{kg}/\text{m}^3) \times \text{트렌치 깊이}(\text{m})}$

① 압축하여 $\dfrac{2}{3}$ 로 용적이 감소되는 경우의 소요면적

$= \dfrac{1\text{kg}/\text{인}\cdot\text{일} \times 500{,}000\text{인} \times 365\text{일}/\text{년} \times \dfrac{2}{3}}{500\text{kg}/\text{m}^3 \times 4\text{m}} = 60{,}833.33\text{m}^2/\text{년}$

② 분쇄하여 다시 $\dfrac{1}{2}$ 로 용적이 축소되는 경우의 소요면적

$= 60{,}833.33\text{m}^2/\text{년} \times \left(1 - \dfrac{1}{2}\right) = 30{,}416.67\text{m}^2/\text{년}$

③ 따라서 매립지의 년간 소요면적은 $30{,}416.67\,\text{m}^2$ 이다.

03 화학식 $[C_6H_7O_2(OH)_3]_5$ 인 폐기물 1톤을 호기성처리 후 생성물이 $[C_6H_7O_2(OH)_3]_3$ 600kg 이다. 반응전 $[C_6H_7O_2(OH)_3]_5$ 와 비교하여 반응 후 생성된 $[C_6H_7O_2(OH)_3]_3$의 몰비(n)을 계산하고, 소모된 산소량(kg)을 계산하시오.

〈반응식〉
$C_aH_bO_cN_d + rO_2 \rightarrow nC_wH_xO_yN_z + sCO_2 + mH_2O + (d-z)NH_3$
$r = 0.5 \times (ny + 2s + m - c)$
$s = a - nw$
$m = 0.5 \times (b - nx)$

풀이

(1) 몰비$(n) = \dfrac{[C_6H_7O_2(OH)_3]_3}{[C_6H_7O_2(OH)_3]_5}$ 를 계산한다.

① $[C_6H_7O_2(OH)_3]_5$의 mol $= 1{,}000\,kg \times \dfrac{10^3 g}{1\,kg} \times \dfrac{1\,mol}{810\,g} = 1{,}234.57\,mol$

② $[C_6H_7O_2(OH)_3]_3$의 mol $= 600\,kg \times \dfrac{10^3 g}{1\,kg} \times \dfrac{1\,mol}{486\,g} = 1{,}234.57\,mol$

③ 몰비$(n) = \dfrac{1{,}234.57\,mol}{1{,}234.57\,mol} = 1.0$

(2) 소모된 산소량(kg)을 계산한다.
$[C_6H_7O_2(OH)_3]_5 + 12O_2 \rightarrow [C_6H_7O_2(OH)_3]_3 + 12CO_2 + 10H_2O$

810kg : 12×32kg
1,000kg : X(산소량)

∴ X(산소량) $= \dfrac{1{,}000\,kg \times 12 \times 32\,kg}{810\,kg} = 474.07\,kg$

04 폐기물을 파쇄할 때 95%이상을 3cm보다 작게 파쇄하려고 하는 경우 Rosin-Rammler식을 이용하여 특성입자 크기(cm)를 계산하시오. (단, n = 1로 가정)

풀이

$Y = 1 - \exp\left[-\left(\dfrac{X}{X_o}\right)^n\right]$

여기서 Y : 체하분율
X : 폐기물 입자의 크기(cm)
X_o : 특성입자의 크기(cm)
n : 상수

따라서 $0.95 = 1 - \exp\left[-\left(\dfrac{3cm}{X_o}\right)^1\right]$

∴ $X_o = \dfrac{-3cm}{LN(1-0.95)} = 1.00\,cm$

05 Trommel Screen의 임계속도가 26rpm일 때, Screen의 직경(m)을 계산하시오.

풀이

① $N_C = \sqrt{\dfrac{g}{4\pi^2 r}} \times 60$

여기서 N_C : 임계속도(rpm = 회/min)
g : 중력가속도($9.8\,m/sec^2$)
r : 스크린 반경(m)

따라서 $26\text{rpm} = \sqrt{\dfrac{9.8\,m/sec^2}{4 \times \pi^2 \times r}} \times 60$

∴ r = 1.322m

② 직경(D)=반지름(r)×2=1.322m×2=2.64m

 06 폐기물 매립장에서 발생되는 침출수의 BOD 농도가 3,000mg/L이다. 1차 처리시설의 효율이 80%, 2차 처리시설의 효율이 50% 일 때 최종 방류수의 BOD 농도를 30mg/L로 유지하기 위해 3차 약품처리시설을 설치하고자 할 때, 3차 약품처리시설의 효율(%)은 얼마 이상이어야 하는지 계산하시오.

풀이

유입수 BOD농도 3,000 mg/L → 1차 처리시설 ($\eta_1 = 80\%$) → 2차 처리시설 ($\eta_2 = 50\%$) → 3차 처리시설 ($\eta_3 = ?$) → 유출수 BOD농도 30mg/L

3차 약품처리시설의 효율(%) = $\left\{1 - \dfrac{\text{유출수의 BOD 농도(mg/L)}}{\text{유입수의 BOD 농도(mg/L)}}\right\} \times 100$

① 3차 약품처리시설의 유입수 BOD 농도(mg/L)
= 유입수 BOD 농도(mg/L) × $(1-\eta_1) \times (1-\eta_2)$
= 3,000mg/L × (1-0.80) × (1-0.50) = 300mg/L

② 3차 약품처리시설의 유출수 BOD 농도 = 30mg/L

③ 3차 약품처리시설의 효율(%) = $\left(1 - \dfrac{30\text{mg/L}}{300\text{mg/L}}\right) \times 100 = 90.0\%$

 07 폐기물을 분석한 결과 C 11.7%, H 1.81%, O 8.76%, S 0.03%, N 0.39%, Cl 0.31%, 수분 65%, 회분 12%이다. (단, 공기비는 2이다.)
(가) 이론공기량(Nm^3/kg)을 계산하시오.
(나) 전체발생가스량(Nm^3/kg)을 계산하시오.
(다) 전체발생가스량을 기준으로 발생되는 염화수소의 농도(ppm)를 계산하시오.

풀이 (가) 이론공기량(Nm^3/kg)을 계산한다.

$A_o = 8.89C + 26.67\left(H - \dfrac{O}{8}\right) + 3.33S\,(Nm^3/kg)$

$$= 8.89 \times 0.117 + 26.67 \times (0.0181 - \frac{0.0876}{8}) + 3.33 \times 0.0003 = 1.23 \text{Nm}^3/\text{kg}$$

(나) 전체발생가스량(Nm^3/kg)을 계산한다.

$$\text{전체발생가스량}(G_w) = mA_o + 5.6H + 0.7O + 0.8N + 1.244W \,(\text{Nm}^3/\text{kg})$$
$$= 2 \times 1.23 \text{Nm}^3/\text{kg} + 5.6 \times 0.0181 + 0.7 \times 0.0876$$
$$+ 0.8 \times 0.0039 + 1.244 \times 0.65$$
$$= 3.43 \text{Nm}^3/\text{kg}$$

(다) 염화수소의 농도(ppm)를 계산한다.

$$\text{HCl(ppm)} = \frac{\frac{22.4 \,\text{Nm}^3}{36.5 \,\text{kg}} \times \text{Cl}}{\text{전체발생가스량}(\text{Nm}^3/\text{kg})} \times 10^6$$
$$= \frac{\frac{22.4 \,\text{Nm}^3}{36.5 \,\text{kg}} \times 0.0031}{3.43 \,\text{Nm}^3/\text{kg}} \times 10^6 = 554.66 \,\text{ppm}$$

08 고체연료의 연소형태 중에서 분해연소과정을 설명하시오.

 장작, 석탄, 중유 등이 열분해하여 발생한 증기와 함께 연소초기에 불꽃을 내면서 반응하여 연소하는 형태이다.

09 생활폐기물의 매립종류에는 매립하는 위치, 매립구조 및 매립공법에 따라 분류한다. 매립구조에 의한 매립의 종류 5가지를 쓰시오.

① 호기성매립 ② 준호기성매립
③ 혐기성매립 ④ 혐기성위생매립
⑤ 개량형 혐기성위생매립

10 소각로 대기오염 제어설비 중 전기집진장치의 원리를 설명하시오.

집진극을 (+), 방전극(−)로 불평등전계를 형성하여 이 전계에서 코로나 방전을 이용해 함진가스중의 입자에 전하를 부여하여 대전입자를 쿨롱력에 의해 집진극으로 분리 포집하는 장치이다.

11 연직차수막과 표면차수막의 그림을 그리고 간단히 설명하시오.

 (1) 연직차수막
① 연직차수막의 설명 : 연직차수막은 지중에 수평방향의 차수층이 존재할 때 사용하며, 연직차수막은 지중에 암반 및 점성토로 구성된 불투수층이 수평방향으로 넓게 분포하고 있는 경우 수직 또는 경사로 시공한다.

② 연직차수막의 그림

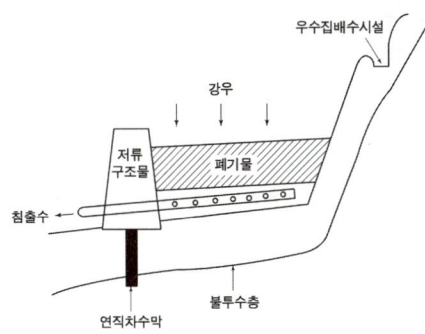

(2) 표면차수막
　① 표면차수막의 설명 : 매립지 필요범위에 차수재료로 덮인 바닥이 있을 때나 매립지 지반의 투수계수가 큰 경우에 사용한다.
　② 표면차수막의 그림

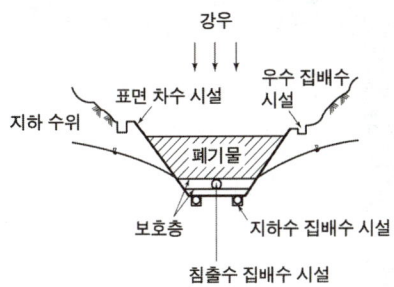

 12 소각에 비하여 열분해가 갖는 장점을 5가지 쓰시오.

풀이　① 황 및 중금속이 회분속에 고정되는 비율이 크다.
　　② 저장 및 수송이 가능한 연료를 회수할 수 있다.
　　③ 환원성 분위기가 유지되어 Cr^{3+}가 Cr^{6+}로 변화되기 어렵다.
　　④ 배기가스량이 적어 가스처리 장치가 소형이다.
　　⑤ 소각처리에 비해 상대적으로 저온이기 때문에 NO_X 발생량이 적다.
　　⑥ 지속적 환원 분위기로 효과적 에너지 회수가 가능하다.

 13 유기성 고화화 하는데 사용되는 고화제 4가지를 쓰시오.

풀이　① 타르　　　　　　② 파라핀
　　③ PE(폴리에스테르)　④ 에폭시

Tip	무기성 고화제의 종류 ① 시멘트 ② 석회 ③ 포졸란 ④ 점토

14 폐기물 매립지 입지선정시 검토사항 3가지를 쓰시오.

 ① 계획 매립용량의 확보가 가능할 것
② 복토재의 확보가 쉬울 것
③ 강우량 등의 기상요소 고려

15 다음은 연직차수막과 표면차수막을 비교한 것이다. (   )안을 알맞게 채우시오.

구 분	연직차수막	표면차수막
채용조건	(가) ( )	(나) ( )
차수성 확인	지하에 매설하기 때문에 확인이 어렵다.	시공시에는 가능하나 매립 후에는 곤란하다.
경제성	(다) ( )	(라) ( )
보수성	차수막 보강시공이 가능	매립 전에는 가능하나 매립 후에는 어렵다.
지하수 집배수시설	필요없다.	필요하다.

 (가) 지중에 수평방향의 차수층이 존재할 때 사용
(나) 매립지 필요범위에 차수재료로 덮인 바닥이 있을 때 또는 매립지 지반의 투수계수가 큰 경우에 사용한다.
(다) 단위면적당 공사비가 비싼 반면 총공사비는 싸다.
(라) 단위면적당 공사비는 싸지만 매립지 전체를 시공하는 경우가 많아 총공사비는 비싸다.

16 고화처리의 정의를 설명하고, 장·단점을 1개씩 쓰시오.

 (1) 고화처리란 폐기물을 고화제를 이용하여 고형화하는 방법이다.
(2) 장점 : 폐기물을 다루기가 용이하다.
    단점 : 폐기물의 부피가 증가한다.

17 도시 생활폐기물 소각설비는 다음과 같다.
(조건) 200톤/일, 스토카 소각로, 1일 24시간 기준

```
반입공급설비 → 소각설비 → 연소가스 냉각설비 → 유인통풍설비 → 굴뚝
                              ↑
                         흡입통풍설비
```

연소가스 냉각설비에 이용되는 냉각방식 3가지를 쓰시오.

① 물분사식
② 공기혼입식
③ 간접공랭식

18 메탄가스가 발생되고 있는 매립지에서 발생하는 침출수의 성분분석은 실험실에서 분석하고 있다. 용해성 물질의 분석을 위하여 고형물질을 분리한 침출수 여액을 수집하여 운반하는 도중에 대기에 장시간 노출되어 있는 침출수 여액에 상당량의 철(Fe) 성분이 침전되어 있는 것을 발견하였다. 이 현상에 대해 설명하시오.

침출수를 처리하기 위해 펜턴시약 과산화수소(H_2O_2)와 철촉매를 이용하여 처리하는 펜턴산화법을 이용한다. 따라서 철 이온이 수산화철을 형성하기 때문에 침출수 여액에 상당량의 철성분이 침전되어 있는 것이다.

※ **알림**
최근기출문제는 수강생들의 도움으로 복원된 문제이므로 실제문제와 다소 차이가 있을 수 있음을 알려 드립니다.
실기시험을 친 수험생은 실기문제를 복원하여 메일(kwe7002@hanmail.net)로 보내 주시면 됩니다.
수험생 여러분들이 원하시는 수험서를 만들도록 항상 최선의 노력을 다하겠습니다.

02회 2015년 폐기물처리기사 최근 기출문제

2015년 7월 시행

01 구성성분이 탄소 84%, 수소 15%, 황 1%인 연료를 완전히 연소했을 때 배기가스의 분석치는 CO_2 14.5%, O_2 3.5%, CO 0%, 나머지는 N_2이다. 건조 연소가스 중의 SO_2의 농도(%)를 계산하시오. (단, 표준상태 기준이며, 황은 모두 SO_2로 변환된다.)

풀이

$$SO_2\% = \frac{0.7S(Sm^3/kg)}{Gd(Sm^3/kg)} \times 100$$

① 공기비(m) $= \dfrac{N_2\%}{N_2\% - 3.76 \times (O_2\% - 0.5CO\%)}$

$N_2(\%) = 100 - (CO_2 + O_2 + CO) = 100 - (14.5\% + 3.5\%) = 82\%$

따라서 공기비(m) $= \dfrac{82\%}{82\% - 3.76 \times 3.5\%} = 1.2$

② 이론공기량(A_o) $= 8.89C + 26.67\left(H - \dfrac{O}{8}\right) + 3.33S \, (Sm^3/kg)$

$\quad = 8.89 \times 0.84 + 26.67 \times 0.15 + 3.33 \times 0.01 = 11.5014 \, Sm^3/kg$

③ 실제건연소가스량(Gd) $= mA_o - 5.6H + 0.7O + 0.8N \, (Sm^3/kg)$

$\quad = 1.2 \times 11.5014 \, Sm^3/kg - 5.6 \times 0.15 = 12.9617 \, Sm^3/kg$

④ $SO_2\% = \dfrac{0.7 \times 0.01 \, Sm^3/kg}{12.9617 \, Sm^3/kg} \times 100 = 0.05\%$

> **Tip** 공기비(m)가 주어지면 실제가스량 기준임

02 저위발열량이 5,000kcal/Sm^3의 가스연료의 이론연소온도(℃)를 계산하시오.
(단, 습배기가스량은 10 Sm^3/Sm^3, 연료연소가스의 평균정압비열 0.40kcal/$Sm^3 \cdot$ ℃, 기준온도는 10℃, 공기는 예열하지 않으며, 연소가스는 해리되지 않는다.)

풀이

$$t_2 = \frac{Hl}{G \times C} + t_1$$

여기서 Hl : 저위발열량(kcal/Sm^3)
$\quad G$: 습배기가스량(Sm^3/Sm^3)
$\quad C$: 평균정압비열(kcal/$Sm^3 \cdot$ ℃)
$\quad t_2$: 이론연소온도(℃)

t_1 : 기준온도(℃)

따라서 $t_2 = \dfrac{5{,}000\text{kcal/Sm}^3}{10\text{Sm}^3/\text{Sm}^3 \times 0.40\text{kcal/Sm}^3 \cdot \text{℃}} + 10\text{℃} = 1{,}260\text{℃}$

03 폐기물을 분석한 결과 수분 20%, 회분 15%, 고정탄소 25%, 휘발분이 40%이고 휘발분을 원소분석한 결과 수소 20%, 황 5%, 산소 25%, 탄소 50%이었다. 이때 폐기물의 고위발열량(kcal/kg)을 계산하시오. (단, Dulong공식을 적용하시오.)

 Dulong공식을 이용해 고위발열량(Hh)을 계산한다.

고위발열량(Hh)

$= 8{,}100\text{C} + 34{,}000\left(\text{H} - \dfrac{\text{O}}{8}\right) + 2{,}500\text{S} \; (\text{kcal/kg})$

$= 8{,}100 \times (0.25 + 0.4 \times 0.5) + 34{,}000 \times \left(0.4 \times 0.2 - \dfrac{0.4 \times 0.25}{8}\right) + 2{,}500 \times (0.4 \times 0.05)$

$= 5{,}990 \, \text{kcal/kg}$

Tip	문제풀이에서 $8{,}100 \times \text{C}$를 계산할 경우 $8{,}100 \times$(고정탄소 + 휘발분 중 탄소함량)에 주의해야 한다.

04 직경이 3m인 Trommel Screen의 최적속도(rpm)를 계산하시오.

 ① 임계속도를 계산한다.

$N_C = \sqrt{\dfrac{g}{4\pi^2 r}} \times 60$

여기서 N_C : 임계속도(rpm = 회/min)

$\quad\quad\; g$: 중력가속도($9.8 \, \text{m/sec}^2$)

$\quad\quad\; r$: 스크린 반경(m)

따라서 $N_C = \sqrt{\dfrac{9.8 \text{m/sec}^2}{4 \times \pi^2 \times \dfrac{3\text{m}}{2}}} \times 60 = 24.41 \text{rpm}$

② 최적속도를 계산한다.

$N_S = N_C \times 0.45$

여기서 N_S : 최적속도(rpm)

$\quad\quad\; N_C$: 임계속도(rpm)

따라서 $N_S = 24.41 \, \text{rpm} \times 0.45 = 10.99 \, \text{rpm}$

05 공기가 1mole의 산소와 3.76mole의 질소로 구성되어 있다. 프로판 1mole을 완전연소 시키고자 할 때 다음 물음에 답하시오.

(가) 프로판의 실제 완전연소반응식을 서술하시오. (단, 질소성분 포함할 것)

(나) AFR(부피기준)를 계산하시오.

(다) AFR(질량기준)를 계산하시오. (단, 공기의 분자량은 28.95 기준이다.)

(가) $C_3H_8 + 5O_2 + (5 \times 3.76)N_2 \rightarrow 3CO_2 + 4H_2O + (5 \times 3.76)N_2$

(나) $AFR(Sm^3/Sm^3) = \dfrac{\text{산소갯수} \times 22.4Sm^3 \times \dfrac{1}{0.21}}{\text{연료갯수} \times 22.4Sm^3}$

$= \dfrac{5 \times 22.4Sm^3 \times \dfrac{1}{0.21}}{1 \times 22.4Sm^3} = 23.81$

(다) $AFR(kg/kg) = AFR(Sm^3/Sm^3) \times \dfrac{\text{공기의 분자량}(kg)}{\text{연료의 분자량}(kg)}$

$= 23.81 \times \dfrac{28.95kg}{44kg} = 15.67$

Tip
① $AFR = \text{공연비} = \dfrac{\text{공기량}}{\text{연료량}}$
② $AFR(\text{부피기준}) = AFR(Sm^3/Sm^3)$
③ $AFR(\text{질량기준}) = AFR(kg/kg)$
④ $N_2\text{량} = \text{공기량} \times 0.79 = \dfrac{5}{0.21} \times 0.79 = 5 \times \dfrac{0.79}{0.21} = 5 \times 3.76$

06 다음에 주어진 반응식은 $C_6H_{12}O_6$이 혐기성 분해시 나타나는 반응이다. 1mol의 $C_6H_{12}O_6$은 2mol의 CH_3COOH와 4mol의 H_2로 변화한 다음 CH_3OH를 생성한다. 이때 CH_3COOH와 H_2로부터 생성되는 CH_4의 양(L)을 계산하고, 이때 생성되는 CO_2와 CH_4의 비율을 나타내시오.

〈반응식〉
$C_6H_{12}O_6 + 2H_2O \rightarrow 2CH_3COOH + 4H_2 + 2CO_2$

$2CH_3COOH + 4H_2 \rightarrow 3CH_4 + CO_2 + 2H_2O$
① CH_4의 생성량 $= 3 \times 22.4L = 67.2L$
② CO_2와 CH_4의 생성비율은 $1CO_2 : 3CH_4$이므로 1 : 3 이다.

07 로터리 킬른 2.2×10^5 kcal/m³·hr 열을 방출한다. 900kg/hr의 슬러지 케익이 1,220 kcal/kg의 열량으로 연소되는 로터리 킬른의 길이(m)를 계산하시오. (단, 길이는 직경의 3배이다.)

풀이

① 용적(m³)을 계산한다.
$$V(m^3) = \frac{열량(kcal/kg) \times 폐기물의\ 양(kg/hr)}{열방출량(kcal/m^3 \cdot hr)}$$
$$= \frac{1,220\,kcal/kg \times 900\,kg/hr}{2.2 \times 10^5\,kcal/m^3 \cdot hr} = 4.9909\,m^3$$

② 직경(D)를 계산한다.
$$V(m^3) = A(m^2) \times L(m) = A(m^2) \times 3D = \frac{\pi \cdot D^2}{4} \times 3D$$

따라서 $4.9909\,m^3 = \frac{3 \times \pi \times D^3}{4}$

$$D = \sqrt[3]{\frac{4 \times 4.9909\,m^3}{3 \times \pi}} = 1.28\,m$$

③ 길이(L) = $3 \times D = 3 \times 1.28\,m = 3.84\,m$

08 쓰레기를 압축시킨 결과 용적감소율이 75%일 때 압축비를 계산하시오.

풀이

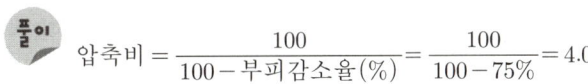

압축비 = $\frac{100}{100 - 부피감소율(\%)} = \frac{100}{100 - 75\%} = 4.0$

09 3.5%의 고형물을 함유하는 슬러지 8톤을 건조시켜 20%의 함수율을 갖는 슬러지의 양(톤)을 계산하시오.

풀이

$W_1 \times TS_1 = W_2 \times (100 - P_2)$
$8톤 \times 3.5\% = W_2 \times (100 - 20\%)$
$$\therefore W_2 = \frac{8톤 \times 3.5\%}{(100 - 20\%)} = 0.35톤$$

10 탄소, 수소, 산소, 황의 질량비가 83%, 4%, 10%, 3%인 연료를 연소할 경우, 배기가스의 분석치가 CO_2 12.5%, O_2 3.5%, N_2 84%이었다. 실제 필요한 공기량(Sm³/kg)을 계산하시오.

풀이

① 공기과잉계수(m) = $\frac{N_2(\%)}{N_2(\%) - 3.76 \times O_2(\%)}$

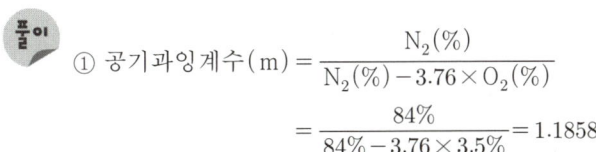

$= \frac{84\%}{84\% - 3.76 \times 3.5\%} = 1.1858$

② 이론 공기량$(A_o) = 8.89C + 26.67\left(H - \dfrac{O}{8}\right) + 3.33S \,(Sm^3/kg)$

$= 8.89 \times 0.83 + 26.67 \times (0.04 - \dfrac{0.1}{8}) + 3.33 \times 0.03$

$= 8.212 \,Sm^3/kg$

③ 필요한 공기량(Sm^3/kg) = 공기과잉계수 × 이론 공기량(Sm^3/kg)

$= 1.1858 \times 8.212 \,Sm^3/kg = 9.74 \,Sm^3/kg$

11 액체연료를 분석한 결과 C 86%, H 14%이고 배기가스량이 13.7Nm³/kg일 때 배기가스 중 CO_2(%)를 계산하시오.

풀이

$CO_2(\%) = \dfrac{CO_2량\,(Nm^3/kg)}{배기가스량\,(Nm^3/kg)} \times 100$

$= \dfrac{1.867C\,(Nm^3/kg)}{배기가스량\,(Nm^3/kg)} \times 100$

$= \dfrac{1.867 \times 0.86 \,Nm^3/kg}{13.7\,Nm^3/kg} \times 100 = 11.72\%$

12 아래의 조건에 따른 지역의 쓰레기 수거는 1주일에 최소 몇 회 이상을 하여야 하는지 계산하시오.

- 발생된 쓰레기밀도 300kg/m³
- 압축비 2.0
- 적재함 이용율 0.9
- 차량적재용적 11m³
- 발생량 1.2kg/인·일
- 수거대상인구 100,000명

풀이

수거 회수/주 = $\dfrac{쓰레기 발생량(kg/주)}{쓰레기 수거량(kg/회)}$

$= \dfrac{1.2kg/인 \cdot 일 \times 100{,}000인 \times 7일/주}{11m^3/회 \times 300kg/m^3 \times 0.9 \times 2.0} = 142회/주$

13 다음 조성의 도시 고형폐기물 1ton 소각시 발생하는 이론습연소가스의 질량(ton) 및 실제습연소가스의 질량(ton)를 계산하시오.

공기비(m) = 1.5
조성(%) : C = 30, H = 20, O = 20, S = 5, N = 5, 수분 = 10, ash = 10

(가) 이론습연소가스 질량(ton/ton)를 계산하시오.

(나) 실제습연소가스 질량(ton/ton)를 계산하시오.

① 이론공기량(ton/ton)을 계산한다.
$$A_o = \left\{2.667C + 8\times(H-\frac{O}{8})+S\right\}\times\frac{1}{0.232}$$
$$= \left\{2.667\times 0.3 + 8\times(0.2-\frac{0.2}{8})+0.05\right\}\times\frac{1}{0.232} = 9.6987\,ton/ton$$

② 이론습연소가스 질량(ton/ton)를 계산한다.
$$Gow = (1-0.232)A_o + \frac{44}{12}C + \frac{18}{2}H + \frac{64}{32}S + \frac{28}{28}N + \frac{18}{18}W\,(ton/ton)$$
$$= (1-0.232)\times 9.6987\,ton/ton + \frac{44}{12}\times 0.30 + \frac{18}{2}\times 0.20 + \frac{64}{32}\times 0.05 + \frac{28}{28}$$
$$\times 0.05 + \frac{18}{18}\times 0.1$$
$$= 10.60\,ton/ton$$

③ 실제습연소 가스질량(ton/ton)를 계산한다.
$$Gw = Gow + \{(m-1)A_o\}(ton/ton)$$
$$= 10.60\,ton/ton + \{(1.5-1)\times 9.6987\,ton/ton\}$$
$$= 15.45\,ton/ton$$

14 매립공법 중 해안매립공법의 종류 3가지를 쓰고 간단히 설명하시오.

 ① 박층뿌림공법 : 개량된 지반이 붕괴될 위험이 있을 때 밑면이 뚫린 바지선을 이용하여 쓰레기를 박층으로 뿌려주어 바닥의 지반하중을 균등하게 하기위해 사용하는 방법이다.
② 순차투입공법 : 호안측으로부터 순차적으로 쓰레기를 투입하여 육지화하는 방법으로 수심이 깊은 처분장에서는 건설비 과다로 내수를 완전히 배제하기가 곤란한 경우에 사용하는 방법이다.
③ 수중투기공법 및 내수배제공법 : 호 안에 해수를 그대로 둔 채 폐기물을 투기하거나, 매립전에 내수를 배제시킨 후 폐기물을 매립하는 방법이다.

15 소각로의 종류 중에서 유동층 소각로의 장점 7가지를 쓰시오.

 ① 기계적 구동부분이 적어 고장률이 낮다.
② 가스의 온도가 낮고 과잉공기량이 적어 질소산화물(NO_X)도 적게 배출된다.
③ 로내에 온도의 자동제어와 열회수가 용이하다.
④ 반응시간이 빨라 소각시간이 짧다.
⑤ 유동매체의 축열량이 높아 단기간 정지 후 가동시에 보조연료 사용 없이 정상가동이 가능하다.
⑥ 연소효율이 높아 미연소분의 배출이 적고 2차 연소실이 필요없다.
⑦ 유동매체의 열용량이 커서 액상, 기상, 고형폐기물의 전소 및 혼소가 가능하다.

16 아래의 보기에서 알맞은 것을 찾아 쓰시오.

[보기]
① MBT(Mechanical Biological Treatment)
② RDF(Refuse Derived Fuel)
③ RPF(Refuse Plastic Fuel)
④ Eddy Current Separation
⑤ EPR(Extended Producer Responsibility)
⑥ LCA(Life Cycle Assessment)

(가) 생활쓰레기 전처리시설

(나) 쓰레기전환연료

(다) 플라스틱전환연료

(라) 알루미늄캔 선별법

(마) 생산자책임 재활용제도

(바) 전과정평가

 (가) 생활쓰레기 전처리시설 – ① MBT(Mechanical Biological Treatment)
(나) 쓰레기전환연료 – ② RDF(Refuse Derived Fuel)
(다) 플라스틱전환연료 – ③ RPF(Refuse Plastic Fuel)
(라) 알루미늄캔 선별법 – ④ Eddy Current Separation
(마) 생산자책임 재활용제도 – ⑤ EPR(Extended Producer Responsibility)
(바) 전과정평가 – ⑥ LCA(Life Cycle Assessment)

17 다이옥신 2,3,7,8-TCDD의 독성을 1.0으로 하고 다른 다이옥신의 독성을 계수에 의해 나타낸 것을 무엇이라 하는가?

 독성등가 환산계수

※ 알림
최근기출문제는 수강생들의 도움으로 복원된 문제이므로 실제문제와 다소 차이가 있을 수 있음을 알려 드립니다.
실기시험을 친 수험생은 실기문제를 복원하여 메일(kwe7002@hanmail.net)로 보내 주시면 됩니다.
수험생 여러분들이 원하시는 수험서를 만들도록 항상 최선의 노력을 다하겠습니다.

04회 2015년 폐기물처리기사 최근 기출문제

2015년 4월 시행

01 폐기물을 매립하기 위한 부지 선정을 하고자 한다. 다음의 자료로 이 지역에 연간 필요한 매립지의 최소면적(m^2)을 계산하시오.

- 인구 1,000,000명인 지역의 3일간 수거상태조사
- 수거에 사용된 청소차 = 20대
- 청소차 1대당 수거횟수 = 100회
- 1회 수거시 트럭 적재용적 = 8 m^3
- 수거시 폐기물의 밀도 = 0.25 ton/m^3
- 매립시 폐기물을 compaction한 후 밀도 = 400 kg/m^3
- 지형조건상 25m까지 굴착하며 지상으로는 매립하지 않음.
- 복토는 고려하지 않음.

매립면적(m^2/년) = $\dfrac{쓰레기발생량(kg/년)}{밀도(kg/m^3) \times 매립고(m)}$

$= \dfrac{8\,m^3/1회 \times 100회/1대 \times 20대/3day \times 365\,day/년 \times 250\,kg/m^3}{400\,kg/m^3 \times 25\,m}$

$= 48,666.67\,m^2$

02 어느 도시의 폐기물 발생량이 3,526,000ton/년, 수거대상 인구가 8,575,632명, 가구당 인원이 4.96명이다. 폐기물 수거인부는 6,230명이 작업하고, 1명의 인부는 1일 8시간 작업할 때, 다음 물음에 답하시오. (단, 인부는 연간 365일 작업한다.)

(1) 이 도시의 1인 1일당 폐기물 발생량(kg/인·일)을 계산하시오.

(2) 수거인부 1인 1일 수거량(ton/인·일)을 계산하시오.

(3) MHT를 계산하시오.

(1) 이 도시의 1인 1일당 폐기물 발생량(kg/인·일) 계산

폐기물 발생량(kg/인·일) = $\dfrac{3,526,000\,ton}{년} \times \dfrac{1년}{365일} \times 8,575,632인$

$= 1.13\,kg/인 \cdot 일$

(2) 수거인부 1인 1일 수거량(ton/인·일) 계산

수거량(ton/인·일) = $\dfrac{3,526,000\,ton}{년} \times \dfrac{1년}{365일} \times 6,230인$

$$= 1.55 \text{ton/인·일}$$

(3) $\text{MHT}(\text{man·hr/ton}) = \dfrac{\text{수거인부수} \times \text{작업시간}}{\text{쓰레기 수거실적}}$

$$= \dfrac{6{,}230\text{명} \times 8\,\text{hr/day} \times 365\,\text{day/년}}{3{,}526{,}000\,\text{ton/년}}$$

$$= 5.16\,\text{MHT}$$

03 폐기물의 압축율이 1.3이고 압축 후 부피가 5m³일 때 부피감소율(%)을 계산하시오.

풀이 부피감소율(%) $= \left(1 - \dfrac{1}{\text{압축비}}\right) \times 100 = \left(1 - \dfrac{1}{1.3}\right) \times 100 = 23.08\%$

04 탄소 85%, 수소 10%, 산소 5%의 조성을 가진 액체 폐기물을 시간당 100kg 소각시키고 있다. 이때 연소가스의 조성을 분석하여 보니 CO_2 12%, O_2 4%, N_2 84%이었다. (단, 연소용 공기의 온도는 20℃이다.)

(1) 이론공기량(Sm^3/kg)을 계산하시오.

(2) 실제공기량(m^3/hr)을 계산하시오.

풀이 (1) 이론공기량(Sm^3/kg) 계산

이론공기량(A_o) $= 8.89C + 26.67\left(H - \dfrac{O}{8}\right) + 3.33S\,(Sm^3/kg)$

$$= 8.89 \times 0.85 + 26.67 \times \left(0.10 - \dfrac{0.05}{8}\right) = 10.0568\,Sm^3/kg$$

(2) 실제공기량(m^3/hr) 계산

공기과잉계수(m) $= \dfrac{N_2\%}{N_2\% - 3.76 \times O_2\%} = \dfrac{84\%}{84\% - 3.76 \times 4\%} = 1.2181$

실제공기량(Sm^3/hr) = 공기과잉계수(m) × 이론공기량(A_o) × 연료량(kg/hr)

실제공기량 $= 1.2181 \times 10.0568\,Sm^3/kg \times 100\,kg/hr = 1{,}225.0188\,Sm^3/hr$

따라서 실제공기량 $= \dfrac{1{,}225.0188\,Sm^3}{hr} \times \dfrac{273 + 20℃}{273} = 1{,}314.76\,m^3/hr$

05 폐기물 선별시설에 시간당 100ton의 폐기물이 들어가고 있다. 100ton의 폐기물 중에는 선별하고자 하는 a성분이 30%, 기타 b성분이 70%가 포함되어 있다. 회수흐름으로 시간당 30ton의 폐기물이 배출되며, 그 중 a성분이 90%, b성분이 10%이었다. 이때 선별효율을 Rietema식을 이용하여 계산하시오.

Rietema식에 의한 선별효율(%) $= \left|\left(\dfrac{X_c}{X_i} - \dfrac{Y_c}{Y_i}\right)\right| \times 100$

$= \left[\left(\dfrac{27톤}{30톤} - \dfrac{3톤}{70톤}\right)\right] \times 100 = 85.71\%$

> **Tip**
> X_i(투입량 중 회수대상물질) $= 100톤 \times 0.3 = 30톤$
> Y_i(투입량 중 비회수대상물질) $= 100톤 \times 0.7 = 70톤$
> X_c(회수량 중 회수대상물질) $= 30톤 \times 0.9 = 27톤$
> Y_c(회수량 중 비회수대상물질) $= 30톤 \times 0.1 = 3톤$
> X_o(제거량 중 회수대상물질) $= X_i - X_c = 30톤 - 27톤 = 3톤$
> Y_o(제거량 중 비회수대상물질) $= Y_i - Y_c = 70톤 - 3톤 = 67톤$

06 쓰레기를 발생지점부터 매립장까지 운반하는데 소요되는 운반비용은 3,000원/km·톤이다. 그런데 중간에 적환장을 설치하여 운반하면 적환장으로부터 매립장까지의 운반비용이 2,000원/km·톤(쓰레기 발생지점부터 적환장까지의 운반비용은 3,000원/km·톤임)이다. 적환장 설치 전후의 비용이 같아지는 적환장의 설치위치는 쓰레기 발생지점으로부터 몇 km 지점인지를 계산하시오. (단, 적환장의 관리비용은 위치에 관계없이 톤당 7,000원, 쓰레기 발생지점부터 매립장까지의 거리 20km, 설치비용 등 기타조건은 고려하지 않음.)

 $(W_1 \times L_1) = \{W_2 \times (L_1 - L_2)\} + (W_1 \times L_2) + W_3$

여기서 W_1 : 최종매립장까지 쓰레기 운반비용(원/km·ton)
W_2 : 적환장에서 최종매립장까지 운반비용(원/km·ton)
L_1 : 쓰레기 발생지점과 쓰레기 최종매립장까지의 거리(km)
L_2 : 적환장 설치 전후의 비용이 동일하게 되는 적환장의 설치위치(km)
W_3 : 적환장의 관리비용(원/ton)

따라서 $(3,000원/km \cdot ton \times 20km) = \{2,000원/km \cdot ton \times (20km - L_2)\}$
$+ (3,000원/km \cdot ton \times L_2) + 7,000원/ton$

$\therefore L_2 = 13km$

07 폐기물의 고화처리를 위해 폐기물 단위질량(kg)당 0.4kg의 시멘트를 첨가하였으며, 고화처리 후 폐기물의 부피는 처음 부피의 1.5배가 되었다면 이 고화처리의 혼합률(MR)과 부피변화율(VCF)을 각각 계산하시오.

 (1) 혼합률을 계산한다.

혼합률(MR) $= \dfrac{첨가제의\ 질량}{폐기물의\ 질량} = \dfrac{0.4kg}{1kg} = 0.4$

(2) 부피변화율을 계산한다.

$$\text{부피 변화율(VCF)} = \frac{\text{고화처리 후 폐기물의 부피}}{\text{고화처리 전 폐기물의 부피}} = \frac{1.5}{1} = 1.5$$

08 폐기물의 고형화 처리의 목적과 폐기물의 성상에 대하여 설명하시오.

 (1) 폐기물의 고형화처리의 목적
① 폐기물을 다루기가 용이하다.
② 폐기물 내 오염물질의 용해도가 감소한다.
③ 폐기물 표면적의 감소에 따른 폐기물 성분의 손실을 줄인다.
④ 폐기물의 독성이 감소한다.
(2) 폐기물의 성상
① 액상폐기물 : 고형물의 함량이 5% 미만
② 반고상폐기물 : 고형물의 함량이 5% 이상 15% 미만
③ 고상폐기물 : 고형물의 함량이 15% 이상

09 폐기물 매립지 시공, 운영 및 사후관리 기간 중에 폐기물 성분의 방출에 의한 주변환경 오염 가능성을 최소한으로 줄이도록 하는 매립지 설비 중 주요시설물 6가지를 쓰시오.

 ① 우수배제시설   ② 차수시설
③ 침출수 집배수시설   ④ 저류 구조물
⑤ 발생가스 대책시설   ⑥ 덮개시설

10 Fenton산화법에 사용되는 약품 및 처리방법을 순서대로 서술하시오.

 (1) 사용되는 시약
산화제 : H_2O_2 촉매제 : $FeSO_4$
(2) 처리방법 순서
유입수 → pH 3~5로 조절 → 펜턴산화 → 중화 → 침전 → 처리수

11 폐기물 고형화 처리방법 3가지를 서술하시오.

 ① 시멘트 기초법   ② 석회 기초법
③ 자가시멘트법   ④ 피막형성법
⑤ 열가소성 플라스틱법   ⑥ 유리화법

Tip	문제의 요구조건에 알맞게 3가지만 서술하시면 됩니다.

12 최종매립지 바닥차수막의 파손원인 4가지를 서술하시오.

① 돌기물질에 의한 파손
③ 지반 침하에 의한 파손
② 지지력 부족에 의한 파손
④ 지각변동에 의한 파손

13 혐기성 소화처리의 장점 3가지를 서술하시오.

① 슬러지의 탈수성이 양호하다.
② 슬러지가 적게 발생한다.
③ 고농도 폐수처리에 적합하다.
④ 회수된 가스를 연료로 사용이 가능하다.
⑤ 동력시설의 소모가 적어 운전비용이 저렴하다.

> **Tip** 문제의 요구조건에 알맞게 3가지만 서술하시면 됩니다.

14 소각로에서 배출되는 다이옥신 처리(제거)기술 3가지를 서술하시오.

① 촉매분해법
③ 오존산화법
② 고온광분해법
④ 열분해산화법

15 합성차수막의 Crystallinity가 증가할수록 합성차수막이 나타내는 성질 6가지를 서술하시오.

① 충격에 약하다.
③ 인장강도가 증가한다.
⑤ 열에 대한 저항성이 증가한다.
② 화학물질에 대한 저항성이 증가한다.
④ 투수계수가 감소한다.
⑥ 단단해진다.

16 침출수 집배수시설 설계시 고려해야 하는 항목 중 침출수량에 영향을 미치는 요인 5가지를 서술하시오.

① 강우량
③ 지하수량
⑤ 표면유출량
② 증발량
④ 침투수량
⑥ 폐기물 분해시 발생량

> **Tip** 문제의 요구조건에 알맞게 5가지만 서술하시면 됩니다.

17 매립시 파쇄의 장점 3가지를 서술하시오.

① 겉보기비중 증가　② 비표면적 증가
③ 입경분포의 균일화　④ 고가금속 회수가능
⑤ 운반비의 저렴화　⑥ 폐기물 소각시 연소효율 증가

> Tip　문제의 요구조건에 알맞게 3가지만 서술하시면 됩니다.

18 매립지에서 정기적으로 실시하는 필요 모니터링(Monitoring) 항목 3가지를 쓰시오.

① 침출수 관리 및 침출수 처리시설 관리
② 우수배제시설의 설치 및 관리
③ 발생가스 회수 및 관리
④ 지하수 오염도 조사 및 관리
⑤ 구조물 및 지반 안정도 관리
⑥ 주변 환경오염도 조사관리

> Tip　문제의 요구조건에 알맞게 3가지만 서술하시면 됩니다.

※ 알림

최근기출문제는 수강생들의 도움으로 복원된 문제이므로 실제문제와 다소 차이가 있을 수 있음을 알려 드립니다.
실기시험을 친 수험생은 실기문제를 복원하여 메일(kwe7002@hanmail.net)로 보내 주시면 됩니다.
수험생 여러분들이 원하시는 수험서를 만들도록 항상 최선의 노력을 다하겠습니다.

01회 2016년 폐기물처리기사 최근 기출문제

2016년 4월 시행

01 다음과 같은 조건에서 30일간 발생된 폐기물을 수거하여야 하는 차량의 대수를 계산하시오. (단, 차량 운행회수는 1회 기준)

[조건]
- 500가구(가구당 4명)
- 압축비 : 2
- 적재용적 : 10m³
- 발생폐기물 밀도 : 500kg/m³
- 발생량 : 1.5kg/인·일
- 차량이용율 : 0.67

 수거차량 수 = $\dfrac{\text{쓰레기의 총 발생량}}{\text{차량의 적재용량}}$

$$= \dfrac{1.5\,\text{kg/인·일} \times 4\text{인/1가구} \times 500\text{가구} \times 30\text{일} \times \dfrac{1}{500\,\text{kg/m}^3}}{10\text{m}^3/1\text{대} \cdot 1\text{회} \times 1\text{회} \times 0.67 \times 2} = 14\text{대}$$

02 인구 2,200,000명의 도시에서 1.5kg/인·일의 쓰레기를 발생시키고 있다. 수거인부가 1일 평균 1,800명이 동원되고 1일 8시간 작업한다면 이때의 MHT를 계산하시오.

 $\text{MHT} = \dfrac{\text{수거인부수} \times \text{작업시간}}{\text{쓰레기 수거실적}}$

$$= \dfrac{1,800\text{인} \times 8\text{hr/day}}{1.5\,\text{kg/인·일} \times 2,200,000\text{인} \times 10^{-3}\,\text{ton/kg}} = 4.36\,\text{MHT}$$

Tip
① MHT = man · hr/ton
② MHT : 1ton의 쓰레기를 수거하는데 수거인부 1인이 소요하는 총시간
③ MHT가 클수록 수거효율이 낮다.

03 폐기물의 원소조성이 다음과 같고, 매시 100kg의 폐기물 연소시 배가스의 분석치가 CO_2 15%, O_2 5%, N_2 80% 일 때, 매시간 필요한 공기량(Sm^3)을 계산하시오.

[폐기물의 조성]
가연분 : C = 32%, H = 8%, O = 27%, S = 3%, 수분 = 20%, 회분 = 10%

풀이 공급공기량(Sm^3/hr) = 공기비(m) × 이론공기량(A_0) × 연료량(kg/hr)

① 공기비(m) = $\dfrac{N_2\%}{N_2\% - 3.76 \times O_2\%}$ = $\dfrac{80\%}{80\% - 3.76 \times 5\%}$ = 1.3072

② 이론공기량(A_0) = $8.89C + 26.67\left(H - \dfrac{O}{8}\right) + 3.33S$ (Sm^3/kg)

= $8.89 \times 0.32 + 26.67 \times \left(0.08 - \dfrac{0.27}{8}\right) + 3.33 \times 0.03$ = $4.1782\,Sm^3/kg$

③ 공급공기량 = $1.3072 \times 4.1782\,Sm^3/kg \times 100\,kg/hr$ = $546.17\,Sm^3/hr$

Tip
배출가스 분석치 $CO_2\%$, $O_2\%$, $N_2\%$

공기비(m) = $\dfrac{N_2\%}{N_2\% - 3.76 \times O_2\%}$

04 수분함량이 80%인 슬러지와 수분함량이 20%인 톱밥을 질량비 1 : 2로 혼합하였을 경우 혼합물의 수분함량(%)을 계산하시오.

풀이 혼합물의 수분함량(%) = $\dfrac{80\% \times 1 + 20\% \times 2}{1 + 2}$ = 40.0%

05 80%의 수분을 함유하는 폐슬러지를 건조기에서 건조하여 수분함량을 40%로 하였다. 폐슬러지 100 kg당 수분증발량을 계산하시오. (슬러지 비중은 1.0이다.)

풀이
① $W_1 \times (100 - P_1) = W_2 \times (100 - P_2)$

여기서 W_1 : 건조 전 쓰레기량(kg) P_1 : 건조 전 함수율(%)
      W_2 : 건조 후 쓰레기량(kg) P_2 : 건조 후 함수율(%)

따라서 $100\,kg \times (100 - 80) = W_2 \times (100 - 40)$

∴ $W_2 = \dfrac{100\,kg \times (100 - 80)}{(100 - 40)}$ = $33.33\,kg$

② 수분 증발량 = $W_1 - W_2$ = $100\,kg - 33.33\,kg$ = $66.67\,kg$

06 유해물질을 함유한 생활폐기물을 소각시키는 경우 여러 가지 냄새가 나게 된다. 이때 냄새를 없애기 위한 대표적인 탈취법 3가지를 쓰시오.

① 연소법
② 활성탄 흡착법
③ 오존 산화법

07 폐수(또는 액상폐기물) 중에 존재하는 부유입자의 응집제로 황산알루미늄$(Al_2(SO_4)_3)$등과 같은 알루미늄염을 주로 사용하는 이유를 설명하시오.

응집제로 3가 양이온을 가지는 알루미늄염을 사용하는 이유는 2가에 비해서 응집효과가 뛰어나고 탈수성이 우수하기 때문이다.

08 유동층 소각로의 장점 4가지를 서술하시오.

① 기계적 구동부분이 적어 고장률이 낮다.
② 가스의 온도가 낮고 과잉공기량이 적어 질소산화물(NO_X)도 적게 배출된다.
③ 로내 온도의 자동제어와 열회수가 용이하다.
④ 반응시간이 빨라 소각시간이 짧다.
⑤ 유동매체의 축열량이 높아 단기간 정지 후 가동시에 보조연료 사용 없이 정상가동이 가능하다.
⑥ 연소효율이 높아 미연소분의 배출이 적고 2차 연소실이 필요없다.
⑦ 유동매체의 열용량이 커서 액상, 기상, 고형폐기물의 전소 및 혼소가 가능하다.

| Tip | 이중에서 4가지만 서술하시면 됩니다. |

09 폐기물 발생량 예측방법 3가지를 서술하시오.

① 다중회귀모델 : 하나의 수식으로 각 인자들의 효과를 총괄적으로 나타내어 복잡한 시스템의 분석에 유용하게 사용할 수 있는 쓰레기 발생량을 예측하는 방법이다.
② 동적모사모델 : 쓰레기 배출에 영향을 주는 모든 인자를 시간에 대한 함수로 나타낸 후 시간에 대한 함수로 각 영향인자들간에 상관관계를 수식화 한 것이다.
③ 경향모델 : 폐기물 발생량 예측방법 중 모든 인자를 시간에 대한 함수로 하여 모델화시켜 예측하는 방법으로 단지 시간과 그에 따른 폐기물 발생량 간의 상관관계만을 고려하는 방법이다.

10 고체, 액체, 기체연료에 대한 연소의 종류 2가지를 쓰시오.

① 고체연료 : 표면연소, 분해연소
② 액체연료 : 증발연소, 분무연소
③ 기체연료 : 확산연소, 예혼합연소

11 열분해가 소각과 다른 점을 제시하고, 열분해를 통해 생성되는 물질을 3가지 쓰시오.

(1) 열분해가 소각과 다른 점
① 황 및 중금속이 회분속에 고정되는 비율이 크다.
② 저장 및 수송이 가능한 연료를 회수할 수 있다.
③ 환원성 분위기가 유지되어 Cr^{3+}가 Cr^{6+}로 변화되기 어렵다.
④ 배기가스량이 적어 가스처리 장치가 소형이다.
⑤ 소각처리에 비해 상대적으로 저온이기 때문에 NO_X 발생량이 적다.
⑥ 지속적 환원 분위기로 효과적 에너지 회수가 가능하다.
(2) 열분해를 통해 생성되는 물질
① 기체상 물질 : 수소(H_2), 메탄(CH_4), 일산화탄소(CO)
② 액체상 물질 : 아세톤, 메탄올, 오일
③ 고체상 물질 : 탄화물(Char), 불활성 물질

12 에너지 회수방법 3가지만 쓰시오.

① 소각에 의한 열회수
② 혐기성소화시 발생하는 메탄가스 회수
③ 고형화연료(RDF)로 회수

13 매립지 최종복토의 목표 4가지를 쓰시오.

① 우수의 침투를 방지한다.
② 쓰레기 비산을 방지한다.
③ 화재를 예방한다.
④ 유해곤충이나 해충의 서식을 방지한다.
⑤ 악취를 방지한다.

Tip	이중에서 4가지만 서술하시면 됩니다.

14 폐기물 퇴비화시 Bulking agent가 가져야 할 특성 4가지를 쓰시오.

① C/N비의 조절능력을 가져야 한다.
② 수분조절 능력이 커야 한다.
③ 유해물질을 함유하지 않아야 한다.
④ 공극률이 높아야 한다.

15 혐기성 매립지로부터 발생하는 여러가지 종류의 발생가스 중 대표적인 악취원인 물질(분자식 포함) 4가지를 쓰시오.

① 암모니아(NH_3)
② 황화수소(H_2S)
③ 아세트알데하이드(CH_3CHO)
④ 메틸머캅탄(CH_3SH)

16 매립구조에 따른 매립의 종류 4가지 쓰고 설명하시오.

① 호기성매립 : 공기 주입구를 설치하여 매립층내로 인위적으로 공기를 불어넣어 폐기물을 호기성 분해를 시키는 공법이다.
② 준호기성매립 : 집배수시설과 차수막 그리고 배수관을 갖추고 있으며, 외부 공기를 자연적으로 통기시켜 호기성 분해를 시키는 공법이다.
③ 혐기성매립 : 공기와의 접촉이 거의 없기 때문에 매립되는 폐기물의 분해가 혐기성상태로 분해되는 공법이다.
④ 혐기성위생매립 : 혐기성 매립에서 중간복토를 샌드위치 형태로 실시하는 공법이다.

17 쓰레기를 매립하기 전에 쓰레기의 감용화를 목적으로 먼저 쓰레기를 일정한 더미형태로 압축하여 부피를 감소시킨 후 포장을 실시하여 매립하는 공법의 이름을 쓰시오.

압축매립공법

18 농도가 높은 폐유기용제를 정제할 수 있는 방법 3가지를 쓰시오.

① 용매추출법   ② 증류법   ③ 스트리핑

19 다음은 침출수에 관한 설명이다. ( )안에 알맞은 말을 쓰시오.

(1) 침출수 발생량은 (①)에 의하여 가장 큰 영향을 받는다.
(2) 침출수는 생물학적 처리 공정으로만 처리가 (②)하다.
(3) 침출수 농도는 경과년수에 따라 점차 (③)진다.
(4) pH가 중성 및 산성을 보여주나, 시간이 경과됨에 따라 (④)성으로 진행된다.
(5) 온도가 높을수록 침출수의 농도는 (⑤) 질 수 있다.
(6) 암모니아성 질소보다 질산성 질소의 함량이 (⑥)

풀이
① 강우　　② 불가능
③ 낮아　　④ 약알칼리
⑤ 낮아　　⑥ 적다

※ **알림**
최근기출문제는 수강생들의 도움으로 복원된 문제이므로 실제문제와 다소 차이가 있을 수 있음을 알려 드립니다.
실기시험을 친 수험생은 실기문제를 복원하여 메일(kwe7002@hanmail.net)로 보내 주시면 됩니다.
수험생 여러분들이 원하시는 수험서를 만들도록 항상 최선의 노력을 다하겠습니다.

04회 2016년 폐기물처리기사 최근 기출문제

2016년 11월 시행

 인구 150,000명인 도시에서 배출되는 쓰레기양은 하루에 1.5kg/인이며, 밀도는 380kg/m³이다. 이 쓰레기를 압축하면 처음 부피의 2/3로 되며, 분쇄할 경우에는 압축시 부피의 1/3 용적이 다시 축소되었다. Trench법으로 매립할 경우 분쇄처리가 압축처리에 비해 1년간 얼마만큼의 면적 축소(m²)가 가능한지 계산하시오. (단, Trench의 깊이는 각각 5m이며, 기타 조건은 고려하지 않는다.)

풀이

매립면적$(m^2/년) = \dfrac{\text{폐기물 발생량}(kg/년) \times (1 - \text{부피감소율})}{\text{밀도}(kg/m^3) \times \text{깊이}(m)}$

① 압축하여 용적이 $\dfrac{2}{3}$로 된 경우의 소요면적

$= \dfrac{1.5\,kg/\text{인}\cdot\text{일} \times 150,000\,\text{인} \times 365\,\text{일}/\text{년} \times \dfrac{2}{3}}{380\,kg/m^3 \times 5\,m} = 28,815.79\,m^2/년$

② 분쇄하여 다시 $\dfrac{1}{3}$로 용적이 감소되는 경우의 소요면적

$= 28,815.79\,m^2/년 \times \left(1 - \dfrac{1}{3}\right) = 19,210.53\,m^2/년$

③ 소요면적 차 $= 28,815.79\,m^2/년 - 19,210.53\,m^2/년 = 9,605.26\,m^2/년$

 유기성 슬러지를 혐기성 소화법으로 처리시 슬러지 유입유량 100m³/day, 슬러지 중 고형물 함량 5%, 고형물 중 휘발성 고형물(VS)함량 67%, 소화조의 VS 제거율 56%, 가스발생량이 0.72m³/kg VS일 경우 하루에 발생되는 총 가스량(m³/day)을 계산하시오. (단, 비중 = 1.0 가정)

풀이

가스발생량(m^3/day)

$= \text{슬러지량}(m^3/day) \times \text{고형물량} \times VS\,\text{함량} \times VS\,\text{소화율} \times \left(\dfrac{m^3 \cdot \text{가스발생량}}{kg \cdot VS}\right) \times \text{밀도}(kg/m^3)$

$= 100\,m^3/day \times 0.05 \times 0.67 \times 0.56 \times 0.72\,m^3/kg \times 1,000\,kg/m^3$

$= 1,350.72\,m^3/day$

03 매립지에서 침출된 Dieldrien의 농도가 처음 농도의 $\frac{1}{2}$로 분해되는데 약 2.96년이 소요된다. Dieldrien의 농도가 99% 분해되는데 소요되는 기간(년)을 계산하시오.
(단, Dieldrien의 분해반응식은 1차 반응식이다.)

풀이
① $\ln\frac{1}{2} = -k \times t$

$\ln\frac{1}{2} = -k \times 2.96$년

∴ $k = 0.2342/$년

② $\ln\frac{C_t}{C_o} = -k \times t$

$\ln\frac{1\%}{100\%} = -0.2342/$년 $\times t$

∴ $t = 19.66$년

04 함수율 80%의 슬러지를 1,000kg/hr의 용량으로 직접 소각하지 않고 함수율 65%로 건조하여 감량한 양을 소각할 경우 소각로의 용량(kg/hr)을 계산하시오.

풀이
$W_1 \times (100 - P_1) = W_2 \times (100 - P_2)$
$1,000 \text{kg/hr} \times (100 - 80) = W_2 \times (100 - 65\%)$
∴ $W_2 = 571.43 \text{kg/hr}$

05 폐기물의 입도를 분석한 결과 입도누적 곡선상 최소 입경으로부터 10% 입경 2mm, 20% 3mm, 40% 5mm, 60% 8mm, 80% 10mm, 90% 20mm 일때 유효입경과 균등계수를 계산하시오.

풀이
① 유효입경은 $D_{10\%}$ 이므로 2mm이다.
② 균등계수 $= \dfrac{D_{60\%}}{D_{10\%}} = \dfrac{8\text{mm}}{2\text{mm}} = 4.0$

Tip	
	① 유효입경 $= D_{10\%}$
	② 균등계수 $= \dfrac{D_{60\%}}{D_{10\%}}$
	③ 곡률계수 $= \dfrac{(D_{30\%})^2}{(D_{10\%} \times D_{60\%})}$

06 20%의 철분을 함유하는 400톤/일 도시폐기물을 처리하는 자석선별기를 통하여 선별하였을 때 선별된 물질의 양은 80톤/일이고 선별된 물질의 철분함유율은 80%이었다. 선별효율은 Worrell식과 Rietema식에 의한 2가지 방법으로 계산하시오.

① Worrell식에 의한 선별효율(%) $= \left(\dfrac{X_c}{X_i} \times \dfrac{Y_o}{Y_i}\right) \times 100(\%)$

$= \left(\dfrac{64\,\text{ton/일}}{80\,\text{ton/일}} \times \dfrac{304\,\text{ton/일}}{320\,\text{ton/일}}\right) \times 100$

$= 76\%$

② Rietema에 의한 선별효율(%) $= \left|\left(\dfrac{X_c}{X_i} - \dfrac{Y_c}{Y_i}\right)\right| \times 100(\%)$

$= \left|\left(\dfrac{64\,\text{ton/일}}{80\,\text{ton/일}} - \dfrac{16\,\text{ton/일}}{320\,\text{ton/일}}\right)\right| \times 100$

$= 75\%$

Tip
- X_i(투입량 중 회수대상물질) $= 400\,\text{ton/일} \times 0.20 = 80\,\text{ton/일}$
- Y_i(투입량 중 비회수대상물질) $= 400\,\text{ton/일} - 80\,\text{ton/일} = 320\,\text{ton/일}$
- X_c(회수량 중 회수대상물질) $= 80\,\text{ton/일} \times 0.80 = 64\,\text{ton/일}$
- Y_c(회수량 중 비회수대상물질) $= 80\,\text{ton/일} - 64\,\text{ton/일} = 16\,\text{ton/일}$
- X_o(제거량 중 회수대상물질) $= 80\,\text{ton/일} - 64\,\text{ton/일} = 16\,\text{ton/일}$
- Y_o(제거량 중 비회수대상물질) $= 320\,\text{ton/일} - 16\,\text{ton/일} = 304\,\text{ton/일}$

07 총괄열전달계수가 35kcal/m²·hr·℃인 열교환기를 이용하여 연소가스가 650℃에서 250℃로 냉각되면서 150ton/hr의 급수를 50℃에서 150℃로 예열시키고자 할 경우, 예열기의 열교환 소요면적(m²)을 계산하시오. (단, 물의 비열= 1kcal/kg·℃, 가스와 물흐름 방향은 같다.)

총괄열전달계수(kcal/m²·hr·℃)

$= \dfrac{\text{급수량}(\text{kg/hr}) \times \text{물의 비열}(\text{kcal/kg·℃}) \times \text{급수 온도차}(℃)}{\text{소요면적}(\text{m}^2) \times \text{연소가스 온도차}(℃)}$

$35\,\text{kcal/m}^2\cdot\text{hr}\cdot℃ = \dfrac{150 \times 10^3\,\text{kg/hr} \times 1\,\text{kcal/kg·℃} \times (150-50)℃}{\text{소요면적}(\text{m}^2) \times (650-250)℃}$

따라서 소요면적 $= 1{,}071.43\,\text{m}^2$

08 수분 38%, 유기물 48%를 함유한 도시폐기물을 소각, 열회수하려고 한다. 소각용량은 단위시간당 10ton을 처리하고 건조유기물량 연소열은 4,500kcal/kg이다. 유기물이 연소 할 때 약 50%에 해당하는 물이 발생하고, 이때 복사열 손실이 총발열량의 5%, 미연소에 의한 손실이 10%라면 연소가스로 나가는 열량을 계산하시오. (단, 증발잠열은 600kcal/kg으로 한다.)

풀이
① 총 연소열 = $\dfrac{10 \times 10^3 \text{kg}}{\text{hr}} \times 0.48 \times \dfrac{4,500 \text{kcal}}{\text{kg}} = 21,600,000 \text{kcal/hr}$
② 복사손실 = $21,600,000 \text{kal/hr} \times 0.05 = 1,080,000 \text{kcal/hr}$
③ 미연손실 = $21,600,000 \text{kal/hr} \times 0.1 = 2,160,000 \text{kcal/hr}$
④ 증발손실 = $\dfrac{10 \times 10^3 \text{kg}}{\text{hr}} \times (0.38 + 0.48 \times 0.50) \times \dfrac{600 \text{kcal}}{\text{kg}} = 3,720,000 \text{kcal/hr}$
⑤ 연소가스로 나가는 열량(손실열) = 복사손실+미연손실+증발손실
  = $1,080,000 \text{kcal/hr} + 2,160,000 \text{kcal/hr} + 3,700,000 \text{kcal/hr}$
  = $6,960,000 \text{kcal/hr}$

09 폐기물의 퇴비화에 영향을 미치는 인자 3가지와 퇴비화를 위한 각 인자들의 최적의 운전범위를 기술하시오.

풀이
① 온도 : 50~60℃
② pH : 6~8
③ C/N비 : 30~50
④ 수분 : 50~60%
⑤ 공급공기량 : 5~15%

10 소각공정 중 연소가스 냉각설비 종류를 2가지만 쓰시오.

풀이 ① 물분사식 ② 공기혼입식 ③ 간접공랭식

11 차수막 설치를 하지 않아도 되는 지반투수계수(cm/s)의 기준을 쓰시오.

풀이 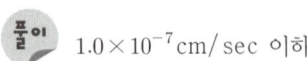 1.0×10^{-7} cm/sec 이하

12 고형화처리에 사용되는 포졸란의 정의, 특성, 종류, 주요조성에 대하여 설명하시오.

풀이
① 포졸란의 정의 : 규소성분을 함유하는 미분상태의 물질을 말한다.
② 특징 : 자체적으로는 반응성이 없지만 수산화칼슘이나 물과 반응하면 화합물을 만든다.
③ 종류 : 화산재, 규조토, 비산재 등
④ 주요 성분 : SiO_2(규산)

13 연직차수막의 시공법으로 사용되는 공법을 3가지만 쓰시오.

① 강널말뚝 공법 ② 굴착에 의한 차수시트 매설 공법
③ 어스댐 코어 공법 ④ 그라우트 공법

14 소각로 본체의 내화단열은 매우 중요한 요소이다. 소각로에서 일반적으로 사용되는 내화벽돌 종류 2가지를 쓰시오.

① 알루미나벽돌 ② 점토질벽돌
③ 마그네시아벽돌 ④ 규석벽돌

15 퇴비숙성도를 판단하는 방법을 3가지 쓰시오.

① CO_2 농도에 의한 판단
② 온도에 의한 판단
③ 산소이용율에 의한 판단
④ 색깔 및 냄새에 의한 판단

16 소각시설의 구성요소를 대별하여 보면 반입공급설비, 소각설비, 연소가스 냉각설비, 연소가스 처리설비, 급배수설비, 여열이용설비, 통풍설비, 소각재처리설비, 폐수처리설비 등으로 구성된다. 여기서 통풍설비에 해당되는 구성설비 종류 3가지만 쓰시오.

① 압입통풍 : 로 안에 설치된 가압송풍기에 의해 연소용 공기를 연소로 안으로 압입하는 통풍방식으로 연소실 공기를 예열할 수 있고 로내압이 정압(+)으로 연소효율이 좋다.
② 흡입통풍 : 로내의 압력을 부압(-)으로 하여 배기가스를 굴뚝으로 흡인시켜 배출하는 방식으로 역화의 위험성이 없으며 통풍력이 크다.
③ 평형통풍 : 대용량의 연소설비에 적합하며, 통풍 및 로내압의 조건이 용이하며, 동력소모가 크고 설비비 및 유지비가 많이 든다.
④ 자연통풍 : 공기와 배출가스의 밀도차에 의해 통풍하는 방식이다.

※ **알림**
최근기출문제는 수강생들의 도움으로 복원된 문제이므로 실제문제와 다소 차이가 있을 수 있음을 알려 드립니다.
실기시험을 친 수험생은 실기문제를 복원하여 메일(kwe7002@hanmail.net)로 보내 주시면 됩니다.
수험생 여러분들이 원하시는 수험서를 만들도록 항상 최선의 노력을 다하겠습니다.

01회 2017년 폐기물처리기사 최근 기출문제

2017년 4월 시행

01 평균 입경이 20cm인 폐기물을 입경 1cm가 되도록 파쇄할 때 소요되는 에너지는 입경을 4cm로 파쇄할 때 소요되는 에너지의 몇 배인지 계산하시오.(단, Kick의 법칙 적용, n = 1)

 Kick의 법칙에서 동력(E) $= C \ln\left(\dfrac{dp_1}{dp_2}\right)$

① $E_1 = C \ln\left(\dfrac{20\,cm}{1\,cm}\right) = C \ln 20$

② $E_2 = C \ln\left(\dfrac{20\,cm}{4\,cm}\right) = C \ln 5$

③ 소요에너지의 변화 $= \dfrac{E_1}{E_2} = \dfrac{C \ln 20}{C \ln 5} = 1.86$배

02 LCA의 정의 및 구성요소에 대해서 쓰시오.

(가) 정의

(나) 구성요소

 (가) 전과정평가(LCA)의 정의 : 사용하는 자원, 에너지, 환경에 미치는 각종 부하를 원료자원 채취 – 생산 – 유통 – 사용 – 재사용 – 폐기의 전과정에 걸쳐 가능한 정량적으로 분석 및 평가하여 현재 인류가 직면하고 있는 자원의 고갈 및 생태계의 파괴 현상과 지구환경문제 등을 근본적으로 해결하기 위한 각종 개선방안을 모색하는 기술적이며 체계적인 과정을 의미한다.
(나) 전과정평가(LCA)의 구성요소
① 목적 및 범위의 설정(Initiation analysis)
② 목록분석(Inventory analysis)
③ 영향평가(Impact analysis)
④ 개선평가 및 해석(Improvement analysis)

03 폐기물을 분석한 결과 수분 20%, 회분 15%, 고정탄소 25%, 휘발분이 40%이고 휘발분을 원소 분석한 결과 수소 20%, 황 5%, 산소 25%, 탄소 50%이었다. 이때 폐기물의 저위발열량(kcal/kg)을 계산하시오. (단, Dulong공식을 적용하시오.)

 ① Dulong공식을 이용해 고위발열량(Hh)을 계산한다.

$$고위발열량(Hh) = 8,100C + 34,000\left(H - \frac{O}{8}\right) + 2,500S \,(\text{kcal/kg})$$
$$= 8,100 \times (0.25 + 0.4 \times 0.5) + 34,000 \times \left(0.4 \times 0.2 - \frac{0.4 \times 0.25}{8}\right) + 2,500 \times (0.4 \times 0.05)$$
$$= 5,990 \,\text{kcal/kg}$$

② 저위발열량(Hl)을 계산한다.
$$저위발열량(Hl) = 고위발열량(Hh) - 600(9H + W)(\text{kcal/kg})$$
$$= 5,990\,\text{kcal/kg} - 600(9 \times 0.4 \times 0.2 + 0.20)$$
$$= 5,438\,\text{kcal/kg}$$

> **Tip**
> 문제풀이에서 $8,100 \times C$를 계산할 경우
> $8,100 \times (고정탄소 + 휘발분 중 탄소함량)$에 주의해야 합니다.

04 고형물의 농도가 $80\,\text{kg/m}^3$인 농축슬러지를 $300\,\text{m}^3/\text{day}$ 유량으로 탈수 시키려 한다. 고형물 질량에 대해 25%의 소석회를 넣으면 (이때 첨가된 소석회의 50%가 고형물이 된다.) $15\,\text{kg/m}^2 \cdot \text{hr}$의 여과속도 및 함수율 70%의 탈수 Cake가 얻어진다. 탈수기의 하루 운전시간은 8시간이고 Cake의 비중은 1.0일 때 다음 물음에 답하시오.

(가) 여과면적(m^2)을 계산하시오.

(나) 탈수 Cake의 양(ton/day)을 계산하시오.

(가) 여과면적(m^2) 계산

$$여과속도(\text{kg/m}^2\cdot\text{hr}) = \frac{고형물의 농도(\text{kg/m}^3) \times 농축슬러지량(\text{m}^3/\text{hr})}{여과면적(\text{m}^2)}$$

$$15\,\text{kg/m}^2\cdot\text{hr} = \frac{80\,\text{kg/m}^3 \times \{1 + (0.25 \times 0.50)\} \times 300\,\text{m}^3/\text{day} \times 1\text{day}/8\text{hr}}{여과면적(\text{m}^2)}$$

∴ 여과면적 $= 225\,\text{m}^2$

(나) 탈수 Cake의 양(ton/day) 계산

① 슬러지량(ton/day) $= 고형물의 농도(\text{ton/m}^3) \times 농축슬러지량(\text{m}^3/\text{day})$
$$= 80\,\text{kg/m}^3 \times \{1 + (0.25 \times 0.50)\} \times 300\,\text{m}^3/\text{day} \times 10^{-3}\,\text{ton/kg}$$
$$= 27\,\text{ton/day}$$

② 탈수 Cake의 양(ton/day) $= 슬러지량(\text{ton/day}) \times \dfrac{100}{100 - 함수율(\%)}$
$$= 27\,\text{ton/day} \times \frac{100}{100 - 70\%} = 90\,\text{ton/day}$$

05 2,000kg의 폐기물을 이용하여 호기성으로 퇴비화를 하려고 할 때 필요한 산소량(kg)을 계산하시오. (단, 폐기물의 분자식은 $[C_6H_7O_2(OH)_3]_5$이며, 최종단계에서 발생하는 퇴비의 화학식은 $[C_6H_7O_2(OH)_3]_2$이다.)

$[C_6H_7O_2(OH)_3]_5 + 18O_2 \rightarrow 18CO_2 + 15H_2O + [C_6H_7O_2(OH)_3]_2$

810kg : 18×32kg

2,000kg : 산소량(kg)

∴ 산소량 $= \dfrac{2,000\,\text{kg} \times 18 \times 32\,\text{kg}}{810\,\text{kg}} = 1,422.22\,\text{kg}$

> **Tip** $[C_6H_7O_2(OH)_3]_5$의 분자량=$(6\times12\times5)+(7\times1\times5)+(2\times16\times5)+(3\times16\times5)+(3\times1\times5)=810$

06 인구가 30만명인 A 도시의 쓰레기 발생량이 1.5kg/인·일이며, 쓰레기의 밀도는 450 kg/m^3이다. 다음 물음에 답하시오.

(1) 가연성분을 소각처리를 하고자 할 경우 소각처리량(ton/일)을 계산하시오. (단, 가연성분은 85%를 차지한다.)

(2) 매립지의 매립높이가 2m일 때 A 도시에서 발생되는 쓰레기를 매립하고자 할 경우 10년간 필요한 부지면적(m^2)을 계산하시오.

(1) 소각처리량(ton/일)

= 쓰레기발생량(kg/인·일) × 인구수 × 10^{-3} ton/kg × $\dfrac{\text{가연성분}(\%)}{100}$

= 1.5 kg/인·일 × 300,000인 × 10^{-3} ton/kg × $\dfrac{85\%}{100}$

= 382.5 ton/일

(2) 매립지의 부지면적(m^2) = $\dfrac{\text{쓰레기 발생량(kg)}}{\text{쓰레기 밀도}(\text{kg/m}^3) \times \text{매립지 깊이(m)}}$

= $\dfrac{1.5\,\text{kg/인·일} \times 300,000\text{인} \times 365\text{일}/1\text{년} \times 10\text{년}}{450\,\text{kg/m}^3 \times 2\text{m}}$

= 1,825,000 m^2

07 강열감량의 정의를 간단히 쓰시오.

시료의 일정량을 1,000~1,200℃로 가열하여 시료 속의 휘발성 성분과 열분해될 수 있는 성분이 제거되고 불연분만 남아 질량이 일정한 값이 될 때까지의 감량을 시료에 대한 백분율로 나타낸 양이다. 즉 소각재 잔사 중 미연분의 함량을 질량 백분율로 표시한 것이다.

08 열분해에 대한 다음 물음에 답하시오.

(가) 열분해의 정의를 간단히 쓰시오.

(나) 열분해장치 3가지를 쓰시오.

(다) 열분해시 생성물질을 고체, 액체, 기체상물질로 구분하여 쓰시오.

풀이
(가) 열분해의 정의 : 폐기물을 무산소 또는 산소가 부족한 상태에서 고온으로 가열하여 기체, 액체, 고체 상태의 연료를 생산하는 공정이다.
(나) 열분해 장치 : 고정상 방식, 유동상 방식, 부유상 방식
(다) 열분해시 생성물질
① 기체상 물질 : 수소(H_2), 메탄(CH_4), 일산화탄소(CO)
② 액체상 물질 : 아세톤, 메탄올, 오일
③ 고체상 물질 : 탄화물(Char), 불활성 물질

09 다이옥신류의 생성기전을 3가지 쓰시오.

풀이
① 유기염소계 화합물(PCB)의 소각에 의해 생성
② 저온에서 촉매화 반응에 의해 먼지와 결합해 생성
③ 폐기물에 존재하는 다이옥신류가 연소시 분해되지 않고 배기가스로 배출되어 생성

10 매립지 완성후 주기적으로 관리해야 하는 항목을 5가지 쓰시오.

풀이
① 침출수 관리 및 침출수 처리시설 관리
② 우수배제시설의 설치 및 관리
③ 발생가스 회수 및 관리
④ 지하수 오염도 조사 및 관리
⑤ 구조물 및 지반 안정도 관리
⑥ 주변 환경오염도 조사 관리

11 와전류 선별법을 이용하여 제거되는 물질을 3가지 쓰시오.

풀이
① 알루미늄(Al)   ② 아연(Zn)   ③ 구리(Cu)

12 폐기물을 매립하는 방법 중 매립구조에 의한 매립방법을 4가지 쓰시오.

① 호기성매립 ② 준호기성매립
③ 혐기성매립 ④ 혐기성위생매립 ⑤ 개량형 혐기성위생매립

13 트롬멜 스크린의 선별효율에 영향을 주는 인자 5가지를 쓰시오.

① 회전속도   ② 폐기물 부하
③ 경사도   ④ 체의 눈 높이
⑤ 길이   ⑥ 직경

14 침출수 집배수시설 설계시 고려해야 하는 항목 중 침출수량에 영향을 미치는 요인 5가지를 서술하시오.

① 강우량   ② 증발량
③ 지하수량   ④ 침투수량
⑤ 표면유출량 ⑥ 폐기물 분해시 발생량

> **Tip** 위 항목 중에서 5가지만 서술하시면 됩니다.

15 혐기성 소화처리의 장점 3가지를 서술하시오.

① 슬러지의 탈수성이 양호하다.
② 슬러지가 적게 발생한다.
③ 고농도 폐수처리에 적합하다.
④ 회수된 가스를 연료로 사용이 가능하다.
⑤ 동력시설의 소모가 적어 운전비용이 저렴하다.

> **Tip** 위 항목 중에서 3가지만 서술하시면 됩니다.

16 폐기물 매립지 입지선정시 검토사항 3가지를 쓰시오.

① 계획 매립용량의 확보가 가능할 것
② 복토재의 확보가 쉬울 것

③ 강우량 등의 기상요소 고려

17 다음 ( )안에 들어갈 알맞은 말을 쓰시오.

C/N비가 (①)이상이면 퇴비화가 느려지고, C/N비가 (②)이하이면 퇴비화 과정에서 암모니아가 발생하여 악취가 발생한다.

 ① 80　　　　　② 20

18 소각로의 고형잔류물의 종류 3가지를 쓰고 간단히 설명하시오.

① Grate siftings : 화격자 소각로의 틈새로 낙하하는 재
② Grate ash : 화격자 소각로의 최종하부로 배출되는 재
③ Boiler Ash : 보일러에서 발생되는 재
④ Cyclone Ash : 집진장치에서 발생되는 재

※ 알림
최근기출문제는 수강생들의 도움으로 복원된 문제이므로 실제문제와 다소 차이가 있을 수 있음을 알려 드립니다.
실기시험을 친 수험생은 실기문제를 복원하여 메일(kwe7002@hanmail.net)로 보내 주시면 됩니다.
수험생 여러분들이 원하시는 수험서를 만들도록 항상 최선의 노력을 다하겠습니다.

01회 2018년 폐기물처리기사 최근 기출문제

2018년 4월 시행

01 도시폐기물 20ton이 있다. 도시폐기물 중 수분함량이 20%이고, 총고형물 중 휘발성고형물은 80%, 휘발성고형물 중 60%가 분해되고, 가스발생량은 $0.75\,m^3/kg \cdot VS$, 발생가스 중 메탄의 함량은 85%, 가스의 열량은 $5,500\,kcal/m^3$, 에너지의 가치는 $5,000원/10^5\,kcal$이다. 다음 물음에 답하시오.

(가) 메탄의 발생량(m^3)을 계산하시오.

(나) 금전적 가치(원)를 계산하시오.

풀이

(가) 메탄의 발생량(m^3) 계산

메탄의 발생량(m^3)

$= 도시폐기물(kg) \times \dfrac{TS(\%)}{100} \times \dfrac{VS(\%)}{100} \times \dfrac{VS의\ 분해율(\%)}{100}$

$\times 가스발생량(m^3/kg \cdot VS) \times \dfrac{발생가스\ 중\ CH_4함량(\%)}{100}$

$= 20 \times 10^3 kg \times (1-0.20) \times 0.80 \times 0.6 \times 0.75\,m^3/kg \cdot VS \times 0.85 = 4,896\,m^3$

(나) 금전적 가치(원) 계산

금전적 가치(원) $= 4,896\,m^3 \times 5,500\,kcal/m^3 \times 5,000원/10^5\,kcal$

$= 1,346,400\,원$

Tip
① 고형물(TS) = 100 − 함수율(%)
② 고형물(TS) = 휘발성고형물(VS) + 잔류성고형물(FS)

02 폐기물 매립장에서 발생되는 침출수의 BOD 농도가 3,000mg/L 이다. 1차 처리시설의 효율이 80%, 2차 처리시설의 효율이 50%일 때 최종 방류수의 BOD 농도를 30mg/L로 유지하기 위해 3차 약품처리시설을 설치하고자 할 때, 3차 약품처리시설의 효율(%)은 얼마 이상이어야 하는지 계산하시오.

풀이

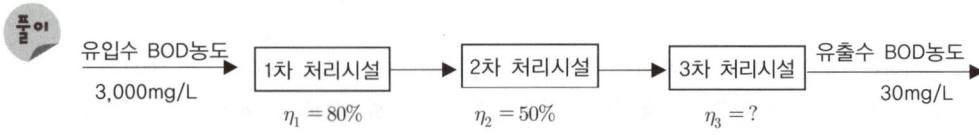

$$3차\ 약품처리시설의\ 효율(\%) = \left\{1 - \frac{유출수의\ BOD\ 농도(mg/L)}{유입수의\ BOD\ 농도(mg/L)}\right\} \times 100$$

① 3차 약품처리시설의 유입수 BOD 농도(mg/L)
  = 유입수 BOD 농도(mg/L) × $(1-\eta_1) \times (1-\eta_2)$
  = $3,000mg/L \times (1-0.80) \times (1-0.50) = 300mg/L$

② 3차 약품처리시설의 유출수 BOD 농도 = 30mg/L

③ 3차 약품처리시설의 효율(%) = $\left(1 - \dfrac{30mg/L}{300mg/L}\right) \times 100 = 90.0\%$

03 다음의 조건을 이용해 물음에 답하시오.

폐기물의 종류	질량(kg)	압축계수	매립지에서의 압축부피(m^3)
음식물류	95	0.27	0.12
종이류	350	0.18	0.525
플라스틱류	45	0.20	0.301
고무	30	0.25	0.021
유리	65	0.31	0.190
비철금속	25	0.25	0.027
목재	35	0.41	0.018
섬유	15	0.17	0.051

(가) 폐기물 매립지 겉보기밀도(kg/m^3)를 계산하시오. (단, 매립시 완전히 다져졌다고 가정)

(나) 종이류 40%, 플라스틱류 70%, 유리가 90% 회수된 후의 매립지의 압축겉보기밀도(kg/m^3)를 계산하시오.

 (가) 폐기물 매립시 겉보기밀도(kg/m^3) 계산

$$겉보기밀도(kg/m^3) = \frac{폐기물의\ 질량(kg)}{매립지에서의\ 압축부피(m^3)}$$

① 폐기물의 질량(kg) = $95kg + 350kg + 45kg + 30kg + 65kg + 25kg + 35kg + 15kg$
    = $660\,kg$

② 매립지에서의 압축부피(m^3)
    = $0.12m^3 + 0.525m^3 + 0.301m^3 + 0.021m^3 + 0.190m^3 + 0.027m^3 + 0.018m^3 + 0.051m^3$
    = $1.253\,m^3$

③ 겉보기밀도(kg/m^3) = $\dfrac{660kg}{1.253m^3} = 526.74\,kg/m^3$

(나) 회수 후 매립지의 압축겉보기밀도(kg/m³) 계산

$$압축겉보기밀도(kg/m^3) = \frac{회수\ 후\ 질량(kg)}{회수\ 후\ 부피(m^3)}$$

① 회수 후 질량(kg) = 폐기물의 총 질량(kg) − 회수물질의 질량(kg)
   = 660kg − (350kg × 0.40 + 45kg × 0.70 + 65kg × 0.90) = 430kg

② 회수 후 부피(m³) = 매립지의 총 압축부피(m³) − 매립지의 회수물질 압축부피(m³)
   = 1.253m³ − (0.525m³ × 0.40 + 0.301m³ × 0.70 + 0.190m³ × 0.90)
   = 0.6613m³

③ 압축겉보기 밀도(kg/m³) = $\frac{430kg}{0.6613m^3}$ = 650.23kg/m³

---

04 유량이 100m³/day인 어느 도시의 슬러지 농도는 TS가 6%이고, TS의 65%가 VS이다. 이 슬러지를 혐기성 소화 처리를 한다면 하루에 발생하는 가스의 양(m³)을 계산하시오. (단, 비중은 1.0으로 가정하고, 슬러지의 VS 1kg당 0.4m³의 가스가 발생한다.)

풀이 가스의 발생량
= 유량(m³/day) × 고형물량(kg/m³) × 휘발성고형물량 × 가스발생량(m³/kg)
= 100m³/day × 60kg/m³ × 0.65 × 0.4m³/kg = 1,560m³/day

Tip
① 6% = 6 × 10⁴mg/L
② mg/L × 10⁻³ → kg/m³
③ 6 × 10⁴mg/L = 60kg/m³
④ % $\xrightarrow{\times 10^4}$ ppm(mg/L) $\xrightarrow{\times 10^{-3}}$ kg/m³
     $\xrightarrow{\times 10}$

---

05 분자식이 C_xH_y인 탄화수소 1Sm³을 완전연소 하는데 필요한 이론공기량(Sm³)을 계산하시오.

풀이
$C_xH_y + \left(x + \frac{y}{4}\right)O_2 \to xCO_2 + \frac{y}{2}H_2O$

이론산소량 = $\left(x + \frac{y}{4}\right)$

이론공기량 = 이론산소량 × $\frac{1}{0.21}$ = $\left(x + \frac{y}{4}\right) \times \frac{1}{0.21}$ = 4.76x + 1.19y (Sm³/Sm³)

> **Tip**
> ① Sm^3/Sm^3 = 체적비 = 개수비
> ② 이론공기량$(Sm^3) = \dfrac{산소량(Sm^3)}{0.21} = \dfrac{산소개수(Sm^3)}{0.21}$

06. 유동층 소각로의 장점 4가지를 쓰시오.

① 기계적 구동부분이 적어 고장률이 낮다.
② 가스의 온도가 낮고 과잉공기량이 적어 질소산화물(NO_X)도 적게 배출된다.
③ 로내 온도의 자동제어와 열회수가 용이하다.
④ 반응시간이 빨라 소각시간이 짧다.
⑤ 유동매체의 축열량이 높아 단기간 정지 후 가동시에 보조연료 사용없이 정상가동이 가능하다.
⑥ 연소효율이 높아 미연소분의 배출이 적고 2차 연소실이 필요없다.
⑦ 유동매체의 열용량이 커서 액상, 기상, 고형폐기물의 전소 및 혼소가 가능하다.

> **Tip**
> 문제의 요구조건에 알맞게 4가지만 서술하시면 됩니다.

07. 매립공법 중 해안매립공법의 종류 3가지를 쓰고 간단히 설명하시오.

① **박층뿌림공법** : 개량된 지반이 붕괴될 위험이 있을 때 밑면이 뚫린 바지선을 이용하여 쓰레기를 박층으로 뿌려주어 바닥의 지반하중을 균등하게 하기위해 사용하는 방법이다.
② **순차투입공법** : 호안측으로부터 순차적으로 쓰레기를 투입하여 육지화하는 방법으로 수심이 깊은 처분장에서는 건설비 과다로 내수를 완전히 배제하기가 곤란한 경우에 사용하는 방법이다.
③ **수중투기공법 및 내수배제공법** : 호 안에 해수를 그대로 둔 채 폐기물을 투기하거나, 매립 전에 내수를 배제시킨 후 폐기물을 매립하는 방법이다.

08. 소각에 비하여 열분해가 갖는 장점을 5가지 쓰시오.

① 황 및 중금속이 회분속에 고정되는 비율이 크다.
② 저장 및 수송이 가능한 연료를 회수할 수 있다.
③ 환원성 분위기가 유지되어 Cr^{3+}가 Cr^{6+}로 변화되기 어렵다.
④ 배기가스량이 적어 가스처리 장치가 소형이다.

⑤ 소각처리에 비해 상대적으로 저온이기 때문에 NO_X 발생량이 적다.
⑥ 지속적 환원 분위기로 효과적 에너지 회수가 가능하다.

09 퇴비화 인자 3가지와 최적의 운전범위를 쓰시오.

① 온도 : 50~60℃
② pH : 6~8
③ C/N비 : 30~50
④ 수분 : 50~60%
⑤ 공급공기량 : 5~15%

10 유동상 소각로에서 Bed(유동물질)의 특징을 5가지 쓰시오.

① 불활성일 것
② 융점이 높을 것
③ 비중이 작을 것
④ 내마모성이 있을 것
⑤ 열충격에 강할 것
⑥ 가격이 쌀 것

11 활성탄 백필터를 사용하여 다이옥신을 제거할 경우 제거공정의 특징을 4가지 쓰시오.

① 파손여과포의 교체횟수가 많아 인력 및 경비 부담이 크고 설비의 연속운전에 지장을 줄 수 있다.
② 다이옥신과 함께 중금속 등이 흡착된다.
③ 활성탄 주입량을 변경하면 제거효율을 어느 정도 변경 가능하다.
④ 체류시간이 작아 다이옥신 재형성 방지가 어렵다.

12 퇴비화에서 톱밥, 왕겨를 섞어주는 이유 2가지를 쓰시오.

① 처리대상물질의 수분함량을 조절한다.
② 처리대상물질 내의 공기가 원활히 유동될 수 있도록 한다.

13 쓰레기를 수거하는 작업, 즉 청소작업이 끝난 후 이에 대한 상태를 평가하는 방법으로는 CEI와 USI를 이용한다. CEI와 USI 각각에 대하여 간단히 쓰시오.

> ① CEI : 청소상태의 평가법 중 가로의 청소상태를 기준으로 하는 지역사회 효과지수를 말한다.
> ② USI : 청소상태를 평가하는 방법 중 서비스를 받는 시민들의 만족도를 설문조사하여 나타내어지는 사용자 만족도 지수를 말한다.

14 다이옥신류의 생성기전을 3가지 쓰시오.

> ① 유기염소계 화합물(PCB)의 소각에 의해 생성
> ② 저온에서 촉매화 반응에 의해 먼지와 결합해 생성
> ③ 폐기물에 존재하는 다이옥신류가 연소시 분해되지 않고 배기가스로 배출되어 생성

15 준호기성 매립의 특성을 4가지 쓰시오.

> ① 매립지내 침출수가 원활하게 배제된다.
> ② 배수관으로 자연대류에 의해 공기가 유입된다.
> ③ 배수관 주변이 호기성 영역으로 유지된다.
> ④ 배출되는 침출수의 수질이 개선된다.

16 도시 생활쓰레기와 하수 슬러지를 혼합해 퇴비화를 하고자 한다. 장점을 3가지만 쓰시오.

> ① C/N비 조절이 가능하다.
> ② 도시 생활쓰레기가 팽화제의 역할을 한다.
> ③ 미생물이나 영양분을 보충해 준다.

17 자원화 목적 3가지만 쓰시오.

> ① 에너지 회수(고형화연료, 열분해 등)
> ② 물질 회수(퇴비화, 사료화 등)
> ③ 토지이용(복토재로 이용 등)

18 아래의 보기에서 알맞은 것을 찾아 쓰시오.

[보기]
① MBT(Mechanical Biological Treatment)
② RDF(Refuse Derived Fuel)
③ RPF(Refuse Plastic Fuel)
④ Eddy Current Separation
⑤ EPR(Extended Producer Responsibility)
⑥ LCA(Life Cycle Assessment)

(가) 생활쓰레기 전처리시설

(나) 쓰레기전환연료

(다) 플라스틱전환연료

(라) 알루미늄캔 선별법

(마) 생산자책임 재활용제도

(바) 전과정평가

(가) 생활쓰레기 전처리시설 – ① MBT(Mechanical Biological Treatment)
(나) 쓰레기전환연료 – ② RDF(Refuse Derived Fuel)
(다) 플라스틱전환연료 – ③ RPF(Refuse Plastic Fuel)
(라) 알루미늄캔 선별법 – ④ Eddy Current Separation
(마) 생산자책임 재활용제도 – ⑤ EPR(Extended Producer Responsibility)
(바) 전과정평가 – ⑥ LCA(Life Cycle Assessment)

※ **알림**
최근기출문제는 수강생들의 도움으로 복원된 문제이므로 실제문제와 다소 차이가 있을 수 있음을 알려 드립니다.
실기시험을 친 수험생은 실기문제를 복원하여 메일(kwe7002@hanmail.net)로 보내 주시면 됩니다.
수험생 여러분들이 원하시는 수험서를 만들도록 항상 최선의 노력을 다하겠습니다.

04회 2018년 폐기물처리기사 최근 기출문제

2018년 11월 시행

01 폐기물의 발생량이 1.5kg/인·일, 인구가 30만명인 대도시에서 적재용량이 9m³의 수거차량을 이용하여 운반하고자 한다. 하루에 필요한 차량(대)을 계산하시오.
(단, 대기차량 포함)

- 차량당 하루 작업시간 : 8시간
- 왕복운반시간 : 50분
- 폐기물 적재시간 : 15분
- 폐기물의 밀도 : 550kg/m³
- 운반거리 : 30km
- 폐기물 투기시간 : 10분
- 대기차량 : 3대

 ① 차량 적재량(m³/일·대)

$$= \frac{\text{폐기물 적재용량}(m^3/\text{대}\cdot\text{회})}{\frac{(\text{왕복운반시간}+\text{투기시간}+\text{적재시간})\min}{1\text{회}} \times \frac{1\text{hr}}{60\min} \times \frac{1\text{day}}{\text{작업시간}(\text{hr})}}$$

$$= \frac{9m^3/\text{대}\cdot\text{회}}{\frac{(50+10+15)\min}{1\text{회}} \times \frac{1\text{hr}}{60\min} \times \frac{1\text{day}}{8\text{hr}}} = 57.6 m^3/\text{일}\cdot\text{대}$$

② 폐기물 발생량(m^3/일) = $1.5\text{kg}/\text{인}\cdot\text{일} \times 300{,}000\text{인} \times \frac{1}{550\text{kg}/m^3} = 818.18 m^3/\text{일}$

③ 차량대수 = $\frac{\text{폐기물 발생량}(m^3/\text{일})}{\text{차량 적재량}(m^3/\text{일}\cdot\text{대})} + \text{대기차량} = \frac{818.18 m^3/\text{일}}{57.6 m^3/\text{일}\cdot\text{대}} + 3\text{대} = 18\text{대}$

02 직경이 5m인 트롬멜 스크린의 임계속도(rpm)를 계산하시오.

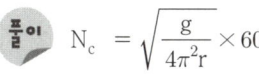 $N_c = \sqrt{\frac{g}{4\pi^2 r}} \times 60$

여기서, N_c : 임계속도(rpm)
g : 중력가속도(9.8m/sec²)
r : 스크린 반경(m)

따라서, $N_c = \sqrt{\dfrac{9.8\text{m/sec}^2}{4\times \pi^2 \times 2.5\text{m}}} \times 60 = 18.91\,\text{rpm}$

> **Tip**
> ① rpm = 회/min
> ② rpm = 회/sec × 60sec/min
> ③ 최적속도(NS) = 임계속도(NC) × 0.45

03 액체연료를 분석한 결과 C 86%, H 14%이고 배기가스량이 13.7Nm³/kg일 때 배기가스 중 CO_2(%)를 계산하시오.

[풀이]

$CO_2(\%) = \dfrac{CO_2 량\,(\text{Nm}^3/\text{kg})}{배기가스량\,(\text{Nm}^3/\text{kg})} \times 100$

$= \dfrac{1.867C\,(\text{Nm}^3/\text{kg})}{배기가스량\,(\text{Nm}^3/\text{kg})} \times 100$

$= \dfrac{1.867 \times 0.86\,\text{Nm}^3/\text{kg}}{13.7\,\text{Nm}^3/\text{kg}} \times 100 = 11.72\%$

04 파쇄에 앞서 폐기물 100ton/hr 중 유리 8% 회수하기 위해 트롬멜 스크린으로 선별하였다. 회수되는 폐기물의 양이 10ton/hr이고, 회수되는 폐기물 중 유리의 양이 7.2ton/hr이다. 다음 물음에 답하시오.

(가) 유리의 회수율(%)을 계산하시오.
(나) Rietema식을 이용하여 선별효율(%)을 계산하시오.
(다) Worrell식을 이용하여 선별효율(%)을 계산하시오.

[풀이] (가) 유리의 회수율(%)을 계산한다.

유리의 회수율(%) = $\dfrac{회수되는\ 유리}{투입되는\ 유리} \times 100 = \dfrac{7.2\text{ton/hr}}{100\text{ton/hr} \times 0.08} \times 100 = 90\%$

(나) Rietema식에 의한 선별효율(%)을 계산한다.

선별효율(%) = $\left|\left(\dfrac{X_c}{X_i} - \dfrac{Y_c}{Y_i}\right)\right| \times 100 = \left|\left(\dfrac{7.2\text{ton/hr}}{8\text{ton/hr}} - \dfrac{2.8\text{ton/hr}}{92\text{ton/hr}}\right)\right| \times 100 = 86.96\%$

(다) Worrell식에 의한 선별효율(%)을 계산한다.

선별효율(%) = $\left(\dfrac{X_c}{X_i} \times \dfrac{Y_o}{Y_i}\right) \times 100 = \left(\dfrac{7.2\text{ton/hr}}{8\text{ton/hr}} \times \dfrac{89.2\text{ton/hr}}{92\text{ton/hr}}\right) \times 100 = 87.26\%$

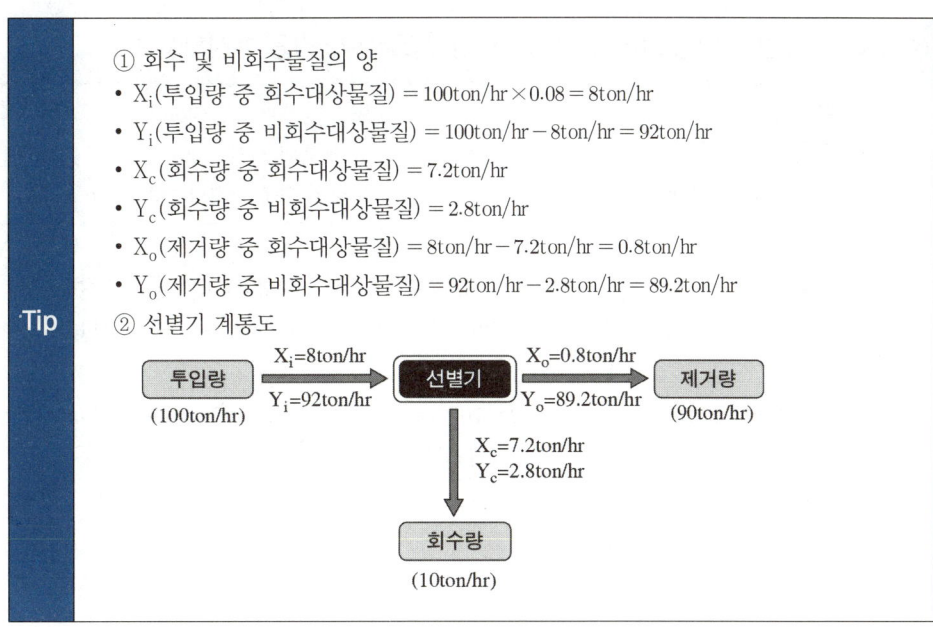

Tip
① 회수 및 비회수물질의 양
- X_i(투입량 중 회수대상물질) = 100ton/hr × 0.08 = 8ton/hr
- Y_i(투입량 중 비회수대상물질) = 100ton/hr − 8ton/hr = 92ton/hr
- X_c(회수량 중 회수대상물질) = 7.2ton/hr
- Y_c(회수량 중 비회수대상물질) = 2.8ton/hr
- X_o(제거량 중 회수대상물질) = 8ton/hr − 7.2ton/hr = 0.8ton/hr
- Y_o(제거량 중 비회수대상물질) = 92ton/hr − 2.8ton/hr = 89.2ton/hr

② 선별기 계통도

05 다음 조성을 가진 분뇨와 음식물을 질량비 3:5로 혼합 처리시 C/N비(탄질소비)를 계산하시오.

구분	함수율	유기탄소/TS	총질소량/TS
분뇨	95%	40%	20%
음식물	35%	87%	5%

풀이
$$C/N비 = \frac{탄소량}{질소량} = \frac{(1-0.95) \times 0.4 \times \frac{3}{8} + (1-0.35) \times 0.87 \times \frac{5}{8}}{(1-0.95) \times 0.2 \times \frac{3}{8} + (1-0.35) \times 0.05 \times \frac{5}{8}} = 15$$

Tip
① 고형물(TS) = 100 − 함수율(%)
② 분뇨의 고형물 = 100 − 95% = (1−0.95)
③ 음식물의 고형물 = 100 − 35% = (1−0.35)
④ 분뇨와 음식물의 비가 3 : 5이므로 분뇨는 $\frac{3}{3+5}$ 이고, 음식물은 $\frac{5}{3+5}$ 이다.

폐기물처리기사 실기

06 아래의 조건을 이용하여 매립지의 연간 침출수량(m³)을 계산하시오.

- 매립지 면적 : 85ha
- 유출계수 : 0.2
- 수분의 증산량 : 800mm
- 연간 강우량 : 1,300mm
- 덮개 흙의 경사 : 5%
- 토양의 수분 저장량 : 200mm

 풀이

침출수량(m³/년) = 강우량 − 수분의 증발량 − 강우의 유출량 − 토양의 수분 저장량

① 강우량(m³/년) = $1,300 \times 10^{-3} \, \text{m/년} \times 85 \, \text{ha} \times 1 \, \text{km}^2/100 \, \text{ha} \times 10^6 \, \text{m}^2/1 \, \text{km}^2$
   = $1,105,000 \, \text{m}^3/년$

② 수분의 증발량(m³/년) = $800 \times 10^{-3} \, \text{m/년} \times 85 \, \text{ha} \times 1 \, \text{km}^2/100 \, \text{ha} \times 10^6 \, \text{m}^2/1 \, \text{km}^2$
   = $680,000 \, \text{m}^3/년$

③ 강우의 유출량(m³/년) = $1,105,000 \, \text{m}^3/년 \times 0.2 = 221,000 \, \text{m}^3/년$

④ 토양의 수분 저장량(m³/년)
   = $200 \times 10^{-3} \, \text{m/년} \times 85 \, \text{ha} \times 1 \, \text{km}^2/100 \, \text{ha} \times 10^6 \, \text{m}^2/1 \, \text{km}^2 = 170,000 \, \text{m}^3/년$

⑤ 침출수량(m³/년)
   = $1,105,000 \, \text{m}^3/년 - 680,000 \, \text{m}^3/년 - 221,000 \, \text{m}^3/년 - 170,000 \, \text{m}^3/년$
   = $34,000 \, \text{m}^3/년$

07 총괄열전달계수가 35kcal/m² · hr · ℃인 열교환기를 이용하여 연소가스가 650℃에서 250℃로 냉각되면서 150ton/hr의 급수를 50℃에서 150℃로 예열시키고자 할 경우, 예열기의 열교환 소요면적(m²)을 계산하시오.
(단, 물의 비열 = 1kcal/kg · ℃, 가스와 물흐름 방향은 같다.)

 풀이

총괄열전달계수(kcal/m² · hr · ℃)

$= \dfrac{\text{급수량(kg/hr)} \times \text{물의 비열(kcal/kg · ℃)} \times \text{급수 온도차(℃)}}{\text{소요면적(m}^2\text{)} \times \text{연소가스 온도차(℃)}}$

$35 \, \text{kcal/m}^2 \cdot \text{hr} \cdot \text{℃} = \dfrac{150 \times 10^3 \, \text{kg/hr} \times 1 \, \text{kcal/kg} \cdot \text{℃} \times (150 - 50) \, \text{℃}}{\text{소요면적(m}^2\text{)} \times (650 - 250) \, \text{℃}}$

따라서 소요면적 = $1,071.43 \, \text{m}^2$

08 적환장에서 적재방식에 따라 분류하는 방법 3가지를 쓰고, 간단히 설명하시오.

① 직접투하방식 : 소형차량에서 대형차량으로 직접 투하하여 적재하는 방식으로 주택지역과 거리가 먼 교외지역에 주로 사용하는 방식이다.
② 저장투하방식 : 폐기물을 저장한 후 적환하는 방식으로 대도시의 대용량 폐기물처리에 적합하다.
③ 직접·저장 투하 결합방식 : 직접적재방식과 저장한 후 적재하는 방식으로 한 적환장에서 이루어지며, 부패성 폐기물은 직접 적재하고 재활용품이 많이 포함된 폐기물은 선별 후 적재하는 방식이다.

09 소각에 비하여 열분해가 갖는 장점을 5가지 쓰시오.

① 황 및 중금속이 회분속에 고정되는 비율이 크다.
② 저장 및 수송이 가능한 연료를 회수할 수 있다.
③ 환원성 분위기가 유지되어 Cr^{3+}가 Cr^{6+}로 변화되기 어렵다.
④ 배기가스량이 적어 가스처리 장치가 소형이다.
⑤ 소각처리에 비해 상대적으로 저온이기 때문에 NO_X 발생량이 적다.
⑥ 지속적 환원 분위기로 효과적 에너지 회수가 가능하다.

10 도시 생활폐기물 소각설비는 다음과 같다.
(조건) 200톤/일, 스토카 소각로, 1일 24시간 기준

```
반입공급설비 → 소각설비 → 연소가스 냉각설비 → 유인통풍설비 → 굴뚝
                            ↑
                        흡입통풍설비
```

연소가스 냉각설비에 이용되는 냉각방식 3가지를 쓰시오.

① 물분사식   ② 공기혼입식   ③ 간접공랭식

11 다이옥신 제거방법 중 2차적(로내) 방법을 4가지를 쓰시오.

① 폐기물 공급상태의 균질화   ② 적당한 연소온도
③ 연소용 공기의 양 및 분포   ④ 혼합
⑤ 소각로에서 방출되는 입자 이월의 양 최소화

12 퇴비화의 영향인자 중 C/N비에 대한 설명이다. 다음 조건에서 발생하는 현상을 쓰시오.

(가) C/N비가 80 이상인 경우
(나) C/N비가 20 이하인 경우

> (가) C/N비가 80 이상인 경우 : 질소함량이 부족하여 퇴비화가 잘 되지 않고, 퇴비화에 걸리는 시간도 길어진다.
> (나) C/N비가 20 이하인 경우 : 질소원 손실이 커서 비료효과가 저하될 가능성이 높고, 암모니아 가스가 발생하여 퇴비화 과정 중 좋지 않은 냄새가 발생된다.

13 활성탄을 이용한 소각로 중에 존재하는 다이옥신 제거공정을 설명하시오.

> 활성탄과 백필터를 같이 사용하는 경우 배기가스 conditioning시 활성탄분말 투입시설을 설치하여 활성탄을 분무하면 분무된 활성탄이 필터백 표면에 코팅되어 백필터에서 흡착하여 제거한다.

14 소각로에서 감시창을 설치하는 목적과 운행차량의 감시카메라 설치위치를 쓰시오.

> ① 소각로에서 감시창을 설치하는 목적 : 로 내의 연소상태를 감시하기 위해서
> ② 운행차량의 감시카메라 설치위치 : 차량의 조작위치에서 저장조의 안쪽이나 폐기물 투입구 장소의 상황이 육안으로 쉽게 확인이 되는 지점

15 유동층 소각로의 장·단점을 각각 3가지씩 쓰시오.

> (1) 장점
> ① 기계적 구동부분이 적어 고장률이 낮다.
> ② 가스의 온도가 낮고 과잉공기량이 적어 질소산화물(NO_X)도 적게 배출된다.
> ③ 로내 온도의 자동제어와 열회수가 용이하다.
>
> (2) 단점
> ① 로내로 투입전 파쇄 등의 전처리가 필요하다.
> ② 상(床)으로부터 찌꺼기 분리가 어렵다.
> ③ 유동매체의 손실로 인한 보충이 필요하다.

16 다음은 폐기물의 성상분석 절차 순서이다. ( ) 안에 알맞은 말을 쓰시오.

> 시료 → (①) → (②) → 건조 → (③) → 전처리(절단 및 분쇄) → 화학적 조성분석

 ① 밀도 측정　　② 물리적 조성분석　　③ 분류(가연성, 불연성)

17 D_n, d_n이 침출수의 집배수층 체상분율과 매립지의 토양 체상분율이다. 다음의 조건을 만족하는 값을 나타내시오.

(1) 침출수의 집배수층 주변 물질에 막히지 않는 조건
(2) 침출수의 집배수층이 충분한 투수성을 유지하는 조건

 (1) $\dfrac{D_{15\%}}{d_{85\%}} < 5$　　(2) $\dfrac{D_{15\%}}{d_{15\%}} > 5$

여기서, $D_{15\%}$: 입도누적곡선상 15%에 상당하는 침출수의 집배수층 필터재료의 입경
$d_{85\%}$: 입도누적곡선상 85%에 상당하는 침출수의 집배수층 주변토양의 입경
$d_{15\%}$: 입도누적곡선상 15% 상당하는 침출수의 집배수층 주변토양의 입경

18 쓰레기 선별분리방법 6가지를 쓰시오.

 ① 스크린 선별법　　② 세카터 선별법　　③ 스토너 선별법
④ 손 선별법　　⑤ 공기 선별법　　⑥ 광학 선별법

19 Cr^{3+}의 침전반응식을 쓰시오. (단, 수산화물 침전법 기준)

 $2Cr^{3+} + 6OH^- \rightarrow 2Cr(OH)_3$

20 염화수소(HCl)의 제거반응식을 2가지 쓰시오.

① $2HCl + Ca(OH)_2 \rightarrow CaCl_2 + 2H_2O$
② $HCl + NaOH \rightarrow NaCl + H_2O$

※ 알림

최근기출문제는 수강생들의 도움으로 복원된 문제이므로 실제문제와 다소 차이가 있을 수 있음을 알려 드립니다.

실기시험을 친 수험생은 실기문제를 복원하여 메일(kwe7002@hanmail.net)로 보내 주시면 됩니다.

수험생 여러분들이 원하시는 수험서를 만들도록 항상 최선의 노력을 다하겠습니다.

01회 2019년 폐기물처리기사 최근 기출문제

2019년 4월 시행

01 침출수에 함유되어 있는 수은 5mg/L를 활성탄 흡착법으로 처리하여 0.05mg/L로 방류하고자 한다. 이때 소요되는 활성탄 흡착제의 양(mg/L)을 계산하시오.(단, Freundlich식을 이용하고 K=0.5, n=1 이다.)

풀이

$$\frac{(C_i - C_o)}{M} = K \times C_o^{\frac{1}{n}}$$

$$\frac{(5\,\text{mg/L} - 0.05\,\text{mg/L})}{M} = 0.5 \times (0.05\,\text{mg/L})^{\frac{1}{1}}$$

$$\therefore M = \frac{(5\,\text{mg/L} - 0.05\,\text{mg/L})}{0.5 \times (0.05\,\text{mg/L})^{\frac{1}{1}}} = 198\,\text{mg/L}$$

Tip

$$\frac{X}{M} = K \times C^{\frac{1}{n}} \Rightarrow \frac{(C_i - C_o)}{M} = K \times C_o^{\frac{1}{n}}$$

여기서 C_i : 유입수 농도 C_o : 유출수의 농도
      k, n : 경험적 상수

02 인구가 300,000인 도시의 폐기물 매립지를 선정하고자 한다. 도시의 1인당 폐기물 발생량은 1.5kg/day이며, 폐기물의 밀도는 500kg/m³, 매립높이는 2m이다. 매립에 필요한 면적(m²/년)을 계산하시오.

풀이

$$매립면적(\text{m}^2/년) = \frac{폐기물\ 발생량(\text{kg}/년)}{폐기물\ 밀도(\text{kg}/\text{m}^3) \times 매립지\ 깊이(\text{m})}$$

$$= \frac{1.5\,\text{kg}/인 \cdot 일 \times 300,000인 \times 365일/년}{500\,\text{kg}/\text{m}^3 \times 2\,\text{m}}$$

$$= 164,250\,\text{m}^2/년$$

03 다음과 같은 매립지 내 침출수가 차수층을 통과하는데 소요되는 시간(년)을 계산하시오.

- 점토층 두께 : 1.0m
- 투수계수 : 10^{-7}cm/sec
- 유효공극률 : 0.2
- 상부침출수 수두 : 0.4m

 풀이

$t = \dfrac{d^2 \cdot n}{k(d+h)}$

① $k(m/년) = \dfrac{10^{-7}\,cm}{sec} \times \dfrac{1m}{10^2\,cm} \times \dfrac{3,600\,sec}{1hr} \times \dfrac{24\,hr}{1\,day} \times \dfrac{365\,day}{1년}$

$= 3.15 \times 10^{-2}\,m/년$

② $t = \dfrac{(1.0m)^2 \times 0.2}{3.15 \times 10^{-2}\,m/년 \times (1.0m+0.4m)} = 4.54년$

Tip

$t = \dfrac{d^2 \cdot n}{k(d+h)}$

여기서 t : 침출수가 점토층을 통과하는 시간(년)
  d : 점토층의 두께(m)
  n : 유효공극률
  k : 투수계수(m/년)
  h : 침출수 수두(m)

04 매립지 주변을 고려한 물 수지를 수집하려고 할때 강수량(P), 증발산량(E), 유출량(R), 침출수량(L)만을 고려할 경우 우리나라의 연간 침출수량(mm)을 계산하시오. (단, 우리나라의 연간 강수량은 1,200mm, 연간 증발산량은 750mm, 유출량(R)은 최악의 상태를 고려하여 0으로 가정한다.)

 풀이

침출수량 = 강수량−증발산량−유출량 = 1,200mm−750mm−0 = 450mm

05 어느 매립지의 침출수 농도가 반으로 감소하는데 2.96년이 걸린다면 이 침출수 농도가 99% 분해되는데 걸리는 시간(년)을 계산하시오. (단, 1차 반응기준이다.)

풀이

① 반감기 공식 : $\ln\dfrac{1}{2} = -k \times t$

$\ln\dfrac{1}{2} = -k \times 2.96년$

∴ $k = \dfrac{\ln\dfrac{1}{2}}{-2.96년} = 0.2342/년$

② 1차 반응식 공식 : $\ln \dfrac{C_t}{C_o} = -k \times t$

$\ln \dfrac{100-99\%}{100\%} = -0.2342/년 \times t$

$\therefore t = \dfrac{\ln \dfrac{100\%-99\%}{100\%}}{-0.2342/년} = 19.66년$

> **Tip**
> ① 1차 반응식 : $\ln \dfrac{C_t}{C_o} = -k \times t$
> 여기서 C_o : 초기농도 C_t : t 시간 후의 농도
>   k : 상수   t : 시간
> ② $C_t = 100\% - 99\% = 1\%$
> ③ 반감기를 사용하면 $C_t = \dfrac{1}{2}C_o$ 이므로
> $\ln \dfrac{\frac{1}{2}C_o}{C_o} = -k \times t$
> $\ln \dfrac{1}{2} = -k \times t$

06 $C_6H_{12}O_6$ 1ton을 혐기성 분해시 발생되는 메탄의 양을 질량(kg)과 부피(Sm^3)로 각각 계산하시오.

(1) 반응식

(2) 메탄의 양(kg)

(3) 메탄의 양(Sm^3)

(1) 반응식 : $C_6H_{12}O_6 \rightarrow 3CH_4 + 3CO_2$
(2) 메탄의 양을 질량(kg)으로 계산
  $C_6H_{12}O_6 \rightarrow 3CH_4 + 3CO_2$
  180kg : 3×16kg
  1,000kg : X_1(kg)
  $\therefore X_1 = 266.67\,kg$
(3) 메탄의 양을 부피(Sm^3)로 계산
  $C_6H_{12}O_6 \rightarrow 3CH_4 + 3CO_2$
  180kg : 3×22.4 Sm^3
  1,000kg : X_2(Sm^3)
  $\therefore X_2 = 373.33\,Sm^3$

> **Tip**
> ① 포도당 = 글루코스 = $C_6H_{12}O_6$
> ② 질량(kg) = 계수×분자량(kg)
> ③ 체적(Sm^3) = 계수×22.4(Sm^3)
> ④ 호기성 분해 반응식 : $C_6H_{12}O_6 + 6O_2 \rightarrow 6CO_2 + 6H_2O$
> ⑤ 혐기성 분해 반응식 : $C_6H_{12}O_6 \rightarrow 3CH_4 + 3CO_2$

07 함수율이 35%인 쓰레기를 함수율이 7%로 감소시키면 감소시킨 후 쓰레기의 부피감소율(%)을 계산하시오. (단, 쓰레기 비중은 1.0 기준이다.)

 풀이

① $V_1 \times (100-P_1) = V_2 \times (100-P_2)$

$V_1 \times (100-35) = V_2 \times (100-7)$

∴ $\dfrac{V_2}{V_1} = \dfrac{(100-35)}{(100-7)}$

② 부피감소율(%) = $\left(1 - \dfrac{V_2}{V_1}\right) \times 100$

$= \left\{1 - \dfrac{(100-35)}{(100-7)}\right\} \times 100 = 30.11\%$

> **Tip**
> $V_1 \times (100-P_1) = V_2 \times (100-P_2)$
> 여기서 V_1 : 처음 쓰레기량 P_1 : 처음 함수율
> V_2 : 감소 후 쓰레기량 P_2 : 감소 후 함수율

08 매립지 사후관리항목을 4가지 쓰시오.

 풀이

① 우수배제시설 설치 및 관리
② 침출수 관리 및 침출수 처리시설 관리
③ 발생가스 회수 및 관리
④ 지하수 오염도 조사 및 관리
⑤ 구조물 및 지반 안정도 관리
⑥ 주변 환경오염도 조사 관리

> **Tip** 문제의 조건에 알맞게 4가지만 서술하시면 됩니다.

09 소각과 열분해의 정의를 간단히 서술하시오.

① 소각 : 폐기물을 충분한 산소를 공급하여 고온상태에서 연소하여 폐기물의 감량화와 소각열을 회수하여 이용하는 공정이다.
② 열분해 : 폐기물을 무산소 또는 산소가 부족한 상태에서 고온으로 가열하여 기체, 액체, 고체 상태의 연료를 생산하는 공정이다.

10 매립지에서 정기적으로 실시하는 필요 모니터링(Monitoring) 항목 3가지를 쓰시오.

 ① 침출수 관리 및 침출수 처리시설 관리
② 우수배제시설의 설치 및 관리
③ 발생가스 회수 및 관리
④ 지하수 오염도 조사 및 관리
⑤ 구조물 및 지반 안정도 관리
⑥ 주변 환경오염도 조사관리

Tip	문제의 조건에 알맞게 3가지만 서술하시면 됩니다.

11 용출시험방법에서 다음 물음에 답하시오.

(1) 시료의 양
(2) 시료 : 용매의 비
(3) 진탕시간

(1) 시료의 양 : 100g이상
(2) 시료 : 용매의 비 : 1 : 10(W/V)
(3) 진탕시간 : 6시간

Tip	용출시험방법 고상 또는 반고상 폐기물에 대하여 폐기물관리법에서 규정하고 있는 지정폐기물의 판정 및 지정폐기물의 중간처리방법 또는 매립방법을 결정하기 위한 실험에 적용한다. 조제한 시료 100g 이상을 정확히 달아 정제수에 염산을 넣어 pH를 5.8~6.3으로 한 용매(mL)를 시료 : 용매 = 1 : 10(W/V)의 비로 2,000mL 삼각플라스크에 넣어 혼합한다. 시료용액의 조제가 끝난 혼합액을 상온 상압에서 진탕횟수가 매분당 약 200회, 진폭이 4~5cm의 진탕기를 사용하여 6시간 연속 진탕한다.

12 압축비(CR)와 부피감소율(VR)의 관계를 식으로 나타내시오.

 $VR(부피감소율) = \left(1 - \dfrac{1}{CR}\right) \times 100$

> **Tip**
>
> ① $VR(부피감소율) = \left(1 - \dfrac{V_2}{V_1}\right) \times 100$
>
> $\qquad = \left(1 - \dfrac{1}{\dfrac{V_1}{V_2}}\right) \times 100$
>
> $\qquad = \left(1 - \dfrac{1}{CR}\right) \times 100$
>
> 여기서 V_1 : 압축 전 부피, V_2 : 압축 후 부피
>
> $CR(압축비) = \dfrac{V_1}{V_2}$
>
> ② $압축비(CR) = \dfrac{100}{100 - VR(\%)}$

13 고형화연료(RDF)의 문제점을 3가지 쓰시오.

 ① 주성분이 유기물질이므로 수분함량에 따라 부패되기가 쉽다.
② 염소의 함량이 높으면 다이옥신의 발생 위험성이 크다.
③ 소각시설의 부식발생으로 시설의 수명이 단축될 수 있다.
④ 시설비 및 동력비가 고가이다.
⑤ 운전에 숙련된 기술이 요구된다.
⑥ 연료공급의 신뢰성 문제가 있을 수 있다.

> **Tip** 문제의 조건에 알맞게 3가지만 서술하시면 됩니다.

14 열분해의 영향인자를 3가지 쓰시오.

 ① 운전온도 ② 공급산소 ③ 폐기물의 성질

15 매립시설 중 차단형 매립시설의 정기검사의 검사항목 4가지를 쓰시오.

 ① 소화장비 설치·관리실태

② 축대벽의 안정성
③ 빗물 및 지하수 유입방지 조치
④ 사용종료매립지 밀폐상태

> **Tip** 매립시설의 종류
> ① 차단형 매립시설 : 지하수나 우수가 유입되는 것을 방지하기 위해서 콘크리트 구조물 내에 매립하는 시설을 말한다.
> ② 관리형 매립시설 : 침출수가 유출되는 것을 방지하기 위해서 매립장의 바닥 및 측면에 차수시설을 설치한 매립시설을 말한다.

16 폐기물처리시설의 중간처분시설 중 소각시설의 종류를 4가지 쓰시오.

① 일반 소각시설　　　　　　　　② 고온 소각시설
③ 열분해시설(가스화시설 포함)　　④ 고온 용융시설

17 다음 ( )안에 알맞은 말을 쓰시오.

1. 고온소각시설
   (1) 2차 연소실의 출구온도는 섭씨 (①) 이상이어야 한다.
   (2) 2차 연소실은 연소가스가 (②)이상 체류할 수 있고 충분하게 혼합될 수 있는 구조이어야 한다.
   (3) 고온소각시설에서 배출되는 바닥재의 강열감량이 (③)이하가 될 수 있는 소각성능을 갖추어야 한다.
2. 고온용융시설
   (1) 고온용융시설의 출구온도는 섭씨 (④) 이상이어야 한다.
   (2) 고온용융시설에서 연소가스의 체류시간은 (⑤)이상이어야 하고 충분하게 혼합될 수 있는 구조이어야 한다.
   (3) 고온용융시설에서 배출되는 잔재물의 강열감량은 (⑥)이하가 될 수 있는 성능을 갖추어야 한다.

① 1,100도　② 2초　③ 5퍼센트　④ 1,200도　⑤ 1초　⑥ 1퍼센트

18. 바이오-SRF 금속성분 4가지를 쓰시오.

① 수은　　　② 카드뮴
③ 납　　　　④ 비소

> **Tip** 바이오-SRF는 Biomass-Solid Refuse Fuel 의 약자로 폐지류, 농업폐기물, 폐목재류, 식물성 잔재물 그 외 에너지로 사용이 가능하다고 환경부장관이 인정하여 고시하는 바이오매스폐기물로 만든 고형의 연료를 말한다.

19. 전기집진장치와 여과집진장치 그리고 활성탄을 이용해서 처리하는 물질을 보기에서 골라 쓰시오.

〈보기〉 미세먼지, 다이옥신(가스상), 다이옥신(입자상)

① 전기집진장치 : 미세먼지
② 여과집진장치 : 다이옥신(입자상)
③ 활성탄 : 다이옥신(가스상)

※ **알림**
최근기출문제는 수강생들의 도움으로 복원된 문제이므로 실제문제와 다소 차이가 있을 수 있음을 알려 드립니다.
실기시험을 친 수험생은 실기문제를 복원하여 메일(kwe7002@hanmail.net)로 보내 주시면 됩니다.
수험생 여러분들이 원하시는 수험서를 만들도록 항상 최선의 노력을 다하겠습니다.

02회 2019년 폐기물처리기사 최근 기출문제

2019년 6월 시행

01 2,000kg의 폐기물을 이용하여 호기성으로 퇴비화를 하려고 할 때 필요한 산소량(kg)을 계산하시오. (단, 폐기물의 분자식은 $[C_6H_7O_2(OH)_3]_5$이며, 최종단계에서 발생하는 퇴비의 화학식은 $[C_6H_7O_2(OH)_3]_2$이다.)

풀이

$[C_6H_7O_2(OH)_3]_5 + 18O_2 \rightarrow 18CO_2 + 15H_2O + [C_6H_7O_2(OH)_3]_2$

810kg : 18×32kg
2,000kg : 산소량(kg)

$\therefore 산소량 = \dfrac{2,000\,kg \times 18 \times 32\,kg}{810\,kg} = 1,422.22\,kg$

Tip
① $[C_6H_7O_2(OH)_3]_5$의 분자량 =
 $(6 \times 12 \times 5)+(7 \times 1 \times 5)+(2 \times 16 \times 5)+(3 \times 16 \times 5)+(3 \times 1 \times 5) = 810$
② $[C_6H_7O_2(OH)_3]_3 = C_{18}H_{30}O_{15}$
③ $C_{18}H_{30}O_{15} + 18O_2 \rightarrow 18CO_2 + 15H_2O$

02 소각로의 배기가스 배출량이 8,000kg/hr이며, 체류시간은 2초, 소각로내의 온도는 1,000℃이다. 이때 소각로의 체적(m^3)을 계산하시오. (단, 가스의 밀도는 $1.293\,kg/Sm^3$이다.)

풀이

① 가스량(m^3/sec) = $\dfrac{8,000kg/hr}{1.293kg/Sm^3} \times \dfrac{273+1,000℃}{273} \times \dfrac{1hr}{3,600sec}$

 $= 8.0141\,m^3/sec$

② 체적(m^3) = 가스량(m^3/sec) × 체류시간(sec)
 $= 8.0141\,m^3/sec \times 2sec = 16.03\,m^3$

Tip
① 가스량(m^3/sec) = $\dfrac{가스량(kg/sec)}{밀도(kg/m^3)}$
② 체적(m^3) = $V(Sm^3) \times \dfrac{273+℃}{273} \times \dfrac{760(mmHg)}{절대압력(mmHg)}$

03 함수율이 70wt%인 폐기물 20,000kg을 자연 건조과정에서 건조시켰더니 함수율이 50wt%가 되었다. 자연 건조과정에서 폐기물을 수거하는 중에 소나기로 인하여 함수율이 55wt%가 되었다. 이 폐기물에서 제거된 수분의 양(kg)을 계산하시오.

① $W_1 \times (100 - P_1) = W_2 \times (100 - P_2)$

$20,000 \text{kg} \times (100 - 70) = W_2 \times (100 - 55)$

∴ $W_2 = \dfrac{20,000 \text{kg} \times (100 - 70)}{(100 - 55)} = 13,333.33 \text{kg}$

② 제거된 수분량 $= W_1 - W_2$
$= 20,000 \text{kg} - 13,333.33 \text{kg}$
$= 6,666.67 \text{kg}$

Tip

$W_1 \times (100 - P_1) = W_2 \times (100 - P_2)$

여기서 W_1 : 건조 전 폐기물(kg) P_1 : 건조 전 함수율(%)
W_2 : 건조 후 폐기물(kg) P_2 : 건조 후 함수율(%)

04 매립지 면적이 35,000m²이고 침출계수가 0.30, 평균 강수량이 1,250mm/년인 경우 평균 침출수량(m³/day)을 계산하시오. (단, 합리식을 적용 하시오.)

① $C = 0.30$

② $I = \dfrac{1,250 \text{mm}}{1년} \times \dfrac{1년}{365 \text{day}} = 3.4247 \text{mm/day}$

③ $A(\text{면적}) = 35,000 \text{m}^2$

④ $Q = \dfrac{1}{1000} \times C \times I \times A$

$= \dfrac{1}{1000} \times 0.30 \times 3.4247 \text{mm/day} \times 35,000 \text{m}^2$

$= 35.96 \text{ m}^3/\text{day}$

Tip

$Q = \dfrac{1}{1000} \times C \times I \times A$

여기서 Q : 침출수량(m³/day)   C : 침투계수
I : 강우강도(mm/day)   A : 면적(m²)

05 중유 1kg속에 H 13%, 수분 0.7%가 포함되어 있다. 이 중유의 고위발열량이 5,000kcal/kg 일 때 이 중유의 저위발열량(kcal/kg)을 계산하시오.

풀이
$Hl = Hh - 600(9H + W)(kcal/kg)$
$= 5,000 kcal/kg - 600 \times (9 \times 0.13 + 0.007)$
$= 4,293.8 kcal/kg$

Tip
$Hl = Hh - 600(9H + W)(kcal/kg)$
여기서 Hl : 저위발열량(kcal/kg)   Hh : 고위발열량(kcal/kg)
       H : 수소의 함량   W : 수분의 함량

06 슬러지의 수분 80%에 톱밥의 수분 5% 첨가하여 수분을 60%로 만들었을 때 슬러지 톤당 톱밥의 양(톤)을 계산하시오.

풀이
평균 함수율 $= \dfrac{\text{합}\{\text{구성질량(kg)} \times \text{함수율(\%)}\}}{\text{합}\{\text{구성질량(kg)}\}}$

$0.60 = \dfrac{1\text{톤} \times 0.80 + X\text{톤} \times 0.05}{1\text{톤} + X\text{톤}}$

따라서 톱밥의 양 $= 0.36$톤

07 퇴비화 인자 3가지와 최적의 운전범위를 쓰시오.

풀이
① 온도 : 50~60℃
② pH : 6~8
③ C/N비 : 30~50
④ 수분 : 50~60%
⑤ 공급공기량 : 5~15%

Tip 문제의 조건에 알맞게 3가지만 서술하시면 됩니다.

08 유동상 소각로에서 사용하는 Bed(유동물질)을 1가지 적고 특징을 3가지 쓰시오.

(1) 유동물질 : 모래
(2) 특징
① 불활성일 것
② 융점이 높을 것
③ 비중이 작을 것
④ 내마모성이 있을 것
⑤ 열충격에 강할 것
⑥ 가격이 쌀 것

> Tip 문제의 조건에 알맞게 3가지만 서술하시면 됩니다.

09 에너지 회수방법 3가지만 쓰시오.

① 소각에 의한 열회수
② 혐기성 소화시 발생하는 메탄가스 회수
③ 고형화연료(RDF)로 회수

10 Rotary Kiln(로터리 킬른)의 장·단점을 각각 4가지씩 쓰시오.

(1) 장점
① 액상이나 고상의 여러가지 폐기물을 동시에 처리할 수 있다.
② 경사진 구조로 용융상태의 물질에 의하여 방해를 받지 않는다.
③ 폐기물의 체류시간은 로의 회전속도를 조절함으로써 제어할 수 있다.
④ 대체로 예열, 혼합, 파쇄 등의 전처리 없이 폐기물 주입이 가능하다.
(2) 단점
① 비교적 열효율이 낮은 편이며, 먼지 발생량이 많다.
② 로 내에서의 공기유출이 크므로 종종 대량의 과잉공기가 필요하다.
③ 처리량이 적은 경우 설치비가 많이 든다.
④ 구형 및 원통형 물질은 완전연소가 끝나기 전에 굴러 떨어질 수 있다.

11 차수막의 재료인 점토의 차수막 적합조건을 쓰시오.

① 투수계수 : 10^{-7}cm/sec 미만

② 소성지수 : 10% 이상 30% 미만
③ 액성한계 : 30% 이상
④ 점토 및 미사토 함량 : 20% 이상
⑤ 자갈 함유량 : 10% 미만
⑥ 직경이 2.5cm 이상인 입자의 함유량 : 0%

12 열분해의 종류 2가지를 쓰고 각각의 온도와 생성물질을 쓰시오.

(1) 저온 열분해
  ① 온도 : 500~900℃
  ② 생성물질 : 탄화물(Char), 유기산
(2) 고온 열분해
  ① 온도 : 1,100~1,500℃
  ② 생성물질 : 메탄, 수소, 일산화탄소

13 화격자 소각로에서 발생하는 고온부식은 국부적 연소를 하는 장소에서 발생한다. 방지법 4가지를 쓰시오.

① 내열성 및 내식성 재료를 사용한다.
② 부식성 가스를 제거한다.
③ 금속표면 온도를 낮춘다.
④ 금속표면을 피복한다.

14 폐기물 매립지 입지선정시 검토사항 3가지를 쓰시오.

① 계획 매립용량의 확보가 가능할 것
② 복토재의 확보가 쉬울 것
③ 강우량 등의 기상요소 고려

다음은 슬러지를 처리하는 공정도이다. (   )의 공정을 쓰고, 그 공정의 방법을 2가지 쓰시오.

> 농축 – 소화 – 개량 – 탈수 – 전처리 – (   ) – 처분

 (1) 공정명 : 소각
(2) 방법
① 일반소각시설
② 고온소각시설
③ 열분해시설(가스화시설 포함)
④ 고온용융시설

Tip 문제의 조건에 알맞게 2가지만 서술하시면 됩니다.

 아래의 보기에서 알맞은 것을 찾아 쓰시오.

> ① MBT(Mechanical Biological Treatment)
> ② RDF(Refuse Derived Fuel)
> ③ RPF(Refuse Plastic Fuel)
> ④ Eddy Current Separation
> ⑤ EPR(Extended Producer Responsibility)
> ⑥ LCA(Life Cycle Assessment)

(가) 생활쓰레기 전처리시설

(나) 쓰레기전환연료

(다) 플라스틱전환연료

(라) 알루미늄캔 선별법

(마) 생산자책임 재활용제도

(바) 전과정평가

(가) 생활쓰레기 전처리시설 – ① MBT(Mechanical Biological Treatment)
(나) 쓰레기전환연료 – ② RDF(Refuse Derived Fuel)
(다) 플라스틱전환연료 – ③ RPF(Refuse Plastic Fuel)
(라) 알루미늄캔 선별법 – ④ Eddy Current Separation
(마) 생산자책임 재활용제도 – ⑤ EPR(Extended Producer Responsibility)
(바) 전과정평가 – ⑥ LCA(Life Cycle Assessment)

17 호기성 퇴비화 공정에서 미생물에 영향을 주는 인자 3가지를 쓰시오.

① 수분함량
② C/N비
③ 온도
④ pH

Tip 문제의 조건에 알맞게 3가지만 서술하시면 됩니다.

18 강우강도를 계산하는 식 중에서 Talbot의 식을 쓰고, 인자를 설명하시오.

$$I = \frac{a}{t \times b}$$

여기서 I : 강우강도(mm/hr)
　　　t : 지속시간(min)
　　　a, b : 상수

※ **알림**
최근기출문제는 수강생들의 도움으로 복원된 문제이므로 실제문제와 다소 차이가 있을 수 있음을 알려 드립니다.
실기시험을 친 수험생은 실기문제를 복원하여 메일(kwe7002@hanmail.net)로 보내 주시면 됩니다.
수험생 여러분들이 원하시는 수험서를 만들도록 항상 최선의 노력을 다하겠습니다.

04회 2019년 폐기물처리기사 최근 기출문제

2019년 10월 시행

01 2,000kg의 폐기물을 이용하여 호기성으로 퇴비화를 하려고 할 때 필요한 산소량(kg)을 계산하시오. (단, 폐기물의 분자식은 $[C_6H_7O_2(OH)_3]_5$ 이며, 최종단계에서 발생하는 퇴비의 화학식은 $[C_6H_7O_2(OH)_3]_2$ 이다.)

풀이

$[C_6H_7O_2(OH)_3]_5 + 18O_2 \rightarrow 18CO_2 + 15H_2O + [C_6H_7O_2(OH)_3]_2$

810kg : 18 × 32kg
2,000kg : 산소량(kg)

∴ 산소량 = $\dfrac{2,000\,kg \times 18 \times 32\,kg}{810\,kg}$ = 1,422.22 kg

Tip
① $[C_6H_7O_2(OH)_3]_5$의 분자량
 = (6×12×5)+(7×1×5)+(2×16×5)+(3×16×5)+(3×1×5) = 810
② $[C_6H_7O_2(OH)_3]_3$ = $C_{18}H_{30}O_{15}$
③ $C_{18}H_{30}O_{15} + 18O_2 \rightarrow 18CO_2 + 15H_2O$

02 로터리킬른 $2.2 \times 10^5\,kcal/m^3 \cdot hr$ 열을 방출한다. 900kg/hr의 슬러지 케익이 1,220 kcal/kg의 열량으로 연소되는 로터리 킬른의 크기(직경(m), 길이(m))를 계산하시오. (단, 길이는 직경의 3배이다.)

풀이

① 용적(m^3)을 계산한다.

$V(m^3) = \dfrac{열량(kcal/kg) \times 폐기물의\ 양(kg/hr)}{열방출량(kcal/m^3 \cdot hr)}$

$= \dfrac{1,220\,kcal/kg \times 900\,kg/hr}{2.2 \times 10^5\,kcal/m^3 \cdot hr}$ = 4.9909 m^3

② 직경(D)을 계산한다.

$V(m^3) = A(m^2) \times L(m) = A(m^2) \times 3D = \dfrac{\pi \cdot D^2}{4} \times 3D$

따라서 4.9909 m^3 = $\dfrac{3 \times \pi \times D^3}{4}$

$D = \sqrt[3]{\dfrac{4 \times 4.9909\,m^3}{3 \times \pi}}$ = 1.2843 m = 1.28 m

③ 길이(L) = 3 × D = 3 × 1.28 m = 3.84 m

03 폐기물을 분석한 결과 수분 20%, 회분 15%, 고정탄소 25%, 휘발분이 40%이고 휘발분을 원소 분석한 결과 수소 20%, 황 5%, 산소 25%, 탄소 50%이었다. 이때 폐기물의 고위발열량 (kcal/kg)을 계산하시오. (단, Dulong공식을 적용하시오.)

고위발열량(Hh) $= 8,100C + 34,000\left(H - \dfrac{O}{8}\right) + 2,500S \,(\text{kcal/kg})$

$= 8,100 \times (0.25 + 0.4 \times 0.5) + 34,000 \times \left(0.4 \times 0.2 - \dfrac{0.4 \times 0.25}{8}\right) + 2,500 \times (0.4 \times 0.05)$

$= 5,990 \,\text{kcal/kg}$

Tip

① Dulong공식을 이용한 고위발열량(Hh)

고위발열량(Hh) $= 8,100C + 34,000\left(H - \dfrac{O}{8}\right) + 2,500S \,(\text{kcal/kg})$

② 문제풀이에서 $8,100 \times C$를 계산할 경우
$8,100 \times$(고정탄소 + 휘발분 중 탄소함량)에 주의해야 합니다.

04 다음은 다이옥신을 처리하는 공정에 사용되는 용어이다. 주어진 용어의 명칭을 쓰시오.

① ESP
② SCR
③ SNCR
④ WS
⑤ AC
⑥ SDA
⑦ DR
⑧ BF

① ESP : 전기집진기
② SCR : 선택적촉매환원법
③ SNCR : 선택적무촉매환원법
④ WS : 습식세정기
⑤ AC : 활성탄
⑥ SDA : 반건식반응탑
⑦ DR : 건식반응기
⑧ BF : 여과집진기

Tip

① ESP(Electrostatic Precipitator) : 전기집진기
② SCR(Selective Catalytic Reduction) : 선택적촉매환원법
③ SNCR(Selective Non-Catalytic Reduction) : 선택적무촉매환원법
④ WS(Wet Scrubber) : 습식세정기
⑤ AC(Activated Carbon) : 활성탄
⑥ SDA(Semi Dry process Absorption tower) : 반건식흡수탑
⑦ DR(Dry process Reactor) : 건식반응기
⑧ BF(Bag Filter) : 여과집진기

05 D_n, d_n이 침출수의 집배수층 체상분율과 매립지의 토양 체상분율이다. 다음의 조건을 만족하는 값을 나타내시오.
(1) 침출수의 집배수층 주변 물질에 막히지 않는 조건
(2) 침출수의 집배수층이 충분한 투수성을 유지하는 조건

 (1) $\dfrac{D_{15\%}}{d_{85\%}} < 5$

(2) $\dfrac{D_{15\%}}{d_{15\%}} > 5$

여기서 $D_{15\%}$: 입도누적곡선상 15%에 상당하는 침출수의 집배수층 필터재료의 입경
$d_{85\%}$: 입도누적곡선상 85%에 상당하는 침출수의 집배수층 주변토양의 입경
$d_{15\%}$: 입도누적곡선상 15% 상당하는 침출수의 집배수층 주변토양의 입경

06 퇴비화의 영향인자 중 C/N비에 대한 설명이다. 다음 물음에 답하시오.
(1) 퇴비화시 초기 C/N는 (   )정도가 적당하다.
(2) C/N비가 클 때 발생되는 현상을 쓰시오.
(3) C/N비가 작을 때 발생되는 현상을 쓰시오.

 (1) 25 ~ 50
(2) 질소의 함량이 부족하여 퇴비화가 잘 되지 않고, 퇴비화에 걸리는 시간이 길어진다.
(3) 질소원 손실이 커서 비료효과가 저하될 가능성이 높고, 암모니아가스가 발생하여 퇴비화 과정 중 악취가 발생한다.

07 혐기성 매립지로부터 발생하는 여러 가지 종류의 발생가스 중 대표적인 악취원인 물질(분자식 포함) 4가지를 쓰시오.

 ① 암모니아(NH_3)　　② 황화수소(H_2S)
③ 아세트알데하이드(CH_3CHO)　　④ 메틸머캅탄(CH_3SH)

08 쓰레기를 매립하기 전에 쓰레기의 감용화를 목적으로 먼저 쓰레기를 일정한 더미형태로 압축하여 부피를 감소시킨 후 포장을 실시하여 매립하는 방법의 명칭을 쓰시오.

 압축매립공법

09 농도가 높은 폐유기용제를 정제할 수 있는 방법 3가지를 쓰시오.

① 용매추출법
② 증류법
③ 스트리핑

10 폐기물 고형화 처리방법 3가지를 서술하시오.

① 시멘트 기초법
② 석회 기초법
③ 자가시멘트법
④ 피막형성법
⑤ 열가소성 플라스틱법
⑥ 유리화법

> **Tip** 문제의 조건에 알맞게 3가지만 서술하시면 됩니다.

11 폐기물 매립 후 발생되는 생성가스 농도변화를 4단계로 나누어 간단히 설명하시오.

① Ⅰ단계(호기성단계) : 산소와 질소가 감소하고, 이산화탄소가 생성되기 시작한다.
② Ⅱ단계(혐기성비메탄단계) : 혐기성 단계지만 CH_4가 형성되지 않고, H_2가 생성되기 시작하고 SO_4^{2-}, NO_3^- 등이 환원된다.
③ Ⅲ단계(메탄생성축적단계) : 혐기성 단계이며 CH_4가 발생하기 시작한다.
④ Ⅳ단계(정상적인혐기단계) : 정상적인 혐기단계로 CH_4와 CO_2의 함량이 거의 일정하다. (CH_4 55%, CO_2 45%로 구성)

12 폐기물을 매립하는 공법에는 내륙매립공법과 해안매립공법이 있다. 내륙매립공법 4가지를 쓰고 간단히 설명하시오.

① 샌드위치 공법 : 쓰레기를 수평으로 고르게 깔아서 압축한 다음 그 위에 복토를 하여 쓰레기와 복토를 번갈아 하면서 쌓는 방법이다.
② 셀공법 : 쓰레기 비탈면의 경사를 20% 전후(15~25%)로 하여 쓰레기를 셀모양으로 쌓고 각각의 셀에 복토하는 방법이다.
③ 압축매립공법 : 쓰레기를 매립하기 전에 쓰레기의 감량화를 목적으로 먼저 쓰레기를 일정한 더미형태로 압축하여 부피를 감소시킨 후 포장을 실시하여 매립하는 방법이다.
④ 도랑형 공법 : 폭 20m, 깊이 10m 정도의 도랑을 판 다음 일정한 두께로 쓰레기를 매립한 다음 인근 도랑에서 굴착한 흙으로 복토하는 방법이다.

13 90%의 함수율을 가진 하수슬러지 20톤과 70%의 함수율을 가진 음식쓰레기 50톤을 혼합할 경우 혼합폐기물의 함수율(%)을 계산하고, 액상, 고상, 반고상 폐기물인지 판단 기준을 제시하고 판단하시오.

(1) 혼합폐기물의 함수율(%)을 계산한다.

$$혼합폐기물의 함수율(\%) = \frac{20톤 \times 90\% + 50톤 \times 70\%}{20톤 + 50톤} = 75.71\%$$

(2) 폐기물 판단 기준
　① 고상폐기물 : 고형물의 함량이 15% 이상
　② 반고상폐기물 : 고형물의 함량이 5% 이상 15% 미만
　③ 액상폐기물 : 고형물의 함량이 5% 미만

(3) 폐기물 상태
　① 혼합폐기물의 고형물 함량(%) = 100−혼합폐기물의 함수율(%)
　　　　　　　　　　　　　　　　= 100−75.71% = 24.29%
　② 혼합폐기물의 상태는 고상폐기물이다.

14 매립시 파쇄의 단점 3가지를 서술하시오.

① 소음발생
② 폭발 가능성
③ 먼지를 통한 병원균 전파 가능성

Tip	매립시 파쇄의 장점 ① 겉보기비중 증가 ② 비표면적 증가 ③ 입경분포의 균일화 ④ 고가금속 회수가능 ⑤ 운반비의 저렴화 ⑥ 폐기물 소각시 연소효율 증가

15 쓰레기 발생량에 영향을 미치는 인자 3가지를 쓰고, 배출특성을 설명하시오.

(1) 발생량에 영향을 미치는 인자
　① 생활수준
　② 쓰레기통의 크기
　③ 수거빈도
　④ 계절
　⑤ 가구당 인원 수

(2) 배출특성
① 생활수준이 증가할수록 쓰레기의 종류는 다양화되고 발생량은 증가한다.
② 쓰레기통의 크기가 클수록 유효용적이 증가하여 발생량이 증가한다.
③ 수거빈도가 높을수록 쓰레기의 발생량이 증가한다.
④ 계절에 따라 쓰레기의 성분이 달라진다.
⑤ 가구당 인원수가 증가할수록 쓰레기의 발생량은 증가한다.

> **Tip** 문제의 조건에 알맞게 3가지만 서술하시면 됩니다.

16. 다음은 침출수 집배수 설비의 조건에 대한 설명이다. 다음의 물음에 답하시오.

① 침출수 집배수층의 두께 :
② 침출수 집배수층 투수계수 :
③ 침출수 집배수층의 바닥경사 :
④ 침출수 집배수관(유공관)의 최소직경 :

풀이
① 침출수 집배수층의 두께 : 최소 30 cm
② 침출수 집배수층 투수계수 : 최소 1 cm/sec
③ 침출수 집배수층의 바닥경사 : 2~4 %
④ 침출수 집배수관(유공관)의 최소직경 : 15 cm

> **Tip**
> (1) 침출수 집배수층
>   ① 두께 : 최소 30cm
>   ② 투수계수 : 최소 1cm/sec
>   ③ 집배수층 재료의 입경 : 10~13mm
>   ④ 바닥경사 : 2~4 %
> (2) 침출수 집배수관(유공관)
>   ① 집배수관의 최소직경 : 15cm
>   ② 집배수관 구멍 직경 : 1cm 이상 집배수층재료의 최소입경 미만
>   ③ 구멍간격 : 집배수관 직경 : 1~1.5 : 1
>   ④ 집배수관 간격 : 15~30cm(최대 50m)

※ **알림**
최근기출문제는 수강생들의 도움으로 복원된 문제이므로 실제문제와 다소 차이가 있을 수 있음을 알려 드립니다.
실기시험을 친 수험생은 실기문제를 복원하여 메일(kwe7002@hanmail.net)로 보내 주시면 됩니다.
수험생 여러분들이 원하시는 수험서를 만들도록 항상 최선의 노력을 다하겠습니다.

01회 2020년 폐기물처리기사 최근 기출문제

2020년 5월 시행

01 수소 1몰을 다음과 같이 반응시킬 때 필요한 공기량(Sm^3)을 계산하시오.

$$H_2 + 1/2O_2 \rightarrow H_2O$$

① 이론산소량(Sm^3)을 계산한다.

$H_2 \quad + \quad 1/2O_2 \quad \rightarrow \quad H_2O$
$1\,mol : 1/2 \times 22.4\,Sm^3$
$1\,mol : O_o(이론산소량)$

$\therefore O_o(이론산소량) = 11.2\,Sm^3$

② 이론공기량(Sm^3)을 계산한다.

이론공기량(Sm^3) = 이론산소량(Sm^3) $\times \dfrac{1}{0.21}$

$= 11.2\,Sm^3 \times \dfrac{1}{0.21} = 53.33\,Sm^3$

02 자연상태의 쓰레기 밀도가 $200\,kg/m^3$이었던 것을 적환장에 설치된 압축기에 넣어 압축시킨 결과 $900\,kg/m^3$으로 증가하였다. 이때 부피감소율(%)을 계산하시오.

① $V_1 = 1\,kg \times \dfrac{1}{200\,kg/m^3} = 0.005\,m^3$

② $V_2 = 1\,kg \times \dfrac{1}{900\,kg/m^3} = 0.0011\,m^3$

③ 부피감소율(%) $= \left(1 - \dfrac{0.0011\,m^3}{0.005\,m^3}\right) \times 100 = 78\%$

Tip

부피감소율(%) $= \left(1 - \dfrac{V_2}{V_1}\right) \times 100$

여기서 V_1 : 압축 전 부피(m^3)
V_2 : 압축 후 부피(m^3)

03 다음 조성의 도시 고형폐기물 1ton 소각시 발생하는 이론습연소가스의 질량(ton) 및 실제습연소가스의 질량(ton)를 계산하시오.

> 공기비(m) = 1.5
> 조성(%) : C = 30, H = 20, O = 20, S = 5, N = 5, 수분 = 10, ash = 10

(가) 이론습연소가스 질량(ton/ton)를 계산하시오.

(나) 실제습연소가스 질량(ton/ton)를 계산하시오.

① 이론공기량(ton/ton)을 계산한다.

$$A_o = \left\{2.667C + 8 \times (H - \frac{O}{8}) + S\right\} \times \frac{1}{0.232}$$

$$= \left\{2.667 \times 0.3 + 8 \times (0.2 - \frac{0.2}{8}) + 0.05\right\} \times \frac{1}{0.232} = 9.6987 \, ton/ton$$

② 이론습연소가스 질량(ton/ton)를 계산한다.

$$G_{ow} = (1 - 0.232)A_o + \frac{44}{12}C + \frac{18}{2}H + \frac{64}{32}S + \frac{28}{28}N + \frac{18}{18}W \, (ton/ton)$$

$$= (1 - 0.232) \times 9.6987 \, ton/ton + \frac{44}{12} \times 0.30 + \frac{18}{2} \times 0.20 + \frac{64}{32} \times 0.05 + \frac{28}{28} \times 0.05 + \frac{18}{18} \times 0.10$$

$$= 10.60 \, ton/ton$$

③ 실제습연소 가스질량(ton/ton)를 계산한다.

$$G_w = G_{ow} + \{(m-1)A_o\} \, (ton/ton)$$

$$= 10.60 \, ton/ton + \{(1.5 - 1) \times 9.6987 \, ton/ton\}$$

$$= 15.45 \, ton/ton$$

04 다음 조성을 가진 분뇨와 음식물을 질량비 3 : 5로 혼합 처리시 C/N비(탄질소비)를 계산하시오.

구분	함수율(%)	유기탄소(%)/TS	총질소량(%)/TS
분뇨	95%	40%	20%
음식물	35%	87%	5%

$$C/N비 = \frac{탄소량}{질소량} = \frac{(1-0.95) \times 0.4 \times \frac{3}{8} + (1-0.35) \times 0.87 \times \frac{5}{8}}{(1-0.95) \times 0.2 \times \frac{3}{8} + (1-0.35) \times 0.05 \times \frac{5}{8}} = 15$$

Tip	① 고형물(TS) = 100 − 함수율(%) ② 분뇨의 고형물 = 100 − 95% = 1 − 0.95 ③ 음식물의 고형물 = 100 − 35% = 1 − 0.35 ④ 분뇨와 음식물의 비가 3 : 5 이므로 분뇨 = $\frac{3}{3+5}$, 음식물 = $\frac{5}{3+5}$

05 다음의 조건을 이용해 물음에 답하시오.

폐기물의 종류	질량(kg)	압축계수	매립지에서의 압축부피(m^3)
음식물류	95	0.27	0.12
종이류	350	0.18	0.525
플라스틱류	45	0.20	0.301
고무	30	0.25	0.021
유리	65	0.31	0.190
비철금속	25	0.25	0.027
목재	35	0.41	0.018
섬유	15	0.17	0.051

(가) 폐기물 매립지 겉보기밀도(kg/m^3)를 계산하시오. (단, 매립시 완전히 다져졌다고 가정)

(나) 종이류 40%, 플라스틱류 70%, 유리가 90% 회수된 후의 매립지의 압축겉보기밀도(kg/m^3)를 계산하시오.

(가) 폐기물 매립시 겉보기밀도(kg/m^3) = $\frac{폐기물의\ 질량(kg)}{매립지에서의\ 압축부피(m^3)}$

① 폐기물의 질량(kg) = 95kg + 350kg + 45kg + 30kg + 65kg + 25kg + 35kg + 15kg
  = 660kg

② 매립지에서의 압축부피(m^3)
  = $0.12m^3 + 0.525m^3 + 0.301m^3 + 0.021m^3 + 0.190m^3 + 0.027m^3 + 0.018m^3 + 0.051m^3$
  = $1.253m^3$

③ 겉보기밀도(kg/m^3) = $\frac{660kg}{1.253m^3}$ = $526.74\,kg/m^3$

(나) 회수 후 매립지의 압축겉보기밀도(kg/m^3) = $\frac{회수\ 후\ 질량(kg)}{회수\ 후\ 부피(m^3)}$

① 회수 후 질량(kg) = 폐기물의 총 질량(kg) − 회수물질의 질량(kg)
  = 660kg − (350kg × 0.40 + 45kg × 0.70 + 65kg × 0.90)
  = 430kg

② 회수 후 부피(m^3)
  = 매립지의 총 압축부피(m^3) − 매립지의 회수물질 압축부피(m^3)

$$= 1.253\,\text{m}^3 - (0.525\,\text{m}^3 \times 0.40 + 0.301\,\text{m}^3 \times 0.70 + 0.190\,\text{m}^3 \times 0.90)$$
$$= 0.6613\,\text{m}^3$$

③ 압축겉보기 밀도$(\text{kg}/\text{m}^3) = \dfrac{430\,\text{kg}}{0.6613\,\text{m}^3} = 650.23\,\text{kg}/\text{m}^3$

06 열분해에 대한 다음 물음에 답하시오.

(가) 열분해의 정의를 간단히 쓰시오.
(나) 열분해장치 3가지를 쓰시오.
(다) 열분해시 생성물질을 고체, 액체, 기체상물질로 구분하여 쓰시오.

풀이
(가) 열분해의 정의 : 폐기물을 무산소 또는 산소가 부족한 상태에서 고온으로 가열하여 기체, 액체, 고체 상태의 연료를 생산하는 공정이다.
(나) 열분해 장치 : 고정상 방식, 유동상 방식, 부유상 방식
(다) 열분해시 생성물질
　① 기체상 물질 : 수소(H_2), 메탄(CH_4), 일산화탄소(CO)
　② 액체상 물질 : 아세톤, 메탄올, 오일
　③ 고체상 물질 : 탄화물(Char), 불활성 물질

07 침출수 집배수시설 설계시 고려해야 하는 항목 중 침출수량에 영향을 미치는 요인 5가지를 쓰시오.

① 강우량　　② 증발량　　③ 지하수량
④ 침투수량　⑤ 표면유출량　⑥ 폐기물 분해시 발생량

> **Tip** 문제의 조건에 알맞게 5가지만 서술하시면 됩니다.

08 소각시설의 구성요소를 대별하여 보면 반입공급설비, 소각설비, 연소가스 냉각설비, 연소가스 처리설비, 급배수설비, 여열이용설비, 통풍설비, 소각재처리설비, 폐수처리설비 등으로 구성된다. 여기서 통풍설비에 해당되는 구성설비 종류 3가지만 쓰시오.

풀이
① 압입통풍 : 로 안에 설치된 가압송풍기에 의해 연소용 공기를 연소로 안으로 압입하는 통풍방식으로 연소실 공기를 예열할 수 있고 로내압이 정압(+)으로 연소효율이 좋다.
② 흡입통풍 : 로내의 압력을 부압(-)으로 하여 배기가스를 굴뚝으로 흡인시켜 배출하는 방식으로

역화의 위험성이 없으며 통풍력이 크다.
③ 평형통풍 : 대용량의 연소설비에 적합하며, 통풍 및 로내압의 조건이 용이하며, 동력소모가 크고 설비비 및 유지비가 많이 든다.
④ 자연통풍 : 공기와 배출가스의 밀도차에 의해 통풍하는 방식이다.

> **Tip** 문제의 조건에 알맞게 3가지만 서술하시면 됩니다.

09 다음은 연직차수막과 표면차수막을 비교한 것이다. (　)안을 알맞게 채우시오.

구 분	연직차수막	표면차수막
채용조건	(가) (　　　)	(나) (　　　)
차수성 확인	지하에 매설하기 때문에 확인이 어렵다.	시공시에는 가능하나 매립 후에는 곤란하다.
경제성	(다) (　　　)	(라) (　　　)
보수성	차수막 보강시공이 가능	매립 전에는 가능하나 매립 후에는 어렵다.
지하수 집배수시설	필요없다.	필요하다.

(가) 지중에 수평방향의 차수층이 존재할 때 사용
(나) 매립지 필요범위에 차수재료로 덮인 바닥이 있을 때 또는 매립지 지반의 투수계수가 큰 경우에 사용한다.
(다) 단위면적당 공사비가 비싼 반면 총공사비는 싸다.
(라) 단위면적당 공사비는 싸지만 매립지 전체를 시공하는 경우 총공사비는 비싸다.

10 다음은 오염된 토양을 정화하거나 복구하는 기술들이다. 간단히 설명하시오.
(가) 동전기정화기술
(나) 전기삼투
(다) 전기이동
(라) 전기영동

(가) 동전기정화기술 : 오염된 토양속에 전극을 설치하여 전류를 통하게 하여 토양속의 오염물질을 전기화학적 원리를 이용하여 정화하는 기술이다.
(나) 전기삼투 : 포화 토양속에 전류를 가해 양이온이 음극쪽으로 이동함과 동시에 공극수의 이동을 통하여 오염된 토양을 정화하는 기술이다.

(다) 전기이동 : 전기경사에 의해서 전하를 띄는 화학물질의 이동현상을 이용하여 오염된 토양을 정화하는 기술이다.
(라) 전기영동 : 전하를 띄는 입자에 직류전압을 걸면 (+)하전 입자는 음극으로, (−)하전 입자는 양극으로 향하여 이동하게 되는 원리를 이용하여 오염 토양을 정화하는 기술이다.

11. 퇴비화의 영향인자 중 C/N비에 대한 설명이다. 다음 물음에 답하시오.

(1) 퇴비화시 초기 C/N비는 (   )정도가 적당하다.
(2) C/N비가 클 때 발생되는 현상을 쓰시오.
(3) C/N비가 작을 때 발생되는 현상을 쓰시오.

(1) 25 ~ 50
(2) 질소의 함량이 부족하여 퇴비화가 잘 되지 않고, 퇴비화에 걸리는 시간이 길어진다.
(3) 질소원 손실이 커서 비료효과가 저하될 가능성이 높고, 암모니아가스가 발생하여 퇴비화 과정 중 악취가 발생한다.

12. 고화처리방법 중 자가시멘트법의 장·단점을 각각 2가지씩 쓰시오.

(1) 장점
   ① 중금속 저지에 효과적이다.
   ② 탈수 등의 전처리가 필요없다.
(2) 단점
   ① 보조에너지가 필요하다.
   ② 장치비가 크며 숙련된 기술을 요한다.

13. 저위발열량 추정법 3가지와 대표적인 추정식 하나씩을 쓰시오.

① 원소분석에 의한 방법
   $Hl = Hh - 600(9H + W)(kcal/kg)$
   여기서 Hl : 저위발열량(kcal/kg)
         Hh : 고위발열량(kcal/kg)
         H : 수소의 함량
         W : 수분의 함량
② 추정식에 의한 방법(3성분에 의한 방법)
   $Hl = 45VS - 6W$
   여기서 Hl : 저위발열량(kcal/kg)
         VS : 가연성분(%)
         W : 수분함량(%)

③ 물리적조성에 의한 방법
   $Hl = 88.2 \times R + 40.5 \times (G+P) - 6W$
   여기서 R : 플라스틱의 함량(%)
         G : 진개의 함량(%)
         P : 종이류의 함량(%)
         W : 수분의 함량(%)

14 유해폐기물을 처리하는 고형화 처리방법 중 유리화법의 장·단점을 2가지씩 각각 쓰시오.

 (1) 장점
   ① 첨가제의 비용이 비교적 싸다.
   ② 2차 오염물질의 발생이 적다.
(2) 단점
   ① 에너지 집약적이다.
   ② 특수장치와 숙련된 인원이 필요하다.

15 Cr^{3+}의 침전반응식을 쓰시오. (단, 수산화물 침전법 기준)

 $2Cr^{3+} + 6OH^- \rightarrow 2Cr(OH)_3$

16 액상폐기물중에 존재하는 As이온의 제거법 2가지를 간단히 쓰시오. (단, 예시는 답란에서 제외 하시오)

(예시) 비소의 제거법으로 흡착법과 이온교환법을 이용한다.

① 침전법 : 칼슘, 알루미늄, 마그네슘, 철등의 수산화물에 공침시켜 제거한다.
② 역삼투법 : 반투막이나 멤브레인을 사용하여 여과 제거한다.

Tip 각 이온의 수산화물
칼슘의 수산화물 = $Ca(OH)_2$, 알루미늄의 수산화물 = $Al(OH)_3$
마그네슘의 수산화물 = $Mg(OH)_2$, 철의 수산화물 = $Fe(OH)_3$

17 다음 보기는 폐기물을 수거하는 방식이다. MHT의 값이 큰 것부터 작은 순서로 나열하시오.

〈보기〉
① 벽면 부착식 ② 집안 이동식 ③ 집안 고정식 ④ 집밖 이동식 ⑤ 집밖 고정식

풀이 ① → ③ → ⑤ → ② → ④

Tip
(1) MHT는 수거효율을 나타내는 척도로 사용된다.
(2) MHT는 man·hr/ton의 약자이다.
(3) MHT의 값이 작을수록 수거효율이 높다.
(4) ① 벽면 부착식(2.38) ② 집안 이동식(1.86) ③ 집안 고정식(2.24)
    ④ 집밖 이동식(1.47) ⑤ 집밖 고정식(1.96)

18 열회수장치인 열교환기의 종류를 쓰시오.

풀이 과열기, 재열기, 절탄기(이코노마이저), 공기예열기

※ **알림**
최근기출문제는 수강생들의 도움으로 복원된 문제이므로 실제문제와 다소 차이가 있을 수 있음을 알려 드립니다.
실기시험을 친 수험생은 실기문제를 복원하여 메일(kwe7002@hanmail.net)로 보내 주시면 됩니다.
수험생 여러분들이 원하시는 수험서를 만들도록 항상 최선의 노력을 다하겠습니다.

02회 2020년 폐기물처리기사 최근 기출문제

2020년 7월 시행

01 고형물의 농도가 80kg/m³인 농축슬러지를 300m³/day 유량으로 탈수시키려 한다. 고형물 질량에 대해 25%의 소석회를 넣으면 (이때 첨가된 소석회의 50%가 고형물이 된다.) 15kg/m²·hr 의 여과속도 및 함수율 70%의 탈수 Cake가 얻어진다. 탈수기의 하루 운전시간은 8시간이고 Cake의 비중은 1.0일 때 다음 물음에 답하시오.

(1) 여과면적(m²)을 계산하시오.
(2) 탈수 Cake의 양(ton/day)을 계산하시오.

(1) 여과면적(m²) 계산

$$\text{여과속도}(kg/m^2 \cdot hr) = \frac{\text{고형물의 농도}(kg/m^3) \times \text{농축슬러지량}(m^3/hr)}{\text{여과면적}(m^2)}$$

$$15kg/m^2 \cdot hr = \frac{80kg/m^3 \times \{1+(0.25 \times 0.50)\} \times 300m^3/day \times 1day/8hr}{\text{여과면적}(m^2)}$$

∴ 여과면적 = 225m²

(2) 탈수 Cake의 양(ton/day) 계산
① 슬러지량(ton/day) = 고형물의 농도(ton/m³) × 농축슬러지량(m³/day)
  = 80kg/m³ × {1+(0.25×0.50)} × 300m³/day × 10⁻³ton/kg
  = 27ton/day

② 탈수 Cake의 양(ton/day) = 슬러지량(ton/day) × $\frac{100}{100-\text{함수율}(\%)}$

  = 27ton/day × $\frac{100}{100-70\%}$ = 90ton/day

02 수분함량이 90%인 폐기물의 용출시험결과 A 중금속의 농도가 0.25mg/L이고, 지정폐기물의 기준이 0.3mg/L이었다면 지정폐기물로 분류되는지를 판별하시오.

① 용출실험의 결과는 시료중의 수분함량 보정을 위해 함수율 85%이상인 시료에 한하여 $\frac{15}{100-\text{시료의 함수율}(\%)}$ 을 곱하여 계산된 값으로 한다.

따라서 $\frac{15}{100-90}$ = 1.5

② 0.25mg/L × 1.5 = 0.375mg/L

③ 지정폐기물의 기준치를 초과하였으므로 지정폐기물에 해당한다.

03 $C_6H_{12}O_6$ 1ton을 혐기성 분해시 발생되는 메탄의 양을 질량(ton)과 부피(Sm^3)로 각각 계산하시오.

(1) 반응식

(2) 메탄의 양(ton)

(3) 메탄의 양(Sm^3)

 (가) 반응식 : $C_6H_{12}O_6 \rightarrow 3CH_4 + 3CO_2$

(나) 메탄의 양을 질량(kg)으로 계산
$C_6H_{12}O_6 \rightarrow 3CH_4 + 3CO_2$
180kg : 3× 16kg
1,000kg : X_1(kg)
∴ $X_1 = 266.67$kg = 0.27 ton

(나) 메탄의 양을 부피(Sm^3)로 계산
$C_6H_{12}O_6 \rightarrow 3CH_4 + 3CO_2$
180kg : 3× 22.4 Sm^3
1,000kg : X_2(Sm^3)
∴ $X_2 = 373.33 Sm^3$

04 쓰레기의 압축비가 5이고 압축 후의 부피가 5m³인 쓰레기의 부피감소율(%)을 계산하시오.

 부피감소율(%) $= \left(1 - \dfrac{1}{압축비}\right) \times 100$

$= \left(1 - \dfrac{1}{5}\right) \times 100 = 80\%$

아래의 조건에 따른 지역의 쓰레기를 수거하고자 한다. 30일간 발생된 쓰레기 수거에 필요한 차량의 수를 계산하시오.

- 발생된 쓰레기밀도 : 450 kg/m³
- 압축비 : 2.0
- 적재함 이용율 : 80%
- 수거대상 가구수 : 450가구
- 차량적재용량 : 8 m³
- 발생량 : 1.2 kg/인·일
- 차량운행횟수 : 1회
- 1가구당 인구수 : 4명

 수거차량 수 = $\dfrac{\text{쓰레기의 총 발생량}}{\text{차량의 적재용량}}$

$$= \dfrac{1.2\,\text{kg/인·일} \times 4\text{인/1가구} \times 450\text{가구} \times 30\text{일} \times \dfrac{1}{450\,\text{kg/m}^3}}{8\text{m}^3/1\text{대} \cdot 1\text{회} \times 1\text{회} \times 0.8 \times 2.0} = 12\text{대}$$

 쓰레기를 압축시킨 결과 용적감소율이 80%일 때 압축비를 계산하시오.

 압축비 = $\dfrac{100}{100 - \text{부피감소율}(\%)} = \dfrac{100}{100 - 80\%} = 5$

 폐기물의 고형화 처리방법 6가지를 서술하시오.

① 시멘트 기초법
② 석회 기초법
③ 자가시멘트법
④ 피막형성법
⑤ 열가소성 플라스틱법
⑥ 유리화법

 매립 시 필요한 파쇄의 문제점을 환경적인 측면과 안전적인 측면에서 서술하시오.

(1) 환경적인 측면은 소음발생, 진동 발생, 먼지 발생의 문제를 유발한다.
(2) 안전적인 측면은 폭발이 발생하는 문제가 있다.

09 퇴비화 인자 3가지와 최적의 운전범위를 쓰시오.

① 온도 : 50 ~ 60℃
② pH : 6 ~ 8
③ C/N비 : 30 ~ 50
④ 수분 : 50 ~ 60%
⑤ 공급공기량 : 5 ~ 15%

> **Tip** 위의 사항 중 요구조건인 3가지만 서술하시면 됩니다.

10 다음 ( )안에 들어갈 알맞은 말을 쓰시오.

C/N비가 (①) 이상이면 퇴비화가 느려지고, C/N비가 (②) 이하이면 퇴비화 과정에서 암모니아가 발생하여 악취가 발생한다.

① 80 ② 20

11 아래의 설명에 알맞은 매립공법을 보기에서 골라 쓰시오.

호기성 매립, 준호기성 매립, 혐기성 매립, 혐기성 위생매립, 개량형 혐기성 위생매립

(1) 기존의 산간지나 저습지에 폐기물을 단순 투기하는 방법으로 별다른 환경오염 방지대책이 없어 환경에 미치는 영향이 아주 큰 편이다.

(2) 냄새나 파리, 곤충 등의 문제는 없지만 매립층내에서 발생되는 침출수가 토양 및 지하수를 오염시키므로 매립층 하부에 불투수층의 차수막과 배수관을 설치한다.

(3) 2 ~ 3m 정도로 폐기물을 쌓고 그 위에 약 50cm 정도로 복토를 하는 공법으로 악취, 파리, 곤충의 문제는 없지만 BOD나 질소함량이 높은 침출수로 인해 주변 수역을 오염시킨다.

(4) 매립지내의 침출수가 원활히 배제되고 배수관으로 자연대류에 의해 공기가 유입됨으로 배수관 주변이 호기성이 되어 침출수의 수질이 개선된다.

(5) 매립지의 매립층에 공기를 강제로 주입하여 매립층내를 호기성으로 만들어 폐기물을 빠른 시간에 분해하고 안정화시킨다.

(1) 혐기성 매립
(2) 개량형 혐기성 위생매립
(3) 혐기성 위생매립
(4) 준호기성 매립
(5) 호기성 매립

12 Fenton산화법에 사용되는 약품 및 처리방법을 순서대로 쓰시오.

 (1) 사용되는 시약
산화제 : 과산화수소(H_2O_2), 촉매제 : 황산제1철($FeSO_4$)
(2) 처리방법 순서
유입수 → pH 3 ~ 5로 조절 → 펜턴산화 → 중화 → 침전 → 처리수

13 합성차수막의 결정도(Crystallinity)가 증가할수록 합성차수막이 나타내는 성질 6가지를 쓰시오.

 ① 충격에 약하다.
② 화학물질에 대한 저항성이 증가한다.
③ 인장강도가 증가한다.
④ 투수계수가 감소한다.
⑤ 열에 대한 저항성이 증가한다.
⑥ 단단해진다.

14 소각로의 연소실에서 연소가스와 폐기물의 흐름에 따라서 로의 본체 형식을 나눌 수 있다. 로의 본체 형식 4가지를 쓰고, 간단히 설명하시오.

 (1) 역류식(향류식)
① 수분이 많고 저위발열량이 낮은 쓰레기에 적합하다.
② 연소실내의 연소가스의 흐름방향과 폐기물의 이송방향이 반대인 형식이다.
(2) 병류식
① 수분이 적고 저위발열량이 높은 폐기물에 적합하다.
② 폐기물의 이송방향과 연소가스의 흐름방향이 같은 형식이다.
(3) 교류식(중간류식)
① 폐기물 질의 변동이 심한 경우에 사용한다.
② 역류식(향류식)과 병류식의 중간적인 형식이다.

(4) 복류식
　① 폐기물의 질이나 저위발열량의 변동이 심할 경우에 사용한다.
　② 2개의 출구를 가지고 있으며, 댐퍼의 개폐로 역류식, 병류식, 교류식으로 조절할 수 있다.

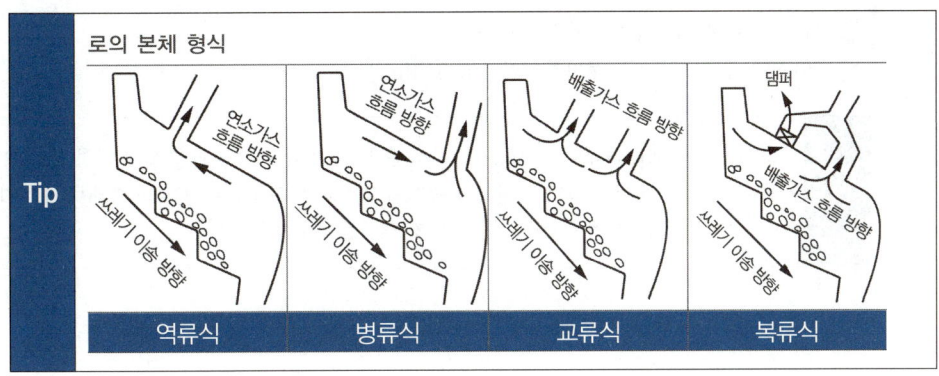

15 소각로에서 발생하는 고형잔류물의 종류와 영향을 쓰시오.

풀이
(1) 종류 : 소각재, 비산재
(2) 영향 : 납(Pb), 카드뮴(Cd)의 기준치 초과

16 연소시설에서 공기가 과잉으로 주입 시 문제점 3가지을 쓰시오.

풀이
① 연소실의 연소온도가 낮아진다.
② 통풍력이 강하여 배기가스에 의한 열손실이 증가한다.
③ 황산화물과 질소산화물 함량 증가로 부식이 촉진된다.

17 매립지에서 생물학적 분해가 일어나는 경우 pH가 낮아지는 원인을 설명하고, 이때 중금속의 용출가능성은 어떤 영향을 받는지 쓰시오.

풀이
① pH가 낮아지는 원인은 이산화탄소(CO_2)가 발생하기 때문이다.
② 중금속의 용출가능성은 pH가 낮아짐으로써 증가된 수소이온농도(H^+)에 의해 중금속이 치환됨에 영향을 받는다.

폐기물 소각로에서 발생하는 산성가스인 황산화물과 비산재를 처리하는 장치를 각각 쓰시오.

(1) 황산화물 처리장치 : 반건식 반응탑
(2) 비산재 처리장치 : 여과집진장치(bag filter)

> **Tip**
> 반건식 반응탑(Semi Dry Reactor) : 하향식으로 분무된 수분과 액상 소석회($Ca(OH)_2$)는 반응탑내에서 산성가스 성분과 중화과정을 거쳐 고형화된 먼지의 형태로 배기가스에서 산성가스를 제거한다. 그리고 폐수는 발생되지 않는다.

※ **알림**

최근기출문제는 수강생들의 도움으로 복원된 문제이므로 실제문제와 다소 차이가 있을 수 있음을 알려 드립니다.
실기시험을 친 수험생은 실기문제를 복원하여 메일(kwe7002@hanmail.net)로 보내 주시면 됩니다.
수험생 여러분들이 원하시는 수험서를 만들도록 항상 최선의 노력을 다하겠습니다.

03회 2020년 폐기물처리기사 최근 기출문제

2020년 10월 시행

01 파쇄에 앞서 폐기물 100ton/hr 중 유리 8%를 회수하기 위해 트롬멜 스크린으로 선별하였다. 회수되는 폐기물의 양이 10ton/hr이고, 회수되는 폐기물 중 유리의 양이 7.2ton/hr이다. 다음 물음에 답하시오.

(가) 유리의 회수율(%)을 계산하시오.
(나) Rietema식을 이용하여 선별효율(%)을 계산하시오.
(다) Worrell식을 이용하여 선별효율(%)을 계산하시오.

 (가) 유리의 회수율(%)을 계산한다.

$$\text{유리의 회수율(\%)} = \frac{\text{회수되는 유리}}{\text{투입되는 유리}} \times 100 = \frac{7.2\text{ton/hr}}{100\text{ton/hr} \times 0.08} \times 100 = 90\%$$

(나) Rietema식을 이용하여 선별효율(%)을 계산한다.

$$\text{선별효율(\%)} = \left| \left(\frac{X_c}{X_i} - \frac{Y_c}{Y_i} \right) \right| \times 100$$

$$= \left| \left(\frac{7.2\text{ton/hr}}{8\text{ton/hr}} - \frac{2.8\text{ton/hr}}{92\text{ton/hr}} \right) \right| \times 100 = 86.96\%$$

(다) Worrell식을 이용하여 선별효율(%)을 계산한다.

$$\text{선별효율(\%)} = \left(\frac{X_c}{X_i} \times \frac{Y_o}{Y_i} \right) \times 100$$

$$= \left(\frac{7.2\text{ton/hr}}{8\text{ton/hr}} \times \frac{89.2\text{ton/hr}}{92\text{ton/hr}} \right) \times 100 = 87.26\%$$

Tip
- X_i (투입량 중 회수대상물질) $= 100\text{ton/hr} \times 0.08 = 8\text{ton/hr}$
- Y_i (투입량 중 비회수대상물질) $= 100\text{ton/hr} - 8\text{ton/hr} = 92\text{ton/hr}$
- X_c (회수량 중 회수대상물질) $= 7.2\text{ton/hr}$
- Y_c (회수량 중 비회수대상물질) $= 2.8\text{ton/hr}$
- X_o (제거량 중 회수대상물질) $= 8\text{ton/hr} - 7.2\text{ton/hr} = 0.8\text{ton/hr}$
- Y_o (제거량 중 비회수대상물질) $= 92\text{ton/hr} - 2.8\text{ton/hr} = 89.2\text{ton/hr}$

02 폐기물 매립장에서 발생되는 침출수의 BOD 농도가 3,000mg/L이다. 1차 처리시설의 효율이 80%, 2차 처리시설의 효율이 50% 일 때 최종 방류수의 BOD 농도를 30mg/L로 유지하기 위해 3차 약품처리시설을 설치하고자 할 때, 3차 약품처리시설의 효율(%)은 얼마 이상이어야 하는지 계산하시오.

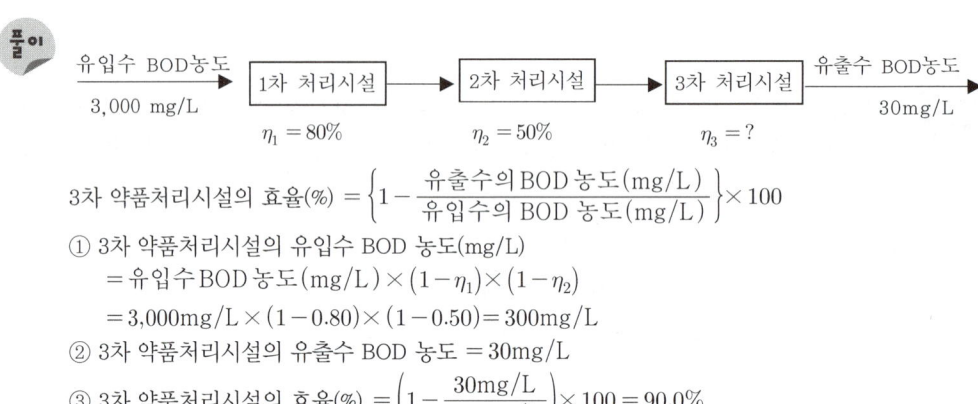

3차 약품처리시설의 효율(%) = $\left\{1 - \dfrac{\text{유출수의 BOD 농도(mg/L)}}{\text{유입수의 BOD 농도(mg/L)}}\right\} \times 100$

① 3차 약품처리시설의 유입수 BOD 농도(mg/L)
   = 유입수 BOD 농도(mg/L) × $(1-\eta_1) \times (1-\eta_2)$
   = $3,000\text{mg/L} \times (1-0.80) \times (1-0.50) = 300\text{mg/L}$

② 3차 약품처리시설의 유출수 BOD 농도 = 30mg/L

③ 3차 약품처리시설의 효율(%) = $\left(1 - \dfrac{30\text{mg/L}}{300\text{mg/L}}\right) \times 100 = 90.0\%$

03 함수율이 35%인 쓰레기를 함수율이 7%로 감소시키면 감소시킨 후 쓰레기의 부피 감소율(%)을 계산하시오. (단, 쓰레기 비중은 1.0 기준이다.)

① $V_1 \times (100-P_1) = V_2 \times (100-P_2)$

  $V_1 \times (100-35) = V_2 \times (100-7)$

  ∴ $\dfrac{V_2}{V_1} = \dfrac{(100-35)}{(100-7)}$

② 부피 감소율(%) = $\left(1 - \dfrac{V_2}{V_1}\right) \times 100$

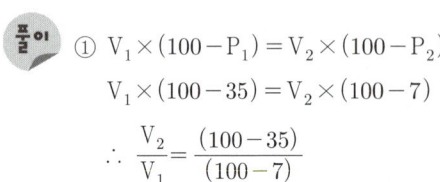
  = $\left\{1 - \dfrac{(100-35)}{(100-7)}\right\} \times 100 = 30.11\%$

Tip	
$V_1 \times (100-P_1) = V_2 \times (100-P_2)$	
여기서 V_1 : 처음 쓰레기량	P_1 : 처음 함수율
V_2 : 감소 후 쓰레기량	P_2 : 감소 후 함수율

04 함수율 80%의 슬러지를 1,000kg/hr의 용량으로 직접 소각하지 않고 함수율 65%로 건조하여 감량한 양을 소각할 경우 소각로의 용량(kg/hr)을 계산하시오.

풀이
$W_1 \times (100 - P_1) = W_2 \times (100 - P_2)$
$1,000 \text{kg/hr} \times (100 - 80) = W_2 \times (100 - 65\%)$
∴ $W_2 = 571.43 \text{kg/hr}$

05 연소효율이 90%인 소각로에서 kg당 발열량이 1,500kcal인 폐기물을 소각할 때, 불완전연소에 의한 열손실이 5%라면 연소재의 열손실(%)을 계산하시오.

풀이
① 연소효율(%) $= \dfrac{H - (R + Q)}{H} \times 100$

$90\% = \dfrac{1,500 \text{kcal/kg} - (R + 1,500 \text{kcal/kg} \times 0.05)}{1,500 \text{kcal/kg}} \times 100$

∴ $R = 75 \text{kcal/kg}$

② 연소재의 열손실(%) $= \dfrac{\text{연소재의 열손실(kcal/kg)}}{\text{발열량(kcal/kg)}} \times 100$

$= \dfrac{75 \text{kcal/kg}}{1,500 \text{kcal/kg}} \times 100$

$= 5\%$

> **Tip**
> 연소효율(%) $= \dfrac{H - (R + Q)}{H} \times 100$
> 여기서 H : 발열량(kcal/kg)   R : 연소재의 열손실
> Q : 불완전연소에 의한 열손실

06 인구 100,000명인 어느 지역에서 1인 1일 1.2kg의 폐기물이 발생되고 있다. 발생되는 폐기물의 수거율이 90%이고 수거에 사용되는 트럭 1대의 용적은 8m³일 때 수거에 필요한 청소차량 대수를 계산하시오. (단, 폐기물의 적재밀도는 0.45ton/m³, 차량은 1일 2회 운행, 예비차량은 2대이다.)

청소차량 대수(대) $= \dfrac{\text{폐기물의 총 발생량(m}^3\text{/일)} \times \text{수거율}}{\text{차량의 적재용량(m}^3\text{/대)}} +$ 예비차량

$= \dfrac{1.2 \text{kg/인} \cdot \text{일} \times 100,000 \text{인} \times \dfrac{1}{450 \text{kg/m}^3} \times 0.90}{8 \text{m}^3/1\text{회} \cdot 1\text{대} \times 2\text{회}/1\text{일}} + 2 = 17$대

07 하루에 500톤의 폐기물을 연속적으로 소각처리 한다. 질량비로 85%가 감량되는 소각로에서 생성되는 재가 6분에 1회씩 소각로에서 떨어져 재를 냉각하는 장치에서 재 질량의 30%인 수분이 첨가된다. 냉각된 재의 겉보기 비중은 1.0이며 컨베이어를 이용해 이송할때, 컨베이어의 이송능력(m^3/회)을 계산하시오.

 컨베이어의 이송능력(m^3/회)
$$= \frac{500\,ton/day \times (1-0.85) \times 1.3 \times 1day/24hr \times 1hr/60min \times 6min/1회}{1.0\,ton/m^3}$$
$$= 0.41\,m^3/회$$

08 유동층 소각로의 장점 4가지를 서술하시오.

 ① 기계적 구동부분이 적어 고장률이 낮다.
② 가스의 온도가 낮고 과잉공기량이 적어 질소산화물(NO_X)도 적게 배출된다.
③ 로내 온도의 자동제어와 열회수가 용이하다.
④ 반응시간이 빨라 소각시간이 짧다.
⑤ 유동매체의 축열량이 높아 단기간 정지 후 가동시에 보조연료 사용없이 정상가동이 가능하다.
⑥ 연소효율이 높아 미연소분의 배출이 적고 2차 연소실이 필요없다.
⑦ 유동매체의 열용량이 커서 액상, 기상, 고형폐기물의 전소 및 혼소가 가능하다.

Tip	문제의 조건에 따라서 4가지만 서술하시면 됩니다.

09 폐기물 발생량 예측방법 3가지를 서술하시오.

 ① 다중회귀모델
② 동적모사모델
③ 경향모델

Tip	① 다중회귀모델 : 하나의 수식으로 각 인자들의 효과를 총괄적으로 나타내어 복잡한 시스템의 분석에 유용하게 사용할 수 있는 쓰레기 발생량을 예측하는 방법이다. ② 동적모사모델 : 쓰레기 배출에 영향을 주는 모든 인자를 시간에 대한 함수로 나타낸 후 시간에 대한 함수로 각 영향인자들 간에 상관관계를 수식화 한 것이다. ③ 경향모델 : 폐기물 발생량 예측방법 중 모든 인자를 시간에 대한 함수로 하여 모델화 시켜 예측하는 방법으로 단지 시간과 그에 따른 폐기물 발생량 간의 상관관계만을 고려하는 방법이다.

10 소각로의 연소실에서 연소가스와 폐기물의 흐름에 따라서 로의 본체 형식을 나눌 수 있다. 로의 본체 형식 4가지를 쓰고, 간단히 설명하시오.

 (1) 역류식(향류식)
① 수분이 많고 저위발열량이 낮은 쓰레기에 적합하다.
② 연소실내의 연소가스의 흐름방향과 폐기물의 이송방향이 반대인 형식이다.
(2) 병류식
① 수분이 적고 저위발열량이 높은 폐기물에 적합하다.
② 폐기물의 이송방향과 연소가스의 흐름방향이 같은 형식이다.
(3) 교류식(중간류식)
① 폐기물 질의 변동이 심한 경우에 사용한다.
② 역류식(향류식)과 병류식의 중간적인 형식이다.
(4) 복류식
① 폐기물의 질이나 저위발열량의 변동이 심할 경우에 사용한다.
② 2개의 출구를 가지고 있으며, 댐퍼의 개폐로 역류식, 병류식, 교류식으로 조절할 수 있다.

Tip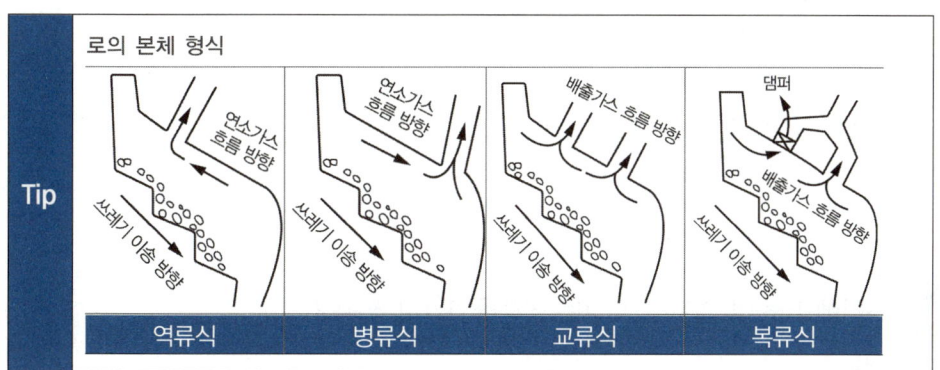
로의 본체 형식

11 다음 보기에서 Fenton시약 구성요소로 알맞은 것을 고르시오.

| ① H_2O_2 | ② O_2 | ③ $FeSO_4$ | ④ Fe_2SO_3 | ⑤ O_3 |
| ⑥ $FeCl$ | ⑦ H_2O | ⑧ NaNTA | ⑨ EDTA |

 ① H_2O_2, ③ $FeSO_4$

12 용출시험방법에서 다음 물음에 답하시오
(가) 시료용액의 조제시 pH의 범위
(나) 진탕회수

(다) 진폭

(라) 진탕시간

(마) 여과가 어려운 경우 시료용액 조제방법

(가) 시료용액의 조제시 pH의 범위 : 5.8 ~ 6.3
(나) 진탕회수 : 매분당 약 200회
(다) 진폭 : 4 ~ 5 cm
(라) 진탕시간 : 6시간
(마) 여과가 어려운 경우 시료용액 조제방법 : 원심분리기를 사용하여 매분당 3,000회전 이상으로 20분 이상 원심분리한 다음 상징액을 적당량 취하여 용출실험용 시료용액으로 한다.

13 염화수소(HCl)와 아황산가스(SO_2)의 제거반응식을 쓰시오.

(1) $HCl + Ca(OH)_2$
(2) $SO_2 + CaCO_3$

(1) $2HCl + Ca(OH)_2 \rightarrow CaCl_2 + 2H_2O$
(2) $SO_2 + CaCO_3 + 0.5O_2 \rightarrow CaSO_4 + CO_2$

14 소각에 비하여 열분해가 갖는 장점을 5가지 쓰시오.

① 황 및 중금속이 회분속에 고정되는 비율이 크다.
② 저장 및 수송이 가능한 연료를 회수할 수 있다.
③ 환원성 분위기가 유지되어 Cr^{3+}가 Cr^{6+}로 변화되기 어렵다.
④ 배기가스량이 적어 가스처리 장치가 소형이다.
⑤ 소각처리에 비해 상대적으로 저온이기 때문에 NO_X 발생량이 적다.
⑥ 지속적 환원 분위기로 효과적 에너지 회수가 가능하다.

Tip 문제의 조건에 따라서 5가지만 서술하시면 됩니다.

15 강열감량의 정의를 간단히 쓰시오.

 시료의 일정량을 1,000~1,200℃로 가열하여 시료 속의 휘발성 성분과 열분해될 수 있는 성분이 제거되고 불연분만 남아 질량이 일정한 값이 될 때까지의 감량을 시료에 대한 백분율로 나타낸 양이다. 즉 소각재 잔사 중 미연분의 함량을 질량 백분율로 표시한 것이다.

16 유해폐기물을 처리하는 고형화 처리방법 5가지를 쓰시오.

 ① 시멘트 기초법
② 석회 기초법
③ 자가시멘트법
④ 피막형성법
⑤ 열가소성 플라스틱법
⑥ 유리화법

17 폐기물의 고화처리방법 중 열가소성 플라스틱법의 장·단점 3가지씩 각각 쓰시오.

 (1) 장점
① 용출손실률은 시멘트기초법에 비해 매우 낮다.
② 대부분의 메트릭스 물질은 수용액의 침투에 저항성이 매우 크다.
③ 고화처리된 폐기물 성분을 나중에 회수하여 재활용을 할 수 있다.

(2) 단점
① 높은 온도에서 분해되는 물질에는 사용할 수 없다.
② 처리과정에서 화재의 위험성이 있다.
③ 에너지 요구량이 크다.

※ **알림**
최근기출문제는 수강생들의 도움으로 복원된 문제이므로 실제문제와 다소 차이가 있을 수 있음을 알려 드립니다.
실기시험을 친 수험생은 실기문제를 복원하여 메일(kwe7002@hanmail.net)로 보내 주시면 됩니다.
수험생 여러분들이 원하시는 수험서를 만들도록 항상 최선의 노력을 다하겠습니다.

04회 2020년 폐기물처리기사 최근 기출문제

2020년 11월 시행

01 직경이 5m인 트롬멜 스크린의 임계속도(rpm)를 계산하시오.

 $N_c = \sqrt{\dfrac{g}{4\pi^2 r}} \times 60 = \sqrt{\dfrac{9.8 m/\sec^2}{4 \times \pi^2 \times 2.5m}} \times 60 = 18.91 \, rpm$

Tip
① $N_c = \sqrt{\dfrac{g}{4\pi^2 r}} \times 60$

N_c : 임계속도(rpm), g : 중력가속도($9.8 m/\sec^2$), r : 스크린 반경(m)

② rpm = 회/min
③ rpm = 회/sec × 60sec/min
④ 최적속도(Ns) = 임계속도(Nc) × 0.45

02 80%의 수분을 함유하는 폐슬러지를 건조기에서 건조하여 수분함량을 40%로 하였다. 폐슬러지 100kg당 증발되는 수분량(kg)을 계산하시오. (슬러지 비중은 1.0이다.)

 ① $W_1 \times (100 - P_1) = W_2 \times (100 - P_2)$

$100 kg \times (100 - 80) = W_2 \times (100 - 40)$

$\therefore W_2 = \dfrac{100 kg \times (100 - 80)}{(100 - 40)} = 33.33 \, kg$

② 증발되는 수분량 = $W_1 - W_2 = 100 kg - 33.33 kg = 66.67 \, kg$

Tip
$W_1 \times (100 - P_1) = W_2 \times (100 - P_2)$
여기서 W_1 : 건조 전 폐슬러지(kg)　　P_1 : 건조 전 함수율(%)
　　　W_2 : 건조 후 폐슬러지(kg)　　P_2 : 건조 후 함수율(%)

03 다음과 같은 매립지 내 침출수가 차수층을 통과하는데 소요되는 시간(년)을 계산하시오.

- 점토층 두께 : 1.0m
- 투수계수 : 10^{-7} cm/sec
- 유효공극률 : 0.2
- 상부침출수 수두 : 0.4m

풀이

$$t = \frac{d^2 \cdot n}{k(d+h)}$$

① $k(m/년) = \frac{10^{-7}cm}{sec} \times \frac{1m}{10^2 cm} \times \frac{3,600sec}{1hr} \times \frac{24hr}{1day} \times \frac{365day}{1년}$

$= 3.15 \times 10^{-2} m/년$

② $t = \frac{(1.0m)^2 \times 0.2}{3.15 \times 10^{-2} m/년 \times (1.0m + 0.4m)}$

$= 4.54년$

Tip	$t = \frac{d^2 \cdot n}{k(d+h)}$ 여기서 t : 침출수가 점토층을 통과하는 시간(년) 　　　　d : 점토층의 두께(m) 　　　　n : 유효공극률 　　　　k : 투수계수(m/년) 　　　　h : 침출수 수두(m)

04 다음에 주어진 반응식은 $C_6H_{12}O_6$ 이 혐기성 분해시 나타나는 반응이다. 1mol의 $C_6H_{12}O_6$ 은 2mol의 CH_3COOH와 4mol의 H_2로 변화한 다음 CH_3OH를 생성한다. 이때 CH_3COOH와 H_2로부터 생성되는 CH_4의 양(L)을 계산하고, 이때 생성되는 CO_2와 CH_4의 비율을 나타내시오.

〈반응식〉 $C_6H_{12}O_6 + 2H_2O \rightarrow 2CH_3COOH + 4H_2 + 2CO_2$

풀이

$2CH_3COOH + 4H_2 \rightarrow 3CH_4 + CO_2 + 2H_2O$

① CH_4의 생성량 $= 3 \times 22.4L = 67.2L$
② CO_2와 CH_4의 생성비율은 $1CO_2 : 3CH_4$이므로 1 : 3이다.

05 투입량이 1ton/hr이고, 회수량이 600kg/hr(그중 회수대상물질은 550kg/hr)이며 제거량 400kg/hr(그중 회수대상물질은 70kg/hr)일 때 Worrell식 및 Rietema식에 의한 선별효율을 각각 계산하시오.

(가) Worrell식에 의한 선별효율(%)

(나) Rietema식에 의한 선별효율(%)

풀이

(가) Worrell의 선별효율(E) $= \left(\dfrac{X_c}{X_i} \times \dfrac{Y_o}{Y_i}\right) \times 100$

$= \left(\dfrac{550\text{kg/hr}}{620\text{kg/hr}} \times \dfrac{330\text{kg/hr}}{380\text{kg/hr}}\right) \times 100 = 77.04\%$

(나) Rietema의 선별효율(E) $= \left|\left(\dfrac{X_c}{X_i} - \dfrac{Y_c}{Y_i}\right)\right| \times 100(\%)$

$= \left|\left(\dfrac{550\text{kg/hr}}{620\text{kg/hr}} - \dfrac{50\text{kg/hr}}{380\text{kg/hr}}\right)\right| \times 100(\%) = 75.55\%$

Tip
- X_i(투입량 중 회수대상물질) = 620kg/hr
- Y_i(투입량 중 비회수대상물질) = 380kg/hr
- X_c(회수량 중 회수대상물질) = 550kg/hr
- Y_c(회수량 중 비회수대상물질) = 50kg/hr
- X_o(제거량 중 회수대상물질) = 70kg/hr
- Y_o(제거량 중 비회수대상물질) = 330kg/hr

06 수은이 포함되어 있는 폐기물 2,000kg/hr를 소각할 때 배출되는 비산재를 전기집진장치를 이용하여 98% 제거할 때 포집되는 수은의 양(kg/년)을 계산하시오. (단, 비산재는 소각 폐기물의 2%(질량기준), 비산재 중 수은의 함량은 $1.5\,\mu g/g$, 1년 365일 기준이다.)

포집되는 수은의 양(kg/년)

$= \text{폐기물의 양(kg/년)} \times \dfrac{\text{소각폐기물 중 비산재(\%)}}{100} \times \dfrac{\text{제거율(\%)}}{100} \times \text{비산재 중 수은의 함량(g/g)}$

$= 2{,}000\text{kg/hr} \times 24\text{hr/day} \times 365\text{day/년} \times 0.02 \times 0.98 \times 1.5 \times 10^{-6}\text{g/g}$

$= 0.52\text{kg/년}$

07 폐기물공정시험기준상 폐기물의 시료를 원추4분법을 이용하여 축소하고자 한다. 3,000g의 시료에 대해 축소작업을 3번한 경우 줄어든 시료의 양(g)을 계산하시오.

줄어든 시료의 양(g) $= \text{시료량(g)} \times \left(\dfrac{1}{2}\right)^n = 3{,}000\text{g} \times \left(\dfrac{1}{2}\right)^3 = 375\text{g}$

Tip
줄어든 시료의 양(g) $= \text{시료량(g)} \times \left(\dfrac{1}{2}\right)^n$
여기서, n은 축소작업 횟수

08 인구가 30만명인 A 도시의 쓰레기 발생량이 1.5kg/인·일이며, 쓰레기의 밀도는 450kg/m³이다. 다음 물음에 답하시오.

(1) 가연성분을 소각처리를 하고자 할 경우 소각처리량(ton/일)을 계산하시오. (단, 가연성분은 85%를 차지한다.)

(2) 매립지의 매립높이가 2m일 때 A 도시에서 발생되는 쓰레기를 매립하고자 할 경우 10년간 필요한 부지면적(m²)을 계산하시오.

풀이 (1) 소각처리량(ton/일)

$$= 쓰레기발생량(kg/인·일) \times 인구수 \times 10^{-3} ton/kg \times \frac{가연성분(\%)}{100}$$

$$= 1.5 kg/인·일 \times 300,000인 \times 10^{-3} ton/kg \times \frac{85\%}{100}$$

$$= 382.5 \, ton/일$$

(2) 매립지의 부지면적(m²) $= \dfrac{쓰레기 \, 발생량(kg)}{쓰레기 \, 밀도(kg/m^3) \times 매립지 \, 깊이(m)}$

$$= \frac{1.5 kg/인·일 \times 300,000인 \times 365일/1년 \times 10년}{450 kg/m^3 \times 2m}$$

$$= 1,825,000 \, m^2$$

09 소각로 내의 열부하가 50,000kcal/m³·hr 이며 쓰레기의 발열량이 1,400kcal/kg이다. 쓰레기의 양이 10,000kg/day이라고 하면 로의 부피(m^3)를 계산하시오. (단, 1일 8시간만 가동한다.)

풀이 소각로내의 열부하(kcal/m³·hr) $= \dfrac{발열량(kcal/kg) \times 쓰레기의 양(kg/hr)}{로의 부피(m^3)}$

따라서 $50,000 \, kcal/m^3 \cdot hr = \dfrac{1,400 kcal/kg \times 10,000 kg/day \times 1 day/8hr}{로의 \, 부피(m^3)}$

∴ 로의 부피 $= \dfrac{1,400 kcal/kg \times 10,000 kg/day \times 1 day/8hr}{50,000 \, kcal/m^3 \cdot hr} = 35 m^3$

10 하수처리장에서 하루 1,000 m³의 슬러지(비중 1.03, 비열 1.1 kcal/kg·℃, 25℃)가 발생되어 혐기성 소화조로 유입되어 처리된다. 혐기성 소화조는 중온소화(35℃)로 가동되는데 소화조의 열손실이 30%일 때 하루에 소요되는 열량(kcal)은 얼마인지 계산하시오.

풀이 소요되는 열량(kcal/day)

$$= 1,000 \, m^3/day \times 1,030 \, kg/m^3 \times 1.1 \, kcal/kg \cdot ℃ \times (35-25)℃ \times \frac{100}{70\%}$$

$$= 1.62 \times 10^7 \, kcal/day$$

> **Tip**
> ① 비중(g/cm³) $\xrightarrow{\times 10^3}$ 비중량(kg/m³)
> ② 비중 1.03은 비중량 1,030 kg/m³이다.
> ③ 열효율(%) = 100 − 열손실(%)
> ④ 소요되는 열량(kcal/day)
>   = 슬러지량(m³/day) × 비중량(kg/m³) × 비열(kcal/kg·℃) × 온도차(℃) × $\dfrac{100}{열효율(\%)}$

11 폐기물 매립지 시공, 운영 및 사후관리 기간 중에 폐기물 성분의 방출에 의한 주변 환경오염 가능성을 최소한으로 줄이도록 하는 매립지 설비 중 주요시설물 6가지를 쓰시오.

① 우수배제시설
② 차수시설
③ 침출수 집배수시설
④ 저류 구조물
⑤ 발생가스 대책시설
⑥ 덮개시설

12 유동층 소각로의 단점을 6가지 쓰시오.

① 로내로 투입하기 전 파쇄 등의 전처리가 필요하다.
② 상으로부터 찌꺼기 분리가 어렵다.
③ 유동매체의 손실로 인한 보충이 필요하다.
④ 유동매체인 모래의 마모가 일어난다.
⑤ 고점착성 슬러지처리가 어렵다.
⑥ 부하변동에 쉽게 응할 수 없다.

13 합성차수막의 종류 5가지를 쓰고, 장점 2가지씩을 각각 쓰시오.

(1) CR
  ① 대부분의 화학물질에 대한 저항성이 높다.
  ② 마모 및 기계적 충격에 강하다.
(2) PVC
  ① 강도가 크다.
  ② 접합이 용이하다.
(3) CSPE
  ① 접합이 용이하다.

② 미생물에 강하다.
(4) HDPE & LDPE
　① 대부분의 화학물질에 대한 저항성이 높다.
　② 온도에 대한 저항성이 높다.
(5) EPDM
　① 수분함량이 낮다.
　② 강도가 높다.

14 슬러지에서 수분의 함유형태 4가지를 쓰고 간단히 설명하시오.

① 간극수 : 큰 고형물입자 간극에 존재하는 수분으로 슬러지내의 수분 중 일반적으로 가장 많은 양을 차지한다.
② 모관결합수 : 미세한 슬러지 고형물의 입자사이의 얇은 틈에 존재하는 수분으로 모세관압으로 결합되어 있는 수분이다.
③ 부착수 : 콜로이드상 결합수로 수분제거가 용이하지 못하다.
④ 내부수 : 세포내부에 강하게 결합된 수분으로 슬러지 건조시 증발이 가장 어려운 수분이다.

15 적환장의 설치장소를 정하는데 고려사항 6가지를 쓰시오.

① 수거하고자 하는 개별적 고형물 발생지역의 하중 중심에 되도록 가까운 곳
② 주요 간선도로에 쉽게 도달할 수 있는 곳인 동시에 2차적 또는 보조 수송 수단에 가까운 곳
③ 적환 작업중에 공중 및 환경피해가 최소인 곳
④ 설치 및 작업이 쉬운 곳
⑤ 주민의 반대가 적은 곳
⑥ 건설비와 운영비가 적게 들고 경제적인 곳

16 LCA의 구성요소 4가지를 쓰시오.

① 목적 및 범위의 설정
② 목록분석
③ 영향평가
④ 개선평가 및 해석

> **Tip**
> LCA의 구성요소
> ① 목적 및 범위의 설정(Initiation analysis) : 전과정 평가 연구결과의 이용분야를 고려하여 연구의 목적을 설정하고, 목적을 달성하기 위한 타당한 범위를 설정하는 단계이다.

Tip
② 목록분석(Inventory analysis) : 제품이나 서비스 시스템의 전과정에 관련된 투입물과 산출물을 규명하고 정량화하는 단계이다.
③ 영향평가(Impact analysis) : 환경부하에 대한 영향을 평가하는 기술적, 정량적, 정성적 과정이다.
④ 개선평가 및 해석(Improvement analysis) : 전과정 목록분석과 전과정 영향평가로부터 얻은 결과를 정의된 목적과 범위에 맞게 해석(결과보고)하는 과정이다.

17 퇴비의 숙성도를 판단하는 기준을 3가지 쓰시오.

① 온도의 감소
② 발열능력의 감소
③ 퇴비내 분해 가능한 유기물 및 난분해성 유기물 함량
④ 산화 환원 전위의 증가
⑤ 산소이용률

Tip 문제의 요구조건에 따라 3가지만 서술하면 됩니다.

18 유해 폐기물을 고형화하는 경우 장점을 3가지 쓰시오.

① 폐기물 다루기가 용이하다.
② 폐기물내 오염물질의 용해도가 감소한다.
③ 폐기물 표면적의 감소에 따른 폐기물 성분의 손실을 줄일 수 있다.
④ 폐기물의 독성이 감소한다.

Tip 문제의 요구조건에 따라 3가지만 서술하면 됩니다.

※ **알림**
최근기출문제는 수강생들의 도움으로 복원된 문제이므로 실제문제와 다소 차이가 있을 수 있음을 알려 드립니다.
실기시험을 친 수험생은 실기문제를 복원하여 메일(kwe7002@hanmail.net)로 보내 주시면 됩니다.
수험생 여러분들이 원하시는 수험서를 만들도록 항상 최선의 노력을 다하겠습니다.

01회 2021년 폐기물처리기사 최근 기출문제

2021년 4월 시행

01 쓰레기의 압축비가 5이고 압축 후의 부피가 5m³인 쓰레기의 부피감소율(%)을 계산하시오.

[풀이] 부피감소율(%) = $\left(1 - \dfrac{1}{압축비}\right) \times 100 = \left(1 - \dfrac{1}{5}\right) \times 100 = 80\%$

02 다음과 같은 매립지 내 침출수가 차수층을 통과하는데 소요되는 시간(년)을 계산하시오.

- 점토층 두께 : 1.0m
- 투수계수 : 10^{-7} cm/sec
- 유효공극률 : 0.2
- 상부침출수 수두 : 0.4m

[풀이]
① $k(m/년) = \dfrac{10^{-7} cm}{sec} \times \dfrac{1m}{10^2 cm} \times \dfrac{3,600 sec}{1 hr} \times \dfrac{24 hr}{1 day} \times \dfrac{365 day}{1년}$

$= 3.15 \times 10^{-2}$ m/년

② $t = \dfrac{(1.0m)^2 \times 0.2}{3.15 \times 10^{-2} m/년 \times (1.0m + 0.4m)} = 4.54$년

Tip

$t = \dfrac{d^2 \cdot n}{k(d+h)}$

여기서 t : 침출수가 점토층을 통과하는 시간(년)
d : 점토층의 두께(m)
n : 유효공극률
k : 투수계수(m/년)
h : 침출수 수두(m)

03 직경이 3m인 Trommel Screen의 최적속도(rpm)를 계산하시오.

[풀이]
① 임계속도(N_C) = $\sqrt{\dfrac{9.8 m/sec^2}{4 \times \pi^2 \times \dfrac{3m}{2}}} \times 60 = 24.4084$ rpm

② 최적속도(N_S) = 24.4084 rpm $\times 0.45 = 10.98$ rpm

> **Tip**
> ① $N_C = \sqrt{\dfrac{g}{4\pi^2 r}} \times 60$
> 　여기서　N_C : 임계속도(rpm = 회/min)　　g : 중력가속도($9.8\,\text{m/sec}^2$)
> 　　　　　r : 스크린 반경(m)
> ② $N_S = N_C \times 0.45$
> 　여기서　N_S : 최적속도(rpm)　　　　　N_C : 임계속도(rpm)

04 30ton/8hr인 소각로의 설계에 있어서 화격자 부하율이 180kg/m²·hr로 했을 때 화격자면적(m²)을 계산하시오.

화격자부하율($\text{kg/m}^2\cdot\text{hr}$) = $\dfrac{\text{소각할 폐기물의 양}(\text{kg/hr})}{\text{화격자 면적}(\text{m}^2)}$

따라서　$180\,\text{kg/m}^2\cdot\text{hr} = \dfrac{30{,}000\,\text{kg/8hr}}{\text{화격자 면적}(\text{m}^2)}$

∴ 화격자 면적 = $\dfrac{30{,}000\,\text{kg/8hr}}{180\,\text{kg/m}^2\cdot\text{hr}} = 20.83\,\text{m}^2$

05 수분함량이 20%인 쓰레기의 수분함량을 10%로 감소시키면 감소 후 쓰레기 질량은 처음질량의 몇 %가 되는지 계산하시오.

$W_1 \times (100 - P_1) = W_2 \times (100 - P_2)$

$W_1 \times (100 - 20) = W_2 \times (100 - 10)$

∴ $\dfrac{W_2}{W_1} = \dfrac{(100-20)}{(100-10)} = 0.8889$

따라서 W_2는 W_1의 88.89%에 해당한다.

06 폐기물을 매립하기 위한 부지 선정을 하고자 한다. 다음의 자료로 이 지역에 연간 필요한 매립지의 최소면적(m²)을 계산하시오.

- 인구 1,000,000명인 지역의 3일간 수거상태조사
- 수거에 사용된 청소차 = 20대
- 청소차 1대당 수거횟수 = 100회
- 1회 수거시 트럭 적재용적 = 8 m³
- 수거시 폐기물의 밀도 = 0.25 ton/m³
- 매립시 폐기물을 compaction(압밀)한 후 밀도 = 400 kg/m³
- 지형 조건상 25m까지 굴착하며 지상으로는 매립하지 않음.
- 복토는 고려하지 않음.

매립면적$(m^2/년) = \dfrac{쓰레기발생량(kg/년)}{밀도(kg/m^3) \times 매립고(m)}$

$= \dfrac{8\,m^3/1회 \times 100회/1대 \times 20대/3day \times 365\,day/년 \times 250\,kg/m^3}{400\,kg/m^3 \times 25\,m}$

$= 48{,}666.67\,m^2$

07 수분 38%, 유기물 48%를 함유한 도시폐기물을 소각, 열회수하려고 한다. 소각용량은 단위시간당 10ton을 처리하고 건조유기물량 연소열은 4,500kcal/kg이다. 유기물이 연소할 때 약 50%에 해당하는 물이 발생하고, 이때 복사열 손실이 총발열량의 5%, 미연소에 의한 손실이 10%라면 연소가스로 나가는 열량을 계산하시오. (단, 증발잠열은 600kcal/kg으로 한다.)

① 총 연소열 = $10 \times 10^3\,kg/hr \times 0.48 \times 4{,}500\,kcal/kg = 21{,}600{,}000\,kcal/hr$
② 복사손실 = $21{,}600{,}000\,kal/hr \times 0.05 = 1{,}080{,}000\,kcal/hr$
③ 미연손실 = $21{,}600{,}000\,kal/hr \times 0.1 = 2{,}160{,}000\,kcal/hr$
④ 증발손실 = $10 \times 10^3\,kg/hr \times (0.38 + 0.48 \times 0.50) \times 600\,kcal/kg = 3{,}720{,}000\,kcal/hr$
⑤ 연소가스로 나가는 열량(손실열)
    = 복사손실 + 미연손실 + 증발손실
    = $1{,}080{,}000\,kcal/hr + 2{,}160{,}000\,kcal/hr + 3{,}720{,}000\,kcal/hr$
    = $6{,}960{,}000\,kcal/hr$

08 어느 매립지의 침출수 농도가 반으로 감소하는데 2.96년이 걸린다면 이 침출수 농도가 99% 분해되는데 걸리는 시간(년)을 계산하시오. (단, 1차 반응기준이다.)

① $\ln \dfrac{1}{2} = -\,k \times 2.96$년

∴ $k = \dfrac{\ln \dfrac{1}{2}}{-2.96년} = 0.2342/년$

② $\ln \dfrac{1\%}{100\%} = -0.2342/년 \times t$

∴ $t = \dfrac{\ln \dfrac{1\%}{100\%}}{-0.2342/년} = 19.66$년

Tip

① 1차 반응식 : $\ln\dfrac{C_t}{C_o} = -k \times t$

여기서 C_o : 초기농도 　　　C_t : t 시간 후의 농도
　　　　k : 상수 　　　　　　t : 시간

② $C_t = 100\% - 99\% = 1\%$

③ 반감기를 사용하면 $C_t = \dfrac{1}{2} C_o$ 이므로

$\ln\dfrac{\frac{1}{2}C_o}{C_o} = -k \times t$ 에서 $\ln\dfrac{1}{2} = -k \times t$

---

09 열분해장치의 종류를 3가지 쓰시오.

 ① 고정상 방식
② 유동상 방식
③ 부유상 방식

10 다음에서 설명하는 매립공법의 이름을 쓰시오.

> 쓰레기를 수평으로 고르게 깔아서 압축한 다음 그 위에 복토를 하여 쓰레기와 복토를 번갈아 하면서 쌓는 방법이다.

 샌드위치 공법

11 다음은 C/N비에 대한 설명이다. 물음에 답하시오.

> (1) 초기 적정범위, 후기 적정범위를 쓰시오.
> (2) 높을 경우, 낮을 경우의 특징을 쓰시오.
> (3) 초기에 C/N비를 조절하기 위해 조치방법을 쓰시오.

(1) ① 초기 적정범위 : 25~50
　　② 후기 적정범위 : 10~20
(2) ① 높을 경우 : C/N비가 80이상으로 질소함량이 부족하여 퇴비화가 잘 진행되지 않고, 퇴비화에 걸리는 시간이 길어진다.
　　② 낮을 경우 : C/N비가 20이하로 질소원 손실이 커서 비료효과가 저하될 가능성이 높고, 암모니

아 가스가 발생하여 퇴비화 과정 중 악취가 발생한다.
(3) 초기에 C/N비를 조절하기 위해 조치방법 : 폐기물에 팽화제(볏짚, 톱밥, 왕겨, 낙엽 등)를 혼합하여 초기에 C/N비를 조절한다.

12 LCA의 정의 및 구성요소는 무엇인지 쓰시오.

(1) LCA의 정의를 쓰시오.
(2) LCA의 구성요소를 쓰시오.

(1) 전과정평가(LCA)의 정의 : 사용하는 자원, 에너지, 환경에 미치는 각종 부하를 원료자원 채취–생산–유통–사용–재사용–폐기의 전과정에 걸쳐 가능한 정량적으로 분석 및 평가하여 현재 인류가 직면하고 있는 자원의 고갈 및 생태계의 파괴현상과 지구환경문제 등을 근본적으로 해결하기 위한 각종 개선방안을 모색하는 기술적이며 체계적인 과정을 의미한다.
(2) 전과정평가(LCA)의 구성요소
① 목적 및 범위의 설정(Initiation analysis)
② 목록분석(Inventory analysis)
③ 영향평가(Impact analysis)
④ 개선평가 및 해석(Improvement analysis)

13 호기성 소화에 비해서 혐기성 소화의 장점 3가지를 서술하시오.

① 슬러지의 탈수성이 양호하다.
② 슬러지가 적게 발생한다.
③ 고농도 폐수처리에 적합하다.
④ 회수된 가스를 연료로 사용이 가능하다.
⑤ 동력시설의 소모가 적어 운전비용이 저렴하다.

Tip 문제의 요구조건인 3가지만 서술하시면 됩니다.

14 쓰레기를 수거하는 작업, 즉 청소작업이 끝난 후 이에 대한 상태를 평가하는 방법으로는 CEI와 USI를 이용한다. CEI와 USI의 정의를 쓰시오.

① CEI : 청소상태의 평가법 중 가로의 청소상태를 기준으로 하는 지역사회 효과지수를 말한다.
② USI : 청소상태를 평가하는 방법 중 서비스를 받는 시민들의 만족도를 설문조사하여 나타내어지는 사용자 만족도 지수를 말한다.

15 다음은 연직차수막과 표면차수막을 비교한 것이다. (   )안을 알맞게 채우시오.

구 분	연직차수막	표면차수막
채용조건	(가) ( )	(나) ( )
차수성 확인	지하에 매설하기 때문에 확인이 어렵다.	시공시에는 가능하나 매립후에는 곤란하다.
경제성	(다) ( )	(라) ( )
보수성	차수막 보강시공이 가능	매립전에는 가능하나 매립후에는 어렵다.
지하수 집배수시설	필요없다.	필요하다.

(가) 지중에 수평방향의 차수층이 존재할 때 사용
(나) 매립지 필요범위에 차수재료로 덮인 바닥이 있을 때 또는 매립지 지반의 투수계수가 큰 경우에 사용한다.
(다) 단위면적당 공사비가 비싼 반면 총공사비는 싸다.
(라) 단위면적당 공사비는 싸지만 매립지 전체를 시공하는 경우가 많아 총공사비는 비싸다.

16 1탑식 유동층 열분해장치와 2탑식 유동층 열분해장치에 대해서 설명하시오.

(1) 1탑식 유동층 열분해장치 : 부분연소와 열분해를 동시에 병용하는 방식으로 기름화를 목적으로 하는 장치이다.
(2) 2탑식 유동층 열분해장치 : 연소탑과 열분해탑을 별도로 설치해 두탑 사이에 모래를 순환시켜 연소탑에서 열분해와 재의 연소를 분리한 장치이다.

17 아래의 보기를 보고 공정도의 (   )안에 들어갈 알맞은 말을 쓰시오.

저장 → (①) → (②) → (③) → (④) → 유기물질
　　　　　　　　　↓ 미세물질(가벼운 것)
무기물(무거운 것) ← (⑤) → 철

① Shredder
② Trommel
③ Air classifier
④ Cyclone
⑤ Magentic seperator

Tip	① Shredder (파쇄기) ② Trommel (원통선별기) ③ Air classifier (공기선별기) ④ Cyclone (원심선별기) ⑤ Magentic seperator (자력 선별기)

18 음식물 쓰레기를 전처리하는 경우의 문제점 1가지와 혼합/발효시 발생하는 문제점 4가지를 쓰시오.

 (1) 전처리하는 경우 : 침전불량
(2) 혼합/발효시 : ① 악취 발생
② 해충 번식
③ 비용이 많이 소요
④ 침출수 발생

※ 알림
최근기출문제는 수강생들의 도움으로 복원된 문제이므로 실제문제와 다소 차이가 있을 수 있음을 알려 드립니다.
실기시험을 친 수험생은 실기문제를 복원하여 메일(kwe7002@hanmail.net)로 보내 주시면 됩니다.
수험생 여러분들이 원하시는 수험서를 만들도록 항상 최선의 노력을 다하겠습니다.

02회 2021년 폐기물처리기사 최근 기출문제

2021년 7월 시행

01 직경이 5m인 트롬멜 스크린의 임계속도(rpm)를 계산하시오.

 임계속도(N_c) = $\sqrt{\dfrac{9.8 \text{m/sec}^2}{4 \times \pi^2 \times 2.5\text{m}}} \times 60$ = 18.91 rpm

Tip
① $N_c = \sqrt{\dfrac{g}{4\pi^2 r}} \times 60$

　　N_c : 임계속도(rpm), g : 중력가속도(9.8m/sec^2), r : 스크린 반경(m)
② rpm = 회/min
③ rpm = 회/sec × 60sec/min
④ 최적속도(N_s) = 임계속도(N_c) × 0.45

02 100mol/hr의 C_4H_{10}과 5,000mol/hr의 공기가 연소장치에서 완전연소 될 경우 과잉공기율(%)을 계산하시오. (단, 표준상태 기준)

 ① $C_4H_{10} + 6.5O_2 \rightarrow 4CO_2 + 5H_2O$

　1mol　:　6.5mol

　100mol/hr　:　X(이론산소량)

　∴ X(이론산소량) = $\dfrac{100\text{mol/hr} \times 6.5\text{mol}}{1\text{mol}}$ = 650 mol/hr

② 이론공기량(mol/hr) = 이론산소량(mol/hr) × $\dfrac{1}{0.21}$

　= 650 mol/hr × $\dfrac{1}{0.21}$ = 3,095.2381 mol/hr

③ 공기비(m) = $\dfrac{\text{실제공기량(A)}}{\text{이론공기량}(A_o)}$ = $\dfrac{5,000\text{mol/hr}}{3,095.2381\text{mol/hr}}$ = 1.61538

④ 과잉공기율(%) = (1.61538 − 1) × 100 = 61.54%

03 쓰레기의 압축비가 5이고 압축 후의 부피가 5m³인 쓰레기의 부피감소율(%)을 계산하시오.

풀이) 부피감소율(%) = $\left(1 - \dfrac{1}{\text{압축비}}\right) \times 100 = \left(1 - \dfrac{1}{5}\right) \times 100 = 80\%$

04 투입량이 1ton/hr이고, 회수량이 600kg/hr(그중 회수대상물질은 550kg/hr)이며 제거량 400kg/hr(그중 회수대상물질은 70kg/hr)일 때 Worrell식 및 Rietema식에 의한 선별효율을 각각 계산하시오.

(1) Worrell식에 의한 선별효율(%)을 계산하시오.
(2) Rietema식에 의한 선별효율(%)을 계산하시오.

풀이)
(1) Worrell의 선별효율(E) = $\left(\dfrac{X_c}{X_i} \times \dfrac{Y_o}{Y_i}\right) \times 100$

$= \left(\dfrac{550\text{kg/hr}}{620\text{kg/hr}} \times \dfrac{330\text{kg/hr}}{380\text{kg/hr}}\right) \times 100 = 77.04\%$

(2) Rietema의 선별효율(E) = $\left|\left(\dfrac{X_c}{X_i} - \dfrac{Y_c}{Y_i}\right)\right| \times 100(\%)$

$= \left|\left(\dfrac{550\text{kg/hr}}{620\text{kg/hr}} - \dfrac{50\text{kg/hr}}{380\text{kg/hr}}\right)\right| \times 100(\%) = 75.55\%$

> **Tip**
> X_i(투입량 중 회수대상물질) = 620kg/hr
> Y_i(투입량 중 비회수대상물질) = 380kg/hr
> X_c(회수량 중 회수대상물질) = 550kg/hr
> Y_c(회수량 중 비회수대상물질) = 50kg/hr
> X_o(제거량 중 회수대상물질) = 70kg/hr
> Y_o(제거량 중 비회수대상물질) = 330kg/hr

05 매립지 면적이 35,000m²이고 침투계수가 0.30, 평균 강수량이 1,250mm/년인 경우 평균침출수량(m³/day)을 계산하시오. (단, 합리식을 적용하시오.)

풀이)
① $C = 0.30$
② $I = \dfrac{1{,}250\text{mm}}{1\text{년}} \times \dfrac{1\text{년}}{365\text{day}} = 3.4247\,\text{mm/day}$
③ $A(\text{면적}) = 35{,}000\,\text{m}^2$
④ $Q = \dfrac{1}{1{,}000} \times C \times I \times A$

$$= \frac{1}{1,000} \times 0.30 \times 3.4247\,\text{mm/day} \times 35,000\,\text{m}^2 = 35.96\,\text{m}^3/\text{day}$$

> **Tip**
> $Q = \dfrac{1}{1000} \times C \times I \times A$
> 여기서 Q : 침출수량(m^3/day)　　C : 침투계수
> 　　　I : 강우강도(mm/day)　　　A : 면적(m^2)

06 도시폐기물 20ton이 있다. 도시폐기물 중 수분함량이 20%이고, 총고형물 중 휘발성고형물은 80%, 휘발성고형물 중 60%가 분해되고, 가스발생량은 0.75m^3/kg·VS, 발생가스중 메탄의 함량은 85%, 가스의 열량은 5,500kcal/m^3, 에너지의 가치는 5,000원/10^5kcal이다. 다음 물음에 답하시오.

(1) 메탄의 발생량(m^3)을 계산하시오.
(2) 금전적 가치(원)를 계산하시오.

 (1) 메탄의 발생량(m^3)
$$= \text{도시폐기물(kg)} \times \frac{\text{TS}(\%)}{100} \times \frac{\text{VS}(\%)}{100} \times \frac{\text{VS의 분해율}(\%)}{100}$$
$$\times \text{가스발생량}(\text{m}^3/\text{kg}\cdot\text{VS}) \times \frac{\text{발생가스 중 CH}_4\text{ 함량}(\%)}{100}$$
$$= 20 \times 10^3\,\text{kg} \times (1-0.2) \times 0.80 \times 0.6 \times 0.75\,\text{m}^3/\text{kg}\cdot\text{VS} \times 0.85 = 4,896\,\text{m}^3$$

(2) 금전적 가치(원) $= 4,896\,\text{m}^3 \times 5,500\,\text{kcal/m}^3 \times 5,000\,\text{원}/10^5\,\text{kcal} = 1,346,400\,\text{원}$

> **Tip**
> ① 고형물(TS) = 100 − 함수율(P) = 1 − 함수율
> ② 고형물(TS) = 휘발성고형물(VS) + 잔류성고형물(FS)

07 유동층 소각로의 장·단점을 각각 3가지씩 쓰시오.

 (1) 장점
　　① 기계적 구동부분이 적어 고장률이 낮다.
　　② 가스의 온도가 낮고 과잉공기량이 적어 질소산화물(NO_X)도 적게 배출된다.
　　③ 로내 온도의 자동제어와 열회수가 용이하다.
(2) 단점
　　① 로내로 투입 전 파쇄 등의 전처리가 필요하다.
　　② 상(床)으로부터 찌꺼기 분리가 어렵다.
　　③ 유동매체의 손실로 인한 보충이 필요하다.

08 준호기성 매립의 특성을 4가지 쓰시오.

① 매립지내 침출수가 원활하게 배제된다.
② 배수관으로 자연대류에 의해 공기가 유입된다.
③ 배수관 주변이 호기성 영역으로 유지된다.
④ 배출되는 침출수의 수질이 개선된다.
⑤ 조기 안정화에 유리하다.
⑥ 평지매립에 적합한 방법이다.
⑦ 집수장치의 부식이나 마모가 적은편이다.

> **Tip** 문제의 요구조건인 4가지만 서술하시면 됩니다.

09 소각로에서 배출되는 다이옥신 처리(제거)기술 3가지를 서술하시오.

① 촉매분해법
② 고온광분해법
③ 오존산화법
④ 열분해산화법

> **Tip** 문제의 요구조건인 3가지만 서술하시면 됩니다.

10 소각처리시 질소산화물의 발생억제방법 중 연소방법 개선에 의한 방법 3가지를 쓰시오.

① 저과잉공기량 연소법
② 이단 연소법
③ 저온도 연소법
④ 배기가스 재순환법

> **Tip** 문제의 요구조건인 3가지만 서술하시면 됩니다.

11 폐기물공정시험기준상 총칙에 대한 내용 중 폐기물을 액상폐기물, 반고상폐기물, 고상폐기물로 나눈다. 고형물 함량에 따라 구분하시오.

> ① 액상폐기물 : 고형물의 함량이 5 % 미만
> ② 반고상폐기물 : 고형물의 함량이 5 % 이상 15 % 미만
> ③ 고상폐기물 : 고형물의 함량이 15 % 이상

12 매립장에서 발생되는 LFG 가스 중에서 수분(H_2O)과 이산화탄소(CO_2)의 제거방법을 각각 3가지씩 쓰시오.

> (1) 수분 제거방법
>   ① 응축법
>   ② 흡수법
>   ③ 흡착법
> (2) 이산화탄소 제거방법
>   ① 막분리법
>   ② 흡착법
>   ③ 흡수법

13 폐기물의 발생량 조사방법 3가지를 쓰고 간단히 설명하시오.

> ① 물질수지법 : 시스템에 유입되는 쓰레기양과 유출되는 쓰레기양에 대해서 물질수지를 세워 발생되는 쓰레기의 양을 추정하는 방법이다.
> ② 직접계근법 : 국내 대형소각장 및 위생매립장에 반입되는 쓰레기의 양을 주로 측정하는데 이용한다.
> ③ 적재차량계수법 : 일정기간동안 특정지역의 쓰레기 수거차량의 대수를 조사하여 이 값에 폐기물의 겉보기 비중을 보정하여 질량으로 환산하여 폐기물의 발생량을 조사하는 방법이다.

> **Tip** 폐기물 발생량 예측방법
> ① 다중회귀모델 : 하나의 수식으로 각 인자들이 효과를 총괄적으로 나타내어 복잡한 시스템의 분석에 유용하게 사용할 수 있는 쓰레기 발생량을 예측하는 방법이다.
> ② 동적모사모델 : 쓰레기 배출에 영향을 주는 모든 인자를 시간에 대한 함수로 나타낸 후 시간에 대한 함수로 각 영향인자들 간에 상관관계를 수식화 한 것이다.
> ③ 경향모델 : 폐기물 발생량 예측방법 중 모든 인자를 시간에 대한 함수로 하여 모델화 시켜 예측하는 방법으로 단지 시간과 그에 따른 폐기물 발생량 간의 상관관계만을 고려하는 방법이다.

14 폐기물을 자원화 해야하는 필요성을 3가지 쓰시오.

 ① 에너지의 회수를 위해서
② 물질의 회수를 위해서
③ 물질의 전환을 위해서

15 다음 ( )안에 들어갈 알맞은 말을 쓰시오.

(1) 폐산이란 액체상태의 폐기물로서 수소이온농도지수가 ( )인 것으로 한정한다.
(2) 폐알칼리란 액체상태의 폐기물로서 수소이온농도지수가 ( )인 것으로 한정하며, 수산화칼륨 및 수산화나트륨을 포함한다.
(3) 폐유란 기름성분을 ( )함유한 것을 포함하며, 폴리클로리네이티드비페닐 함유 폐기물, 폐식용유와 그 잔재물, 폐흡착제 및 폐흡수제는 제외한다.

 (1) 2.0 이하 (2) 12.5 이상 (3) 5퍼센트 이상

16 도시폐기물을 수거하는 경우 수거시간을 결정하기 위한 고려사항으로 시간요소 3가지를 쓰시오.

 ① 적재시간　　② 운반(수송)시간　　③ 적하시간

17 다음 반응식에서 ( )안에 들어갈 알맞은 화학식을 쓰시오.

$Cr^{3+} + Ca(OH)_2 + OH^- \rightarrow ( ) + Ca^{2+}$

 $Cr(OH)_3$

※ 알림
최근기출문제는 수강생들의 도움으로 복원된 문제이므로 실제문제와 다소 차이가 있을 수 있음을 알려 드립니다.
실기시험을 친 수험생은 실기문제를 복원하여 메일(kwe7002@hanmail.net)로 보내 주시면 됩니다.
수험생 여러분들이 원하시는 수험서를 만들도록 항상 최선의 노력을 다하겠습니다.

04회 2021년 폐기물처리기사 최근 기출문제

2021년 11월 시행

01 80%의 수분을 함유하는 폐슬러지를 건조기에서 건조하여 수분함량을 40%로 하였다. 폐슬러지 100kg당 증발되는 수분량(kg)을 계산하시오. (슬러지 비중은 1.0이다.)

① $W_1 \times (100 - P_1) = W_2 \times (100 - P_2)$

$100\text{kg} \times (100 - 80) = W_2 \times (100 - 40)$

$\therefore W_2 = \dfrac{100\text{kg} \times (100 - 80)}{(100 - 40)} = 33.33\,\text{kg}$

② 증발되는 수분량 $= W_1 - W_2 = 100\text{kg} - 33.33\text{kg} = 66.67\,\text{kg}$

Tip

$W_1 \times (100 - P_1) = W_2 \times (100 - P_2)$
여기서 W_1 : 건조 전 폐슬러지(kg)
P_1 : 건조 전 함수율(%)
W_2 : 건조 후 폐슬러지(kg)
P_2 : 건조 후 함수율(%)

02 1일 쓰레기 발생량이 1ton인 도시의 쓰레기를 깊이 2.5m의 도랑식(Trench)으로 매립하고자 한다. 쓰레기 밀도 500kg/m³, 도랑 점유율 60%, 압축율 30%일 경우 1년간 필요한 부지면적(m²)을 계산하시오.

필요한 부지면적(m²/년) $= \dfrac{\text{쓰레기 발생량(kg/년)} \times (1 - \text{압축율})}{\text{쓰레기 밀도(kg/m}^3) \times \text{깊이(m)}} \times \dfrac{1}{\text{도랑 점유율}}$

$= \dfrac{1 \times 10^3\,\text{kg/일} \times 365\,\text{일/년} \times (1 - 0.3)}{500\,\text{kg/m}^3 \times 2.5\,\text{m}} \times \dfrac{1}{0.6}$

$= 340.67\,\text{m}^2/\text{년}$

03 침출수에 함유되어 있는 수은 5mg/L를 활성탄 흡착법으로 처리하여 0.05mg/L로 방류하고자 한다. 이때 소요되는 활성탄 흡착제의 양(mg/L)을 계산하시오. (단, Freundlich식을 이용하고 K=0.5, n=1이다.)

[풀이]

$$\frac{(C_i - C_o)}{M} = K \times C_o^{\frac{1}{n}}$$

$$\frac{(5\,\text{mg/L} - 0.05\,\text{mg/L})}{M} = 0.5 \times (0.05\,\text{mg/L})^{\frac{1}{1}}$$

$$\therefore M = \frac{(5\,\text{mg/L} - 0.05\,\text{mg/L})}{0.5 \times (0.05\,\text{mg/L})^{\frac{1}{1}}} = 198\,\text{mg/L}$$

Tip

$$\frac{X}{M} = K \times C^{\frac{1}{n}} \Rightarrow \frac{(C_i - C_o)}{M} = K \times C_o^{\frac{1}{n}}$$

여기서 C_i : 유입수 농도 C_o : 유출수의 농도
k, n : 경험적 상수

04 30ton/8hr인 소각로의 설계에 있어서 화격자 부하율이 180kg/m²·hr로 했을 때 화격자면적(m²)을 계산하시오.

[풀이]

$$화격자부하율(\text{kg/m}^2\cdot\text{hr}) = \frac{소각할\ 폐기물의\ 양(\text{kg/hr})}{화격자\ 면적(\text{m}^2)}$$

따라서 $180\,\text{kg/m}^2\cdot\text{hr} = \dfrac{30{,}000\,\text{kg/8hr}}{화격자\ 면적(\text{m}^2)}$

$\therefore$ 화격자 면적 $= \dfrac{30{,}000\,\text{kg/8hr}}{180\,\text{kg/m}^2\cdot\text{hr}} = 20.83\,\text{m}^2$

05 인구 150,000명인 도시에서 배출되는 쓰레기양은 하루에 1.5kg/인이며, 밀도는 380kg/m³이다. 이 쓰레기를 압축하면 처음 부피의 2/3로 되며, 분쇄할 경우에는 압축시부피의 $\dfrac{1}{3}$ 용적이 다시 축소되었다. Trench법으로 매립할 경우 분쇄처리가 압축처리에 비해 1년간 얼마만큼의 면적 축소(m²)가 가능한지 계산하시오. (단, Trench의 깊이는 각각 5m이며, 기타조건은 고려하지 않는다.)

[풀이]

$$매립면적(\text{m}^2/년) = \frac{폐기물\ 발생량(\text{kg/년}) \times (1 - 부피감소율)}{밀도(\text{kg/m}^3) \times 깊이(\text{m})}$$

① 압축하여 용적이 $\dfrac{2}{3}$로 된 경우의 소요면적

$$= \dfrac{1.5\,\text{kg/인}\cdot\text{일} \times 150{,}000\,\text{인} \times 365\,\text{일/년} \times \dfrac{2}{3}}{380\,\text{kg/m}^3 \times 5\,\text{m}}$$

$$= 28{,}815.79\,\text{m}^2/\text{년}$$

② 분쇄하여 다시 $\dfrac{1}{3}$ 용적이 축소되는 경우의 소요면적

$$= 28{,}815.79\,\text{m}^2/\text{년} \times \left(1 - \dfrac{1}{3}\right) = 19{,}210.53\,\text{m}^2/\text{년}$$

③ 소요면적 차 $= 28{,}815.79\,\text{m}^2/\text{년} - 19{,}210.53\,\text{m}^2/\text{년} = 9{,}605.26\,\text{m}^2/\text{년}$

06 폐기물 고화처리 방법에 의해 처리하였다. MR = 0.3으로 하였으며 고화처리 후 밀도는 1.2ton/m³, 고화처리 전 밀도는 1.1ton/m³일 때 VCF를 계산하시오.

부피변화율(VCF) $= (1+\text{MR}) \times \dfrac{\rho_1}{\rho_2}$

$$= (1+0.3) \times \dfrac{1.1\,\text{ton/m}^3}{1.2\,\text{ton/m}^3} = 1.19$$

Tip	부피변화율(VCF) $= (1+\text{MR}) \times \dfrac{\rho_1}{\rho_2}$ 여기서 MR : 혼합률 $\left(\text{MR} = \dfrac{\text{첨가제의 질량}}{\text{폐기물의 질량}}\right)$ ρ_1 : 고화처리 전 폐기물의 밀도(ton/m³) ρ_2 : 고화처리 후 폐기물의 밀도(ton/m³)

07 유리산(H_2SO_4) 5%, 결합산($FeSO_4$)이 13%인 폐황산 1,000kg이 있다. 이것을 5% NaOH로 중화하는 경우 소요량(kg)은 얼마인지 계산하시오.

① 유리산(H_2SO_4)의 당량을 계산한다.

$$\text{eq(당량)} = 1{,}000\,\text{kg} \times \dfrac{10^3\,\text{g}}{1\,\text{kg}} \times \dfrac{5\,\text{g}}{100\,\text{g}} \times \dfrac{1\,\text{eq}}{98\,\text{g}/2} = 1{,}020.41\,\text{eq}$$

② 결합산($FeSO_4$)의 당량을 계산한다.

$$\text{eq(당량)} = 1{,}000\,\text{kg} \times \dfrac{10^3\,\text{g}}{1\,\text{kg}} \times \dfrac{13\,\text{g}}{100\,\text{g}} \times \dfrac{1\,\text{eq}}{152\,\text{g}/2} = 1{,}710.53\,\text{eq}$$

③ 중화에 필요한 NaOH의 양(kg)을 계산한다.

$$\text{NaOH(kg)} = (1{,}020.41 + 1{,}710.53)\,\text{eq} \times \dfrac{40\,\text{g}}{1\,\text{eq}} \times \dfrac{1\,\text{kg}}{10^3\,\text{g}} \times \dfrac{100}{5\%} = 2{,}184.75\,\text{kg}$$

> **Tip**
> ① 1eq(1당량) = $\dfrac{\text{분자량(g)}}{\text{가수}}$
> ② 유리산(H_2SO_4)는 2가 물질이므로 1eq = $\dfrac{98g}{2}$
> ③ 결합산($FeSO_4$)는 2가 물질이므로 1eq = $\dfrac{152g}{2}$
> ④ NaOH는 1가 물질이므로 1eq = $\dfrac{40g}{1}$

08 매립지 면적이 35,000m²이고 침투계수가 0.30, 평균 강수량이 1,250mm/년인 경우 평균 침출수량(m³/day)을 계산하시오. (단, 합리식을 적용하시오.)

① C = 0.30
② I = $\dfrac{1{,}250\,mm}{1\text{년}} \times \dfrac{1\text{년}}{365\,day} = 3.4247\,mm/day$
③ A(면적) = 35,000 m²
④ Q = $\dfrac{1}{1{,}000} \times C \times I \times A$
   = $\dfrac{1}{1{,}000} \times 0.30 \times 3.4247\,mm/day \times 35{,}000\,m^2 = 35.96\,m^3/day$

> **Tip**
> Q = $\dfrac{1}{1000} \times C \times I \times A$
> 여기서 Q : 침출수량(m³/day)   C : 침투계수
>   I : 강우강도(mm/day)   A : 면적(m²)

09 화학식이 $C_5H_7O_2N$이고 함수율이 15%인 건조슬러지를 완전연소할 때 건조슬러지 1kg당 필요한 공기량(kg)과 고위발열량(kcal/kg) 그리고 저위발열량(kcal/kg)을 계산하시오. (단, Dulong식을 이용하시오.)

① $C_5H_7O_2N$의 분자량을 계산한다.
   $C_5H_7O_2N = 5 \times 12 + 7 \times 1 + 2 \times 16 + 1 \times 14 = 113$
② 각 원소의 성분(%)을 계산한다.
   C = $\dfrac{5 \times 12 \times 0.85}{113} \times 100 = 45.13\%$
   H = $\dfrac{7 \times 1 \times 0.85}{113} \times 100 = 5.27\%$
   O = $\dfrac{2 \times 16 \times 0.85}{113} \times 100 = 24.07\%$

$$N = \frac{1 \times 14 \times 0.85}{113} \times 100 = 10.53\%$$

③ A_o(이론공기량) $= \left\{2.667C + 8\left(H - \frac{O}{8}\right) + 1S\right\} \times \frac{1}{0.232}$ (kg/kg)

$= \left\{2.667 \times 0.4513 + 8 \times \left(0.0527 - \frac{0.2407}{8}\right)\right\} \times \frac{1}{0.232} = 5.97 \, \text{kg/kg}$

④ Dulong식을 이용해 고위발열량(Hh)을 계산한다.

$Hh = 8,100C + 34,000\left(H - \frac{O}{8}\right) + 2,500S$ (kcal/kg)

$= 8,100 \times 0.4513 + 34,000 \times \left(0.0527 - \frac{0.2407}{8}\right) = 4,424.36 \, \text{kcal/kg}$

⑤ 저위발열량(Hl)을 계산한다.

$Hl = Hh - 600(9H + W)$ (kcal/kg)

$= 4,424.36 \, \text{kcal/kg} - 600 \times (9 \times 0.0527 + 0.15) = 4,049.78 \, \text{kcal/kg}$

10 다이옥신 제거방법 중 2차적(로내) 방법을 4가지를 쓰시오.

① 폐기물 공급상태의 균질화
② 적당한 연소온도
③ 연소용 공기의 양 및 분포
④ 혼합
⑤ 입자이월의 최소화

11 폐수(또는 액상폐기물) 중에 존재하는 부유입자의 응집제로 황산알루미늄($Al_2(SO_4)_3$)등과 같은 알루미늄염을 주로 사용하는 이유를 설명하시오.

응집제로 3가 양이온을 가지는 알루미늄염을 사용하는 이유는 2가에 비해서 응집효과가 뛰어나고 탈수성이 우수하기 때문이다.

12 다음은 분뇨처리시설의 시운전에 대한 내용이다. 알맞은 순서대로 번호를 쓰시오.

① 30℃로 가온하여 소화를 시작한다.
② 소화조 탱크에 물을 채워 누수를 확인한다.
③ pH, 온도, 가스생성물 등을 확인하여 소화과정을 확인한다.
④ 분뇨와 슬러지를 투입한다.
⑤ 가온장치의 작동을 확인한다.

② → ⑤ → ④ → ① → ③

13 숙성된 퇴비의 특징을 3가지 쓰시오.

① 토양 개량제로 사용된다.
② 병원균이 사멸되어 거의 존재하지 않는다.
③ 수분보유력과 양이온교환능력이 뛰어나다.
④ 악취발생이 거의 없다.

> **Tip** 문제의 요구 조건에 따라 3가지만 서술하시면 됩니다.

14 오염물질을 처리하는 방식 중 전환방식과 분리방식의 종류를 각각 3가지씩 쓰시오.

(1) 전환방식의 종류
　　① 중화법
　　② 화학적 산화·환원법
　　③ 전기분해법
(2) 분리방식의 종류
　　① 침전법
　　② 이온교환법
　　③ 증발법

15 아래의 설명에 알맞게 (　)를 채우시오.

> (1) 30℃ ~ 40℃는 (　)소화이고, 50℃ ~ 60℃는 (　)소화이다.
> (2) 호기성으로 분해시 충분한 산소 공급시 온도는(　)한다.
> (3) 유기물을 분해시 생성되는 (　)이 촉매작용을 한다.
> (4) 중금속이 함유된 폐기물을 퇴비화 할 경우 중금속은 (　)한다.

(1) 중온, 고온 (2) 상승 (3) 수분 (4) 감소

16 아래의 설명에 알맞은 시설의 이름을 쓰시오.

> (1) ① 연소실의 출구온도는 섭씨 850도 이상 이어야 한다.
> 　　② 연소실은 연소가스가 2초 이상 체류할 수 있어야 한다.
> 　　③ 바닥재의 강열감량이 10퍼센트 이하가 될 수 있는 소각 성능을 갖추어야 한다.
> (2) ① 2차 연소실의 출구온도는 섭씨 1,100도 이상 이어야 한다.
> 　　② 2차 연소실은 연소가스가 2초 이상 체류할 수 있어야 한다.
> 　　③ 배출되는 바닥재의 강열감량이 5퍼센트 이하가 될 수 있는 소각 성능을 갖추어야 한다.

(1) 일반소각시설 (2) 고온소각시설

17 연소실의 열발생율과 화격자의 연소능력(부하)를 간단히 설명하시오. (단, 공식을 이용하여 설명하시오.)

 ① 연소실의 열발생율$(kcal/m^3 \cdot hr) = \dfrac{\text{저위발열량}(kcal/kg) \times \text{폐기물량}(kg/hr)}{\text{연소실의 용적}(m^3)}$

따라서 연소실의 열발생율은 단위 체적, 단위 시간당 폐기물의 발생열량을 의미한다.

② 화격자의 연소능력(부하)$(kg/m^2 \cdot hr) = \dfrac{\text{소각되는 폐기물의 양}(kg/hr)}{\text{화격자의 면적}(m^2)}$

따라서 화격자의 연소능력(부하)는 단위 면적당, 단위 시간당 소각되는 폐기물의 양을 의미한다.

18 아래의 용어를 간단히 설명하시오.

(1) 종량제
(2) 님비현상
(3) 예치금제도

 (1) 종량제 : 사용량과는 상관없이 정해진 요금을 납부하는 정액제와는 다른 제도로 질량이나 사용량 등 일정 단위에 비례하여 요금을 결정하는 제도이다.
(2) 님비현상 : 대부분의 사람들이 꺼려하는 시설이 들어섰을 때 미치는 여러 가지 위해요소로 인하여 피해를 받을 것을 우려해서 자기가 살고있는 지역에 설치되는 것을 반대하는 현상이다.
(3) 예치금제도 : 오염물질의 저감과 자원의 재사용을 목적으로 시행하는 제도로, 오염물질 단위당 일정액을 예치하게 하고 대상오염물질을 회수하거나 적절한 폐기과정을 이행할 때 이를 반환하는 제도이다.

※ **알림**
최근기출문제는 수강생들의 도움으로 복원된 문제이므로 실제문제와 다소 차이가 있을 수 있음을 알려 드립니다.
실기시험을 친 수험생은 실기문제를 복원하여 메일(kwe7002@hanmail.net)로 보내 주시면 됩니다.
수험생 여러분들이 원하시는 수험서를 만들도록 항상 최선의 노력을 다하겠습니다.

01회 2022년 폐기물처리기사 최근 기출문제

2022년 5월 시행

01 소각로내의 열부하가 50,000kcal/m³·hr이며 쓰레기의 발열량이 1,400kcal/kg이다. 쓰레기의 양이 10,000kg/day이라고 할 때, 로의 부피(m³)를 계산하시오. (단, 1일 8시간만 가동한다.)

$$50,000\,\text{kcal/m}^3\cdot\text{hr} = \frac{1,400\text{kcal/kg} \times 10,000\text{kg/day} \times 1\text{day/8hr}}{\text{로의 부피}(\text{m}^3)}$$

$$\therefore \text{로의 부피} = \frac{1,400\text{kcal/kg} \times 10,000\text{kg/day} \times 1\text{day/8hr}}{50,000\,\text{kcal/m}^3\cdot\text{hr}} = 35\text{m}^3$$

Tip 소각로내의 열부하(kcal/m³·hr) = $\dfrac{\text{발열량(kcal/kg)} \times \text{쓰레기의 양(kg/hr)}}{\text{로의 부피(m}^3\text{)}}$

02 함수율이 90% 하수슬러지와 함수율이 30%인 톱밥을 혼합하여 함수율이 55%인 퇴비 100kg을 만들고자 한다. 필요한 하수슬러지의 양(kg)과 톱밥의 양(kg)을 계산하시오.

$$C_m = \frac{Q_1 C_1 + Q_2 C_2}{Q_1 + Q_2}$$

$$55\% = \frac{Q_1 \times 90\% + (100 - Q_1) \times 30\%}{Q_1 + (100 - Q_1)}$$

$\therefore Q_1(\text{하수슬러지}) = 41.67\,\text{kg}$

$Q_2(\text{톱밥}) = (100 - Q_1) = 100\text{kg} - 41.67\text{kg} = 58.33\text{kg}$

Tip
혼합공식 $(C_m) = \dfrac{Q_1 C_1 + Q_2 C_2}{Q_1 + Q_2}$

여기서, C_m : 혼합 함수율(%) Q_1 : 하수슬러지의 양(kg)
C_1 : 하수슬러지의 함수율(%) Q_2 : 톱밥의 양(kg) ($Q_2 = 100 - Q_1$)
C_2 : 톱밥의 함수율(%)

03 직경 30cm, 유효높이 10m의 원통형 백필터를 사용해서 유량이 20m³/sec이고, 분진농도가 5g/m³인 배기가스를 처리하려고 한다. 여과속도를 2.0cm/s로 할 경우, 백필터의 소요갯수(개)를 계산하시오.

풀이

$$n = \frac{Q}{\pi \cdot D \cdot L \cdot V_f}$$

$$= \frac{20\,m^3/sec}{\pi \times 0.30\,m \times 10\,m \times 0.02\,m/sec} = 106.10 = 107개$$

Tip

$Q = \pi \cdot D \cdot L \cdot n \cdot V_f$

$\therefore n = \dfrac{Q}{\pi \cdot D \cdot L \cdot V_f}$

여기서 n : 여과백의 갯수
D : 지름(m)
V_f : 겉보기 여과속도(m/sec)
Q : 배기가스량(m³/sec)
L : 유효높이(m)

04 인구수가 20만명인 어떤 도시에서 쓰레기 발생량이 1.5kg/인·일이고, 발생되는 쓰레기를 인부 50명이 수거 운반할 때의 MHT를 계산하시오. (단, 1일 8시간 작업한다.)

풀이

$$MHT = \frac{수거인부수 \times 작업시간}{쓰레기 수거실적}$$

$$= \frac{50인 \times 8hr/day}{1.5kg/인·일 \times 200,000인 \times 10^{-3}ton/kg} = 1.33\,MHT$$

Tip

① MHT = man·hr/ton
② MHT : 1ton의 쓰레기를 수거하는데 수거인부 1인이 소요하는 총시간
③ MHT가 클수록 수거효율이 낮다.

05 폐기물을 분석한 결과 C 11.7%, H 1.81% O 8.76%, S 0.03%, N 0.39%, Cl 0.31%, 수분 65%, 회분 12%이다. (단, 공기비(m)는 2.0이다.)

(1) 이론공기량(Nm³/kg)을 계산하시오.
(2) 전체발생가스량(Nm³/kg)을 계산하시오.
(3) 전체발생가스량을 기준으로 발생되는 염화수소의 농도(ppm)를 계산하시오.

풀이

(1) 이론공기량(A_o) = $8.89C + 26.67\left(H - \dfrac{O}{8}\right) + 3.33S$ (Nm^3/kg)

$= 8.89 \times 0.117 + 26.67 \times \left(0.0181 - \dfrac{0.0876}{8}\right) + 3.33 \times 0.0003$

$= 1.23\, Nm^3/kg$

(2) 전체발생가스량(G_w)

$= mA_o + 5.6H + 0.7O + 0.8N + 1.244W$ (Nm^3/kg)

$= 2.0 \times 1.23\, Nm^3/kg + 5.6 \times 0.0181 + 0.7 \times 0.0876 + 0.8 \times 0.0039 + 1.244 \times 0.65$

$= 3.43\, Nm^3/kg$

(3) $HCl(ppm) = \dfrac{\dfrac{22.4\, Nm^3}{36.5\, kg} \times Cl}{\text{전체발생가스량}(Nm^3/kg)} \times 10^6$

$= \dfrac{\dfrac{22.4\, Nm^3}{36.5\, kg} \times 0.0031}{3.43\, Nm^3/kg} \times 10^6 = 554.66\, ppm$

06 인구 150,000명인 도시에서 배출되는 쓰레기양은 하루에 1.5kg/인이며, 밀도는 380kg/m³이다. 이 쓰레기를 압축하면 처음 부피의 2/3로 되며, 분쇄할 경우에는 압축시부피의 1/3 용적이 다시 축소되었다. Trench법으로 매립할 경우 분쇄처리가 압축처리에 비해 1년간 얼마만큼의 면적축소(m²)가 가능한지 계산하시오. (단, Trench의 깊이는 각각 5m이며, 기타 조건은 고려하지 않는다.)

 매립면적(m^2/년) = $\dfrac{\text{폐기물 발생량}(kg/년) \times (1 - \text{부피감소율})}{\text{밀도}(kg/m^3) \times \text{깊이}(m)}$

① 압축하여 용적이 $\dfrac{2}{3}$로 된 경우의 소요면적

$= \dfrac{1.5\, kg/인 \cdot 일 \times 150{,}000인 \times 365일/년 \times \dfrac{2}{3}}{380\, kg/m^3 \times 5\, m}$

$= 28{,}815.7895\, m^2/년$

② 분쇄하여 다시 $\dfrac{1}{3}$ 용적이 축소되는 경우의 소요면적

$= 28{,}815.7895\, m^2/년 \times \left(1 - \dfrac{1}{3}\right) = 19{,}210.5263\, m^2/년$

③ 소요면적 차 = $28{,}815.7895\, m^2/년 - 19{,}210.5263\, m^2/년 = 9{,}605.26\, m^2/년$

07 소각과 열분해의 정의를 간단히 서술하시오.

① 소각 : 폐기물에 충분한 산소를 공급하여 고온상태에서 연소하여 폐기물의 감량화와 소각열을 회수하여 이용하는 공정이다.
② 열분해 : 폐기물을 무산소 또는 산소가 부족한 상태에서 고온으로 가열하여 기체, 액체, 고체 상태의 연료를 생산하는 공정이다.

08 크롬은 3가크롬과 6가크롬으로 존재하는데, 6가크롬의 이온형태를 2가지만 쓰시오.

① CrO_4^{2-}
② $Cr_2O_7^{2-}$

09 고형화처리의 목적과 적용대상물질을 3가지 쓰시오.

(1) 목적 : 유해폐기물의 물리화학적인 안정화와 안전화를 위함
(2) 적용대상물질 : 중금속, 방사성폐기물, 할로겐화합물

10 선택적 촉매환원법(SCR)과 선택적 무촉매환원법(SNCR)의 특징을 보기에서 고르시오.

[보기]
① 초기 90% 정도 ② 30 ~ 70% ③ 850 ~ 950℃ ④ 250 ~ 400℃
⑤ 백연현상 ⑥ 압력손실이 크다 ⑦ 거의 없음 ⑧ 제거가능

	선택적 무촉매환원법(SNCR)	선택적 촉매환원법(SCR)
저감효율		
운전온도		
다이옥신 제거		
단점(문제점)		

	선택적 무촉매환원법(SNCR)	선택적 촉매환원법(SCR)
저감효율	② 30 ~ 70%	① 초기 90% 정도
운전온도	③ 850 ~ 950℃	④ 250 ~ 400℃
다이옥신 제거	⑦ 거의 없음	⑧ 제거가능
단점(문제점)	⑤ 백연현상	⑥ 압력손실이 크다

11 폐기물의 발생량 조사방법 3가지를 쓰고 간단히 설명하시오.

① 물질수지법 : 시스템에 유입되는 쓰레기 양과 유출되는 쓰레기 양에 대해서 물질수지를 세워 발생되는 쓰레기의 양을 추정하는 방법이다.
② 직접계근법 : 국내 대형소각장 및 위생매립장에 반입되는 쓰레기의 양을 주로 측정하는데 이용한다.
③ 적재차량계수법 : 일정기간 동안 특정지역의 쓰레기 수거차량의 대수를 조사하여 이 값에 폐기물의 겉보기 비중을 보정하여 질량으로 환산하여 폐기물의 발생량을 조사하는 방법이다.

> **Tip**
> 폐기물 발생량 예측방법
> ① 다중회귀모델 : 하나의 수식으로 각 인자들이 효과를 총괄적으로 나타내어 복잡한 시스템의 분석에 유용하게 사용할 수 있는 쓰레기 발생량을 예측하는 방법이다.
> ② 동적모사모델 : 쓰레기 배출에 영향을 주는 모든 인자를 시간에 대한 함수로 나타낸 후 시간에 대한 함수로 각 영향인자들 간에 상관관계를 수식화 한 것이다.
> ③ 경향모델 : 폐기물 발생량 예측방법 중 모든 인자를 시간에 대한 함수로 하여 모델화 시켜 예측하는 방법으로 단지 시간과 그에 따른 폐기물 발생량 간의 상관관계만을 고려하는 방법이다.

12 D_n, d_n이 침출수의 집배수층 체상분율과 매립지의 토양 체상분율이다. 다음의 조건을 만족하는 값을 나타내시오.

(1) 침출수의 집배수층 주변 물질에 막히지 않는 조건
(2) 침출수의 집배수층이 충분한 투수성을 유지하는 조건

(1) $\dfrac{D_{15\%}}{d_{85\%}} < 5$

(2) $\dfrac{D_{15\%}}{d_{15\%}} > 5$

여기서 $D_{15\%}$: 입도누적곡선상 15%에 상당하는 침출수의 집배수층 필터재료의 입경
$d_{85\%}$: 입도누적곡선상 85%에 상당하는 침출수의 집배수층 주변토양의 입경
$d_{15\%}$: 입도누적곡선상 15%에 상당하는 침출수의 집배수층 주변토양의 입경

13 쓰레기 선별분리방법 6가지를 쓰시오.

① 스크린 선별법
② 세카터 선별법
③ 스토너 선별법
④ 손 선별법
⑤ 공기 선별법
⑥ 광학 선별법

14. 폐기물 매립 후 발생되는 생성가스 농도변화를 4단계로 나누어 간단히 설명하시오.

① Ⅰ단계(호기성단계) : 산소와 질소가 감소하고, 이산화탄소가 생성되기 시작하는 단계
② Ⅱ단계(혐기성비메탄단계) : 혐기성 단계지만 CH_4가 형성되지 않고, H_2가 생성되기 시작하고 SO_4^{2-}, NO_3^- 등이 환원되는 단계
③ Ⅲ단계(메탄생성축적단계) : 혐기성 단계이며 CH_4가 발생하기 시작하는 단계
④ Ⅳ단계(정상적인혐기단계) : 정상적인 혐기단계로 CH_4와 CO_2의 함량이 거의 일정한 단계

15. 폐기물을 파쇄처리할 때 장점 6가지를 서술하시오.

① 겉보기 비중 증가
② 비표면적 증가
③ 입경분포의 균일화
④ 고가금속 회수가능
⑤ 운반비의 저렴화
⑥ 폐기물 소각시 연소효율 증가

Tip	파쇄처리의 문제점과 대책 (1) 파쇄처리의 문제점 　　① 먼지발생　② 소음발생　③ 먼지를 통한 병원균 전파 가능성 (2) 파쇄처리 문제점에 대한 대책 　　① 집진장치 설치　② 방음장치 설치　③ 살균 및 소독장치 설치

16. 아래의 보기에서 알맞은 것을 찾아 쓰시오.

[보기]
① MBT(Mechanical Biological Treatment)
② RDF(Refuse Derived Fuel)
③ RPF(Refuse Plastic Fuel)
④ Eddy Current Separation
⑤ EPR(Extended Producer Responsibility)
⑥ LCA(Life Cycle Assessment)

(1) 생활쓰레기 전처리시설
(2) 쓰레기전환연료
(3) 플라스틱전환연료
(4) 알루미늄캔 선별법

(5) 생산자책임 재활용제도
(6) 전과정평가

(1) 생활쓰레기 전처리시설 - ① MBT(Mechanical Biological Treatment)
(2) 쓰레기전환연료 - ② RDF(Refuse Derived Fuel)
(3) 플라스틱전환연료 - ③ RPF(Refuse Plastic Fuel)
(4) 알루미늄캔 선별법 - ④ Eddy Current Separation
(5) 생산자책임 재활용제도 - ⑤ EPR(Extended Producer Responsibility)
(6) 전과정평가 - ⑥ LCA(Life Cycle Assessment)

17 바이오-SRF 금속성분 4가지를 쓰시오.

① 수은
② 카드뮴
③ 납
④ 비소

> **Tip**
> 바이오 - SRF는 Biomass - Solid Refuse Fuel의 약자로 폐지류, 농업폐기물, 폐목재류, 식물성 잔재물 그 외 에너지로 사용이 가능하다고 환경부장관이 인정하여 고시하는 바이오매스 폐기물로 만든 고형의 연료를 말한다.

※ 알림
최근기출문제는 수강생들의 도움으로 복원된 문제이므로 실제문제와 다소 차이가 있을 수 있음을 알려 드립니다.
실기시험을 친 수험생은 실기문제를 복원하여 메일(kwe7002@hanmail.net)로 보내 주시면 됩니다.
수험생 여러분들이 원하시는 수험서를 만들도록 항상 최선의 노력을 다하겠습니다.

2022년 폐기물처리기사 최근 기출문제

2022년 7월 시행

01 다음 조성을 가진 분뇨와 음식물을 질량비 3:5로 혼합 처리시 C/N비(탄질소비)를 계산하시오.

구분	함수율	유기탄소/TS	총질소량/TS
분뇨	95%	40%	20%
음식물	35%	87%	5%

$$\text{C/N비} = \frac{\text{탄소량}}{\text{질소량}} = \frac{(1-0.95) \times 0.4 \times \frac{3}{8} + (1-0.35) \times 0.87 \times \frac{5}{8}}{(1-0.95) \times 0.2 \times \frac{3}{8} + (1-0.35) \times 0.05 \times \frac{5}{8}} = 15$$

> **Tip**
> ① 고형물(TS) = 100 − 함수율(%)
> ② 분뇨의 고형물 = 100 − 95% = 1 − 0.95
> ③ 음식물의 고형물 = 100 − 35% = 1 − 0.35
> ④ 분뇨와 음식물의 비가 3:5 이므로 분뇨 = $\frac{3}{3+5}$, 음식물 = $\frac{5}{3+5}$

02 폐기물 분석결과 수분 = 30%, 고형물 = 70%, 강열감량 = 67%였다면, 이 폐기물 중의 휘발성 고형물(%)과 유기물 함량(%)을 각각 계산하시오.

유기물 함량(%) = $\frac{\text{휘발성 고형물}(\%)}{\text{고형물}(\%)} \times 100$

휘발성 고형물(%) = 강열감량(%) − 수분(%) = 67% − 30% = 37%

따라서 유기물 함량(%) = $\frac{37\%}{70\%} \times 100 = 52.86\%$

03 다음의 조성을 가진 도시의 고형폐기물 1ton을 소각할 때 다음 물음에 답하시오.

> 공기비(m) = 1.5
> 조성(%) : C = 30, H = 20, O = 20, S = 5, N = 5, 수분 = 10, ash = 10

(1) 이론 습연소가스량(ton/ton)을 계산하시오.

(2) 실제 습연소가스량(ton/ton)을 계산하시오.

 ① 이론 공기량(ton/ton) 계산

$$A_o = \left\{2.667C + 8 \times (H - \frac{O}{8}) + S\right\} \times \frac{1}{0.232}$$

$$= \left\{2.667 \times 0.3 + 8 \times (0.2 - \frac{0.2}{8}) + 0.05\right\} \times \frac{1}{0.232} = 9.6987 \, ton/ton$$

② 이론 습연소가스량(ton/ton) 계산

$$Gow = (1 - 0.232)A_o + \frac{44}{12}C + \frac{18}{2}H + \frac{64}{32}S + \frac{28}{28}N + \frac{18}{18}W \, (ton/ton)$$

$$= (1 - 0.232) \times 9.6987 \, ton/ton + \frac{44}{12} \times 0.30 + \frac{18}{2} \times 0.20 + \frac{64}{32} \times 0.05$$

$$+ \frac{28}{28} \times 0.05 + \frac{18}{18} \times 0.10 = 10.60 \, ton/ton$$

③ 실제 습연소가스량(ton/ton) 계산

$$Gw = Gow + \{(m-1)A_o\} \, (ton/ton)$$

$$= 10.60 \, ton/ton + \{(1.5 - 1) \times 9.6987 \, ton/ton\}$$

$$= 15.45 \, ton/ton$$

04 쓰레기를 100톤 소각하였을 때 남은 재의 질량이 소각전 쓰레기 질량의 20wt%이고 재의용적이 16m³이라면 재의 밀도(kg/m³)를 계산하시오.

$$재의 \ 밀도(kg/m^3) = \frac{재의 \ 질량(kg)}{재의 \ 용적(m^3)} = \frac{100 \times 10^3 kg \times 0.20}{16m^3} = 1,250 \, kg/m^3$$

Tip	$100 \, ton = 100 \times 10^3 \, kg = 100,000 \, kg$

05 투입량이 1ton/hr이고, 회수량이 600kg/hr(그중 회수대상물질은 550kg/hr)이며 제거량 400kg/hr(그중 회수대상물질은 70kg/hr) 일 때 다음 물음에 답하시오.

(1) Worrell식에 의한 선별효율(%)을 계산하시오.

(2) Rietema식에 의한 선별효율(%)을 계산하시오.

(1) Worrell식의 선별효율(E) = $\left(\dfrac{X_c}{X_i} \times \dfrac{Y_o}{Y_i}\right) \times 100$

$= \left(\dfrac{550\text{kg/hr}}{620\text{kg/hr}} \times \dfrac{330\text{kg/hr}}{380\text{kg/hr}}\right) \times 100 = 77.04\%$

(2) Rietema식의 선별효율(E) = $\left|\left(\dfrac{X_c}{X_i} - \dfrac{Y_c}{Y_i}\right)\right| \times 100(\%)$

$= \left|\left(\dfrac{550\text{kg/hr}}{620\text{kg/hr}} - \dfrac{50\text{kg/hr}}{380\text{kg/hr}}\right)\right| \times 100(\%) = 75.55\%$

Tip	
	X_i (투입량 중 회수대상물질) = 620kg/hr
	Y_i (투입량 중 비회수대상물질) = 380kg/hr
	X_c (회수량 중 회수대상물질) = 550kg/hr
	Y_c (회수량 중 비회수대상물질) = 50kg/hr
	X_o (제거량 중 회수대상물질) = 70kg/hr
	Y_o (제거량 중 비회수대상물질) = 330kg/hr

06 아파트 단지의 세대수는 400, 한 세대당 가족수 4인, 단위 용적당 쓰레기 질량 120kg/m³, 적재용량 8m³의 트럭 7대로 2일마다 수거할 때, 1인 1일당 쓰레기 배출량(kg)을 계산하시오.

쓰레기 배출량(kg/인·일) = $\dfrac{\text{쓰레기 수거량(kg)}}{\text{인구수(인)} \times \text{수거일수(일)}}$

$= \dfrac{8.0\,\text{m}^3/\text{대} \times 7\text{대}/1\text{회} \times 1\text{회}/2\text{일} \times 120\,\text{kg/m}^3}{400\text{세대} \times 4\text{인}/1\text{세대}}$

$= 2.10\,\text{kg/인·일}$

07 침출수내 6가크롬의 농도가 200mg/L일 때 FeSO₄로 응집침전시키려 한다. 침출수 10m³당 필요한 FeSO₄의 양(kg)을 계산하시오. (반응식 : $2H_2CrO_4 + 6FeSO_4 + 6H_2SO_4 \rightarrow Cr_2(SO_4)_3 + 3Fe_2(SO_4)_3 + 8H_2O$, 여기서 원자량은 Cr : 52, Fe : 55.8, S : 32이다.)

풀이

$2Cr^{6+}$: $6FeSO_4$

$2 \times 52 \, kg$: $6 \times 151.8 \, kg$

$0.2 \, kg/m^3 \times 10 \, m^3$: X

$\therefore X = \dfrac{0.2 \, kg/m^3 \times 10 \, m^3 \times 6 \times 151.8 \, kg}{2 \times 52 \, kg} = 17.52 \, kg$

Tip
① FeSO₄의 분자량 = 55.8 + 32 + 16 × 4 = 151.8
② $mg/L \xrightarrow{\times 10^{-3}} kg/m^3$

08 용적 500m³인 슬러지 혐기성 소화조가 함수율 95%의 슬러지를 하루에 10m³를 소화시킬 때, 이 소화조의 유기물 부하율(kg VS/m³·day)을 계산하시오. (단, 무기물 비율이 40%, 슬러지 비중은 1.0이다.)

풀이

유기물 부하율($kg \, VS/m^3 \cdot day$) = $\dfrac{10 \, m^3/day \times 1,000 \, kg/m^3 \times (1-0.95) \times (1-0.40)}{500 \, m^3}$

$= 0.6 \, kg \, VS/m^3 \cdot day$

Tip
① 고형물(TS) = 100 - 함수율(P) = (100 - 95%) = (1 - 0.95)
② 고형물(TS) = 유기물(VS) + 무기물(FS)
③ 유기물(VS) = 100 - 40% = 60%
④ 비중의 단위 : g/mL = g/cm³ = kg/L = ton/m³
⑤ $g/cm^3 \xrightarrow{\times 10^3} kg/m^3$
⑥ 슬러지 비중 1.0 = 1,000kg/m³

09 유동상 소각로에서 사용하는 Bed(유동물질)을 1가지 적고, 특징을 3가지 쓰시오.

 (1) 유동물질 : 모래
(2) 특징
① 불활성일 것
② 융점이 높을 것
③ 비중이 작을 것
④ 내마모성이 있을 것
⑤ 열충격에 강할 것
⑥ 가격이 저렴할 것

> **Tip** 문제의 요구조건에 알맞게 3가지만 기술하시면 됩니다.

10 활성탄 백필터를 사용하여 다이옥신을 제거할 경우 제거공정의 특징을 4가지 쓰시오.

 ① 파손여과포의 교체횟수가 많아 인력 및 경비 부담이 크고 설비의 연속운전에 지장을 줄 수 있다.
② 다이옥신과 함께 중금속 등이 흡착된다.
③ 활성탄 주입량을 변경하면 제거효율을 어느정도 변경이 가능하다.
④ 체류시간이 작아 다이옥신의 재형성 방지가 어렵다.

11 연직차수막의 시공법으로 사용되는 공법을 3가지만 쓰시오.

 ① 강널말뚝 공법
② 굴착에 의한 차수시트 매설 공법
③ 어스댐 코어 공법
④ 그라우트 공법

> **Tip**
> ① 연직차수막은 지중에 수평방향의 차수층이 존재할 때 사용하며, 지중에 암반 및 점성토로 구성된 불투수층이 수평방향으로 넓게 분포하고 있는 경우 수직 또는 경사로 시공한다.
> ② 문제의 요구조건에 알맞게 3가지만 기술하시면 됩니다.

12 소각공정 중 연소가스 냉각설비 종류를 2가지만 쓰시오.

풀이
① 물분사식
② 공기혼입식
③ 간접공랭식

Tip 문제의 요구조건에 알맞게 2가지만 기술하시면 됩니다.

13 소각시설의 구성요소를 대별하여 보면 반입공급설비, 소각설비, 연소가스 냉각설비, 연소가스 처리설비, 급배수설비, 여열이용설비, 통풍설비, 소각재처리설비, 폐수처리설비 등으로 구성된다. 여기서 통풍설비에 해당되는 통풍의 종류 3가지를 설명하시오.

풀이
① 압입통풍 : 로 안에 설치된 가압송풍기에 의해 연소용 공기를 연소로 안으로 압입하는 통풍방식으로 연소실 공기를 예열할 수 있고 로내압이 정압(+)으로 연소효율이 좋다.
② 흡입통풍 : 로내의 압력을 부압(-)으로 하여 배기가스를 굴뚝으로 흡인시켜 배출하는 방식으로 역화의 위험성이 없으며 통풍력이 크다.
③ 평형통풍 : 대용량의 연소설비에 적합하며, 통풍 및 로내압의 조건이 용이하며, 동력소모가 크고 설비비 및 유지비가 많이 든다.

14 퇴비화 인자 3가지와 최적의 운전범위를 쓰시오.

풀이
① 온도 : 50 ~ 60℃
② pH : 6 ~ 8
③ C/N비 : 30 ~ 50
④ 수분 : 50 ~ 60%
⑤ 공급공기량 : 5 ~ 15%

Tip 문제의 요구조건에 알맞게 3가지만 기술하시면 됩니다.

15 매립지에서 최종복토를 해야하는 목적을 4가지만 쓰시오.

① 우수의 침투를 방지한다.
② 쓰레기 비산을 방지한다.
③ 화재를 예방한다.
④ 유해곤충이나 해충의 서식을 방지한다.
⑤ 악취를 방지한다.

> **Tip** 문제의 요구조건에 알맞게 4가지만 기술하시면 됩니다.

16 다음의 설명은 슬러지처리 공정이다. ( )안에 들어갈 알맞은 공정명을 쓰고, 각 공정에 해당하는 예시를 2가지씩 쓰시오.

슬러지 발생 - 농축 - (①) - (②) - 탈수 - 건조 - (③) - 처분

① 공정명 : 소화, 예시 : 호기성 소화, 혐기성 소화
② 공정명 : 개량, 예시 : 열처리법, 약품처리법, 슬러지세정법, 생물학적처리법
③ 공정명 : 소각, 예시 : 화격자 소각로, 유동상 소각로, 로터리 킬른

17 다음은 혐기성처리공정에 대한 설명이다. ( )안에 들어갈 알맞은 말을 쓰시오.

고농축 액상폐기물을 가수분해하여 고분자물질이 (①)화 되고, (②)단계에서 유기산이나 저급 지방산이 생성되고, (③)단계에서 메탄균이 관여하여 (④)이 60 ~ 70%, (⑤)가 30 ~ 40% 생성된다.

① 저분자 ② 산 생성 ③ 메탄생성 ④ 메탄(CH_4) ⑤ 이산화탄소(CO_2)

※ **알림**
최근기출문제는 수강생들의 도움으로 복원된 문제이므로 실제문제와 다소 차이가 있을 수 있음을 알려 드립니다.
실기시험을 친 수험생은 실기문제를 복원하여 메일(kwe7002@hanmail.net)로 보내 주시면 됩니다.
수험생 여러분들이 원하시는 수험서를 만들도록 항상 최선의 노력을 다하겠습니다.

04회 2022년 폐기물처리기사 최근 기출문제

2022년 11월 시행

01 건조된 쓰레기 성상분석 결과가 다음과 같을 때 생물분해성 분율을 계산하시오. (단, 휘발성 고형물량은 80%이고, 휘발성고형물 중 리그닌 함량은 25%이다.)

 BF = 0.83 − (0.028 × LC)
여기서 BF : 생물분해성 분율(휘발성 고형분 함량기준)
　　　LC : 휘발성 고형분 중 리그닌 함량
따라서 BF = 0.83 − (0.028 × 0.25) = 0.823

02 분자식이 C_xH_y인 탄화수소 $1Sm^3$을 완전연소하는데 필요한 이론 공기량(Sm^3)을 계산하시오.

$C_xH_y + \left(x+\dfrac{y}{4}\right)O_2 \rightarrow xCO_2 + \dfrac{y}{2}H_2O$

이론 산소량 $= \left(x+\dfrac{y}{4}\right)(Sm^3/Sm^3)$

이론 공기량 $=$ 이론산소량 $\times \dfrac{1}{0.21}(Sm^3/Sm^3)$

$= \left(x+\dfrac{y}{4}\right)(Sm^3/Sm^3) \times \dfrac{1}{0.21} = 4.76x + 1.19y \; (Sm^3/Sm^3)$

Tip
① Sm^3/Sm^3 = 체적비 = 갯수비
② 이론 공기량(Sm^3) $= \dfrac{산소량(Sm^3)}{0.21} = \dfrac{산소갯수(Sm^3)}{0.21}$

03 1일 쓰레기 발생량이 29.8t인 도시의 쓰레기를 깊이 2.5m의 도랑식(Trench)으로 매립하고자 한다. 쓰레기 밀도 $500kg/m^3$, 도랑 점유율 60%, 부피감소율 40%일 경우 1년간 필요한 부지면적(m^2)을 계산하시오.

 필요한 부지면적 $= \dfrac{쓰레기 발생량(kg/년) \times (1 - 부피감소율)}{쓰레기 밀도(kg/m^3) \times 깊이(m)} \times \dfrac{1}{도랑 점유율}$

$$= \frac{29.8 \times 10^3 \text{kg/일} \times 365\text{일/년} \times (1-0.4)}{500\text{kg/m}^3 \times 2.5\text{m}} \times \frac{1}{0.6} = 8701.6\,\text{m}^2/\text{년}$$

04 수분함량이 20%인 쓰레기의 수분함량을 10%로 감소시키면 감소 후 쓰레기 질량은 처음 질량의 몇 %가 되는지 계산하시오.

풀이
$W_1 \times (100 - P_1) = W_2 \times (100 - P_2)$
$W_1 \times (100 - 20) = W_2 \times (100 - 10)$
$\therefore \dfrac{W_2}{W_1} = \dfrac{(100-20)}{(100-10)} = 0.8889$

따라서 W_2는 W_1의 88.89%에 해당한다.

05 매일 200톤씩 폐기물을 소각하는 소각로가 있다. 다음과 같은 조건이 주어졌을 때 해당 소각로의 용적(m^3)과 평균 로의 높이(m)를 계산하시오.

[조건]
- 화격자 면적 : $42.5\,\text{m}^2$
- 저위발열량 : $1{,}000\,\text{kcal/kg}$
- 열부하율 : $12.5 \times 10^4\,\text{kcal/m}^3 \cdot \text{hr}$
- 연속 소각이며, 표준상태 기준

풀이
(1) 소각로의 용적(m^3) 계산

$$\text{열부하율}(\text{kcal/m}^3 \cdot \text{hr}) = \frac{\text{저위발열량}(\text{kcal/kg}) \times \text{폐기물량}(\text{kg/hr})}{\text{소각로의 용적}(\text{m}^3)}$$

$$12.5 \times 10^4\,\text{kcal/m}^3 \cdot \text{hr} = \frac{1{,}000\,\text{kcal/kg} \times 200 \times 10^3\,\text{kg/day} \times 1\,\text{day}/24\,\text{hr}}{\text{소각로 용적}(\text{m}^3)}$$

$\therefore$ 소각로의 용적 = $66.67\,\text{m}^3$

(2) 평균 로의 높이(m) 계산

$$\text{평균 로의 높이(m)} = \frac{\text{소각로의 용적}}{\text{화격자 면적}} = \frac{66.67\,\text{m}^3}{42.5\,\text{m}^2} = 1.57\,\text{m}$$

06 메탄올 1kg을 완전연소 시킬 때 다음 물음에 답하시오.

(1) 이론 산소량(Sm^3)을 계산하시오.

(2) 이론 공기량(Sm^3)을 계산하시오.

(3) 이론 습연소가스량(Sm^3)을 계산하시오.

풀이 (1) 이론 산소량(Sm^3) 계산

$$CH_3OH + 1.5O_2 \rightarrow CO_2 + 2H_2O$$

$$32\,kg \quad : \quad 1.5 \times 22.4\,Sm^3$$

$$1\,kg \quad : \quad X$$

$$\therefore X = \frac{1\,kg \times 1.5 \times 22.4\,Sm^3}{32\,kg} = 1.05\,Sm^3$$

(2) 이론 공기량(Sm^3) 계산

$$이론공기량(Sm^3) = \frac{이론산소량(Sm^3)}{0.21} = \frac{1.05\,Sm^3}{0.21} = 5.0\,Sm^3$$

(3) 이론 습연소가스량(Sm^3) 계산

$$G_{ow} = (1 - 0.21)A_o + CO_2량 + H_2O량$$

$$= (1 - 0.21) \times \frac{1.5 \times 22.4\,Sm^3 \times \frac{1}{0.21}}{32\,kg} + \frac{1 \times 22.4\,Sm^3}{32\,kg} + \frac{2 \times 22.4\,Sm^3}{32\,kg}$$

$$= 6.05\,Sm^3/kg$$

Tip
① 체적(Sm^3) = 계수 × 22.4(Sm^3)
② 질량(kg) = 계수 × 분자량(kg)
③ 메탄올 = 메틸알콜 = CH_3OH
④ CH_3OH의 분자량 = 12 + 1 × 3 + 16 + 1 = 32

07 열저항계수 4.33㎡·hr/kcal, 내벽온도 800℃, 열전달속도 175kcal·℃/㎡·hr일 때 외벽온도(℃)를 계산하시오.

풀이 외벽온도 = 내벽온도 − (열저항계수×열전달속도)
= 800℃ − (4.33㎡·hr/kcal × 175kcal·℃/㎡·hr)
= 42.25℃

다음은 혐기성분해 반응식이다. CO_2상수 ④에 들어가는 공식을 쓰시오.

① $C_aH_bO_cN_d$ + ② H_2O → ③ CH_4 + ④ CO_2 + ⑤ NH_3

풀이 $\dfrac{4a - b + 2c + 3d}{8}$

Tip 혐기성분해 반응식

$$C_aH_bO_cN_d + \left(\dfrac{4a-b-2c+3d}{4}\right)H_2O$$
$$\rightarrow \left(\dfrac{4a+b-2c-3d}{8}\right)CH_4 + \left(\dfrac{4a-b+2c+3d}{8}\right)CO_2 + dNH_3$$

 농도가 높은 폐유기용제를 정제할 수 있는 방법 3가지를 쓰시오.

풀이
① 용매추출법
② 증류법
③ 스트리핑

10 압축비(CR)와 부피감소율(VR)의 관계를 식으로 나타내시오.

풀이 CR과 VR의 관계식

$$VR(부피감소율) = \left(1 - \dfrac{V_2}{V_1}\right) \times 100 = \left(1 - \dfrac{1}{\dfrac{V_1}{V_2}}\right) \times 100 = \left(1 - \dfrac{1}{CR}\right) \times 100$$

여기서 V_1 : 압축 전 부피 V_2 : 압축 후 부피

$$CR(압축비) = \dfrac{V_1}{V_2}$$

 연직차수막과 표면차수막의 그림을 도식하고 간단히 설명하시오.

풀이 (1) 연직차수막
① 연직차수막은 지중에 수평방향의 차수층이 존재할 때 사용하며, 지중에 암반 및 점성토로 구성된 불투수층이 수평방향으로 넓게 분포하고 있는 경우 수직 또는 경사로 시공한다.

② 연직차수막의 그림

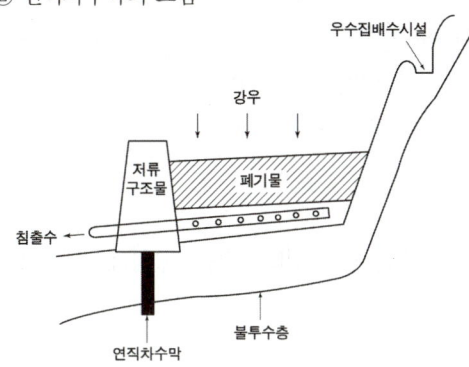

(2) 표면차수막
① 표면차수막은 매립지 필요범위에 차수재료로 덮인 바닥이 있을 때나 매립지 지반의 투수계수가 큰 경우에 사용한다.
② 표면차수막의 그림

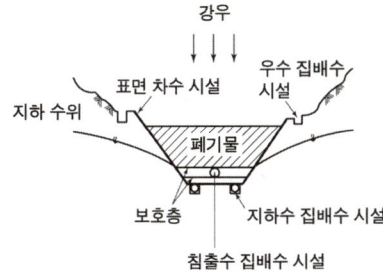

12 열회수장치인 열교환기의 종류를 3가지만 쓰시오.

 ① 과열기
② 재열기
③ 절탄기(이코노마이저)
④ 공기예열기

Tip 문제의 요구조건에 알맞게 3가지만 서술하시면 됩니다.

13 쓰레기 3성분의 조성비에 의해 저위발열량을 측정하는 방법 3가지만 쓰시오.

 ① 원소분석에 의한 방법
② 추정식에 의한 방법(3성분에 의한 방법)
③ 물리적조성에 의한 방법

④ 단열열량계에 의한 방법

> **Tip** 문제의 요구조건에 알맞게 3가지만 서술하시면 됩니다.

 퇴비화의 영향인자 중 C/N비에 대한 설명이다. 다음 물음에 답하시오.

(1) 퇴비화시 초기 C/N비는 (   )정도가 적당하다.
(2) C/N비가 클 때 발생되는 현상을 쓰시오.
(3) C/N비가 작을 때 발생되는 현상을 쓰시오.

풀이 (1) 25 ~ 50
(2) 질소의 함량이 부족하여 퇴비화가 잘 되지 않고, 퇴비화에 걸리는 시간이 길어진다.
(3) 질소원 손실이 커서 비료효과가 저하될 가능성이 높고, 암모니아가스가 발생하여 퇴비화 과정 중 악취가 발생한다.

> **Tip**
> ① C/N비가 큰 경우 : C/N비가 80 이상인 경우
> ② C/N비가 작은 경우 : C/N비가 20 이하인 경우

 고화처리방법 중 자가시멘트법의 장점과 단점을 각각 2가지씩 쓰시오.

풀이 (1) 장점
① 중금속 저지에 효과적이다.
② 탈수 등의 전처리가 필요없다.
(2) 단점
① 보조에너지가 필요하다.
② 장치비가 크며 숙련된 기술을 요한다.

 폐기물을 파쇄하여 처리할 때 발생하는 문제점과 대책을 각각 2가지씩 서술하시오.

풀이 (1) 문제점
① 먼지발생
② 먼지를 통한 병원균 전파 가능성
③ 소음발생

(2) 대책
　① 집진장치 설치
　② 소독 및 살균장치 설치
　③ 방음장치 설치

> **Tip**
> (1) 문제의 요구조건에 알맞게 2가지씩만 서술하시면 됩니다.
> (2) 파쇄처리의 장점
> 　① 겉보기 비중 증가　② 비표면적 증가　③ 입경분포의 균일화
> 　④ 고가금속 회수가능　⑤ 운반비의 저렴화　⑥ 폐기물 소각시 연소효율 증가

16 해안매립공법 중에서 박층뿌림공법에 대해서 간단히 서술하시오.

 개량된 지반이 붕괴될 위험이 있을 때 밑면이 뚫린 바지선을 이용하여 쓰레기를 박층으로 떨어뜨려 뿌려주어 바닥의 지반하중을 균등하게 하기 위해 사용하는 방법이며, 쓰레기 지반 안정화 및 매립부지 조기이용 등에 유리하지만 매립효율이 떨어진다.

17 매립지 침출수 성상에 영향을 주는 인자 4가지만 쓰시오.

① 매립된 쓰레기의 높이
② 매립된 쓰레기의 질
③ 연간 평균 강수량
④ 매립된 쓰레기의 조성
⑤ 매립된 쓰레기의 경과시간
⑥ 쓰레기의 매립방법

> **Tip**
> (1) 문제의 요구조건에 알맞게 4가지만 서술하시면 됩니다.
> (2) 매립지 침출수량에 영향을 주는 인자
> 　① 강우량　② 증발량　③ 지하수량　④ 침투수량
> 　⑤ 표면유출량　⑥ 폐기물 분해시 발생량

※ 알림
최근기출문제는 수강생들의 도움으로 복원된 문제이므로 실제문제와 다소 차이가 있을 수 있음을 알려 드립니다.
실기시험을 친 수험생은 실기문제를 복원하여 메일(kwe7002@hanmail.net)로 보내 주시면 됩니다.
수험생 여러분들이 원하시는 수험서를 만들도록 항상 최선의 노력을 다하겠습니다.

01회 2023년 폐기물처리기사 최근 기출문제

2023년 4월 시행

01 80%의 수분을 함유하는 폐슬러지를 건조기에서 건조하여 수분함량을 40%로 하였다. 폐슬러지 100kg당 증발되는 수분량(kg)을 계산하시오. (슬러지 비중은 1.0이다.)

① $W_1 \times (100 - P_1) = W_2 \times (100 - P_2)$

여기서 W_1 : 건조 전 폐슬러지(kg) P_1 : 건조 전 함수율(%)
      W_2 : 건조 후 폐슬러지(kg) P_2 : 건조 후 함수율(%)

따라서 $100\text{kg} \times (100 - 80) = W_2 \times (100 - 40)$

∴ $W_2 = \dfrac{100\text{kg} \times (100 - 80)}{(100 - 40)} = 33.3333\text{kg}$

② 증발되는 수분량 $= W_1 - W_2 = 100\text{kg} - 33.3333\text{kg} = 66.67\text{kg}$

02 폐기물의 입도를 분석한 결과 입도누적 곡선상 최소 입경으로부터 10% 입경 2mm, 20% 3mm, 40% 5mm, 60% 8mm, 80% 10mm, 90% 20mm일 때 유효입경과 균등계수를 계산하시오.

① 유효입경은 $D_{10\%}$ 이므로 2mm이다.

② 균등계수 $= \dfrac{D_{60\%}}{D_{10\%}} = \dfrac{8\,\text{mm}}{2\,\text{mm}} = 4.0$

> **Tip**
> ① 유효입경 $= D_{10\%}$
> ② 균등계수 $= \dfrac{D_{60\%}}{D_{10\%}}$
> ③ 곡률계수 $= \dfrac{(D_{30\%})^2}{(D_{10\%} \times D_{60\%})}$

03 투입량이 1ton/hr이고, 회수량이 600kg/hr(그중 회수대상물질은 550kg/hr)이며 제거량 400kg/hr(그중 회수대상물질은 70kg/hr) 일 때 Worrell식 및 Rietema식에 의한 선별효율을 각각 계산하시오.

(1) Worrell식에 의한 선별효율(%)을 계산하시오.
(2) Rietema식에 의한 선별효율(%)을 계산하시오.

(1) Worrell의 선별효율(E) $= \left(\dfrac{X_c}{X_i} \times \dfrac{Y_o}{Y_i}\right) \times 100$

$= \left(\dfrac{550\text{kg/hr}}{620\text{kg/hr}} \times \dfrac{330\text{kg/hr}}{380\text{kg/hr}}\right) \times 100 = 77.04\%$

(2) Rietema의 선별효율(E) $= \left|\left(\dfrac{X_c}{X_i} - \dfrac{Y_c}{Y_i}\right)\right| \times 100(\%)$

$= \left|\left(\dfrac{550\text{kg/hr}}{620\text{kg/hr}} - \dfrac{50\text{kg/hr}}{380\text{kg/hr}}\right)\right| \times 100(\%) = 75.55\%$

Tip
X_i(투입량 중 회수대상물질) $= 620\text{kg/hr}$
Y_i(투입량 중 비회수대상물질) $= 380\text{kg/hr}$
X_c(회수량 중 회수대상물질) $= 550\text{kg/hr}$
Y_c(회수량 중 비회수대상물질) $= 50\text{kg/hr}$
X_o(제거량 중 회수대상물질) $= 70\text{kg/hr}$
Y_o(제거량 중 비회수대상물질) $= 330\text{kg/hr}$

04 폐기물을 분석한 결과 C 11.7%, H 1.81% O 8.76%, S 0.03%, N 0.039%, Cl 0.31%, 수분 65%, 회분 12%이다. (단, 공기비는 2이다.)

(1) 이론공기량(Nm^3/kg)을 계산하시오.
(2) 전체발생가스량(Nm^3/kg)을 계산하시오.
(3) 전체발생가스량을 기준으로 발생되는 염화수소의 농도(ppm)를 계산하시오.

(1) 이론공기량(Nm^3/kg) 계산

$A_o = 8.89C + 26.67\left(H - \dfrac{O}{8}\right) + 3.33S \,(\text{Nm}^3/\text{kg})$

$= 8.89 \times 0.117 + 26.67 \times \left(0.0181 - \dfrac{0.0876}{8}\right) + 3.33 \times 0.0003 = 1.2318\,\text{Nm}^3/\text{kg}$

(2) 전체발생가스량(Nm^3/kg) 계산

전체발생가스량(Gw) $= mA_o + 5.6H + 0.7O + 0.8N + 1.244W \,(\text{Nm}^3/\text{kg})$

$= 2 \times 1.2318\,\text{Nm}^3/\text{kg} + 5.6 \times 0.0181 + 0.7 \times 0.0876$

$$+ 0.8 \times 0.00039 + 1.244 \times 0.65$$
$$= 3.4352 \, \text{Nm}^3/\text{kg}$$

(3) 염화수소의 농도(ppm) 계산

$$\text{HCl(ppm)} = \frac{\dfrac{22.4\,\text{Nm}^3}{36.5\,\text{kg}} \times \text{Cl}}{\text{전체발생가스량}(\text{Nm}^3/\text{kg})} \times 10^6$$

$$= \frac{\dfrac{22.4\,\text{Nm}^3}{36.5\,\text{kg}} \times 0.0031}{3.4352\,\text{Nm}^3/\text{kg}} \times 10^6 = 553.82 \, \text{ppm}$$

05 화학식이 $C_5H_7O_2N$ 이고 함수율이 15%인 폐기물을 과잉공기 50%를 사용하여 연소할 때, 시간당 폐기물을 100kg 연소시킬 때 필요한 실제공기량(kg)을 계산하시오.

① $C_5H_7O_2N$ 의 분자량을 계산한다.
   $C_5H_7O_2N = 5 \times 12 + 7 \times 1 + 2 \times 16 + 1 \times 14 = 113$

② 각 원소의 성분(%)을 계산한다.
   $$C = \frac{5 \times 12 \times 0.85}{113} \times 100 = 45.13\%$$
   $$H = \frac{7 \times 1 \times 0.85}{113} \times 100 = 5.27\%$$
   $$O = \frac{2 \times 16 \times 0.85}{113} \times 100 = 24.07\%$$
   $$N = \frac{1 \times 14 \times 0.85}{113} \times 100 = 10.53\%$$

③ $A_o(\text{이론공기량}) = \left\{ 2.667C + 8\left(H - \dfrac{O}{8}\right) + 1S \right\} \times \dfrac{1}{0.232} \, (\text{kg/kg})$
   $$= \left\{ 2.667 \times 0.4513 + 8 \times \left(0.0527 - \frac{0.2407}{8} \right) \right\} \times \frac{1}{0.232}$$
   $$= 5.9678 \, \text{kg/kg}$$

④ 실제공기량 = 공기비(m) × 이론공기량 × 폐기물량
   $= 1.5 \times 5.9678 \, \text{kg/kg} \times 100 \, \text{kg/hr} = 895.17 \, \text{kg/hr}$

06 폐기물 조성을 분석한 결과 C : 40%, H : 20%, O : 15%, S : 5%, 수분 : 20%이었고, 고위발열량이 9,500Kcal/kg일 때 저위발열량(kcal/kg)을 계산하시오.

$Hl = Hh - 600(9H + W)(\text{kcal/kg})$
여기서 Hh : 고위발열량(kcal/kg)　　　Hl : 저위발열량(kcal/kg)
　　　H : 수소의 함량　　　　　　　W : 수분의 함량
따라서 $Hl = 9,500 \, \text{kcal/kg} - 600 \times (9 \times 0.2 + 0.2)$
　　　　　$= 8,300 \, \text{kcal/kg}$

07 톨루엔의 농도가 99% 분해되는데 걸리는 시간(hr)을 계산하시오. (단, 1차 반응기준이며, k = 0.2342/hr 이다.)

풀이

1차 반응식 : $\ln \dfrac{C_t}{C_o} = -k \times t$

여기서 C_o : 초기농도 C_t : t 시간 후의 농도
  k : 상수 t : 시간

$\ln \dfrac{1\%}{100\%} = -0.2342/\mathrm{hr} \times t$

$\therefore t = \dfrac{\ln \dfrac{1\%}{100\%}}{-0.2342/\mathrm{hr}} = 19.66\,\mathrm{hr}$

08 총괄열전달계수가 $35\,\mathrm{kcal/m^2 \cdot hr \cdot ℃}$ 인 열교환기를 이용하여 연소가스가 650℃에서 250℃로 냉각되면서 150ton/hr의 급수를 50℃에서 150℃로 예열시키고자 할 경우, 예열기의 열교환 소요면적($\mathrm{m^2}$)을 계산하시오. (단, 물의 비열 = $1\,\mathrm{kcal/kg \cdot ℃}$, 가스와 물흐름 방향은 같다.)

풀이

총괄열전달계수(kcal/m² · hr · ℃)
$= \dfrac{\text{급수량(kg/hr)} \times \text{물의 비열(kcal/kg · ℃)} \times \text{급수 온도차(℃)}}{\text{소요면적(m²)} \times \text{연소가스 온도차(℃)}}$

$35\,\mathrm{kcal/m^2 \cdot hr \cdot ℃} = \dfrac{150 \times 10^3\,\mathrm{kg/hr} \times 1\,\mathrm{kcal/kg \cdot ℃} \times (150-50)℃}{\text{소요면적}(\mathrm{m^2}) \times (650-250)℃}$

따라서 소요면적 = $1{,}071.43\,\mathrm{m^2}$

09 소화조에서 슬러지 중의 $\mathrm{BOD_u}$를 20,000mg/L에서 10,000mg/L로 제거하고 있다. 슬러지의 유량이 $100\,\mathrm{m^3/day}$일 때, 발생되는 메탄가스($\mathrm{CH_4}$)의 양($\mathrm{m^3/day}$)을 계산하시오. (단, 가스발생량은 $0.75\,\mathrm{m^3/kg \cdot BOD_u}$, 발생가스 중 메탄의 함량은 85%이다.)

풀이

메탄의 발생량($\mathrm{m^3/day}$)
 = 제거되는 $\mathrm{BOD_u}(\mathrm{kg/m^3}) \times$ 유량($\mathrm{m^3/day}$)
  $\times$ 가스발생량($\mathrm{m^3/kg \cdot BOD_u}$) $\times \dfrac{\text{발생가스 중 메탄의 함량(\%)}}{100}$
 = $(20-10)\,\mathrm{kg/m^3} \times 100\,\mathrm{m^3/day} \times 0.75\,\mathrm{m^3/kg \cdot BOD_u} \times 0.85$
 = $637.5\,\mathrm{m^3/day}$

> **Tip**
> ① $mg/L \xrightarrow{\times 10^{-3}} kg/m^3$
> ② $20,000\,mg/L \xrightarrow{\times 10^{-3}} 20\,kg/m^3$
> ③ $10,000\,mg/L \xrightarrow{\times 10^{-3}} 10\,kg/m^3$

10 유해폐기물을 처리하는 고형화 처리방법 4가지를 쓰시오. (단, 예시는 답에서 제외할 것)

〈예시〉 열가소성 플라스틱법

① 자가시멘트법
② 시멘트 기초법
③ 석회기초법
④ 유리화법
⑤ 피막형성법

> **Tip** 문제의 요구조건에 알맞게 4가지만 서술하시면 됩니다.

11 폐기물의 고화처리방법 중 열가소성 플라스틱법의 장·단점 3가지씩 각각 쓰시오.

(1) 장점
① 용출손실률은 시멘트기초법에 비해 매우 낮다.
② 대부분의 메트릭스 물질은 수용액의 침투에 저항성이 매우 크다.
③ 고화처리된 폐기물 성분을 나중에 회수하여 재활용을 할 수 있다.
(2) 단점
① 높은 온도에서 분해되는 물질에는 사용할 수 없다.
② 처리과정에서 화재의 위험성이 있다.
③ 에너지 요구량이 크다.

12 매립공법 중 해안매립공법의 종류 3가지를 쓰고 간단히 설명하시오.

① 박층뿌림공법 : 개량된 지반이 붕괴될 위험이 있을 때 밑면이 뚫린 바지선을 이용하여 쓰레기를 박층으로 뿌려주어 바닥의 지반하중을 균등하게 하기 위해 사용하는 방법이다.
② 순차투입공법 : 호안측으로부터 순차적으로 쓰레기를 투입하여 육지화하는 방법으로 수심이 깊은

처분장에서는 건설비 과다로 내수를 완전히 배제하기가 곤란한 경우에 사용하는 방법이다.
③ 수중투기공법 : 호 안에 해수를 그대로 둔 채 폐기물을 투기하여 폐기물을 매립하는 방법이다.
④ 내수배제공법 : 매립 전에 호 안의 해수를 배제시킨 후 폐기물을 매립하는 방법이다.

Tip
① 문제의 요구조건에 알맞게 3가지만 서술하시면 됩니다.
② 박층뿌림공법과 순차투입공법은 답란에 반드시 들어가야 합니다.

13 염화수소(HCl)와 아황산가스(SO_2)의 제거반응식을 쓰시오.

(1) $HCl + Ca(OH)_2 \rightarrow$
(2) $SO_2 + CaCO_3 \rightarrow$

 (1) $2HCl + Ca(OH)_2 \rightarrow CaCl_2 + 2H_2O$
(2) $SO_2 + CaCO_3 + 0.5O_2 \rightarrow CaSO_4 + CO_2$

14 LCA의 구성요소 4가지를 쓰시오.

 ① 목적 및 범위의 설정
② 목록분석
③ 영향평가
④ 개선평가 및 해석

Tip
LCA의 구성요소
① 목적 및 범위의 설정(Initiation analysis) : 전과정 평가 연구결과의 이용분야를 고려하여 연구의 목적을 설정하고, 목적을 달성하기 위한 타당한 범위를 설정하는 단계이다.
② 목록분석(Inventory analysis) : 제품이나 서비스 시스템의 전과정에 관련된 투입물과 산출물을 규명하고 정량화하는 단계이다.
③ 영향평가(Impact analysis) : 환경부하에 대한 영향을 평가하는 기술적, 정량적, 정성적 과정이다.
④ 개선평가 및 해석(Improvement analysis) : 전과정 목록분석과 전과정 영향평가로부터 얻은 결과를 정의된 목적과 범위에 맞게 해석(결과보고)하는 과정이다.

15 다음은 침출수에 관한 설명이다. ( )안에 알맞은 말을 쓰시오.

> (1) 침출수 발생량은 (①)에 의하여 가장 큰 영향을 받는다.
> (2) 침출수는 생물학적처리공정으로만 처리가 (②)하다.
> (3) 침출수 농도는 경과년수에 따라 점차 (③)진다.
> (4) pH가 중성 및 산성을 보여주나, 시간이 경과됨에 따라 (④)성으로 진행된다.
> (5) 온도가 높을수록 침출수의 농도는 (⑤) 질 수 있다.
> (6) 암모니아성 질소보다 질산성 질소의 함량이 (⑥)

 ① 강우 ② 불가능 ③ 낮아 ④ 약알칼리 ⑤ 낮아 ⑥ 적다

16 폐기물 발생량 예측방법 3가지를 서술하시오.

 ① 다중회귀모델
② 동적모사모델
③ 경향모델

> **Tip**
> ① 다중회귀모델 : 하나의 수식으로 각 인자들의 효과를 총괄적으로 나타내어 복잡한 시스템의 분석에 유용하게 사용할 수 있는 쓰레기 발생량을 예측하는 방법이다.
> ② 동적모사모델 : 쓰레기 배출에 영향을 주는 모든 인자를 시간에 대한 함수로 나타낸 후 시간에 대한 함수로 각 영향인자들간에 상관관계를 수식화 한 것이다.
> ③ 경향모델 : 폐기물 발생량 예측방법 중 모든 인자를 시간에 대한 함수로 하여 모델화 시켜 예측하는 방법으로 단지 시간과 그에 따른 폐기물 발생량 간의 상관관계만을 고려하는 방법이다.

17 소각에 비하여 열분해가 갖는 장점을 5가지 쓰시오.

 ① 황 및 중금속이 회분속에 고정되는 비율이 크다.
② 저장 및 수송이 가능한 연료를 회수할 수 있다.
③ 환원성 분위기가 유지되어 Cr^{3+}가 Cr^{6+}로 변화되기 어렵다.
④ 배기가스량이 적어 가스처리 장치가 소형이다.
⑤ 소각처리에 비해 상대적으로 저온이기 때문에 NO_x 발생량이 적다.
⑥ 지속적 환원 분위기로 효과적 에너지 회수가 가능하다.

> **Tip** 문제의 요구조건에 알맞게 5가지만 서술하시면 됩니다.

18 혼합 폐기물의 종류는 〈보기〉와 같다. 선별공정에 알맞게 〈보기〉에 있는 혼합 폐기물의 번호를 쓰시오.

〈보기〉
① 고무와 철
② 무색유리와 색유리
③ 돌과 모래
④ 가벼운 물질(유기물)과 무거운 물질(무기물)

(1) 자력선별 (   )

(2) 광학선별 (   )

(3) 체(스크린)선별 (   )

(4) 관성선별 (   )

 (1) 자력선별 (①)
(2) 광학선별 (②)
(3) 체(스크린)선별 (③)
(4) 관성선별 (④)

※ **알림**
최근기출문제는 수강생들의 도움으로 복원된 문제이므로 실제문제와 다소 차이가 있을 수 있음을 알려 드립니다.
실기시험을 친 수험생은 실기문제를 복원하여 메일(kwe7002@hanmail.net)로 보내 주시면 됩니다.
수험생 여러분들이 원하시는 수험서를 만들도록 항상 최선의 노력을 다하겠습니다.

02회 2023년 폐기물처리기사 최근 기출문제

2023년 7월 시행

01 매립지 면적이 35,000 m²이고 침투계수가 0.30, 평균 강수량이 1,250mm/년인 경우 평균 침출수량(m³/day)을 계산하시오. (단, 합리식을 적용하시오.)

[풀이]

$$Q = \frac{1}{1,000} \times C \times I \times A$$

여기서 Q : 침출수량(m³/day)   C : 침투계수
   I : 강우강도(mm/day)   A : 면적(m²)

① C = 0.30

② $I = \frac{1{,}250\text{mm}}{1\text{년}} \times \frac{1\text{년}}{365\text{day}} = 3.4247\,\text{mm/day}$

③ A(면적) = 35,000 m²

④ $Q = \frac{1}{1,000} \times C \times I \times A$
   $= \frac{1}{1,000} \times 0.30 \times 3.4247\,\text{mm/day} \times 35{,}000\,\text{m}^2 = 35.96\,\text{m}^3/\text{day}$

02 도시폐기물 20ton이 있다. 도시폐기물 중 수분함량이 20%이고, 총고형물 중 휘발성고형물은 80%, 휘발성고형물 중 60%가 분해되고, 가스발생량은 0.75 m³/kg·VS, 발생가스 중 메탄의 함량은 85%, 가스의 열량은 5,500 kcal/m³, 에너지의 가치는 5,000원/10⁵ kcal이다. 다음 물음에 답하시오.

(1) 메탄의 발생량(m³)을 계산하시오.
(2) 금전적 가치(원)를 계산하시오.

[풀이] (1) 메탄의 발생량(m³)
= 도시폐기물(kg) × $\frac{TS(\%)}{100}$ × $\frac{VS(\%)}{100}$ × $\frac{VS의\ 분해율(\%)}{100}$
× 가스발생량(m³/kg·VS) × $\frac{발생가스\ 중\ CH_4\ 함량(\%)}{100}$
= 20 × 10³ kg × (1 − 0.2) × 0.80 × 0.6 × 0.75 m³/kg·VS × 0.85 = 4,896 m³

(2) 금전적 가치(원) = 4,896 m³ × 5,500 kcal/m³ × 5,000원/10⁵ kcal = 1,346,400원

> **Tip**
> ① 고형물(TS) = 100 − 함수율(P) = 1 − 함수율
> ② 고형물(TS) = 휘발성고형물(VS) + 잔류성고형물(FS)

03 다음과 같은 매립지 내 침출수가 차수층을 통과하는데 소요되는 시간(년)을 계산하시오.

- 점토층 두께 : 1.0m
- 투수계수 : 10^{-7} cm/sec
- 유효공극률 : 0.2
- 상부침출수 수두 : 0.4m

$$t = \frac{d^2 \cdot n}{k(d+h)}$$

여기서 t : 침출수가 점토층을 통과하는 시간(년)
  d : 점토층의 두께(m)
  n : 유효공극률
  k : 투수계수(m/년)
  h : 침출수 수두(m)

① $k(m/년) = \frac{10^{-7}\,cm}{sec} \times \frac{1m}{10^2\,cm} \times \frac{3,600\,sec}{1\,hr} \times \frac{24\,hr}{1\,day} \times \frac{365\,day}{1년}$

  $= 3.15 \times 10^{-2}$ m/년

② $t = \frac{(1.0m)^2 \times 0.2}{3.15 \times 10^{-2}\,m/년 \times (1.0m + 0.4m)} = 4.54$년

04 고형물의 농도가 80 kg/m³인 농축슬러지를 300 m³/day 유량으로 탈수시키려 한다. 고형물 중량에 대해 25%의 소석회를 넣으면 (이때 첨가된 소석회의 50%가 고형물이 된다.) 15 kg/m²·hr의 여과속도 및 함수율 70%의 탈수 Cake가 얻어진다. 탈수기의 하루 운전시간은 8시간이고 Cake의 비중은 1.0일 때 다음 물음에 답하시오.

(1) 여과면적(m²)을 계산하시오.
(2) 탈수 Cake의 양(ton/day)을 계산하시오.

(1) 여과면적(m²) 계산

여과속도(kg/m²·hr) = $\frac{고형물의\,농도(kg/m^3) \times 농축슬러지량(m^3/hr)}{여과면적(m^2)}$

$15\,kg/m^2 \cdot hr = \frac{80\,kg/m^3 \times \{1 + (0.25 \times 0.50)\} \times 300\,m^3/day \times 1\,day/8\,hr}{여과면적(m^2)}$

∴ 여과면적 = 225 m²

(2) 탈수 Cake의 양(ton/day) 계산
　① 슬러지량(ton/day)
　　 = 고형물의 농도(ton/m³) × 농축슬러지량(m³/day)
　　 = 80kg/m³ × {1 + (0.25 × 0.50)} × 300m³/day × 10⁻³ton/kg = 27 ton/day
　② 탈수 Cake의 양(ton/day)
　　 = 슬러지량(ton/day) × $\dfrac{100}{100 - 함수율(\%)}$
　　 = 27 ton/day × $\dfrac{100}{100 - 70\%}$ = 90 ton/day

05 2,000kg의 폐기물을 이용하여 호기성으로 퇴비화를 하려고 할 때 필요한 산소량(kg)을 계산하시오. (단, 폐기물의 분자식은 $[C_6H_7O_2(OH)_3]_5$이며, 최종단계에서 발생하는 퇴비의 화학식은 $[C_6H_7O_2(OH)_3]_2$이다.)

풀이
$[C_6H_7O_2(OH)_3]_5 + 18O_2 \rightarrow 18CO_2 + 15H_2O + [C_6H_7O_2(OH)_3]_2$
　　810kg　　：　18 × 32kg
　　2,000kg　：　산소량(kg)

∴ 산소량 = $\dfrac{2,000\,kg \times 18 \times 32\,kg}{810\,kg}$ = 1,422.22 kg

Tip
① $[C_6H_7O_2(OH)_3]_5$의 분자량
　 = (6×12×5)+(7×1×5)+(2×16×5)+(3×16×5)+(3×1×5)=810
② $[C_6H_7O_2(OH)_3]_3 = C_{18}H_{30}O_{15}$
③ $C_{18}H_{30}O_{15} + 18O_2 \rightarrow 18CO_2 + 15H_2O$

06 메탄의 고위발열량이 9,500 kcal/Sm³의 가스연료의 이론연소온도(℃)를 계산하시오. (단, 습배기가스량은 10 Sm³/Sm³, 연료연소가스의 평균정압비열 0.40 kcal/Sm³·℃, 기준온도는 10℃, 공기는 예열하지 않으며, 연소가스는 해리되지 않는다.)

풀이
$t_2 = \dfrac{Hl}{G \times C} + t_1$

여기서 Hl : 저위발열량(kcal/Sm³)　　G : 습배기가스량(Sm³/Sm³)
　　　C : 평균정압비열(kcal/Sm³·℃)　 t_2 : 이론연소온도(℃)
　　　t_1 : 기준온도(℃)

① $CH_4 + 2O_2 \rightarrow CO_2 + 2H_2O$
　저위발열량 = 고위발열량 − 480 × H_2O량
　　　　　 = 9,500 kcal/Sm³ − 480 × 2 = 8,540 kcal/Sm³

② 이론연소온도 $= \dfrac{8,540\,\text{kcal/Sm}^3}{10\,\text{Sm}^3/\text{Sm}^3 \times 0.40\,\text{kcal/Sm}^3\cdot\text{°C}} + 10\,\text{°C}$
$= 2,145\,\text{°C}$

07 평균입경이 20cm인 폐기물을 입경 1cm가 되도록 파쇄할 때 에너지는 입경을 4cm로 파쇄할 때 소요되는 에너지의 몇 배인지 계산하시오. (단, Kick의 법칙 적용, n = 1)

풀이

Kick의 법칙에서 동력(E) $= C\ln\left(\dfrac{dp_1}{dp_2}\right)$

① $E_1 = C\ln\left(\dfrac{20\text{cm}}{1\text{cm}}\right) = C\ln 20$

② $E_2 = C\ln\left(\dfrac{20\text{cm}}{4\text{cm}}\right) = C\ln 5$

③ 소요에너지의 변화 $= \dfrac{E_1}{E_2} = \dfrac{C\ln 20}{C\ln 5} = 1.86\,\text{배}$

08 인구 1천만명인 도시를 위한 쓰레기 위생매립지(매립용량 100,000,000 m^3)를 계획하였다. 매립 후 폐기물의 밀도는 500 kg/m^3이고 복토량은 폐기물 : 복토 부피비율로 5 : 1이며 해당 도시 일인 일일 쓰레기 발생량이 2kg일 경우 매립장의 수명(년)을 계산하시오.

풀이

매립장의 수명(년) $= \dfrac{\text{매립용량}(\text{m}^3) \times \text{밀도}(\text{kg/m}^3)}{\text{쓰레기 배출량}(\text{kg/년})} \times \dfrac{\text{폐기물}}{\text{폐기물}+\text{복토}}$

$= \dfrac{100,000,000\,\text{m}^3 \times 500\,\text{kg/m}^3}{2\,\text{kg/인}\cdot\text{일} \times 10,000,000\,\text{인} \times 365\,\text{일/년}} \times \left(\dfrac{5}{5+1}\right)$

$= 5.71\,\text{년}$

Tip 매립용적$(\text{m}^3) = \dfrac{\text{쓰레기의 발생량}(\text{kg})}{\text{쓰레기의 밀도}(\text{kg/m}^3)} \times \left(\dfrac{\text{폐기물}+\text{복토}}{\text{폐기물}}\right)$

09 어떤 쓰레기의 가연분의 조성비가 60%이며 수분의 함유율이 30%라면 이 쓰레기의 저위발열량(kcal/kg)을 계산하시오. (단, 쓰레기 3성분의 조성비 기준의 추정식 적용)

풀이

$Hl = 45VS - 6W$
여기서 Hl : 저위발열량(kcal/kg) VS : 가연성분(%)
       W : 수분함량(%)
따라서 $Hl = 45 \times 60\% - 6 \times 30\% = 2,520\,\text{kcal/kg}$

10 고형화연료(RDF)의 문제점을 3가지 쓰시오.

① 주성분이 유기물질이므로 수분함량에 따라 부패되기가 쉽다.
② 염소의 함량이 높으면 다이옥신의 발생 위험성이 크다.
③ 소각시설의 부식발생으로 시설의 수명이 단축될 수 있다.
④ 시설비 및 동력비가 고가이다.
⑤ 운전에 숙련된 기술이 요구된다.
⑥ 연료공급의 신뢰성 문제가 있을 수 있다.

> **Tip** 문제의 요구조건에 알맞게 3가지만 서술하시면 됩니다.

11 매립을 위한 중간처리 공정 중 파쇄공정의 장점 3가지를 서술하시오.

① 겉보기비중 증가
② 비표면적 증가
③ 입경분포의 균일화
④ 고가금속 회수가능
⑤ 운반비의 저렴화
⑥ 폐기물 소각시 연소효율 증가

> **Tip** 문제의 요구조건에 알맞게 3가지만 서술하시면 됩니다.

12 소각에 비하여 열분해가 갖는 장점을 5가지 쓰시오.

① 황 및 중금속이 회분속에 고정되는 비율이 크다.
② 저장 및 수송이 가능한 연료를 회수할 수 있다.
③ 환원성 분위기가 유지되어 Cr^{3+}가 Cr^{6+}로 변화되기 어렵다.
④ 배기가스량이 적어 가스처리 장치가 소형이다.
⑤ 소각처리에 비해 상대적으로 저온이기 때문에 NO_x 발생량이 적다.
⑥ 지속적 환원 분위기로 효과적 에너지 회수가 가능하다.

> **Tip** 문제의 요구조건에 알맞게 5가지만 서술하시면 됩니다.

13 소각로의 연소시설에서 연소가스와 폐기물의 흐름에 따라서 로의 본체 형식을 나눌 수 있다. 향류식의 특징과 적용되는 폐기물의 조건에 대해 쓰시오. (단, 병류식과 비교해서 설명하시오.)

> **풀이** 연소실내의 연소가스의 흐름방향과 폐기물의 이송방향이 반대인 형식인 반면, 병류식은 이송방향이 같다. 그리고 적용되는 폐기물은 수분이 많고 저위발열량이 낮은 폐기물에 적용되는 반면, 병류식은 수분이 적고 저위발열량이 높은 폐기물에 적용된다.

Tip

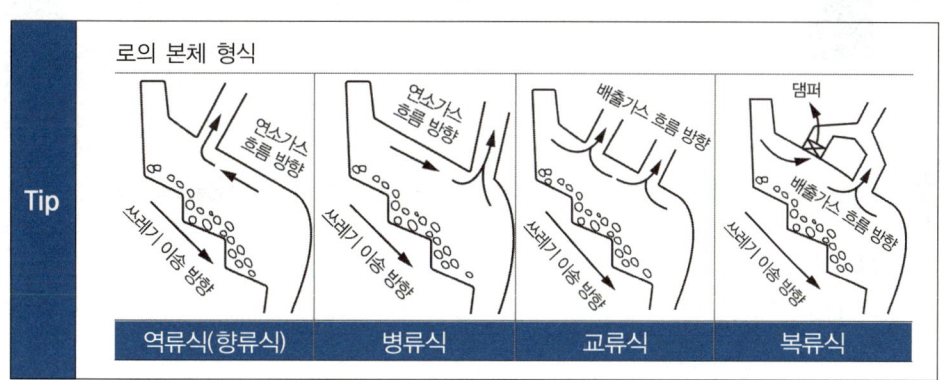

14 쓰레기를 수거하는 작업, 즉 청소작업이 끝난 후 이에 대한 상태를 평가하는 방법으로는 CEI와 USI를 이용한다. CEI와 USI의 정의를 쓰시오.

> **풀이**
> ① CEI : 청소상태의 평가법 중 가로의 청소상태를 기준으로 하는 지역사회 효과지수를 말한다.
> ② USI : 청소상태를 평가하는 방법 중 서비스를 받는 시민들의 만족도를 설문조사하여 나타내어지는 사용자 만족도 지수를 말한다.

15 폐기물의 발생량 조사방법 3가지를 쓰고 간단히 설명하시오.

> **풀이**
> ① 물질수지법 : 시스템에 유입되는 쓰레기 양과 유출되는 쓰레기 양에 대해서 물질수지를 세워 발생되는 쓰레기의 양을 추정하는 방법이다.
> ② 직접계근법 : 국내 대형소각장 및 위생매립장에 반입되는 쓰레기의 양을 주로 측정하는데 이용한다.
> ③ 적재차량계수법 : 일정기간 동안 특정지역의 쓰레기 수거차량의 대수를 조사하여 이 값에 폐기물의 겉보기 비중을 보정하여 중량으로 환산하여 폐기물의 발생량을 조사하는 방법이다.

> **Tip**
> 폐기물 발생량 예측방법
> ① 다중회귀모델 : 하나의 수식으로 각 인자들이 효과를 총괄적으로 나타내어 복잡한 시스템의 분석에 유용하게 사용할 수 있는 쓰레기 발생량을 예측하는 방법이다.
> ② 동적모사모델 : 쓰레기 배출에 영향을 주는 모든 인자를 시간에 대한 함수로 나타낸 후 시간에 대한 함수로 각 영향인자들 간에 상관관계를 수식화 한 것이다.
> ③ 경향모델 : 폐기물 발생량 예측방법 중 모든 인자를 시간에 대한 함수로 하여 모델화시켜 예측하는 방법으로 단지 시간과 그에 따른 폐기물 발생량 간의 상관관계만을 고려하는 방법이다.

16 폐기물을 소각하는 공정에서 에너지를 회수하는 장치 3가지를 쓰시오.

① 보일러
② 열교환기
③ 증기터빈
④ 소각발전설비

> **Tip** 문제의 요구조건에 알맞게 3가지만 서술하시면 됩니다.

17 다음 〈보기〉에서 지정폐기물에 해당하는 물질을 전부 골라 해당하는 번호를 쓰시오.

〈보기〉
① 부식성폐기물   ② 폐유기용제   ③ 폐유   ④ 광재류   ⑤ 폐촉매
⑥ 폐페인트   ⑦ 폐석면   ⑧ 폐타이어   ⑨ 폐유독물   ⑩ 소각재

지정폐기물 : ① ② ③ ⑥ ⑦ ⑨

> **Tip**
> ① 17번 〈보기〉 중 사업장 일반폐기물 : ④ ⑤ ⑧ ⑩
> ② 지정폐기물의 종류 : 특정시설에서 발생되는 폐기물, 부식성폐기물, 유해물질함유 폐기물, 폐유기용제, 폐페인트 및 폐락카, 폐유, 폐석면, 폴리클로리네이티드비페닐 함유 폐기물, 폐유독물, 의료폐기물

다음 〈보기〉에서 폐알칼리용액을 중화시킬 수 있는 약품을 전부 골라 해당하는 번호를 쓰시오.

〈보기〉
① 염산　　② 탄산수소나트륨　　③ 염화나트륨　　④ 수산화나트륨　　⑤ 아세트산
⑥ 아황산염　　⑦ 탄산칼슘　　⑧ 소석회　　⑨ 인산염　　⑩ 염화칼슘

 ① ⑤ ⑥ ⑨

Tip
① 산성 약품 : 염산, 아세트산, 아황산염, 인산염
② 알칼리 약품 : 탄산수소나트륨, 수산화나트륨, 탄산칼슘, 소석회
③ 중성 약품 : 염화나트륨, 염화칼슘

※ **알림**
최근기출문제는 수강생들의 도움으로 복원된 문제이므로 실제문제와 다소 차이가 있을 수 있음을 알려 드립니다.
실기시험을 친 수험생은 실기문제를 복원하여 메일(kwe7002@hanmail.net)로 보내 주시면 됩니다.
수험생 여러분들이 원하시는 수험서를 만들도록 항상 최선의 노력을 다하겠습니다.

04회 2023년 폐기물처리기사 최근 기출문제

2023년 11월 시행

01 수분함량이 87%인 폐기물의 용출시험결과 A 중금속의 농도가 1.62mg/L이고, 지정폐기물의 기준이 1.8mg/L이라면 지정폐기물로 분류되는지를 판별하시오.

[풀이]
① 시료 중의 함수율이 85% 이상인 시료의 보정계수 = $\dfrac{15}{100-시료의\ 함수율(\%)}$

따라서 보정계수 = $\dfrac{15}{100-87\%}$ = 1.1538

② 1.62mg/L × 1.1538 = 1.8692mg/L
③ 지정폐기물의 기준치를 초과하였으므로 지정폐기물에 해당한다.

02 총괄열전달계수가 35kcal/m²·hr·℃ 인 열교환기를 이용하여 연소가스가 650℃에서 250℃로 냉각되면서 150ton/hr의 급수를 50℃에서 150℃로 예열시키고자 할 경우, 예열기의 열교환 소요면적(m²)을 계산하시오. (단, 물의 비열 = 1kcal/kg·℃, 가스와 물흐름 방향은 같다.)

[풀이]
총괄열전달계수(kcal/m²·hr·℃)
= $\dfrac{급수량(kg/hr) \times 물의\ 비열(kcal/kg·℃) \times 급수\ 온도차(℃)}{소요면적(m^2) \times 연소가스\ 온도차(℃)}$

35kcal/m²·hr·℃ = $\dfrac{150 \times 10^3 kg/hr \times 1kcal/kg·℃ \times (150-50)℃}{소요면적(m^2) \times (650-250)℃}$

따라서 소요면적 = 1,071.43m²

03 폐기물을 분석한 결과 수분 65%, 탄소 32%, 수소 1.8%, 산소 0.8%, 황 0.01%, 나머지는 회분으로 구성되어 있을 때 고위발열량(kcal/kg)과 저위발열량(kcal/kg)을 계산하시오.(단, Dulong 공식을 적용하시오.)

[풀이]
① Dulong 공식을 이용해 고위발열량(Hh) 계산

고위발열량(Hh) = $8{,}100C + 34{,}000\left(H - \dfrac{O}{8}\right) + 2{,}500S$ (kcal/kg)

= $8{,}100 \times 0.32 + 34{,}000 \times \left(0.018 - \dfrac{0.008}{8}\right) + 2{,}500 \times 0.0001$

$$= 3{,}170.25\,\text{kcal/kg}$$

② 저위발열량(Hl) 계산

$$\text{저위발열량(Hl)} = \text{고위발열량(Hh)} - 600(9\text{H} + \text{W})\,(\text{kcal/kg})$$
$$= 3{,}170.25\,\text{kcal/kg} - 600 \times (9 \times 0.018 + 0.65)$$
$$= 2{,}683.05\,\text{kcal/kg}$$

04 쓰레기를 발생지점부터 매립장까지 운반하는데 소요되는 운반비용은 3,000원/km·톤이다. 그런데 중간에 적환장을 설치하여 운반하면 적환장으로부터 매립장까지의 운반비용이 2,000원/km·톤(쓰레기 발생지점부터 적환장까지의 운반비용은 3,000원/km·톤임)이다. 적환장 설치 전후의 비용이 같아지는 적환장의 설치위치는 쓰레기 발생지점으로부터 몇 km 지점인지를 계산하시오. (단, 적환장의 관리비용은 위치에 관계없이 톤당 7,000원, 쓰레기 발생지점부터 매립장까지의 거리 20km, 설치비용 등 기타조건은 고려하지 않음.)

풀이

$$(W_1 \times L_1) = \{W_2 \times (L_1 - L_2)\} + (W_1 \times L_2) + W_3$$

여기서 W_1 : 최종매립장까지 쓰레기 운반비용(원/km·ton)
W_2 : 적환장에서 최종매립장까지 운반비용(원/km·ton)
L_1 : 쓰레기 발생지점과 쓰레기 최종매립장까지의 거리(km)
L_2 : 적환장 설치 전후의 비용이 동일하게 되는 적환장의 설치위치(km)
W_3 : 적환장의 관리비용(원/ton)

따라서 $(3{,}000\text{원/km·ton} \times 20\text{km})$
$= \{2{,}000\text{원/km·ton} \times (20\text{km} - L_2)\} + (3{,}000\text{원/km·ton} \times L_2) + 7{,}000\text{원/ton}$

$\therefore L_2 = 13\,\text{km}$

05 폐기물을 파쇄할 때 90% 이상을 3.5cm보다 작게 파쇄하려고 하는 경우 Rosin-Rammler식을 이용하여 특성입자 크기(cm)를 계산하시오. (단, n = 1로 가정)

풀이

$$Y = 1 - \exp\left[-\left(\frac{X}{X_o}\right)^n\right] \Rightarrow X_o = \frac{-X}{\text{LN}(1-Y)}$$

여기서 Y : 체하분율 X : 폐기물 입자의 크기(cm)
X_o : 특성입자의 크기(cm) n : 상수

따라서 $X_o = \dfrac{-3.5\text{cm}}{\text{LN}(1-0.90)} = 1.52\,\text{cm}$

06 $100\,\mathrm{m^3/day}$의 분뇨에서 고형물(TS)의 농도가 6%이고, TS의 65%가 VS이며, 이중 소화율은 56%이다. 이 분뇨를 혐기성 소화처리 할 때 발생하는 가스의 양$(\mathrm{m^3/day})$을 계산하시오. (단, 비중은 1.0으로 가정하고, 슬러지의 VS 1kg당 $0.72\,\mathrm{m^3}$의 가스가 발생한다.)

풀이 가스의 발생량 = 분뇨량$(\mathrm{m^3/day})$ × 고형물량$(\mathrm{kg/m^3})$ × $\dfrac{\mathrm{VS}(\%)}{100}$

$\qquad\qquad\qquad\quad \times \dfrac{\text{소화율}(\%)}{100} \times \text{가스발생량}(\mathrm{m^3/kg})$

$\qquad\qquad = 100\,\mathrm{m^3/day} \times 60\,\mathrm{kg/m^3} \times 0.65 \times 0.56 \times 0.72\,\mathrm{m^3/kg}$

$\qquad\qquad = 1{,}572.48\,\mathrm{m^3/day}$

Tip
① % $\xrightarrow{\times 10^4}$ ppm(mg/L) $\xrightarrow{\times 10^{-3}}$ kg/m³

② 6% $\xrightarrow{\times 10^1}$ 60 kg/m³

---

07 2,000kg의 폐기물을 이용하여 호기성으로 퇴비화를 하려고 할 때 필요한 산소량(kg)을 계산하시오. (단, 폐기물의 분자식은 $[\mathrm{C_6H_7O_2(OH)_3}]_5$이며, 최종단계에서 발생하는 퇴비의 화학식은 $[\mathrm{C_6H_7O_2(OH)_3}]_2$이다.)

풀이 $[\mathrm{C_6H_7O_2(OH)_3}]_5 + 18\,\mathrm{O_2} \rightarrow 18\,\mathrm{CO_2} + 15\,\mathrm{H_2O} + [\mathrm{C_6H_7O_2(OH)_3}]_2$
810kg : 18×32kg
2,000kg : 산소량(kg)

∴ 산소량 = $\dfrac{2{,}000\,\mathrm{kg} \times 18 \times 32\,\mathrm{kg}}{810\,\mathrm{kg}}$ = 1,422.22 kg

Tip
① $[\mathrm{C_6H_7O_2(OH)_3}]_5$의 분자량
  =(6×12×5)+(7×1×5)+(2×16×5)+(3×16×5)+(3×1×5)=810
② $[\mathrm{C_6H_7O_2(OH)_3}]_3$ = $\mathrm{C_{18}H_{30}O_{15}}$
③ $\mathrm{C_{18}H_{30}O_{15}} + 18\,\mathrm{O_2} \rightarrow 18\,\mathrm{CO_2} + 15\,\mathrm{H_2O}$

08 부틸렌 $1\,\text{Sm}^3$을 완전연소 시 필요한 이론공기량(Sm^3/Sm^3)을 계산하시오.

> **풀이**
> $C_4H_8 + 6O_2 \rightarrow 4CO_2 + 4H_2O$
>
> 이론공기량(Sm^3/Sm^3) $= \dfrac{\text{이론산소량}(\text{Sm}^3/\text{Sm}^3)}{0.21}$
>
> $= \dfrac{6\,\text{Sm}^3/\text{Sm}^3}{0.21} = 28.57\,\text{Sm}^3/\text{Sm}^3$

> **Tip**
> ① 부틸렌의 화학식 : C_4H_8
> ② 체적비 $= \text{Sm}^3/\text{Sm}^3 =$ 갯수비

---

09 농도가 0.5%인 NaOH의 양이 $250\,\text{m}^3/\text{day}$이고, 비중은 1.00이다. H_2SO_4의 농도가 70%이고, 비중이 1.6일 때, 황산의 양(m^3/day)을 계산하시오.

> **풀이**
> $N\text{농도}(\text{eq/L}) = \dfrac{\text{비중}(\text{kg})}{(\text{L})} \times \dfrac{10^3\text{g}}{1\text{kg}} \times \dfrac{1\text{eq}}{1\text{당량g}} \times \dfrac{\%\text{농도}}{100}$
>
> NaOH의 N농도 $= \dfrac{1.0\,\text{kg}}{\text{L}} \times \dfrac{10^3\text{g}}{1\text{kg}} \times \dfrac{1\text{eq}}{40\text{g}} \times \dfrac{0.5\%}{100} = 0.125\,\text{N}$
>
> H_2SO_4의 N농도 $= \dfrac{1.6\,\text{kg}}{\text{L}} \times \dfrac{10^3\text{g}}{1\text{kg}} \times \dfrac{1\text{eq}}{49\text{g}} \times \dfrac{70\%}{100} = 22.8571\,\text{N}$
>
> 중화적정공식($N_1 \times V_1 = N_2 \times V_2$)을 이용해 황산의 양 계산
> $0.125\,\text{N} \times 250\,\text{m}^3/\text{day} = 22.857\,\text{N} \times V_2$
> $\therefore V_2 = 1.37\,\text{m}^3/\text{day}$

> **Tip**
> ① 비중의 단위 : $\text{g/cm}^3 = \text{kg/L} = \text{ton/m}^3$
> ② NaOH의 1당량 $= \dfrac{\text{분자량}(\text{g})}{\text{가수}} = \dfrac{40\text{g}}{1} = 40\,\text{g}$
> ③ H_2SO_4의 1당량 $= \dfrac{\text{분자량}(\text{g})}{\text{가수}} = \dfrac{98\text{g}}{2} = 49\,\text{g}$

10 폐기물의 발생량은 2.5kg/인·일, 인구수는 60,000명, 폐기물의 밀도는 250kg/m³, 차량의 용적은 8ton, 폐기물 압축시 부피감소율은 45%이다. 다음 물음에 답하시오.

(1) 폐기물의 발생량(m^3/day)을 계산하시오.

(2) 발생되는 폐기물을 압축공정까지 이동시 필요한 하루 차량수를 계산하시오.

(3) 압축시 연간 매립면적(m^2)을 계산하시오. (단, 매립높이는 2.5m이다.)

풀이 (1) 폐기물의 발생량(m^3/day) = 2.5 kg/인·일 × 60,000인 × $\dfrac{1}{250\,kg/m^3}$

= 600 m^3/일

(2) 차량수 = $\dfrac{\text{폐기물의 발생량(ton/일)}}{\text{차량적재량(ton/대)}}$

= $\dfrac{2.5 \times 10^{-3}\,ton/\text{인}\cdot\text{일} \times 60,000\text{인}}{8\,ton/\text{대}}$

= 18.75대/일 ≒ 19대/일

(3) 매립면적(m^2/년) = $\dfrac{\text{폐기물의 발생량(kg/년)} \times (1-\text{부피감소율})}{\text{폐기물의 밀도(kg/}m^3\text{)} \times \text{매립높이(m)}}$

= $\dfrac{2.5\,kg/\text{인}\cdot\text{일} \times 60,000\text{인} \times 365\text{일/년} \times (1-0.45)}{250\,kg/m^3 \times 2.5\,m}$

= 48,180 m^2/년

11 유동층 소각로의 장점 3가지를 쓰시오.

풀이 ① 기계적 구동 부분이 적어 고장률이 낮다.
② 가스의 온도가 낮고 과잉공기량이 적어 질소산화물(NO_X)이 적게 배출된다.
③ 로내 온도의 자동제어와 열회수가 용이하다.
④ 반응시간이 빨라 소각시간이 짧다.
⑤ 유동매체의 축열량이 높아 단기간 정지 후 가동시에 보조연료 사용없이 정상 가동이 가능하다.
⑥ 연소효율이 높아 미연소분의 배출이 적고 2차 연소실이 필요없다.
⑦ 유동매체의 열용량이 커서 액상, 기상, 고형폐기물의 전소 및 혼소가 가능하다.

Tip	문제의 요구조건에 알맞게 3가지만 서술하시면 됩니다.

12 지정폐기물을 분류하는 기준을 3가지 쓰시오.

 ① 인화성 ② 부식성 ③ 반응성 ④ 폭발성 ⑤ 유해가능성 ⑥ 난분해성

Tip 문제의 요구조건에 알맞게 3가지만 서술하시면 됩니다.

13 퇴비화의 영향인자 중 C/N비에 대한 설명이다. 다음 물음에 답하시오.

(1) 퇴비화시 초기 C/N비는 (   )정도가 적당하다.
(2) C/N비가 클 때 발생되는 현상을 쓰시오.
(3) C/N비가 작을 때 발생되는 현상을 쓰시오.

 (1) 25 ~ 50
(2) 질소의 함량이 부족하여 퇴비화가 잘되지 않고, 퇴비화에 걸리는 시간이 길어진다.
(3) 질소원 손실이 커서 비료효과가 저하될 가능성이 높고, 암모니아가스가 발생하여 퇴비화 과정 중 악취가 발생한다.

Tip ① C/N비가 큰 경우 : C/N비가 80 이상인 경우
② C/N비가 작은 경우 : C/N비가 20 이하인 경우

14 폐기물의 용출특성 인자를 4가지 쓰시오.

① 농도 ② 수분 ③ 입자의 크기 ④ 시간 ⑤ 온도 ⑥ pH

Tip 문제의 요구조건에 알맞게 4가지만 서술하시면 됩니다.

15 Fenton산화법에 사용되는 약품(시약)과 〈보기〉의 처리공정을 순서대로 나열하시오.

〈보기〉 a. 약품주입   b. 중화   c. pH 3~5로 조절   d. 침전

(1) 사용되는 시약
   산화제 : 과산화수소(H_2O_2), 촉매제 : 황산제1철($FeSO_4$)
(2) 처리공정 순서 : a → c → b → d

16 매립지에서 정기적으로 실시하는 필요 모니터링(Monitoring) 항목 3가지를 쓰시오.

① 침출수 관리 및 침출수 처리시설 관리
② 우수배제시설의 설치 및 관리
③ 발생가스 회수 및 관리
④ 지하수 오염도 조사 및 관리
⑤ 구조물 및 지반 안정도 관리
⑥ 주변 환경오염도 조사관리

> **Tip** 문제의 요구조건에 알맞게 3가지만 서술하시면 됩니다.

17 차수막으로 이용되는 점토의 수분함량과 연관성이 큰 액성한계(LL)와 소성한계(PL)를 간단히 설명하고, 액성한계(LL)와 소성한계(PL)와 소성지수(PI)의 상호관계를 나타내시오.

(1) 정의
  ① 액성한계 : 수분의 함량이 일정 수준 이상이 되면 점토의 상태가 액체상태로 변하게 되는데 이때의 한계 수분함량을 말한다.
  ② 소성한계 : 수분의 함량이 일정수준 미만이 되면 점토가 성형상태를 유지하지 못하고 부서지게 되는데 이때의 한계 수분함량을 말한다.
(2) 소성지수(PI)=액성한계(LL)−소성한계(PL)

18 흡착제의 특징을 3가지만 쓰시오.

① 분자량이 클수록 흡착이 용이하다.
② 온도가 낮을수록 흡착량이 증가한다.
③ 용질의 분압이 높을수록 흡착량은 증가한다.
④ 표면적이 클수록 흡착이 용이하다.

Tip 문제의 요구조건에 알맞게 3가지만 서술하시면 됩니다.

19 $\dfrac{COD}{TOC} < 2$, $\dfrac{BOD}{COD} < 0.1$, COD는 500mg/L 미만인 매립연한 10년 이상인 매립지에서 발생하는 침출수처리에 효과적인 처리공정을 4가지 쓰시오.

① 역삼투공정
② 이온교환공정
③ 활성탄흡착공정
④ 화학적산화공정

20 다음 〈보기〉의 기호(약어)가 의미하는 용어를 쓰시오.

〈보기〉 ① QC/SC   ② BF   ③ GH   ④ SCR   ⑤ A/C

① QC/SC : 반건식반응탑
② BF : 백필터(여과집진장치)
③ GH : 가스교환기
④ SCR : 선택적촉매환원법
⑤ A/C : 활성탄

※ 알림
최근기출문제는 수강생들의 도움으로 복원된 문제이므로 실제문제와 다소 차이가 있을 수 있음을 알려 드립니다.
실기시험을 친 수험생은 실기문제를 복원하여 메일(kwe7002@hanmail.net)로 보내 주시면 됩니다.
수험생 여러분들이 원하시는 수험서를 만들도록 항상 최선의 노력을 다하겠습니다.

01회 2024년 폐기물처리기사 최근 기출문제

2024년 4월 시행

01 도시폐기물을 분석한 결과 가연분 25% (C : 12%, H : 2.5%, O : 8.5%, N : 0.5%, 기타 1.5%), 수분 60%, 회분 15%일 때 습윤중량 기준의 저위발열량을(kcal/kg)을 계산하시오. (단, 건조중량 기준의 고위발열량은 3,500kcal/kg이다.)

풀이

① 습윤중량 기준의 고위발열량 = 건조중량 기준의 고위발열량 × $\dfrac{건조시료량}{습윤시료량}$

$= 3,500\,\text{kcal/kg} \times \dfrac{(25\% + 15\%)}{(25\% + 15\% + 60\%)}$

$= 1,400\,\text{kcal/kg}$

② 습윤중량 기준 저위발열량 = 습윤중량기준 고위발열량 − 600(9H + W)(kcal/kg)

$= 1,400\,\text{kcal/kg} - 600 \times (9 \times 0.025 + 0.60)$

$= 905\,\text{kcal/kg}$

Tip
① 건조시료량 = 가연분(%) + 회분(%) = 25% + 15% = 40%
② 습윤시료량 = 가연분(%) + 회분(%) + 수분(%)
　　　　　　 = 25% + 15% + 60% = 100%

02 하수처리장에서 하루 1,000 m³의 슬러지(비중 1.03, 비열 1.1 kcal/kg·℃, 25℃)가 발생되어 혐기성 소화조로 유입되어 처리된다. 혐기성 소화조는 중온소화(35℃)로 가동되는데 소화조의 열손실이 30%일 때 하루에 소요되는 열량(kcal)을 계산하시오.

풀이 소요되는 열량(kcal/day)

$= 1,000\,\text{m}^3/\text{day} \times 1,030\,\text{kg/m}^3 \times 1.1\,\text{kcal/kg·℃} \times (35-25)\,\text{℃} \times \dfrac{100}{70\%}$

$= 1.62 \times 10^7\,\text{kcal/day}$

Tip
① 비중(g/cm³) 비중량(kg/m³)
② 비중 1.03은 비중량 1,030 kg/m³이다.
③ 열효율(%) = 100 − 열손실(%)
④ 소요되는 열량(kcal/day)
　= 슬러지량(m³/day) × 비중량(kg/m³) × 비열(kcal/kg·℃) × 온도차(℃) × $\dfrac{100}{열효율(\%)}$

고형물이 5%인 슬러지를 농축하였더니 고형물이 8.5%가 되었다. 다음 물음에 답하시오. (단, 고형물의 비중은 1.3 기준이다.)

(1) 농축 후 슬러지의 비중을 계산하시오.

(2) 부피감소율(%)을 계산하시오.

 (1) 농축 후 슬러지의 비중 계산
　① 농축 전 슬러지의 비중 계산

$$\frac{1}{\rho_{SL}} = \frac{W_{TS}}{\rho_{TS}} + \frac{W_P}{\rho_P}$$

여기서 ρ_{SL} : 슬러지의 비중　　ρ_{TS} : 고형물의 비중
　　　　W_{TS} : 고형물의 함량　　ρ_P : 수분의 비중
　　　　W_P : 수분의 함량

$$\frac{1}{\rho_{SL}} = \frac{0.05}{1.3} + \frac{0.95}{1.0} \quad \therefore \rho_{SL} = \frac{1}{0.98846} = 1.01167$$

　② 농축 전 슬러지부피(V_1) 계산

$$슬러지부피(V_1) = \frac{슬러지량(kg)}{비중량(kg/m^3)} \times \frac{100}{고형물(\%)}$$

$$= \frac{1kg}{1,011.67kg/m^3} \times \frac{100}{5\%} = 0.0198m^3$$

　③ 농축 후 슬러지의 비중

$$\frac{1}{\rho_{SL}} = \frac{W_{TS}}{\rho_{TS}} + \frac{W_P}{\rho_P}$$

$$\frac{1}{\rho_{SL}} = \frac{0.085}{1.3} + \frac{0.915}{1.0} \quad \therefore \rho_{SL} = \frac{1}{0.98038} = 1.02$$

(2) 부피감소율(%) 계산
　① 농축 후 슬러지부피(V_2) 계산

$$슬러지부피(V_2) = \frac{슬러지량(kg)}{비중량(kg/m^3)} \times \frac{100}{고형물(\%)}$$

$$= \frac{1kg}{1,020kg/m^3} \times \frac{100}{8.5\%} = 0.0115m^3$$

　② 부피감소율(%) $= \left(1 - \frac{V_2}{V_1}\right) \times 100$

$$= \left(1 - \frac{0.0115m^3}{0.0198m^3}\right) \times 100 = 41.92\%$$

 (1) 농축 후 슬러지의 비중 : 1.02
　(2) 부피감소율(%) : 41.92%

> **Tip**
> ① 물의 비중 = 1.0
> ② 함수율(%) = 100 − 고형물(%)
> ③ 비중(ton/m³) $\xrightarrow{\times 10^3}$ kg/m³

04 1차반응에서 초기농도가 1/2로 감소하는데 100초가 걸렸다면 초기농도가 1/100로 감소하는데 걸리는시간(sec)을 계산하시오.

풀이 ① $\ln\dfrac{C_t}{C_o} = -k \times t$

$\ln\left(\dfrac{1}{2}\right) = -k \times 100\,\text{sec}$

$\therefore k = \dfrac{\ln\left(\dfrac{1}{2}\right)}{-100\,\text{sec}} = 0.00693/\text{sec}$

② $\ln\left(\dfrac{1}{100}\right) = -0.00693/\text{sec} \times t$

$\therefore t = \dfrac{\ln\left(\dfrac{1}{100}\right)}{-0.00693/\text{sec}} = 664.53\,\text{sec}$

05 포도당($C_6H_{12}O_6$) 720톤을 혐기성 분해 시 발생되는 메탄의 양을 질량(kg)과 체적(Sm^3)으로 각각 계산하시오.

풀이 ① $C_6H_{12}O_6 \quad \rightarrow \quad 3CH_4 + 3CO_2$
    180 kg   : 3×16 kg
    720×10^3 kg   : X_1

$\therefore X_1 = \dfrac{720 \times 10^3\,\text{kg} \times 3 \times 16\,\text{kg}}{180\,\text{kg}} = 192{,}000\,\text{kg}$

② $C_6H_{12}O_6 \quad \rightarrow \quad 3CH_4 + 3CO_2$
    180 kg   : $3 \times 22.4\,Sm^3$
    720×10^3 kg   : X_2

$\therefore X_2 = \dfrac{720 \times 10^3\,\text{kg} \times 3 \times 22.4\,Sm^3}{180\,\text{kg}} = 268{,}800\,Sm^3$

> **Tip**
> ① 포도당 = 글루코스 = $C_6H_{12}O_6$
> ② 질량(kg) = 계수 × 분자량(kg)
> ③ 체적(Sm^3) = 계수 × 22.4 (Sm^3)
> ④ $C_6H_{12}O_6$의 분자량 = $12 \times 6 + 1 \times 12 + 16 \times 6 = 180$

06 60%의 수분을 함유하는 폐슬러지를 건조기에서 건조하여 수분함량을 20%로 하였다. 폐슬러지 1kg당 증발되는 수분량(kg)을 계산하시오. (슬러지 비중은 1.0이다.)

풀이 ① $1\text{kg} \times (100-60\%) = W_2 \times (100-20\%)$

∴ $W_2 = \dfrac{1\text{kg} \times (100-60\%)}{(100-20\%)} = 0.5\text{kg}$

② 증발되는 수분량 $= W_1 - W_2$
$= 1\text{kg} - 0.5\text{kg} = 0.5\text{kg}$

Tip
$W_1 \times (100-P_1) = W_2 \times (100-P_2)$
여기서 W_1 : 건조 전 폐슬러지(kg) P_1 : 건조 전 함수율(%)
W_2 : 건조 후 폐슬러지(kg) P_2 : 건조 후 함수율(%)

07 폐기물의 발생량이 1.5kg/인·일, 인구가 30만명인 대도시에서 적재용량이 9m³의 수거차량을 이용하여 운반하고자 한다. 하루에 필요한 차량(대)을 계산하시오. (단, 대기차량 포함)

- 차량당 하루 작업시간 : 8시간
- 왕복운반시간 : 50분
- 폐기물 적재시간 : 15분
- 폐기물의 밀도 : 550kg/m³
- 운반거리 : 30km
- 폐기물 투기시간 : 10분
- 대기차량 3대

풀이 ① 차량 적재량(m³/일·대)

$= \dfrac{\text{폐기물 적재용량}(m^3/\text{대}\cdot\text{회})}{\dfrac{(\text{왕복운반시간}+\text{투기시간}+\text{적재시간})\text{min}}{1\text{회}} \times \dfrac{1\text{hr}}{60\text{min}} \times \dfrac{1\text{day}}{\text{작업시간}(\text{hr})}}$

$= \dfrac{9\,m^3/\text{대}\cdot\text{회}}{\dfrac{(50+10+15)\text{min}}{1\text{회}} \times \dfrac{1\text{hr}}{60\text{min}} \times \dfrac{1\text{day}}{8\text{hr}}} = 57.6\,m^3/\text{일}\cdot\text{대}$

② 폐기물 발생량(m^3/일) $= 1.5\text{kg/인}\cdot\text{일} \times 300{,}000\text{인} \times \dfrac{1}{550\text{kg}/m^3} = 818.1818\,m^3/\text{일}$

③ 차량대수 $= \dfrac{\text{폐기물 발생량}(m^3/\text{일})}{\text{차량 적재량}(m^3/\text{일}\cdot\text{대})} = \dfrac{818.1818\,m^3/\text{일}}{57.6\,m^3/\text{일}\cdot\text{대}} + 3 = 17.2045\text{대} = 18\text{대}$

08 폐기물의 원소조성이 다음과 같고, 매시 100kg의 폐기물 연소시 배기가스의 분석치가 CO_2 15%, O_2 5%, N_2 80%일 때, 매시간 필요한 공기량(Sm^3)을 계산하시오.

〈폐기물의 조성〉
가연분 (C = 32%, H = 8%, O = 27%, S = 3%), 수분 = 20%, 회분 = 10%

풀이

공급공기량(Sm^3/hr) = 공기비(m) × 이론공기량(Sm^3/kg) × 연료량(kg/hr)

① 공기비(m) = $\dfrac{N_2\%}{N_2\% - 3.76 \times O_2\%}$ = $\dfrac{80\%}{80\% - 3.76 \times 5\%}$ = 1.3072

② 이론공기량(A_o) = $8.89C + 26.67\left(H - \dfrac{O}{8}\right) + 3.33S$ (Sm^3/kg)

   = $8.89 \times 0.32 + 26.67 \times \left(0.08 - \dfrac{0.27}{8}\right) + 3.33 \times 0.03$ = 4.1782 Sm^3/kg

③ 공급공기량 = $1.3072 \times 4.1782 Sm^3/kg \times 100 kg/hr$ = 546.17 Sm^3/hr

Tip
배출가스 분석치가 $CO_2\%$, $O_2\%$, $N_2\%$인 경우 공기비(m) 계산공식

공기비(m) = $\dfrac{N_2\%}{N_2\% - 3.76 \times O_2\%}$

09 폐기물 중에서 알루미늄을 선별하고자 한다. 폐기물 투입량은 150톤이고, 회수량은 120톤, 회수량 중 알루미늄 캔량이 110톤, 제거량 중 알루미늄 캔량이 10톤일 때 Worrell식을 이용하여 선별효율(%)을 계산하시오.

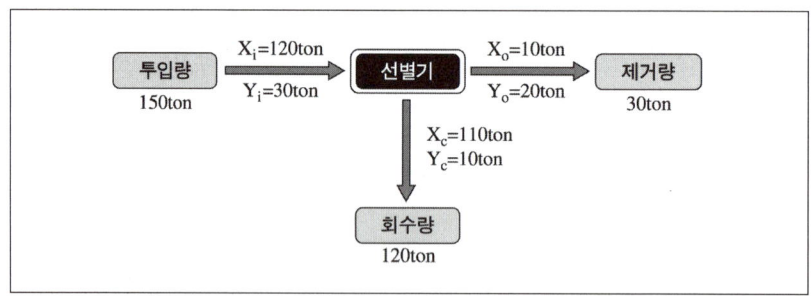

Worrell 선별효율(E) = $\left(\dfrac{X_c}{X_i} \times \dfrac{Y_o}{Y_i}\right) \times 100$ = $\left(\dfrac{110톤}{120톤} \times \dfrac{20톤}{30톤}\right) \times 100$ = 61.11%

10 폐기물의 고형화 처리방법 6가지를 서술하시오.

① 시멘트 기초법
② 석회 기초법
③ 자가시멘트법
④ 피막형성법
⑤ 열가소성 플라스틱법
⑥ 유리화법

11 다음 ( )안에 들어갈 알맞은 말을 쓰시오.

> (1) 폐산이란 액체상태의 폐기물로서 수소이온농도지수가 ( )인 것으로 한정한다.
> (2) 폐알칼리란 액체상태의 폐기물로서 수소이온농도지수가 ( )인 것으로 한정하며, 수산화칼륨 및 수산화나트륨을 포함한다.
> (3) 폐유란 기름성분을 ( )함유한 것을 포함하며, 폴리클로리네이티드비페닐 함유 폐기물, 폐식용유와 그 잔재물, 폐흡착제 및 폐흡수제는 제외한다.

 (1) 2.0 이하 (2) 12.5 이상 (3) 5퍼센트 이상

12 매립장의 차수재의 파손원인 4가지를 쓰시오.

① 돌기물질에 의한 파손
② 지지력 부족에 의한 파손
③ 지반침하에 의한 파손
④ 지각변동에 의한 파손

Tip
매립장의 차수재의 파손원인과 대책
① 돌기물질에 의한 파손원인 : 매립지 침출수의 압력이 부분적으로 크게 작용하기 때문
  대책 : 돌기물질 제거
② 지지력 부족에 의한 파손원인 : 작업을 하는 장비에 의한 부분적인 큰 하중에 의한 바닥파손에 의해
  대책 : 바닥다짐이나 지반 개량
③ 지반침하에 의한 파손원인 : 매립지 침출수의 압력이 부분적으로 작용하여 비틀림에 의해서
  대책 : 바닥다짐이나 지반 개량
④ 지각변동에 의한 파손원인 : 지진 등에 의해서
  대책 : 지진에 대비한 시공

13 고체, 액체, 기체연료에 대한 연소의 종류 2가지씩을 〈보기〉에서 골라 쓰시오.

〈보기〉 표면연소, 증발연소, 예혼합연소, 분해연소, 분무연소, 확산연소

① 고체연료 : 표면연소, 분해연소
② 액체연료 : 증발연소, 분무연소
③ 기체연료 : 확산연소, 예혼합연소

14 매립지 침출수 성상에 영향을 주는 인자 4가지만 쓰시오.

① 매립된 쓰레기의 높이
② 매립된 쓰레기의 질
③ 연간 평균 강수량
④ 매립된 쓰레기의 조성
⑤ 매립된 쓰레기의 경과시간
⑥ 쓰레기의 매립방법

> **Tip**
> (1) 문제의 요구조건에 알맞게 4가지만 서술하시면 됩니다.
> (2) 매립지 침출수량에 영향을 주는 인자
>   ① 강우량, ② 증발량, ③ 지하수량, ④ 침투수량, ⑤ 표면유출량,
>   ⑥ 폐기물 분해시 발생량

15 소각에 비하여 열분해가 갖는 장점을 5가지 쓰시오.

① 황 및 중금속이 회분속에 고정되는 비율이 크다.
② 저장 및 수송이 가능한 연료를 회수할 수 있다.
③ 환원성 분위기가 유지되어 Cr^{3+}가 Cr^{6+}로 변화되기 어렵다.
④ 배기가스량이 적어 가스처리 장치가 소형이다.
⑤ 소각처리에 비해 상대적으로 저온이기 때문에 NO_x 발생량이 적다.
⑥ 지속적 환원 분위기로 효과적 에너지 회수가 가능하다.

> **Tip**
> 문제의 요구조건에 알맞게 5가지만 서술하시면 됩니다.

16 다이옥신 제거방법 중 로내 제어방법 4가지를 쓰시오.

① 폐기물 공급상태의 균질화
② 적당한 연소온도
③ 연소용 공기의 양 및 분포
④ 혼합
⑤ 소각로에서 방출되는 입자 이월의 양 최소화

17 소각장치에서 통풍력을 증가시키기 위한 방법을 4가지만 쓰시오. (단, 예시는 정답에서 제외하시오.)

> (예시) 겨울철이 여름철보다 통풍력이 증가한다.

① 굴뚝의 높이를 증가시킨다.
② 배출가스의 온도를 증가시킨다.
③ 배출가스의 속도를 빠르게 한다.
④ 굴뚝내의 굴곡이 발생하지 않도록 한다.

18 아래의 설명에 알맞게 (   )를 채우시오.

> (1) 30℃~40℃는 (   )소화이고, 50℃~60℃는 (   )소화이다.
> (2) 호기성으로 분해시 충분한 산소 공급시 온도는(   )한다.
> (3) 유기물을 분해시 생성되는 (   )이 촉매작용을 한다.
> (4) 중금속이 함유된 폐기물을 퇴비화할 경우 중금속은 (   )한다.

(1) 중온, 고온 (2) 상승 (3) 수분 (4) 감소

유기성 고화화하는데 사용되는 고화제 4가지를 쓰시오.

풀이
① 타르
② 파라핀
③ PE(폴리에스테르)
④ 에폭시

Tip	무기성 고화제의 종류 ① 시멘트 ② 석회 ③ 포졸란 ④ 점토

 다음 보기는 폐기물을 수거하는 방식이다. MHT의 값이 큰 것부터 작은 순서로 나열하시오.

〈보기〉
① 벽면 부착식 ② 집안 이동식 ③ 문전 수거식 ④ 집밖 이동식 ⑤ 집밖 고정식 ⑥ 타종 수거식

풀이 ① → ③ → ⑤ → ② → ④ → ⑥

Tip	(1) MHT는 수거효율을 나타내는 척도로 사용된다. (2) MHT는 man·hr/ton의 약자이다. (3) MHT의 값 　① 벽면 부착식(2.38) ② 집안 이동식(1.86) ③ 문전 수거식(2.3) 　④ 집밖 이동식(1.47) ⑤ 집밖 고정식(1.96) ⑥ 타종 수거식(0.84)

※ 알림
최근기출문제는 수강생들의 도움으로 복원된 문제이므로 실제문제와 다소 차이가 있을 수 있음을 알려 드립니다.
실기시험을 친 수험생은 실기문제를 복원하여 메일(kwe7002@hanmail.net)로 보내 주시면 됩니다.
수험생 여러분들이 원하시는 수험서를 만들도록 항상 최선의 노력을 다하겠습니다.

… ○○○ Engineer Wastes Treatment

02회 2024년 폐기물처리기사 최근 기출문제

2024년 7월 시행

01 파쇄에 앞서 폐기물 100ton/hr 중 유리 8%를 회수하기 위해 트롬멜 스크린으로 선별하였다. 회수되는 폐기물의 양이 10ton/hr이고, 회수되는 폐기물 중 유리의 양이 7.2ton/hr이다. 다음 물음에 답하시오.

(1) 유리의 회수율(%)을 계산하시오.

(2) 유리의 거부율(%)을 계산하시오.

(3) 유리의 유효율(%)을 계산하시오.

풀이

(1) 유리의 회수율(%) $= \left(\dfrac{\text{회수량 중 회수대상물질}}{\text{투입되는 유리의 양}}\right) \times 100$

$= \left(\dfrac{7.2\text{ton/hr}}{100\text{ton/hr} \times 0.08}\right) \times 100 = 90\%$

(2) 유리의 거부율(%) $= \left(1 - \dfrac{\text{회수량 중 비회수대상 물질}}{\text{투입량 중 비회수대상 물질}}\right) \times 100$

$= \left(1 - \dfrac{2.8\text{ton/hr}}{92\text{ton/hr}}\right) \times 100 = 96.96\%$

(3) Rietema의 선별효율(%) $= \left|\left(\dfrac{X_c}{X_i} - \dfrac{Y_c}{Y_i}\right)\right| \times 100$

$= \left|\left(\dfrac{7.2\text{ton/hr}}{8\text{ton/hr}} - \dfrac{2.8\text{ton/hr}}{92\text{ton/hr}}\right)\right| \times 100 = 86.96\%$

Worrell의 선별효율(%) $= \left(\dfrac{X_c}{X_i} \times \dfrac{Y_o}{Y_i}\right) \times 100$

$= \left(\dfrac{7.2\text{ton/hr}}{8\text{ton/hr}} \times \dfrac{89.2\text{ton/hr}}{92\text{ton/hr}}\right) \times 100 = 87.26\%$

따라서 유효율은 Rietema의 선별효율(%)과 Worrell의 선별효율(%) 중 큰값을 선택하므로 87.26%이다.

Tip

① X_i(투입량 중 회수대상물질) $= 100\text{ton/hr} \times 0.08 = 8\text{ton/hr}$
② Y_i(투입량 중 비회수대상물질) $= 100\text{ton/hr} - 8\text{ton/hr} = 92\text{ton/hr}$
③ X_c(회수량 중 회수대상물질) $= 7.2\text{ton/hr}$
④ Y_c(회수량 중 비회수대상물질) $= 2.8\text{ton/hr}$
⑤ X_o(제거량 중 회수대상물질) $= 8\text{ton/hr} - 7.2\text{ton/hr} = 0.8\text{ton/hr}$
⑥ Y_o(제거량 중 비회수대상물질) $= 92\text{ton/hr} - 2.8\text{ton/hr} = 89.2\text{ton/hr}$
⑦ 거부율 = 기각률

> **Tip**
>
> ⑧ Rietema의 선별효율(%) $= \left| \left(\dfrac{X_c}{X_i} - \dfrac{Y_c}{Y_i} \right) \right| \times 100$
>
> Worrell 선별효율(%) $= \left(\dfrac{X_c}{X_i} \times \dfrac{Y_o}{Y_i} \right) \times 100$
>
> ⑨ 유효율은 Rietema의 선별효율(%)과 Worrell 선별효율(%) 중 큰값을 선택한다.

02 쓰레기의 압축비가 5이고 압축 후의 부피가 $5m^3$인 쓰레기의 부피감소율(%)을 계산하시오.

[풀이] 부피감소율(%) $= \left(1 - \dfrac{1}{압축비} \right) \times 100$

$= \left(1 - \dfrac{1}{5} \right) \times 100 = 80\%$

03 폐기물의 고화처리를 위해 폐기물 단위무게(kg)당 0.3kg의 시멘트를 첨가하였으며, 고화처리 후 폐기물의 부피는 처음 부피의 20%가 증가되었다면 이 고화처리의 혼합률(MR)과 부피변화율(VCF)을 각각 계산하시오.

[풀이] (1) 혼합률(MR) $= \dfrac{첨가제의\ 질량}{폐기물의\ 질량} = \dfrac{0.3 kg}{1 kg} = 0.3$

(2) 부피 변화율(VCF) $= \dfrac{고화처리\ 후\ 폐기물의\ 부피}{고화처리\ 전\ 폐기물의\ 부피}$

$= \dfrac{120\%}{100\%} = 1.2$

04 40ton/hr 규모의 시설에서 평균크기가 20cm인 혼합된 도시폐기물을 최종크기 2cm로 파쇄하기 위한 동력(kw)를 계산하시오. (단, 평균크기 10cm에서 2cm로 파쇄하기 위하여 필요한 에너지 소모율은 $30\,kw \cdot hr/ton$이며 킥의 법칙을 적용하시오.)

[풀이] ① $30\,kw \cdot hr/ton = C \times \ln\left(\dfrac{10\,cm}{2\,cm} \right)$

$\therefore C = \dfrac{30\,kw \cdot hr/ton}{\ln\left(\dfrac{10\,cm}{2\,cm} \right)} = 18.64\,kw \cdot hr/ton$

② $E = 18.64\,kw \cdot hr/ton \times \ln\left(\dfrac{20\,cm}{2\,cm} \right) = 42.9202\,kw \cdot hr/ton$

③ $42.9202\,kw \cdot hr/ton \times 40\,ton/hr = 1,716.81\,kw$

> **Tip**
> Kick의 법칙 : $E = C \ln\left(\dfrac{dp_1}{dp_2}\right)$
> 여기서 E : 에너지 소모율(kw·hr/ton)
> dp_1 : 평균크기(cm) dp_2 : 최종크기(cm)

05 벽돌로 구성된 소각로의 벽돌 두께와 열전도율은 다음과 같다.

	두께	열전도율
내화벽돌	230mm	0.104 kcal/m·hr·℃
단열벽돌	114mm	0.0595 kcal/m·hr·℃
보통벽돌	210mm	1.04 kcal/m·hr·℃

내벽온도는 800℃이고, 열 전달속도는 175 kcal/m²·hr일 때, 외벽온도(℃)를 계산하시오.

풀이

열전달속도(kcal/m²·hr) = $\dfrac{(\text{내벽온도} - \text{외벽온도})℃}{\dfrac{\text{두께(m)}}{\text{열전도율(kcal/m·hr·℃)}}}$

175 kcal/m²·hr = $\dfrac{(800 - \text{외벽온도})℃}{\left(\dfrac{0.23}{0.104} + \dfrac{0.114}{0.0595} + \dfrac{0.210}{1.04}\right)\dfrac{m}{kcal/m·hr·℃}}$

식을 정리하면
(800 − 외벽온도)℃ = 757.6499℃
∴ 외벽온도 = 800℃ − 757.6499℃ = 42.35℃

06 도시에서 발생되는 폐기물은 3,526,000 ton/년, 수거대상인구는 8,570,000인, 1가구당 인구수는 4.96명, 수거인부는 7,000인, 수거인부 작업일수 365일/년일 때 다음 물음에 답하시오.

(1) 폐기물의 발생량(kg/인·일)을 계산하시오.

(2) 수거량(ton/인·일)을 계산하시오.

풀이

(1) 폐기물의 발생량(kg/인·일) = $\dfrac{\text{폐기물 발생량(kg/day)}}{\text{인구수(인)}}$

= $\dfrac{3,526,000 \times 10^3 \text{kg/년} \times \dfrac{1년}{365일}}{8,570,000 인}$

= 1.13 kg/인·일

(2) 수거량(ton/인·일) = $\dfrac{\text{폐기물 발생량(ton/day)}}{\text{수거인부수(인)}}$

$$= \frac{3{,}526{,}000\,\text{ton/년} \times \dfrac{1년}{365일}}{7{,}000인}$$
$$= 1.38\,\text{ton/인} \cdot 일$$

07 슬러지 400 m³/day, 고형물함량 5.89%, 고형물 중 유기물 55%, 소화 체류시간 15일, 소화 후 액화 및 가스화 53%, 함수율 86%일 때 소화조의 용적(m³)을 계산하시오. (단, $V = \dfrac{Q_1 + Q_2}{2} \times$ 체류시간의 식을 이용하시오.)

풀이
① Q_1(소화조로 유입되는 슬러지량) = 400 m³/day
② 잔류 VS량 = 슬러지량(m³) × 고형물량 × VS량 × (1 − 소화율)
   = 400 m³/day × 0.0589 × 0.55 × (1 − 0.53) = 6.0903 m³/day
③ FS량 = 슬러지량(m³) × 고형물량 × FS량
   = 400 m³/day × 0.0589 × (1 − 0.55) = 10.602 m³/day
④ Q_2(소화 슬러지량) = (잔류 VS량 + FS량) m³/day × $\dfrac{100}{100 - 함수율(\%)}$
   = (6.0903 + 10.602) m³/day × $\dfrac{100}{100 - 86\%}$
   = 119.2307 m³/day
⑤ 소화조의 용적(m³) = $\dfrac{Q_1 + Q_2}{2}$ × 체류시간
   = $\dfrac{(400 + 119.2307)\,\text{m}^3/\text{day}}{2}$ × 15 day
   = 3,894.23 m³

08 다음은 강열감량에 대한 설명이다. 물음에 답하시오.
(1) 시료에 질산암모늄용액(25%)을 넣고 가열하여 (①)℃의 전기로 안에서 (②)시간 강열한 다음 데시케이터에서 식힌 후 무게를 달아 증발접시의 무게차로부터 강열감량의 양(%)을 구한다. ( )안을 알맞게 채우시오.
(2) 습식기준에서 수분이 20%인 폐기물이 있다. 완전히 건조시켰을 때 회분량이 20%일 때, 습식기준으로 폐기물의 회분량(%)을 계산하시오.

풀이 (1) ① 600±25 ② 3
(2) 습량기준 회분함량(%) = 건조 회분함량(%) × $\dfrac{100 - 수분(\%)}{100}$
   = 20% × $\dfrac{100 - 20\%}{100}$ = 16%

09 소각로 내의 열부하가 50,000kcal/m³·hr이며 폐기물의 발열량이 1,400kcal/kg이다. 로의 부피가 35m³이라면, 폐기물의 양(kg/day)을 계산하시오. (단, 1일 8시간만 가동한다.)

소각로내의 열부하(kcal/m³·hr) = $\dfrac{발열량(kcal/kg) \times 폐기물의 양(kg/hr)}{로의 부피(m^3)}$

$50,000\,kcal/m^3 \cdot hr = \dfrac{1,400\,kcal/kg \times 폐기물의 양(kg/day) \times 1day/8hr}{35m^3}$

∴ 폐기물의 양 = $\dfrac{50,000\,kcal/m^3 \cdot hr \times 35m^3}{1,400\,kcal/kg \times 1day/8hr}$ = 10,000 kg/day

10 함수율이 45%에서 함수율이 25%로 감소할 때 감소한 중량은 처음 중량의 얼마에 해당하는지 계산하시오.

$W_1 \times (100-45) = W_2 \times (100-25)$

∴ $\dfrac{W_2}{W_1} = \dfrac{(100-45)}{(100-25)} = 0.7333$

∴ $W_2 = 0.7333\,W_1$이므로 처음의 73.33%가 된다.

Tip	$W_1 \times (100-P_1) = W_2 \times (100-P_2)$
	여기서 W_1 : 건조 전 폐기물(kg)　　P_1 : 건조 전 함수율(%)
	W_2 : 건조 후 폐기물(kg)　　P_2 : 건조 후 함수율(%)

11 차단형 매립시설에서 폐기물처리시설의 사용을 종료하려는 자가 제출하는 폐기물처리시설 사후관리계획서에 포함되어야 하는 사항을 3가지 쓰시오.

① 폐기물매립시설 설치·사용내용
② 사후관리 추진일정
③ 빗물배제계획
④ 지하수 수질조사계획
⑤ 구조물과 지반 등의 안정도 유지계획

Tip	문제의 요구조건에 알맞게 3가지만 서술하시면 됩니다.

12 유동층 소각로의 장점 3가지를 쓰시오.

① 기계적 구동부분이 적어 고장율이 낮다.
② 가스의 온도가 낮고 과잉공기량이 적어 질소산화물(NO_X)이 적게 배출된다.
③ 로내 온도의 자동제어와 열회수가 용이하다.
④ 반응시간이 빨라 소각시간이 짧다.
⑤ 유동매체의 축열량이 높아 단기간 정지후 가동시에 보조연료 사용없이 정상가동이 가능하다.
⑥ 연소효율이 높아 미연소분의 배출이 적고 2차 연소실이 필요없다.
⑦ 유동매체의 열용량이 커서 액상, 기상, 고형폐기물의 전소 및 혼소가 가능하다.

> **Tip** 문제의 요구조건에 알맞게 3가지만 서술하시면 됩니다.

13 적환장에서 적재방식에 따라 분류하는 방법 3가지를 쓰시오.

① 직접투하방식
② 저장투하방식
③ 직접·저장 투하 결합방식

> **Tip** 적환장에서 적재방식에 따라 분류하는 방법
> ① 직접투하방식 : 소형차량에서 대형차량으로 직접 투하하여 적재하는 방식으로 주택지역과 거리가 먼 교외지역에 주로 사용하는 방식이다.
> ② 저장투하방식 : 폐기물을 저장한 후 적환하는 방식으로 대도시의 대용량 폐기물처리에 적합한 방식이다.
> ③ 직접·저장 투하 결합방식 : 직접적재방식과 저장한 후 적재하는 방식으로 한 적환장에서 이루어지며, 부패성 폐기물은 직접 적재하고 재활용품이 많이 포함된 폐기물은 선별 후 적재하는 방식이다.

14 폐기물 퇴비화시 팽화제(Bulking agent)가 가져야 할 특성 3가지를 쓰시오.

① C/N비의 조절능력을 가져야 한다.
② 수분조절 능력이 커야 한다.
③ 유해물질을 함유하지 않아야 한다.
④ 공극률이 높아야 한다.

> **Tip** 문제의 요구조건에 알맞게 3가지만 서술하시면 됩니다.

15 차수시설의 종류에는 연직차수막과 표면차수막이 있다. 선정조건과 연직차수막 공법의 종류를 4가지 쓰시오.

 (1) 선정조건
　① 연직차수막 : 지중에 수평방향의 차수층이 존재할 때 사용한다.
　② 표면차수막 : 매립지 필요범위에 차수재료로 덮인 바닥이 있거나, 매립지 지반의 투수계수가 큰 경우에 사용한다.
(2) 연직차수막 공법의 종류
　① 강널말뚝 공법
　② 굴착에 의한 차수시트 매설 공법
　③ 어스댐 코어 공법
　④ 그라우트 공법

16 폐기물 매립시설의 사용이 종료되었을 때 실시하는 최종복토에서 복토층을 4단계층으로 구분하고 각 층의 두께를 쓰시오.

 ① 식생대층, 두께 : 60cm 이상
② 배수층, 두께 : 30cm 이상
③ 차단층, 두께 : 45cm 이상
④ 가스배제층, 두께 : 30cm 이상

17 다음은 슬러지처리 공정과 함수율을 나타낸 것이다. (　)안을 알맞게 채우시오.

| 잉여슬러지 | → | (1) | → | (2) | → | (3) | → | 소각 |
| 함수율 99% | | 97~98% | | 70~80% | | 20~50% | | |

 (1) 개량　(2) 탈수　(3) 건조

18 다음의 용어를 설명하시오.

(1) 유효입경

(2) 평균입경

(3) 균등계수

(1) 유효입경 : 입도분포곡선에서 누적중량의 10%가 통과하는 입자의 직경
(2) 평균입경 : 입경가적곡선에서 통과질량 백분율이 50%에 상당하는 입경
(3) 균등계수 : 유효입경에 대한 통과백분율 60%에 해당하는 입경의 비

19 지정폐기물 중 액상폐유를 처리하는 방법 3가지를 쓰시오.

① 기름과 물을 분리하여 분리된 기름성분은 소각하여야 하고, 기름과 물을 분리한 후 남은 물은 물환경보전법에 따라 수질오염방지시설에서 처리하여야 한다.
② 증발·농축방법으로 처리한 후 그 잔재물은 소각하거나 안정화처분하여야 한다.
③ 응집·침전방법으로 처리한 후 그 잔재물은 소각하여야 한다.
④ 분리·증류·추출·여과·열분해의 방법으로 정제처분하여야 한다.

> **Tip** 문제의 요구조건에 알맞게 3가지만 서술하시면 됩니다.

20 폐기물처분시설 중 중간처분시설인 일반소각시설에서 생활폐기물을 200m³/day 소각하고 있다. 다음 물음에 답하시오.
(1) 연소실의 출구온도를 쓰시오.
(2) 연소가스 체류시간을 쓰시오.
(3) 바닥재의 강열감량을 쓰시오.

(1) 850도 이상   (2) 2초 이상   (3) 5퍼센트 이하

※ 알림
최근기출문제는 수강생들의 도움으로 복원된 문제이므로 실제문제와 다소 차이가 있을 수 있음을 알려 드립니다.
실기시험을 친 수험생은 실기문제를 복원하여 메일(kwe7002@hanmail.net)로 보내 주시면 됩니다.
수험생 여러분들이 원하시는 수험서를 만들도록 항상 최선의 노력을 다하겠습니다.

03회 2024년 폐기물처리기사 최근 기출문제

2024년 10월 시행

01 소각재의 성분 분석 결과 C : 30%, H : 20%, O : 15%, S : 5%, 수분 : 10%, 회분 : 20%를 함유한 폐기물의 고위발열량과 저위발열량을 계산하고, (   )안에 들어갈 알맞은 말을 고르시오.

(1) 고위발열량(kcal/kg)

(2) 저위발열량(kcal/kg)

(3) 열분해 시 온도가 증가할수록 (① 수소/이산화탄소)의 발생량이 증가하고, 폐기물 입자 크기가 (② 클수록/작을수록) 분해가 잘 되며, 열분해는 (③ 흡열/발열)반응이므로 열공급이 필요하다.

풀이 (1) Dulong 공식을 이용해 고위발열량(Hh) 계산

$$\text{고위발열량(Hh)} = 8{,}100\text{C} + 34{,}000\left(\text{H} - \frac{\text{O}}{8}\right) + 2{,}500\text{S}\ (\text{kcal/kg})$$

$$= 8{,}100 \times 0.30 + 34{,}000 \times \left(0.20 - \frac{0.15}{8}\right) + 2{,}500 \times 0.05$$

$$= 8{,}717.5\ \text{kcal/kg}$$

(2) 저위발열량(Hl) 계산

$$\text{저위발열량(Hl)} = \text{고위발열량(Hh)} - 600(9\text{H} + \text{W})(\text{kcal/kg})$$

$$= 8{,}717.5\ \text{kcal/kg} - 600 \times (9 \times 0.20 + 0.10) = 7{,}577.5\ \text{kcal/kg}$$

(3) ① 수소 ② 작을수록 ③ 흡열

02 폐기물의 95%를 3cm보다 작게 파쇄하기 위한 특성입자의 크기(cm)를 계산하시오. (단, n=1, Rosin Rammler식 이용)

풀이
$$Y = 1 - \exp\left[-\left(\frac{X}{X_o}\right)^n\right] \Rightarrow X_o = \frac{-X}{\text{LN}(1-Y)}$$

여기서 Y : 체하분율 X : 폐기물 입자의 크기(cm)
X_o : 특성입자의 크기(cm) n : 상수

따라서 $X_o = \dfrac{-3\text{cm}}{\text{LN}(1-0.95)} = 1.00\ \text{cm}$

침출수가 차수층을 통과하는데 걸리는 시간(년)을 계산하시오.

- 점토층 두께 : 0.9m
- 투수계수 : 10^{-7} cm/sec
- 유효공극률 : 0.45
- 상부침출수 수두 : 30cm

 $t = \dfrac{d^2 \cdot n}{k(d+h)}$

여기서 t : 침출수가 점토층을 통과하는 시간(년)　　d : 점토층의 두께(m)
　　　n : 유효공극률　　　　　　　　　　　　　　k : 투수계수(m/년)
　　　h : 침출수 수두(m)

① $k(m/년) = \dfrac{10^{-7}\,cm}{sec} \times \dfrac{1m}{10^2\,cm} \times \dfrac{3,600\,sec}{1hr} \times \dfrac{24\,hr}{1\,day} \times \dfrac{365\,day}{1년}$

　　　　　　$= 3.15 \times 10^{-2}\,m/년$

② $t = \dfrac{(0.9m)^2 \times 0.45}{3.15 \times 10^{-2}\,m/년 \times (0.9m + 0.3m)} = 9.64년$

  수소(H_2) 1kg을 완전연소 하는데 필요한 공기량은 탄소(C) 1kg을 완전연소 하는데 필요한 공기량의 몇 배인지 질량비로 계산하시오. (단, 공기의 분자량은 28.79g/mol이다.)

① 수소(H_2) 1kg을 완전연소 하는데 필요한 이론 공기량을 계산
　$H_2 + 0.5O_2 \rightarrow H_2O$
　2kg : 0.5×32kg
　1kg : O_o

∴ O_o(이론 산소량) $= \dfrac{0.5 \times 32kg \times 1kg}{2kg} = 8kg$

따라서 이론 공기량(kg) $= \dfrac{이론산소량(kg)}{0.232} = \dfrac{8kg}{0.232} = 34.48kg$

② 탄소(C) 1kg을 완전연소 하는데 필요한 이론 공기량을 계산
　$C + O_2 \rightarrow CO_2$
　12kg : 32kg
　1kg　: O_o

∴ O_o(이론 산소량) $= \dfrac{32kg \times 1kg}{12kg} = 2.6667kg$

따라서 이론 공기량(kg) $= \dfrac{이론산소량(kg)}{0.232} = \dfrac{2.6667kg}{0.232} = 11.49kg$

③ $\dfrac{수소의\ 이론\ 공기량(kg)}{탄소의\ 이론\ 공기량(kg)} = \dfrac{34.48kg}{11.49kg} = 3.0배$

05 유리의 선별효율(%)을 계산하시오.

	투입량	회수량	제거량
유리	9.2kg/hr	8kg/hr	1.2kg/hr
캔	90.8kg/hr	0.8kg/hr	90kg/hr

(1) Worrell식
(2) Rietema식

(1) Worrell식 $= \left(\dfrac{X_c}{X_i} \times \dfrac{Y_o}{Y_i} \right) \times 100$

$= \left(\dfrac{8\text{kg/hr}}{9.2\text{kg/hr}} \times \dfrac{90\text{kg/hr}}{90.8\text{kg/hr}} \right) \times 100 = 86.19\%$

(2) Rietema식 $= \left| \left(\dfrac{X_c}{X_i} - \dfrac{Y_c}{Y_i} \right) \right| \times 100(\%)$

$= \left| \left(\dfrac{8\text{kg/hr}}{9.2\text{kg/hr}} - \dfrac{0.8\text{kg/hr}}{90.8\text{kg/hr}} \right) \right| \times 100(\%) = 86.08\%$

> **Tip**
> - X_i(투입량 중 회수대상물질) = 9.2kg/hr
> - Y_i(투입량 중 비회수대상물질) = 90.8kg/hr
> - X_c(회수량 중 회수대상물질) = 8kg/hr
> - Y_c(회수량 중 비회수대상물질) = 0.8kg/hr
> - X_o(제거량 중 회수대상물질) = 1.2kg/hr
> - Y_o(제거량 중 비회수대상물질) = 90kg/hr

06 인구가 50만 명인 도시에 발생량이 1kg/인·일인 쓰레기를 압축하면 처음 부피의 2/3배가 되고, 다시 파쇄를 하여 1/2배가 되었다. Trench공법으로 매립하려면 이 도시의 년간 필요한 매립부지의 면적(m^2)은 얼마인지 계산하시오. (단, 폐기물의 밀도 : 500 kg/m^3, Trench 높이 : 5m, 그 중 복토층은 1m이다.)

매립면적(m^2/년) $= \dfrac{\text{폐기물 발생량}(kg/년) \times (1 - \text{부피감소율})}{\text{폐기물의 밀도}(kg/m^3) \times \text{매립고}(m)}$

① 압축하여 처음부피의 2/3배로 된 경우의 소요면적

매립면적(m^2/년) $= \dfrac{1\text{kg/인·일} \times 500{,}000\text{인} \times 365\text{일/년} \times \dfrac{2}{3}}{500\text{kg/m}^3 \times 5\text{m}}$

$= 48{,}666.6667\,m^2/년$

② 다시 파쇄를 하여 1/2배로 된 경우의 소요면적

$48{,}666.6667\,m^2/년 \times \dfrac{1}{2} = 24{,}333.33\,m^2/년$

07 폐기물슬러지의 C/N비 = 8, 음식물쓰레기의 C/N비 = 55를 혼합하여 C/N비 = 25로 할 때, 음식물쓰레기의 양은 몇 %인지 계산하시오. (단, 폐기물슬러지의 함수율은 75%이고, 그 중 N의 함량은 6%이다. 그리고 음식물쓰레기의 함수율은 45%이고, 그 중 N의 함량은 0.5%이다.)

풀이

① 폐기물슬러지 중 탄소량(%)를 계산한다.

$$C/N비 = \frac{탄소량(\%)}{질소량(\%)} \text{ 이므로}$$

$$8 = \frac{(100-75\%) \times C\%}{(100-75\%) \times 6\%}$$

$$\therefore C = \frac{8 \times (100-75\%) \times 6\%}{(100-75\%)} = 48\%$$

② 음식물쓰레기 중 탄소량(%)를 계산한다.

$$C/N비 = \frac{탄소량(\%)}{질소량(\%)} \text{ 이므로}$$

$$55 = \frac{(100-45\%) \times C\%}{(100-45\%) \times 0.5\%}$$

$$\therefore C = \frac{55 \times (100-45\%) \times 0.5\%}{(100-45\%)} = 27.5\%$$

③ 음식물쓰레기를 X, 폐기물슬러지를 (1 − X) 라고 두고 탄소(C)의 함량과 질소(N)의 함량을 계산한다.

탄소의 함량 = {(1−X) × (1−0.75) × 0.48} + {X × (1−0.45) × 0.275}
= 0.12 + 0.03125X

질소의 함량 = {(1−X) × (1−0.75) × 0.06} + {X × (1−0.45) × 0.005}
= 0.015 − 0.01225X

④ 음식물쓰레기의 혼합비율(%)을 계산한다.

$$혼합물의 C/N비 = \frac{혼합물의 탄소량}{혼합물의 질소량}$$

$$25 = \frac{0.12 + 0.03125X}{0.015 - 0.01225X}$$

$$25 \times 0.015 - 25 \times 0.01225 X = 0.12 + 0.03125 X$$

$$(25 \times 0.015) - 0.12 = 0.03125 X + (25 \times 0.01225) X$$

$$\therefore X(음식물쓰레기) = \frac{(25 \times 0.015) - 0.12}{0.03125 + (25 \times 0.01225)} = 0.75556$$

따라서 음식물쓰레기의 양(혼합비율)은 75.56% 이다.

08 함수율이 98%인 슬러지를 탈수 처리하여 함수율이 90%가 되었다. 탈수 후 슬러지 부피는 탈수 전 슬러지의 부피의 몇(%)인지 계산하시오.

풀이) $W_1 \times (100-98) = W_2 \times (100-90)$

∴ $\dfrac{W_2}{W_1} = \dfrac{(100-98)}{(100-90)} = 0.20$

∴ $W_2 = 0.20\,W_1$ 이므로 처음의 20%가 된다.

> **Tip**
> $W_1 \times (100-P_1) = W_2 \times (100-P_2)$
> 여기서 W_1 : 탈수 전 폐기물(kg) P_1 : 탈수 전 함수율(%)
> W_2 : 탈수 후 폐기물(kg) P_2 : 탈수 후 함수율(%)

09 용적이 500m³인 소각로에 하루 120ton의 폐기물을 소각 처리한다. 폐기물의 발열량은 4,000kcal/kg이며 연속 가동된다. 소각로의 열부하(kcal/m³·hr)를 계산하시오.

풀이) 소각로의 열부하($\text{kcal/m}^3 \cdot \text{hr}$) = $\dfrac{\text{발열량(kcal/kg)} \times \text{쓰레기의 양(kg/hr)}}{\text{소각로의 부피(m}^3)}$

$= \dfrac{4{,}000\,\text{kcal/kg} \times 120 \times 10^3\,\text{kg/day} \times 1\text{day}/24\text{hr}}{500\,\text{m}^3}$

$= 40{,}000\,\text{kcal/m}^3 \cdot \text{hr}$

10 폐기물 발생량을 예측하는 방법 중 다중회귀모델과 동적모사모델에 대하여 설명하시오.

(1) 동적모사모델

(2) 다중회귀모델

풀이) ① 동적모사모델 : 쓰레기 배출에 영향을 주는 모든 인자를 시간에 대한 함수로 나타낸 후 시간에 대한 함수로 각 영향인자들간에 상관관계를 수식화 한 것이다.
② 다중회귀모델 : 하나의 수식으로 각 인자들의 효과를 총괄적으로 나타내어 복잡한 시스템의 분석에 유용하게 사용할 수 있는 쓰레기 발생량을 예측하는 방법이다.

> **Tip**
> 경향모델 : 폐기물 발생량 예측방법 중 모든인자를 시간에 대한 함수로 하여 모델화시켜 예측하는 방법으로 단지 시간과 그에 따른 폐기물 발생량의 상관관계만을 고려하는 방법이며, 최저 5년 이상의 과거 처리실적을 바탕으로 예측한다.

11 고형화처리방법 4가지를 쓰시오. (예, 자가시멘트법은 제외하고 기술하시오.)

① 시멘트 기초법
② 석회기초법
③ 열가소성 플라스틱법
④ 유리화법
⑤ 피막형성법

> **Tip** 문제의 요구조건에 알맞게 4가지만 서술하시면 됩니다.

12 퇴비화시 영향을 미치는 인자들의 적정조건을 ( )안에 써 넣으시오.

(1) 수분 : ( )

(2) 온도 : ( )

(3) C/N비 : ( )

(4) ( ) : 함유량의 5~15%

(1) 수분 : 50~60%
(2) 온도 : 50~60℃
(3) C/N비 : 30~50
(4) 산소

13 소각장치 중 회전식 소각로의 특징을 4가지 기술하시오.

① 액상이나 고상의 여러가지 폐기물을 동시에 처리할 수 있다.
② 경사진 구조로 용융상태의 물질에 의하여 방해를 받지 않는다.
③ 폐기물의 체류시간은 로의 회전속도를 조절함으로써 제어할 수 있다.
④ 대체로 예열, 혼합, 파쇄 등의 전처리 없이 폐기물 주입이 가능하다.
⑤ 비교적 열효율이 낮은 편이며, 먼지 발생량이 많다.
⑥ 로 내에서의 공기유출이 크므로 종종 대량의 과잉공기가 필요하다.
⑦ 처리량이 적은 경우 설치비가 많이 든다.
⑧ 구형 및 원통형 물질은 완전연소가 끝나기 전에 굴러 떨어질 수 있다.

> **Tip** ① 문제의 요구조건에 알맞게 4가지만 서술하시면 됩니다.
> ② 회전식소각로 = Rotary Kiln(로터리킬른)

14 폐기물의 효율적인 관리를 위한 관련용어중 3P, 3R에 대하여 기술하시오.

(1) 3P에 대한 3가지를 기술하시오.

(2) 3R에 대한 3가지를 기술하시오.

 (1) 3P : ① Polluter(오염자) ② Pays(비용) ③ Principles(원칙)
(2) 3R : ① Recycle(재활용)/Reuse(재이용) ② Reduction(감량화) ③ Recovery(회수이용)

> **Tip**
> 3T
> ① Temperature(연소온도)
> ② Time(연소시간)
> ③ Turbulence(가연물과 공기의 혼합)

15 폐기물 매립방법 중 매립구조에 의한 매립방법을 5가지 쓰시오.

 ① 호기성 매립
② 준호기성 매립
③ 혐기성 매립
④ 혐기성 위생매립
⑤ 개량형 혐기성 위생매립

> **Tip**
> 매립구조에 따른 매립방법
> ① 호기성 매립 : 공기 주입구를 설치하여 매립층내로 인위적으로 공기를 불어넣어 폐기물을 호기성 분해를 시키는 공법이다.
> ② 준호기성 매립 : 집배수시설과 차수막 그리고 배수관을 갖추고 있으며, 외부 공기를 자연적으로 통기시켜 호기성 분해를 시키는 공법이다.
> ③ 혐기성 매립 : 공기와의 접촉이 거의 없기 때문에 매립되는 폐기물의 분해가 혐기성상태로 분해되는 공법이다.
> ④ 혐기성 위생매립 : 혐기성 매립에서 중간복토를 샌드위치 형태로 실시하는 공법으로 악취, 파리 등과 매립장내의 화재발생 문제는 해결되지만, 침출수나 매립가스가 발생되는 공법이다.
> ⑤ 개량형 혐기성 위생매립 : 혐기성위생매립공법의 문제점을 해결하기 위해서 매립층 하부에 불투수층의 차수막과 침출수 배수관을 설치하여 오수발생에 대한 대책을 강구한 공법이다.

16 폐기물 관리법상의 음식물쓰레기를 혐기성 소화처리 시 정기검사항목은 무엇인지 4가지를 쓰시오.

① 산발효시설의 작동상태
② 메탄발효시설의 작동상태
③ 최종생산물의 퇴비로서의 적절성
④ 메탄가스의 적절처리 여부

17 폐기물관리법상 사업장쓰레기 중 일반폐기물 소각재를 처리하는 방법을 3가지 쓰시오.

① 관리형 매립시설에 매립하여야 한다.
② 안정화 처분하여야 한다.
③ 시멘트·합성고분자 화합물을 이용하거나 그 밖에 이와 비슷한 방법으로 고형화처분하여야 한다.

18 폐기물관련법상 고형연료인 SRF의 기준치를 써 넣으시오.

(mg/kg)	납	이하
	카드뮴	이하
	비소	이하
	수은	이하
(wt%)	회분의 함유량	이하
	염소의 함유량	이하

(mg/kg)	납	150 이하
	카드뮴	5.0 이하
	비소	13.0 이하
	수은	1.0 이하
(wt%)	회분의 함유량	20 이하
	염소의 함유량	2.0 이하

Tip 일반 고형연료제품(SRF) = Solid Refuse Fuel

19 유효입경과 균등계수에 대하여 설명하고, (   )안에 들어갈 알맞은 말을 고르시오.

(1) 유효입경

(2) 균등계수

(3) 유효입경이 (① 클수록/작을수록) 투수성이 좋으며, 균등계수는 (② 클수록/작을수록) 투수성이 좋다.

> **풀이**
> (1) 유효입경 : 입도분포곡선에서 누적중량의 10%가 통과하는 입자의 직경
> (2) 균등계수 : 유효입경에 대한 통과백분율 60%에 해당하는 입경의 비
> (3) ① 클 ② 작을

20 연직차수막과 표면차수막의 채용조건과 경제적(비용)인 면에 대하여 설명하시오.

(1) 연직차수막
   - 채용조건 :
   - 경제성 :

(2) 표면차수막
   - 채용조건 :
   - 경제성 :

> **풀이**
> (1) 연직차수막
>   - 채용조건 : 지중에 수평방향의 차수층이 존재할 때
>   - 경제성 : 단위면적당 공사비는 비싼 반면 총공사비는 싸다.
> (2) 표면차수막
>   - 채용조건 : 매립지 필요범위에 차수재료로 덮인 바닥이 있거나, 매립지 지반의 투수계수가 큰 경우
>   - 경제성 : 단위면적당 공사비는 싸지만 매립지 전체를 시공하는 경우가 많아 총공사비는 비싸다.

※ **알림**

최근기출문제는 수강생들의 도움으로 복원된 문제이므로 실제문제와 다소 차이가 있을 수 있음을 알려 드립니다.

실기시험을 친 수험생은 실기문제를 복원하여 메일(kwe7002@hanmail.net)로 보내 주시면 됩니다. 수험생 여러분들이 원하시는 수험서를 만들도록 항상 최선의 노력을 다하겠습니다.

※ 2024년 제3회 폐기물처리기사 실기필답형 문제는 온진숙님이 복원한 문제를 바탕으로 재구성하였으며, 진심으로 감사의 말씀을 드립니다.

폐기물처리기사 실기

초 판 인쇄 | 2014년 8월 30일
초 판 발행 | 2014년 9월 2일
개정 9판 발행 | 2024년 1월 15일
개정10판 발행 | 2025년 1월 20일

저 자 | 전화택
발행인 | 조규백
발행처 | 도서출판 구민사
　　　　(07293) 서울특별시 영등포구 문래북로 116, 604호(문래동3가 46, 트리플렉스)
전화 (02) 701-7421
팩스 (02) 3273-9642
홈페이지 www.kuhminsa.co.kr

신고번호 | 제2012-000055호 (1980년 2월 4일)
I S B N | 979-11-6875-481-2　　　13500

값 34,000원

※ 낙장 및 파본은 구입하신 서점에서 바꿔드립니다.
※ 본서를 허락없이 부분 또는 전부를 무단복제, 게재행위는 저작권법에 저촉됩니다.